力学丛书·典藏版 14

中国科学院科学出版基金资助项目

塑性细观力学

王自强　段祝平 著

科 学 出 版 社

1995

（京）新登字 092 号

内 容 简 介

本书系统叙述了塑性细观力学的基本理论以及近期重要成果.

全书分为四个部分，十二章. 具体论述了晶体塑性理论；位错连续统理论和位错规范场理论；塑性损伤细观力学；多晶体塑性细观力学.

本书可供力学、机械、航空、固体物理、材料物理、应用数学等有关专业的高年级大学生、研究生、教师及材料变形、损伤、断裂方面的科研人员和工程技术人员参考.

图书在版编目 (CIP) 数据

塑性细观力学 / 王自强，段祝平著. —北京：科学出版社，1995.8（2016.1 重印）

（力学丛书）

ISBN 978-7-03-004190-6

I. ①塑… II. ①王… ②段… III. ①塑性力学 IV. ① O344

中国版本图书馆 CIP 数据核字 (2016) 第 018728 号

力 学 丛 书

塑性细观力学

王自强 段祝平 著

责任编辑 李成香

科 学 出 版 社 出 版

北京东黄城根北街 16 号

邮政编码：100717

北京京华虎彩印刷有限公司印刷

蓝地公司激光照排

新华书店北京发行所发行 各地新华书店经售

*

1995 年第一版 开本：850×1168 1/32

2016 年印刷 印张：13 1/4 插页：2

字数：346 000

定价：118.00元

前　言

力学是自然科学的七大基础学科之一. 由于物理学家、力学家和应用数学家的共同努力，开创了婀娜多姿、气象万千的力学科学园田. 仅在固体力学领域内，就包含了弹性力学、塑性力学、理性力学、断裂力学、计算力学等二十多门分支学科. 力学以它的完备的理论、广博精深的内容、系统而丰富的公式而备受科学家的青睐.

但是业已形成的宏伟的力学体系本质上是宏观的连续介质力学体系，也就是设想物体是由连续、致密的物体点所组成. 力学的基本定律及描述物性的本构关系在物体任意体积上适用，因此，物体的细观结构在连续介质的体系内无需加以考虑.

随着当代科学技术的发展，特别是高技术、新材料的迅猛发展，人们对材料变形、损伤、断裂力学行为的认识有了飞跃. 这一飞跃体现为：①材料变形、损伤和断裂等力学行为是结构敏感的，它与宏观-细观-微观多层次下多种物理机制的相互作用有关；②细观尺度下的力学过程可以用细观力学的方法描述；③细观力学的成熟发展将为材料设计提供崭新和定量的理论学说，从而对固体力学及材料科学产生深远的影响.

细观力学的主要目的是建立材料细观结构与力学性质之间的定量关系，它是固体力学与材料科学沟通与结合的纽带. 它将理性力学、断裂与损伤理论、计算力学、实验力学与材料物理理论（位错理论、晶体范性、界面结构）、显微测量技术和近代物理方法有机地结合起来.

细观力学对经典连续介质力学理论框架加以改造，引入表征材料细观结构和损伤的物理或几何量，确定其演化方程. 同时发展由细观向宏观过渡的均匀化方法，建立细观结构、内部缺陷与宏观力学性能之间的定量关系. 从而在细观尺度上形成一套新的理论框架.

细观力学的分析方法在 80 年代渗透到几乎所有的工程材料，如金属与合金、复合材料、结构陶瓷、结构高分子、岩石、混凝土等.

可以预计，细观力学在 90 年代将会有蓬勃的发展. 塑性细观力学作为细观力学的骨干分支，具有欣欣向荣的趋势.

本书的编著旨在开拓塑性细观力学这一新的分支学科，促使固体力学与材料物理的交叉与渗透，系统地综合地介绍这门交叉分支学科的基本理论与近期重要成果.

本书将从四个不同层次对塑性细观力学进行系统的论述.

晶体塑性理论将滑移机制与晶体塑性行为有机地结合起来，提供了晶粒尺度内塑性变形的基本理论.

位错连续统理论和位错规范场理论将近代微分几何及理论物理中的规范场论与位错运动结合起来，为塑性变形的几何学及运动学提供了严谨的数学物理框架，也为位错的增殖、湮没及演化规律的研究开辟了新的途径.

塑性损伤细观力学生动地阐明细观空洞对塑性变形的影响.

多晶体塑性细观力学系统地介绍由细观向宏观过渡的均匀化方法，阐明如何由单晶的塑性变形规律预示多晶体的塑性本构方程及多晶体的塑性响应.

本书主要采用直角坐标系，直角坐标系中的张量可用三种方法表示，即抽象表示，矩阵表示和分量表示。具体表示方法在书末附录中详述.

本书第一章至第八章由王自强撰写；第九章至第十一章由王自强、段祝平撰写；第十二章由段祝平撰写.

本书撰写和出版过程中，中国科学院力学研究所非线性连续介质力学开放实验室主任郑哲敏教授给予热情关怀和强有力的支持，中国力学学会理事长王仁教授也给予热诚的鼓励.

清华大学的徐秉业教授，中国科学院力学研究所的李国琛教授，北京航空航天大学陈昌骐教授给予许多帮助.

对以上的各种关怀、支持、鼓励和帮助，著者表示衷心的感激！

作者真诚地欢迎读者对本书提出宝贵意见.

作者

1992.10 于北京

目　　录

第一章　晶体学基础

自然界的固态物质，根据其原子或分子排列特征，可分为晶体和非晶体两大类．晶体和非晶体具有一些明显的不同的特征和性质．

例如，晶体有固定的熔点，而非晶体没有明显的熔点，通常只有一个软化的过程；晶体是各向异性的，而非晶体是各向同性的；晶体有一定的对称性，非晶体则没有这样的特点；晶体一般具有规则多面体的对称外形，非晶体没有一定的几何外形．

上述差异仅是一些宏观的表象，并非它们的内在区别．本质的区别在于组成它们的粒子（原子、离子、分子和原子集团）在三维空间的分布状态不同．组成晶体的各种粒子在空间是呈有规律的周期性重复排列，而非晶体内部的粒子排列则是无规律的．

晶体几何学是主要研究晶体外形的对称规律及质点在空间排列的几何规律的学说．

§1.1　晶体结构与空间点阵

晶体结构是指组成晶体的物质点在三维空间作有规律的周期性排列的方式．整个晶体结构可以看作是基本单元的周期性重复排列．这个由质点（原子、离子、分子和原子集团）组成的基本单元称为结构单元．这个结构单元可以是由一个原子（或离子）或一个包含着几个原子的分子所组成，也可以由几个同种类的原子或包含着几个分子的复杂原子团所组成．

对于任何的理想晶体，结构单元所包含的质点系，在整个晶体内都是一样的．

由于组成晶体的结构单元不同，排列规则不同，或者周期性不同，可以组成千差万别的各种晶体. 为了研究晶体结构的一些共同的几何学规律，我们可以将晶体结构进行几何抽象. 抽象的方法就是把结构单元化成一个单纯的几何点. 它们有规则的周期性重复排列所形成的空间几何图形称为空间点阵. 构成空间点阵的每一个点称之为结点或阵点.

晶体结构与空间点阵是既有区别又有联系的两个不同概念，不能把它们混淆起来. 晶体结构是指具体的物质质点的排列分布，它的基本单元是结构单元. 而空间点阵只是一种抽象的几何图形，用来表征晶体结构的几何学特征. 但是结构单元与结点在空间的排列规律是一致的.

阵点在空间中是以一定周期重复出现的. 我们可以用矢量形式来表达这种周期重复的性质，即对整个图形作平移，

$$\boldsymbol{T} = m\boldsymbol{a} + n\boldsymbol{b} + k\boldsymbol{c} \tag{1.1}$$

整个空间点阵的几何图形可以复原，其中 $\boldsymbol{a}$, $\boldsymbol{b}$, $\boldsymbol{c}$ 是三个不共面的点阵矢量.

§1.2 晶胞和晶系

空间点阵是一个三维空间的几何图形. 为了描写这个空间点阵，我们可以在空间点阵中取出一个平行六面体. 整个点阵可以看作是由这样一个平行六面体在空间堆砌而成. 我们称此平行六面体为晶胞.

晶胞的选择可以是多种多样的. 为了使选取的晶胞能充分表征空间点阵的几何特性，而又是最简单的，晶体学中规定了选取晶胞要满足以下三条原则：

（1）要能充分反映空间点阵的对称性；

（2）在满足（1）的基础上，晶胞要具有尽可能多的直角；

（3）在满足（1），（2）的基础上，所选取的晶胞的体积要最小.

晶胞可以用三条棱边 a, b, c 和各棱边之间的夹角 α, β, γ 来

描述. 如图 1.1 所示，晶胞三个棱边长度 a，b，c 和它们之间夹角 α，β，γ 称为点阵常数或晶格常数. 三个点阵矢量 $\boldsymbol{a}$，$\boldsymbol{b}$，$\boldsymbol{c}$ 描述了晶胞的形状和大小，也确定了整个空间点阵.

法国晶体学家布喇菲曾在 1848 年证明，按上述三条原则来选取晶胞的空间点阵，只能有 14 种类型，称为 14 种布喇菲点阵.

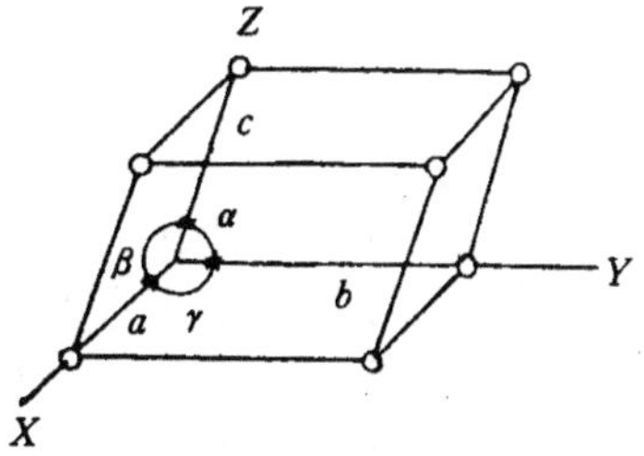

图 1.1　晶胞及晶格常数

晶体根据其对称程度的高低和对称特点可以分为七大晶系. 所有晶体均可归纳在这七个晶系中. 图 1.2 及表 1.1 列出了 14 种布喇菲点阵及七大晶系.

14 种布喇菲点阵，按照结点分布情况又可分为 4 类：

(1) 简单点阵　仅在晶胞的 8 个顶点上有结点.

(2) 体心点阵　除 8 个顶点外，晶胞中心处还有一个结点.

(3) 底心点阵　除 8 个顶点外，在六面体的上、下平行面的中心处还各有一个结点.

(4) 面心点阵　除了 8 个顶点外，六面体的每个面中心都各有一个结点.

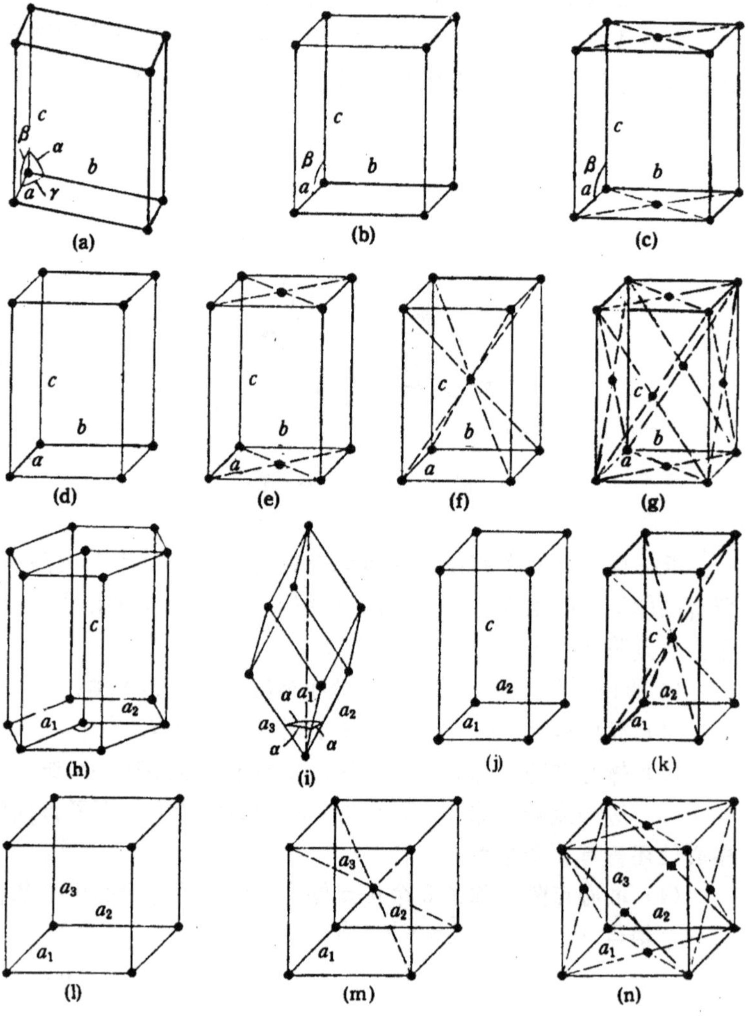

图 1.2　14 种空间点阵[4]

表 1.1　七大晶系和 14 种布喇菲点阵[4]

结晶系	空间点阵	棱边长度及夹角关系		图号
三斜晶系	简单三斜点阵	$a \neq b \neq c$	$\alpha \neq \beta \neq \gamma \neq 90°$	1.2(a)
单斜晶系	简单单斜点阵	$a \neq b \neq c$	$\alpha = \gamma = 90° \neq \beta$	1.2(b)
	底心单斜点阵			1.2(c)
正交晶系	简单正交点阵	$a \neq b \neq c$	$\alpha = \beta = \gamma = 90°$	1.2(d)
	底心正交点阵			1.2(e)
	体心正交点阵			1.2(f)
	面心正交点阵			1.2(g)
正方(四角)晶系	简单正方点阵	$a = b \neq c$	$\alpha = \beta = \gamma = 90°$	1.2(j)
	体心正方点阵			1.2(k)
六方(六角)晶系	简单六方点阵	$a = b \neq c$	$\alpha = \beta = 90°, \gamma = 120°$	1.2(h)
菱方(三角)晶系	简单菱方点阵	$a = b = c$	$\alpha = \beta = \gamma \neq 90°$	1.2(i)
立方晶系	简单立方点阵	$a = b = c$	$\alpha = \beta = \gamma = 90°$	1.2(l)
	体心立方点阵			1.2(m)
	面心立方点阵			1.2(n)

§ 1.3　晶面指数和晶向指数[4]

在空间点阵中，由阵点所组成的平面称为晶面．对于一组平行的等距离晶面，可用密勒（Miller）指数表示．晶面指数标定方法如下：

（1）选定参考坐标系．以晶胞三个棱边为轴，晶格常数 a，b，c 为三个轴的单位长度．

（2）求被标定晶面在 X，Y，Z 三个坐标轴上的截距（所选晶面不通过坐标原点）．

（3）取各截距的倒数．

（4）将三个截距倒数按比例化为三个互质的整数，h，k，l；该晶面的密勒指数用符号（$h\ k\ l$）表示．

h，k，l 分别与 X，Y，Z 轴相对应，不能更改次序．若晶面与某坐标轴平行，则它与该坐标轴的截距为∞，相应的数为 0，例如（$h\ 0\ l$）表明该晶面与 Y 轴平行．若截距为负值，则其相应指数上冠以符号“—”，如 $(h\,\bar{k}\,l)$.

在空间点阵中，由阵点所组成的直线方向称为晶向. 晶向可用晶向符号来表示，其标定方法如下：

(1) 通过坐标原点作一条直线与晶向平行.

(2) 将这直线上任一阵点的坐标 x，y，z 按比例化为三个互质的整数 u，v，w，晶向指数表示为 $[u\,v\,w]$.

六方晶系的四轴指数

对于六方晶系，若采用上述方法来确定晶面、晶向指数，则不能充分反映宏观的对称性质. 为了充分显示对称性，在六方晶系中常常采用四轴坐标系，即在底面上加一轴 Ox_3 使其与 Ox_1，Ox_2 均成 120°，如图 1.5 所示.

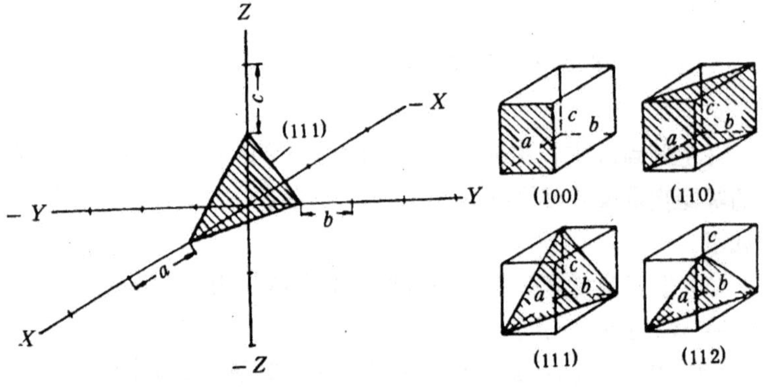

图 1.3 立方点阵的结晶面指数

在底面上的三个坐标轴单位基矢 $\boldsymbol{a}_1$，$\boldsymbol{a}_2$，$\boldsymbol{a}_3$ 满足 $\boldsymbol{a}_1+\boldsymbol{a}_2+\boldsymbol{a}_3=0$ 的约束条件，故其中只有两个基矢是独立的. 菱形底面上的三个坐标轴 Ox_1，Ox_2，Ox_3 加上 Z 轴构成四轴坐标系. 在四轴坐标系中，晶体中的任一矢量 $\overrightarrow{OR}$ 都可表示为

$$\overrightarrow{OR} = x_1\boldsymbol{a}_1 + x_2\boldsymbol{a}_2 + x_3\boldsymbol{a}_3 + z\boldsymbol{c}$$

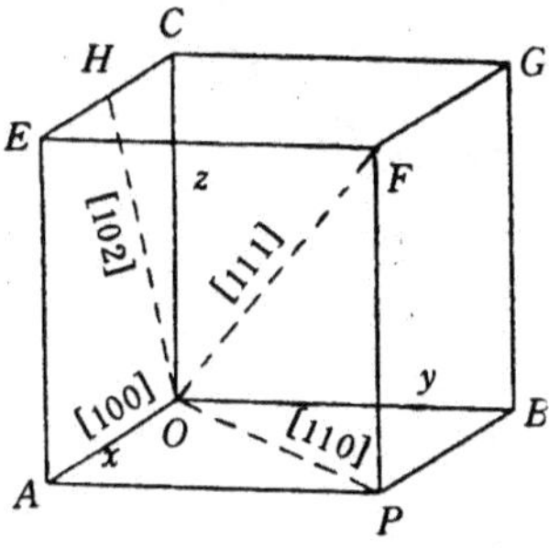

图 1.4　立方点阵的方向指数

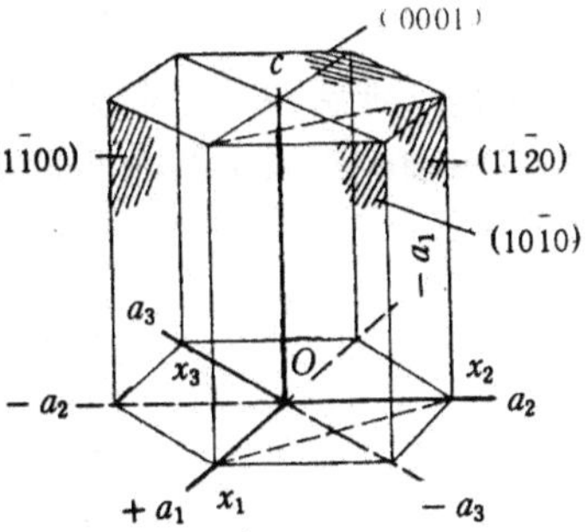

图 1.5　六方点阵中的四轴坐标系

R 点在底面上的坐标可以用 x_1，x_2，x_3 表示，其中只有两个坐标是独立的. 为了确定性起见，我们附加约束条件 $x_1+x_2+x_3=0$.

对于六方晶系，参考的三轴坐标系可以由 X_1，X_2 和 Z 轴组成，在三轴坐标系中$\overrightarrow{OR}=x\boldsymbol{a}_1+y\boldsymbol{a}_2+z\boldsymbol{c}$.

我们有

$$\begin{aligned}\overrightarrow{OR} &= x_1\boldsymbol{a}_1 + x_2\boldsymbol{a}_2 - x_3(\boldsymbol{a}_1 + \boldsymbol{a}_2) + z\boldsymbol{c} \\ &= x\boldsymbol{a}_1 + y\boldsymbol{a}_2 + z\boldsymbol{c}\end{aligned}$$

由此得到三轴坐标系与四轴坐标系点坐标的转换公式：

$$\begin{cases} x = x_1 - x_3 \\ y = x_2 - x_3 \\ z = z \end{cases} \tag{1.2}$$

$$\begin{cases} x_1 = \dfrac{2}{3}x - \dfrac{1}{3}y \\ x_2 = \dfrac{2}{3}y - \dfrac{1}{3}x \\ x_3 = -\dfrac{1}{3}x - \dfrac{1}{3}y \\ z = z \end{cases} \tag{1.3}$$

在三轴坐标系中，晶面指数的标定方法与前面论述的方法相同. 可以用符号（$h\ k\ l$）表示. 在四轴坐标系中，晶面指数可用符号（$h\ k\ i\ l$）来表示，其中 $i=-(h+k)$.

在四轴坐标系中，晶向指数标定方法原则上与前相同. 首先确定在三轴坐标系中的晶向指数 $[U\ V\ W]$，然后根据如下关系换算成四轴坐标系中的晶向指数 $[u\ v\ t\ w]$，其中

$$\begin{cases} u = \dfrac{2}{3}U - \dfrac{1}{3}V \\ v = \dfrac{2}{3}V - \dfrac{1}{3}U \\ t = -\dfrac{1}{3}U - \dfrac{1}{3}V \\ w = W \end{cases} \tag{1.4}$$

由公式（1.4）不难看出　$t=-(u+v)$.

晶体在不同晶面和晶向上结构单元的排列方式和分布密度是不一样的，这种结构上的差异引起晶体在各个方向上性能的差异. 因此，晶体一般说来是各向异性的，某些特殊的晶面和晶向常起特殊的重要作用.

§1.4　典型金属的晶体结构[1,4]

晶体中的质点在空间中排列一般说来服从最紧密堆积原理. 金属晶体一般具有排列紧密、对称性高的简单结构. 大多数金属具有面心立方、体心立方和密排立方这三类晶体结构.

1. 面心立方结构（F C C）

面心立方的晶胞如图 1.6 所示. 在每个阵点上（每个角上和面上）都有一个单原子. 点阵常数 $a=b=c$，$\alpha=\beta=\gamma=90°$，晶胞的大小可用 a 来表示.

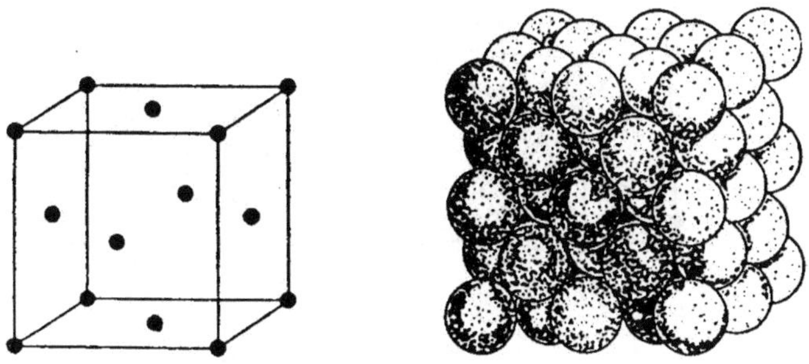

图 1.6　面心立方晶胞

在面心立方中原子排列的最密排面是晶面族 {111}，包括 (111)，($\bar{1}$11)，(1$\bar{1}$1)，(11$\bar{1}$). 最密排方向是 ⟨110⟩，包括 [110]，[101]，[001]，[$\bar{1}$10]，[$\bar{1}$01]，[0$\bar{1}$1] 晶向.

在面心立方晶胞中，有 74% 体积被原子占有，尚有 26% 的空隙体积.

铜、银、铝、镍、铅、铑、γ 铁、γ 钴、δ 锰等均具有面心立方结构.

2. 体心立方结构 (BCC)

体心立方晶胞如图 1.7 所示. 每个顶角和体心位置有一个原子，点阵常数也以 a 表示.

体心立方中的最密排方向为对角线方向 ⟨111⟩. 在该方向上原子彼此相切. 在体心立方中没有最紧密排列的晶面，次密排面为晶面族 {110}.

钒、铌、钽、钡、β 钛、α 铁、δ 铁、α 钨等金属具有体心立方结构.

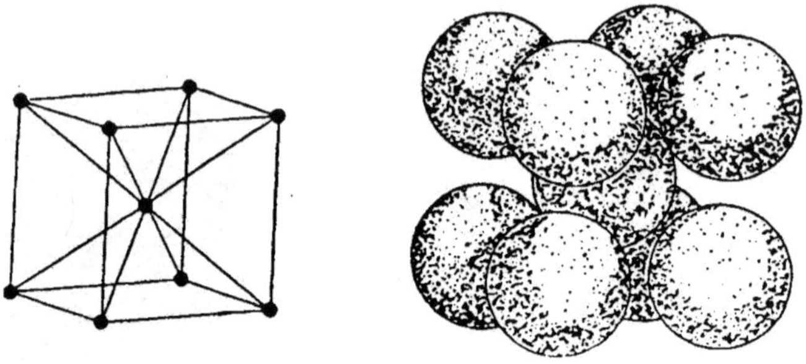

图 1.7　体心立方晶胞

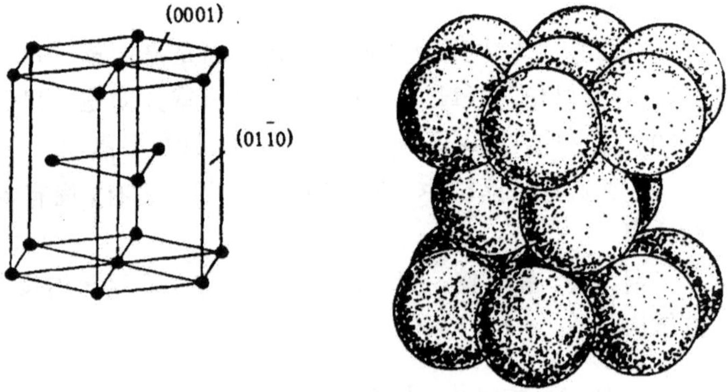

图 1.8　密排六方晶胞

3. 密排立方结构（HCP）

密排立方的晶胞如图 1.8 所示．晶胞为六棱柱体．

晶格常数以底面正六边形的边长 a 和棱柱体高度 c 来表示，$a=b\neq c$，$\alpha=\beta=90°$，$\gamma=120°$．晶胞内的三个原子位于 $z=c/2$ 处，它们在底面上的投影恰为三个相邻等边三角形的中心位置．

密排六方晶体最密排面为 {0001}，最密排方向为 {11$\bar{2}$0}．

§ 1.5 极射赤面投影[3]

为了简单而明确地表示晶体中各个晶面的取向及其间的夹角等几何关系，需要采用投影的方法把晶体的立体图形投影到平面上.

极射赤面投影是一种晶体学中广泛采用的方法.

设想在一个很大的圆球中心，放置一个晶体. 这个圆球叫参考球，它的直径比晶体尺度大得多. 从球心作各种晶面的法线，这些法线与参考球的球面交点称为晶面极点. 通过球心所作的晶向与参考球面的交点称为晶向极点.

球面上晶面极点的位置及互相关系反映了晶体各个晶面的位向及互相关系.

如图 1.9 所示，把通过球心的赤道平面作为投影面. 把球面上任一极点与南极 S 相连，与赤道平面的交点即是该极点的极射赤面投影点. 这样赤道平面上的每个点都代表某个方位的晶面，也可代表某个晶向. 显然投影点使不同晶面的平面角度关系得到方便的表示.

凡是通过球心的平面与参考球相交的圆都称为大圆，大圆的半径即为参考球的半径. 不通过球心的平面与参考球相交所截出来的圆称为小圆.

设想参考球面的半径为单位长度，则球面任意极点都可以用欧拉角 ϕ 和 ρ 表示. 由图 1.9 不难看出，极射赤面投影点的坐标为

$$\begin{cases} x = \sin\rho\cos\phi/(1+\cos\rho) \\ y = \sin\rho\sin\phi/(1+\cos\rho) \end{cases} \tag{1.5}$$

显然通过南北极的平面与参考球相交的大圆的极射赤面投影是通过原点的直径，如图 1.9 所示. 该直径的几何方程是

$$y = \mathrm{tg}\phi \cdot x \tag{1.6}$$

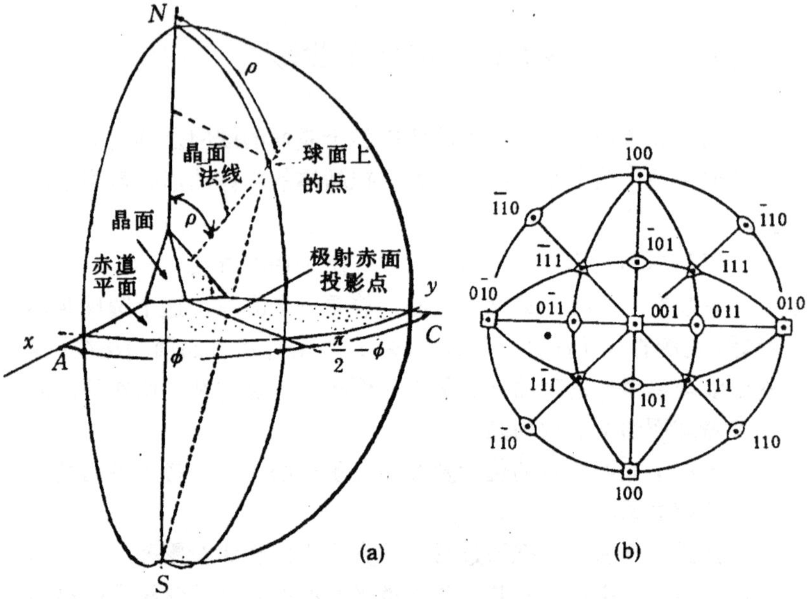

图 1.9　极射赤面投影图原理[3]

（a）将晶体放置于投影球的中心；（b）从投影法原理得到的标准圆

参　考　文　献

[1]　包永千，金属学基础，冶金工业出版社，1986，6—23.

[2]　张孝文，薛万荣，杨兆雄，固体材料结构基础，中国建筑工业出版社，1985.

[3]　小川智哉，结晶物理工学，裳華房，1976.（中译本：小川智哉著，崔承甲译，应用晶体学，科学出版社，1985.）

[4]　徐祖耀，金属学原理，上海科学技术出版社，1964.

第二章　晶体滑移机制

很久以前，人们就知道晶体是能产生塑性变形的．滑移与孪生是晶体塑性变形的两种主要方式．这两种方式都是切变，都是平面形变．也就是说，直线与平面在变形之后仍保持直线和平面．在滑移时，相对位移集中出现在少数原子面上，而其位移大小可以比点阵间距大好多倍．但在孪生变形时，切变是均匀分布在孪生区域中每一原子面上，其中每一对相邻原子面相对位移量都是相同的．滑移和孪生都不改变晶体结构，但孪生改变晶体的定向．

晶体塑性变形的另一种方式是折曲．折曲又可以归结为弯折与扭折，折曲是一种不均匀的塑性变形，使点阵发生畸变．

§2.1　晶体滑移的实验观察[10—14]

在1898年至1900年之间，Ewing和Rosenhain[1]对金属多晶体的变形规律作了一系列的研究．他们对于塑性变形的机制作了相当精确的描述．在试样表面清楚地观察到滑移线的痕迹，并指出滑移是一种晶体学现象．

20世纪初，晶体学的研究有了重要发展．1912年，Von Laue[2]的晶体X射线衍射实验，证实了晶体就是原子有规则地排列起来的状态．1913年W. H. Bragg和W. L. Bragg[3]成功地测定了离子晶体的晶体结构．1919年Hull[4]测定了常用金属的晶体结构．

在此基础上，Taylor和Elam[5]对晶体塑性变形作了开创性的定量研究工作．他们利用X射线，证实了滑移的晶体学性质．他们对铝单晶进行了细致的研究，对变形运动学作了晶体学的解释．

同一个时期，在德国Mark[6]，Polanyi[7]以及Orowan[8]对晶体塑性变形作了系统的研究．Schmid[9]提出了有名的分解剪应力定律.

单晶体在拉伸情况下，表面总是出现许多带痕. 图 2.1 显示出几种金属晶体在拉伸后的表面情况，由此可以设想晶体的塑性变形是以滑移方式进行. 滑移的含意就是晶体的一部分相对于另一部分沿着特定的结晶学平面作相对平动.

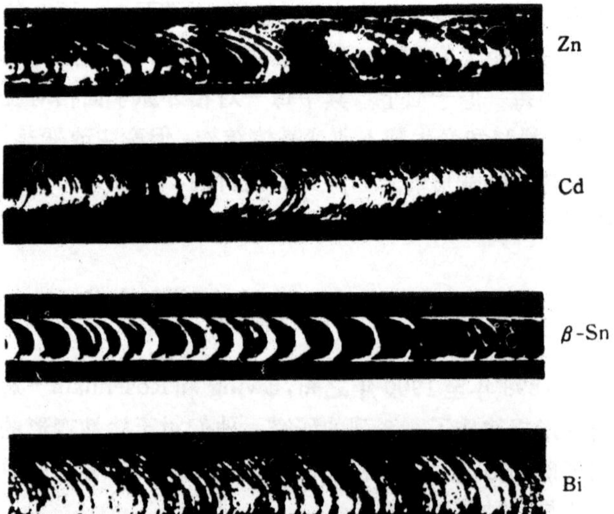

图 2.1　金属晶体的滑移

图 2.2 是一个圆柱形晶体试样的滑移模型，它清晰示出被拉长晶体表面的带纹就是作平动滑移的面在表面上造成台阶的痕迹，称为滑移带（有时也称为滑移线）. 如果晶体表面是平面则滑移带一般呈直线状.

电子显微镜对于滑移带形态和结构的观察发现每个滑移带实际上是由一群靠得很近的细线所构成.

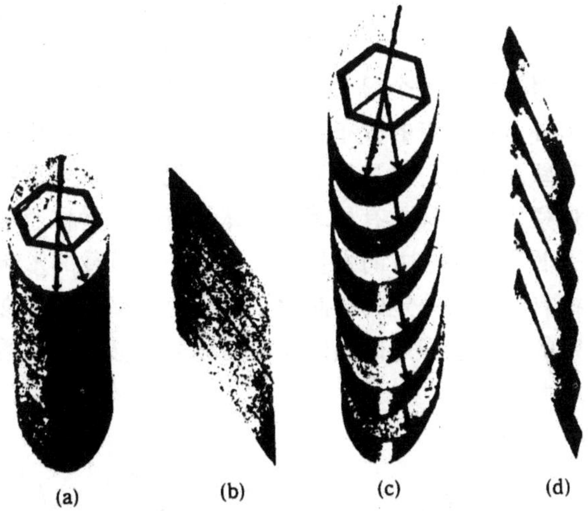

图 2.2　晶体滑移模型

(a) 与 (b) 原来的状态；(c) 与 (d) 拉伸之后的状态

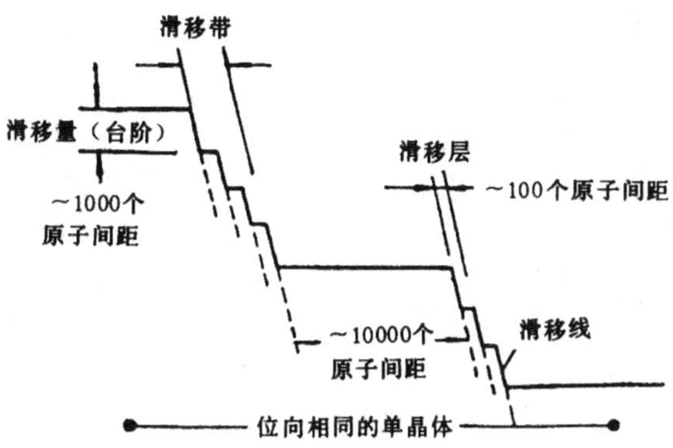

图 2.3　滑移带示意图

图 2.3 是铝单晶滑移带结构中有关参量的示意图[9]. 滑移带中有许多细线，线间距离约为 $d\approx100$ 原子间距，每一线上的滑移量 s 约为 1000 个原子间距. 对于不同晶体和在不同条件下，s 和 d 的数量变化甚大，但有一个共同点，即每条滑移线是由该线附近的原子面相对滑移了一个很大距离（几百至几千个原子间距）而形成的. 另外从滑移带的分布可以看出滑移切变是不均匀的，滑移集中在某些晶面上，滑移带之间的晶片就没有发生滑移.

实验观察表明滑移具有显著的晶体学特征，滑移通常沿一定的结晶学平面和结晶学方向发生. 它不受外加负载的影响，而仅与晶体结构有关. 这一定的结晶学平面称为滑移面，通常总是原子排列最密的面. 这一定的晶体学方向称为滑移方向，通常总是原子密度最大的方向.

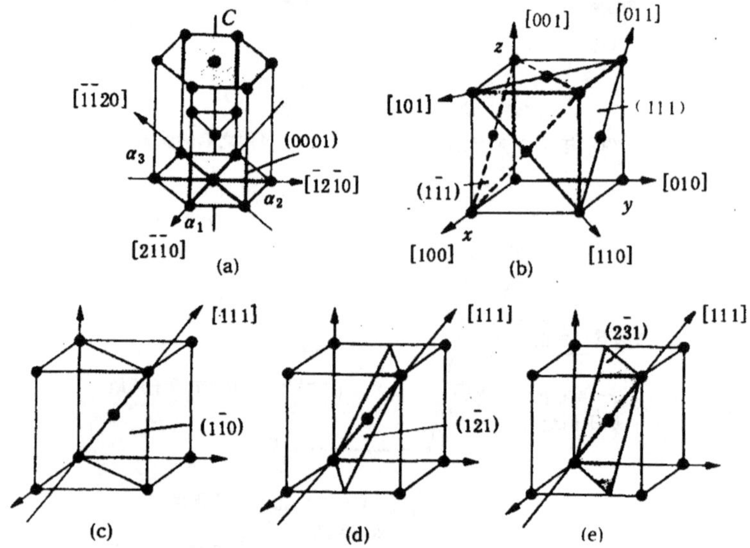

图 2.4　晶体的主要滑移系

一个滑移面及在其上的一个滑移方向组成一个滑移系. 晶体的主要滑移系对于不同的晶体结构是不相同的.

对于面心立方晶体（FCC），主滑移面为{111}，而滑移方向为〈110〉，有四个{111}平面，每个{111}平面有三个〈110〉滑移方向，总共有12个这样的滑移系.

图2.4示意说明几种晶体的主要滑移系.

对于体心立方晶体（BCC），主滑移面为{110}面，滑移方向是立方体的对角线〈111〉. 而且滑移面也可以为{112}及{123}，主滑移系{110}〈111〉共有12个. 次滑移面{112}，〈111〉及{123}，〈111〉分别有18个. 因此，体心立方晶体滑移

图2.5　α铁中波浪形滑移带（×300）

系总数为48个，为面心立方晶体的四倍之多，这并不能说明体心立方晶体的塑性性能更好. 事实上情况正好相反，因为面心立方晶体的临界剪应力要低得多，因此滑移容易进行. 另一方面，体心立方晶体中的滑移线是波浪形的（图2.5），很难准确测定其滑移面. 因此关于体心立方晶体的滑移面尚有不同看法. 一种看法认为体心立方晶体没有确定的滑移面，滑移是沿着〈111〉晶带最

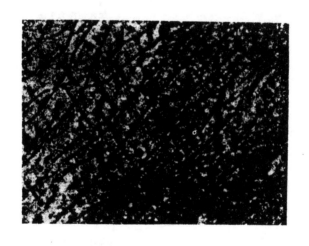

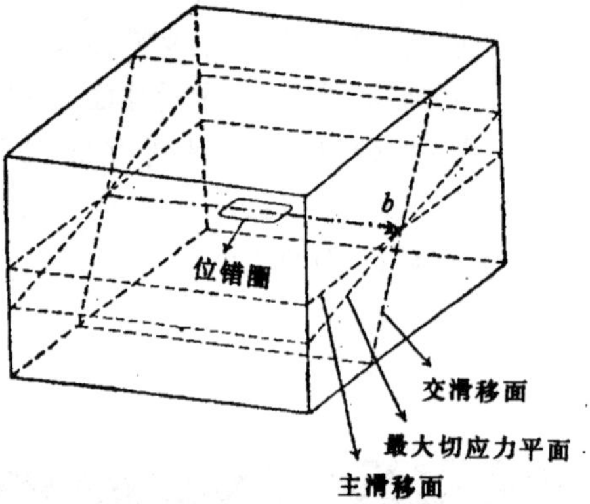

(a)

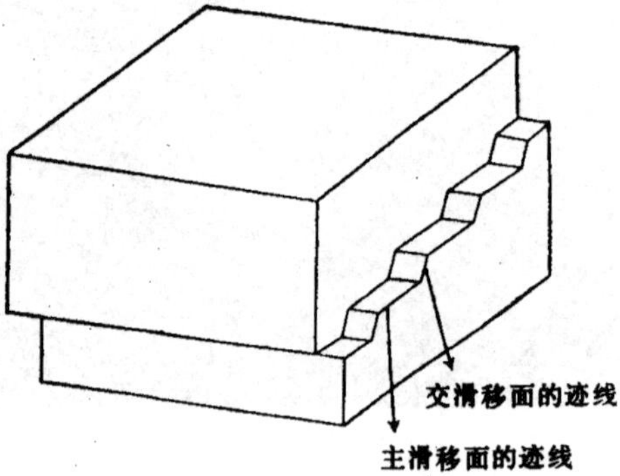

(b)

图 2.6　位错圈作棱柱（铅笔式）滑移示意图

（a）滑移前；　　（b）滑移后

大分解剪应力平面．第二种看法认为确实有沿｛110｝，｛112｝，｛123｝三组晶面的滑移．第三种看法认为真正的滑移面只有｛110｝面，至于｛112｝，｛123｝面，是滑移在不同取向的｛110｝面上交替进行所引起的表观迹象．利用直接观察位错的技术，可以看到微观滑移面的迹象. 业已证实，位错运动的微观滑移面包括 {110} 和 {112} 面，位错滑移确实沿着确定的晶面排列. 但由于立方晶体中螺型位错很容易交滑移，因此导致铅笔式滑移，如图 2.6 所示. 设想最大分解剪应力面并不与主滑移面重合. 一个位错环在扩展过程中，由于螺型部分不断作交滑移，就组成沿棱柱面的滑移. 此棱柱面是交替地由主滑移面和交滑移面的窄条所组成，使其平均位向接近于最大分解剪应力面.

六角密排晶体 (HCP) 主滑移面通常是它的基面. 但是六角晶体各晶面上原子密排程度随轴比 (c/a) 值的变化而变化. 当 $c/a<1.638$ 时，基面不再是唯一的密排面. 棱柱面 $\{10\bar{1}0\}$ 或棱锥面 $\{10\bar{1}1\}$ 具有相近的密排程度，甚至可以超过基面，对于锆和钛，择优滑移面会是 $\{10\bar{1}0\}$ 棱面，滑移方向则为 $\langle 11\bar{2}0\rangle$ 密排方向. 另一方面，对于锌和镉，$c/a>1.633$，底面自然是择优滑移面.

表 2.1 列出了六角晶体的主要滑移面. 从该表中看出，对于钴，镁和铍来说，实测的主要滑移面仍与预测的不同，这一点有待进一步研究.

表 2.2 列出了几种重要金属的滑移要素. 从该表中看出，对于一定的晶体结构，滑移方向一般说来不随晶体的温度和成分而改变，而滑移面则随温度和成分的不同而有所变化. 例如镁，室温时 {0001} 是主要滑移面，在 225℃以上，则有 $\{10\bar{1}1\}$ 面的滑移出现. 铝在室温下，主滑移面是 {111}，在 450℃以上则沿 {110} 面滑移. 这主要是由于各晶面上位错的 Peierls-Nabarro 力随温度变化不同所致. 高温下 Peierls-Nabarro 力最小的晶面与低温不同. 另一种解释认为次密排面上滑移的产生是由螺型位错的交滑移所控制，而交滑移是一种热激活过程. 因此，只在较高温度下才会出现次密排面的滑移. 关于成分的影响也有类似的说明.

表 2.1　六角晶体的主要滑移面（理论预测的及实测的）

金　　属	c/a 的比值	投影平面原子密度之比 $\frac{\rho\ \{1010\}}{\rho\ \{0001\}}=\frac{2/ac}{2/a^2\sqrt{3}}$	预　测　的 滑　移　面	实测的 滑移面
铍（Be）	1.568	1.10	$\{10\bar{1}0\}$	$\{0001\}$
钛（Ti）	1.587	1.09	$\{10\bar{1}0\}$	$\{10\bar{1}0\}$
锆（Zr）	1.593	1.09	$\{10\bar{1}0\}$	$\{10\bar{1}0\}$
镁（Mg）	1.623	1.07	$\{10\bar{1}0\}$	$\{0001\}$
钴（Co）	1.623	1.06	$\{10\bar{1}0\}$	$\{0001\}$
—	1.732	1.00	$\{10\bar{1}0\}$ 或 $\{0001\}$	—
锌（Zn）	1.856	0.94	$\{0001\}$	$\{0001\}$
镉（Cd）	1.886	0.92	$\{0001\}$	$\{0001\}$

表 2.2[10]

结构类型	金　属	滑 移 面（低温）	滑移方向（低温）	滑 移 面（高温）	滑移方向（高温）
面心立方	Al, Cu, Ag, Au, Ni, Cu-Au, α-Cu-Zn α-Cu-Al, Al-Cu Al-Zn, Au-Ag	(111)	$[10\bar{1}]$	Al: (100)	$[10\bar{1}]$
体心立方	α-Fe Mo W K Na β-Cu-Zn α-Fe-Si（5%Si） α-Fe-Si（4%Si） 	(110) (112) (123) (112) (112) (123) (112) (110) (112)? (110) (110) (112) (123)	[111] [111] [111] [111] [111] [111] [111] [111] 	 (110) (123) (110)	 [111] [111] [111]
密排六方	Cd（c/a=1.89） Zn（c/a=1.86） Mg（c/a=1.624） Mg+14%Li （c/a=1.61） Ti（c/a=1.59） 	(0001) (0001) (0001) $(10\bar{1}1)$† $(10\bar{1}0)$ (0001) $(10\bar{1}0)$ (0001) $(10\bar{1}0)$ $(10\bar{1}1)$	$[2\bar{1}\bar{1}0]$ $[2\bar{1}\bar{1}0]$ $[2\bar{1}\bar{1}0]$ $[\bar{1}2\bar{1}0]$ $[11\bar{2}0]$ $[\bar{1}2\bar{1}0]$ $[\bar{1}210]$	 $(10\bar{1}\bar{1})$ $(10\bar{1}2)$† (0001)	 $[2\bar{1}\bar{1}0]$ $[2\bar{1}\bar{1}0]$

表 2.2[10] （续）

结构类型	金 属	滑移面（低温）	滑移方向（低温）	滑移面（高温）	滑移方向（高温）
菱 方	Bi	(111)	[10$\bar{1}$]		
	Hg	(100) 及其他复杂系			
正 方	β-Sn	(110) (100) (100) (10$\bar{1}$) (121)	[001] [001] [011]? [101] [101]	(110)	[111]
正 交	U	(010) (110)	[100]		

† 表示未定

§ 2.2 单滑移的几何学[12]

考虑只有单一滑移系统开动的形变．如图 2.7 所示．原来为

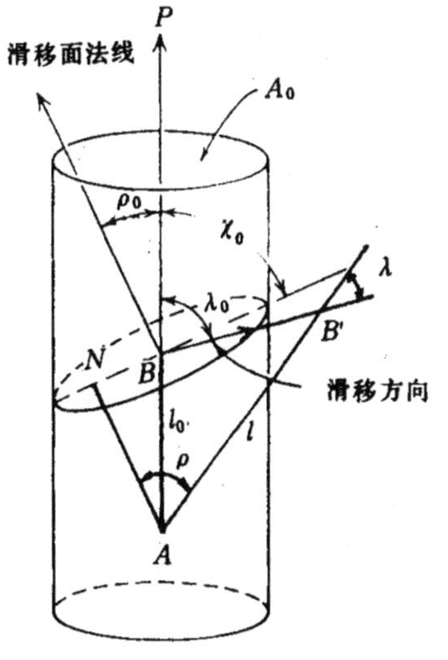

图 2.7 滑移面和滑移方向相对于加载轴方位的示意图

圆柱形的晶体试样，在拉伸时长度有了增加．设想试验机的夹头

可以自由移动，使滑移面法线方向和滑移方向保持不变，则拉伸轴的方向要不断变化．令 ρ_0，λ_0 分别表示拉伸前加载轴与滑移面法线及滑移方向之间的夹角，拉伸后相应的角度用 ρ，λ 来表示，l_0，l 分别表示试样拉伸前和拉伸后长度，从三角形 ABB'，我们得出

$$l/l_0 = \sin\lambda_0/\sin\lambda \tag{2.1}$$

从两直角三角形 ABN 及 $AB'N$，我们得

$$\begin{aligned} AN &= l_0\sin\chi_0 = l\sin\chi \\ l/l_0 &= \sin\chi_0/\sin\chi \end{aligned} \tag{2.2}$$

式中 χ_0 和 χ 分别为晶体拉伸前和后滑移平面和拉伸轴之间的夹角，我们将滑移剪切应变 γ 定义为单位距离内两个滑移平面之间的相对位移．因此，γ 等于 BB'/AN．这里 BB' 为两个晶体面之间的滑移总量，而 AN 为这两个晶面之间的垂直距离．从三角形 ABB' 中，不难得出

$$BB' = l\sin(\lambda_0 - \lambda)/\sin\lambda_0$$

由此推得

$$\gamma = BB'/AN = l\sin(\lambda_0 - \lambda)/(l_0\sin\lambda_0\sin\chi_0)$$

记

$$d = l/l_0$$

利用（2.1）消去 λ，得到

$$\gamma = (\sqrt{d^2 - \sin^2\lambda_0} - \cos\lambda_0)/\sin\chi_0 \tag{2.3}$$

从公式（2.3）看出滑移剪应变 γ 取决于滑移元素的初始方位及晶体的相对伸长．

我们还可以用解析几何方法来分析滑移变形．如图 2.8 所示，xy 平面为滑移平面，y 轴为滑移方向，Op_0 为拉伸前晶体纵向线元素．滑移在平行于 xy 平面和在 y 方向进行．结果使 p_0 移动到 p．因此，有坐标关系式

$$\begin{cases} x = x_0 \\ y = y_0 + \gamma \cdot z_0 \\ z = z_0 \end{cases} \tag{2.4}$$

因为

$$y_0 = l_0\cos\lambda_0 \qquad z_0 = l_0\sin\chi_0$$

所以

$$\begin{aligned} l/l_0 &= \sqrt{x^2+y^2+z^2}\Big/\sqrt{x_0^2+y_0^2+z_0^2} \\ &= \sqrt{1+2\gamma\cos\lambda_0\sin\chi_0+\gamma^2\sin^2\chi_0} \end{aligned} \tag{2.5}$$

上式即是晶体伸长量与滑移剪切应变及滑移要素的初始取向之间的关系．从公式（2.5）解出剪应变 γ 就得到公式（2.3）．

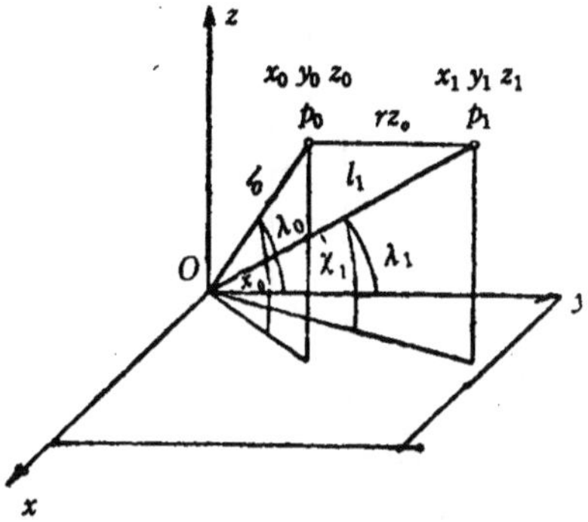

图 2.8　晶体滑移的解析分析

我们用张量分量所组成的矩阵表示张量，向量用列阵表示．设想 $\underset{\sim}{m}$ 是滑移方向的单位向量，$\underset{\sim}{n}$ 是滑移面的法线向量．此时有

$$\underset{\sim}{m} = \{0 \quad 1 \quad 0\}^T$$

$$\underset{\sim}{n} = \{0 \quad 0 \quad 1\}^T$$

坐标关系式可以改写为

$$\underset{\sim}{x} = \underset{\sim}{F}\underset{\sim}{x}_0 \tag{2.6}$$

式中 $\underset{\sim}{F}$ 是变形梯度张量

$$\underset{\sim}{F} = \underset{\sim}{I} + \gamma\underset{\sim}{m}\underset{\sim}{n}^T \tag{2.7}$$

$$\underset{\sim}{F} = \begin{bmatrix} 1 & 0 & 0 \\ 0 & 1 & \gamma \\ 0 & 0 & 1 \end{bmatrix} \tag{2.8}$$

$$\underset{\sim}{n}^T = \{0 \quad 0 \quad 1\}$$

公式（2.7）表示了滑移变形所对应的变形梯度张量．这个公式是在特殊的坐标系下推得的，它表达的是二阶张量之间的关系式，因此在任何坐标系下这个关系式都是成立的．

以上的分析忽略了弹性应变和晶体方位的变化．弹性应变一般说来是很小的．因此，忽略弹性应变可以简化几何学的分析而不会改变物理本质．

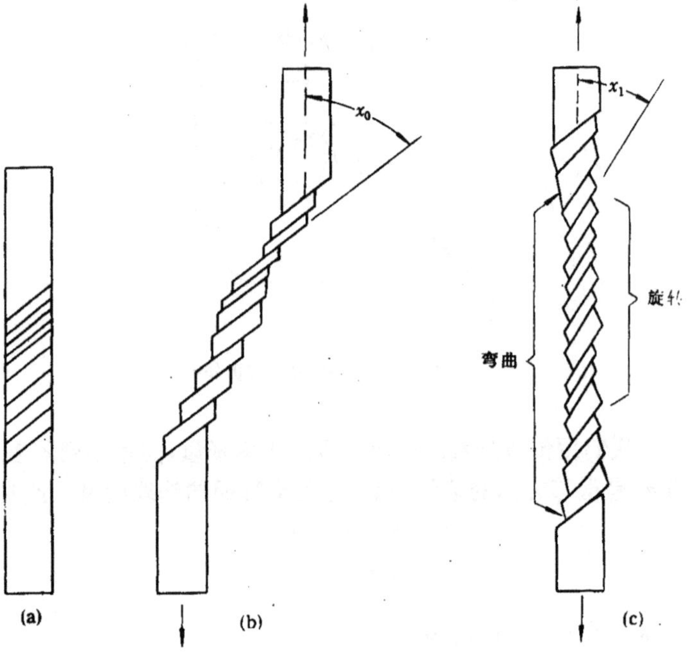

图 2.9　晶体取向转动示意图[17]

一般说来试验机夹头是固定不动的，因此拉伸轴的方向是不变的. 在这种情况下，晶体的取向就要发生变化. 如图 2.9 所示，晶体取向变化为一刚性旋转，旋转的结果使拉伸轴回到原来的方向.

现在来分析单轴拉伸时的晶体旋转. 建立空间固定的直角坐标系 $oxyz$. 设想拉伸轴与 z 轴一致，在变形过程中保持不变. 而 x 轴适当选择使变形前的滑移方向位于 xz 平面内.

如图 2.10 所示，此时有

$$\underset{\sim}{m} = \{\sin\lambda_0,\ 0,\ \cos\lambda_0\}^T$$

$$\underset{\sim}{n} = \{\cos\chi_0\cos\varphi_0, \cos\chi_0\sin\varphi_0, \sin\chi_0\}^T$$

考察晶体上任意的与 z 轴平行的线段 $\overline{P_0Q_0}$，此时有

$$\overline{P_0Q_0} \Rightarrow d\underset{\sim}{X} = \{0\ 0\ d\ Z\}^T$$

设想总的变形梯度 $\underset{\sim}{F}$ 可以分解为滑移变形和晶格刚性转动两部分：

$$\underset{\sim}{F} = \underset{\sim}{R}\underset{\sim}{F}^p \tag{2.9}$$

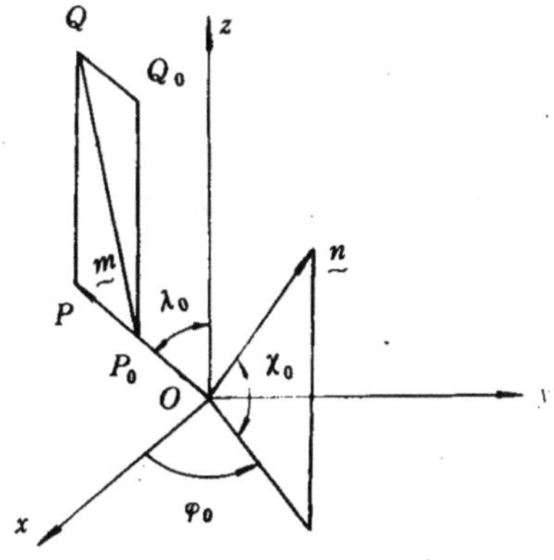

图 2.10

式中

$$\underset{\sim}{F}^p = \underset{\sim}{I} + \gamma \underset{\sim}{m}\underset{\sim}{n}^T \tag{2.10}$$

$\underset{\sim}{R}$ 是正交张量．依照我们的要求，变形前与 z 轴平行的任意线段 $\overline{P_0Q_0}$ 变形后仍与 z 轴平行，这意味线段 $\overline{PQ}$ 只有 z 轴方向的分量：

$$\overline{PQ} = d\underset{\sim}{x} = \{0\ 0\ dz\}^T$$

另一方面

$$\begin{aligned} d\underset{\sim}{x} &= \underset{\sim}{R}\underset{\sim}{F}^p d\underset{\sim}{X} = \underset{\sim}{R}\{d\underset{\sim}{X} + \gamma \underset{\sim}{m}(\underset{\sim}{n}^T d\underset{\sim}{X})\} \\ &= \underset{\sim}{R}\{d\underset{\sim}{X} + \gamma \underset{\sim}{m}(dZ \cdot \sin\chi_0)\} \end{aligned} \tag{2.11}$$

将方程（2.11）写成分量的形式，得到

$$\begin{cases} R_{13} + a(R_{11}\sin\lambda_0 + R_{13}\cos\lambda_0) = 0 \\ R_{23} + a(R_{21}\sin\lambda_0 + R_{23}\cos\lambda_0) = 0 \\ R_{33} + a(R_{31}\sin\lambda_0 + R_{33}\cos\lambda_0) = \dfrac{dz}{dZ} \end{cases} \tag{2.12}$$

式中 $a = \gamma\sin\chi_0$

任意的正交矩阵 $\underset{\sim}{R}$ 可用三个欧拉角 φ，ρ，θ 来表示：

$$\underset{\sim}{R} = \begin{bmatrix} \cos\theta\cos\varphi\cos\rho - \sin\theta\sin\varphi, & -\sin\theta\cos\varphi\cos\rho - \cos\theta\sin\varphi, & \sin\rho\cos\varphi \\ \cos\theta\sin\varphi\cos\rho + \sin\theta\cos\varphi, & -\sin\theta\sin\varphi\cos\rho + \cos\theta\cos\varphi, & \sin\rho\sin\varphi \\ -\cos\theta\sin\rho, & \sin\theta\sin\rho, & \cos\rho \end{bmatrix} \tag{2.13}$$

如图 2.11 所示，正交矩阵 $\underset{\sim}{R}$ 的几何意义在于，它使 $Oxyz$ 坐标轴刚性转至 $Ox^* y^* z^*$ 坐标轴，将（2.13）式代入（2.12），得如下一组解答

$$\begin{cases} \theta = 0 \\ \mathrm{tg}\rho = -\dfrac{a\sin\lambda_0}{(1 + a\cos\lambda_0)} \\ d = \dfrac{dz}{dZ} = \dfrac{(1 + a\cos\lambda_0)}{\cos\rho} \\ d = -\dfrac{a\sin\lambda_0}{\sin\rho} \end{cases} \tag{2.14}$$

而角度 φ 可以是任意值，这个结果很容易找到物理解释．如图

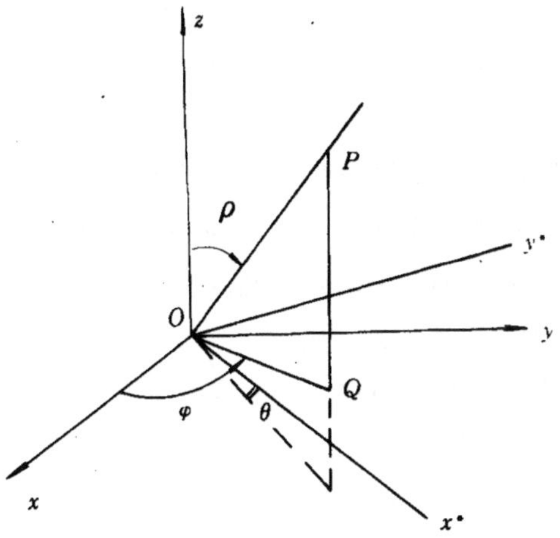

图 2.11

2.10 所示，晶体滑移使原来平行于 z 轴的线元在 xz 平面内发生偏转，现在为了使这些线元（如$\overline{P_0Q}$）重新平行 z 轴，只须将晶体绕 y 轴作一个刚性转动即可. 转动角度 ρ 由公式（2.14）给出. 至于绕 z 轴的转动，不可能改变线元同 z 轴的平行关系，因此 φ 角取任意值均是可以的.

另外从公式（2.14）的后两个式子消去 ρ，即得

$$a = \gamma \cdot \sin\chi_0 = \sqrt{d^2 - \sin^2\lambda_0} - \cos\lambda_0$$

此即公式（2.3）.

现在来考察晶体滑移方向的改变. 单轴拉伸后滑移方向的单位矢量 $\underset{\sim}{m}^*$ 为

$$\begin{aligned} \underset{\sim}{m}^* &= \underset{\sim}{F}\underset{\sim}{m} = \underset{\sim}{R}\underset{\sim}{F}^p\underset{\sim}{m} \\ &= \underset{\sim}{R}\{\underset{\sim}{m} + \gamma\underset{\sim}{m}(\underset{\sim}{n}^T\underset{\sim}{m})\} = \underset{\sim}{R}\underset{\sim}{m} \end{aligned}$$

为了简化起见，我们取 $\varphi=0$. 此时有

$$\underset{\sim}{R} = \begin{bmatrix} \cos\rho & 0 & \sin\rho \\ 0 & 1 & 0 \\ -\sin\rho & 0 & \cos\rho \end{bmatrix} \qquad (2.15)$$

代入上式得

$$\underset{\sim}{m}^* = \{\sin(\lambda_0 + \rho), 0, \cos(\lambda_0 + \rho)\}^T \tag{2.16}$$

这说明滑移方向仍在 xz 平面，滑移方向与 z 轴的夹角为 $\lambda_1=\lambda_0+\rho$.

类似地我们可以求得拉伸变形后的滑移面法线方向：

$$\underset{\sim}{n}^* = \{\cos\varphi_0\cos\chi_0\cos\rho + \sin\chi_0\sin\rho,\ \cos\chi_0\sin\varphi_0,\ \sin\chi_0\cos\rho - \cos\varphi_0\cos\chi_0\sin\rho\}^T$$

记 n^* 的方位角为 φ_1，χ_1. 则有

$$n^* = \{\cos\varphi_1\cos\chi_1, \sin\varphi_1\cos\chi_1, \sin\chi_1\}^T \tag{2.17}$$

注意到 $\underset{\sim}{m}^T\underset{\sim}{n}=0$，因此有

$$\cos\chi_0\sin\lambda_0\cos\varphi_0 + \sin\chi_0\cos\lambda_0 = 0$$

比较关于 n^* 的两个表达式得

$$\sin\chi_1 = -\cos\varphi_0\cos\chi_0\sin\rho = \frac{\sin\chi_0\cos\lambda_0}{\sin\lambda_0}\cdot\frac{(-a\sin\lambda_0)}{d}$$

另有

$$\mathrm{tg}\varphi_1 = \frac{\cos\chi_0\sin\varphi_0}{\cos\varphi_0\cos\chi_0\cos\rho + \sin\chi_0\sin\rho} = \frac{d\,\mathrm{tg}\varphi_0\cos\lambda_0}{(a + \cos\lambda_0)}$$

§2.3 晶体滑移动力学[10, 12]

如图 2.7 所示，设 P 为轴向载荷，A_0 为单晶试棒的横截面积，则滑移面积为 $A_0/\cos\rho_0$. 作用在滑移面单位面积上的应力为 $P/(A_0/\cos\rho_0)$，该应力是沿着试样拉伸轴的方向. 作用在滑移方向的分解剪应力

$$\tau = \frac{P}{A_0}\cos\rho_0\cos\lambda_0 \tag{2.18}$$

这里 $\cos\rho_0\cos\lambda_0$ 代表方位因子，也称为 Schmid 因子.

大量试验证明不同取向的金属单晶体屈服强度很不相同. 但作用在滑移面和滑移方向上的初始临界分解剪应力却是相同的. 也就是说，在一定温度、一定形变速度及一定滑移系的情况下，对于一定晶体，初始临界分解剪应力是恒定的. 这就是临界分解剪应力定律，也称为 Schmid 定律.

由公式（2.18）得到单轴拉伸屈服强度

$$\sigma_s = \tau_c/(\cos\rho_0 \cdot \cos\lambda_0) \tag{2.19}$$

图 2.12 为六角晶系金属镁中晶体取向对屈服应力的影响. 点子表示实验数据，曲线是由公式（2.19）算得的理论曲线，可以看出理论值与实验值是完全一致的. Schmid 发现，当各方向加以压力（1—40.53×10^3 帕）时，并不改变临界切应力值. 因此，可以认为三轴应力不影响滑移开始. 临界分解剪应力受下列因素影响[10]：

（1）化学成分：溶质元素量增大时，固态互溶合金临界分解剪应力发生了变化（图 2.13）.

（2）温度. 温度增高时，临界剪应力减小（图 2.14）.

（3）表面情况和介质情况. 金属表面的氧化膜，能遏制位错运动到表面上来，位错就在氧化膜下堆积起来，因而增强了晶体的强度. 金属晶体处在周围介质中时，化学反应将影响金属的性质，同时金属表面吸附介质中的表面活性物质，使金属的强度降低.

（4）形变速度. 提高形变速度，使金属滑移的临界剪应力提高，同时使晶体的加工硬化率增加.

（5）滑移程度. 随着滑移程度的增加，晶体继续形变所需的临界剪应力增高. 这种情况称为加工硬化.

表 2.3 列出了一些金属的临界分解剪应力. 从表中看出一般金属的临界分解剪应力数值在 0.01—0.60 公斤/毫米^2 之间.

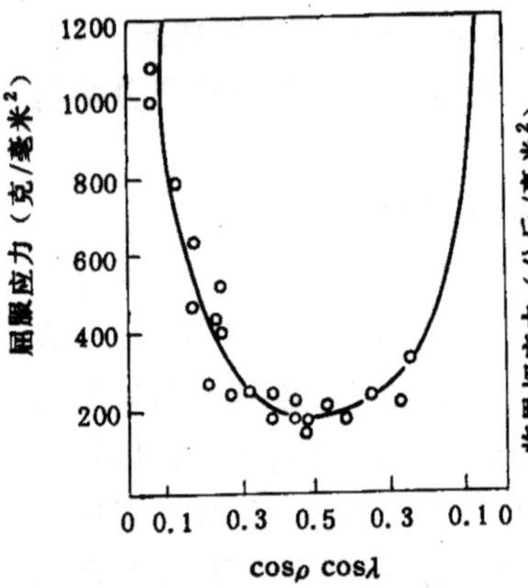

图 2.12 镁晶体的屈服应力与晶体取向的关系

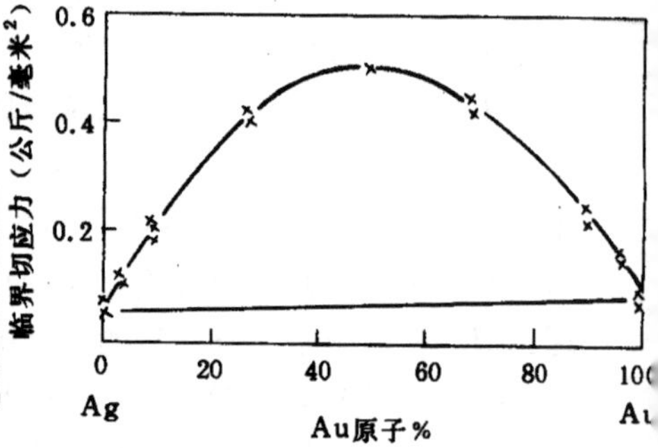

图 2.13 Ag-Au 合金的临界切应力

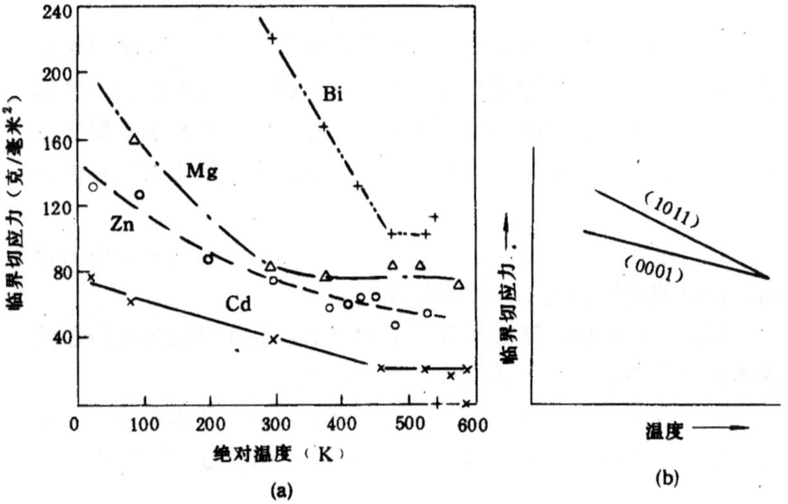

图 2.14 温度对临界切应力的影响（示意图）

表 2.3[10]

金　属	温度（℃）（未标出的均为 20℃）	杂质含量（%）	滑 移 面	滑移方向	临界应力（公斤/毫米²）
Cu		0.1	(111)	$[10\bar{1}]$	0.10
Ag		0.01	(111)	$[10\bar{1}]$	0.060
Au		0.01	(111)	$[10\bar{1}]$	0.092
Ni		0.2	(111)	$[10\bar{1}]$	0.58
Mg		0.05	(0001)	$[11\bar{2}0]$	0.083
Mg		0.02	(0001)	$[11\bar{2}0]$	0.0778
Mg	330	0.02	(0001)	$[11\bar{2}0]$	0.0655
Mg	330	0.02	$(10\bar{1}1)$	$[11\bar{2}0]$	0.400
Zn		<0.001	(0001)	$[11\bar{2}0]$	0.030
Zn		0.04	(0001)	$[11\bar{2}0]$	0.094
Zn	25	0.00088	(0001)	$[11\bar{2}0]$	0.0184
Cd		0.004	(0001)	$[11\bar{2}0]$	0.058
Cd		0.004	$(11\bar{2}0)$		0.03
Cd		0.0006			0.0098
Cd		0.0006			0.0171
β-Sn		0.01	(100)	[001]	0.19
β-Sn		0.01	(110)	[001]	0.13
β-Sn		0.01	(101)	$[10\bar{1}]$	0.16
β-Sn		0.01	(121)	$[10\bar{1}]$	0.17
Bi		~0.1	(111)	$[10\bar{1}]$	0.221

对面心立方晶体而言，有 12 个主滑移系统，晶体在拉伸过程中，究竟哪一个滑移系统首先开动，取决于方位因子. 在拉伸过程中，晶轴方向不断变化. 为了分析方便起见，可以设想晶轴是固定的，而拉伸轴是在转动的. 也就是说，我们在晶体的局部坐标系中，讨论方位因子的变化.

在晶体学中，采用极射赤面投影方法表示方位是很方便的.

设想参考球面的半径为单位长度的 [001] 极射赤面图上，x 轴和 y 轴分别指向 [100] 和 [010]. ρ，φ 是标准的欧拉角，用以指示拉伸轴的方位（如图 1.9 所示）. 其中 ρ 是拉伸轴与晶向 [001] 的夹角. φ 是拉伸轴在赤道平面上的投影同 x 轴的夹角，由

此，有

$$\underset{\sim}{l}=l(\sin\rho\cos\varphi,\ \sin\rho\sin\varphi,\ \cos\rho)^T \tag{2.20}$$

极射赤面投影点的坐标为

$$x=\sin\rho\cos\varphi/(1+\cos\rho)$$

$$y=\sin\rho\sin\varphi/(1+\cos\rho)$$

另外，我们也可以从 x，y 得到 ρ，φ.

表 2.4 标出了面心立方晶体 12 个主滑移系的命名及相应的滑移要素.

沿着拉伸轴的单位向量 $\underset{\sim}{l}_0$ 为

$$\underset{\sim}{l}_0=(\sin\rho\cos\varphi,\ \sin\rho\sin\varphi,\ \cos\rho)^T \tag{2.21}$$

由此，单轴拉伸所对应的应力张量为

$$\underset{\sim}{\sigma}=\sigma\,\underset{\sim}{l}_0\,\underset{\sim}{l}_0^T \tag{2.22}$$

在滑移面上的应力向量为 $\underset{\sim}{f}$

$$\underset{\sim}{f}=\underset{\sim}{\sigma}\,\underset{\sim}{n}^{(\alpha)},=\sigma\,\underset{\sim}{l}_0\,(\underset{\sim}{l}_0^T\underset{\sim}{n}^{(\alpha)})$$

式中 $\underset{\sim}{n}^{(\alpha)}$ 是第 α 滑移系滑移面的单位法向量. 在滑移方向的分解剪应力 $\tau^{(\alpha)}$ 为

$$\tau^{(\alpha)}=\sigma(\underset{\sim}{l}_0^T\underset{\sim}{m}^{(\alpha)})(\underset{\sim}{l}_0^T\underset{\sim}{n}^{(\alpha)}) \tag{2.23}$$

式中 $\underset{\sim}{m}^{(\alpha)}$ 是第 α 滑移系的滑移方向，由此推得第 α 滑移系的方位因子为

表 2.4　面心立方晶体滑移系命名

滑移面	(111)			$(\bar{1}\bar{1}1)$			$(\bar{1}11)$			$(1\bar{1}1)$		
滑移方向	$[0\bar{1}1]$	$[10\bar{1}]$	$[\bar{1}10]$	$[011]$	$[\bar{1}0\bar{1}]$	$[1\bar{1}0]$	$[0\bar{1}\bar{1}]$	$[\bar{1}0\bar{1}]$	$[110]$	$[011]$	$[10\bar{1}]$	$[\bar{1}\bar{1}0]$
滑移系	a_1	a_2	a_3	b_1	b_2	b_3	c_1	c_2	c_3	d_1	d_2	d_3

$$\Omega^{(\alpha)}=\frac{\tau^{(\alpha)}}{\sigma}=(\underset{\sim}{l}_0^T\underset{\sim}{m}^{(\alpha)})(\underset{\sim}{l}_0^T\underset{\sim}{n}^{(\alpha)})$$

例如对于 $a\bar{2}$ 滑移系，我们有

$$\underset{\sim}{m}^{(\alpha)}=\frac{1}{\sqrt{2}}(\bar{1}\ 0\ 1)^T$$

$$\underset{\sim}{n}^{(\alpha)}=\frac{1}{\sqrt{3}}(1\ 1\ 1)^T$$

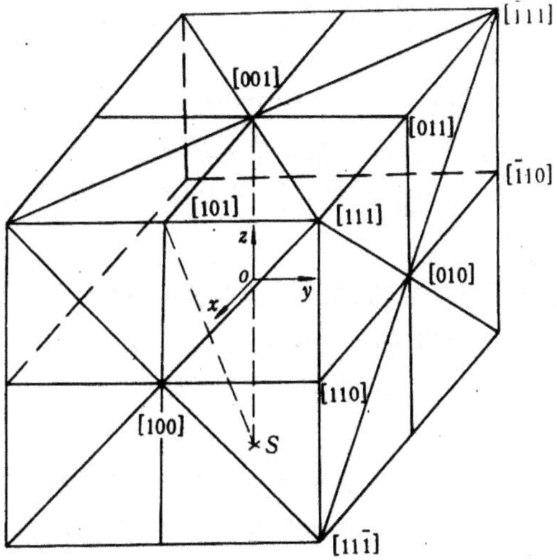

(a)

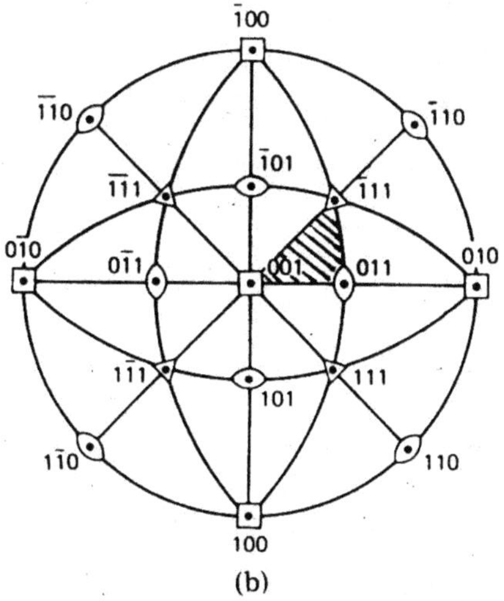

(b)

图 2.15　［001］极射赤面投影图

因此

$$\Omega^{(a)}=\frac{1}{\sqrt{6}}[(\sin\varphi+\cos\varphi)\sin\rho+\cos\rho]\cdot(\cos\rho-\sin\rho\cos\varphi)$$

图 2.15 显示了［001］极射赤面投影图. 可以看出，如果拉伸轴处于图 2.15 中有阴影的三角形中，则方位因子最大的滑移系将是 $a\bar{2}$.

图 2.15 (a) 上，立方体的每个面被晶向线分割成 8 个三角形区域. 这个面心立方体的上半部分恰好有 24 个三角形区域. 这 24 个三角形区域是与［001］极射赤面投影图 2.15 (b) 上的 24 个三角形区域对应的.

我们约定滑移剪切应变只能是正的，反向滑移将看作是另一滑移系. 因此，面心立方晶体应看作有 24 个主滑移系.

我们来证明，每个滑移系对应着一个择优的三角形区域. 由公式 (2.18)，(2.23) 可知，对于一定的滑移系，仅当两个滑移要素和拉力之间的夹角都是 45°时，该滑移系的方位因子达到最大值 1/2. 事实上，如图 2.16 所示，拉伸应力轴沿着$\overrightarrow{OA}$方向. A' 点是 A 点在滑移方向 $\underset{\sim}{m}$ 及滑移面法线方向 $\underset{\sim}{n}$ 所组成平面上的投影. λ，ρ 分别是拉伸轴与 $\underset{\sim}{m}$，$\underset{\sim}{n}$ 之间的夹角. α，β 分别是矢量$\overrightarrow{OA'}$与 $\underset{\sim}{m}$，$\underset{\sim}{n}$ 之间的夹角. 则有

$$\cos\lambda=\frac{OB}{OA}\leqslant\frac{OB}{OA'}=\cos\alpha$$

$$\cos\rho\leqslant\cos\beta$$

$$\alpha+\beta=90°$$

由此

$$\cos\lambda\cos\rho\leqslant\cos\alpha\cos\beta=\cos\alpha\sin\alpha\leqslant\frac{1}{2}$$

这意味着最佳拉伸轴必需位于 $\underset{\sim}{m}$ 与 $\underset{\sim}{n}$ 所组成的平面内且平分 $\underset{\sim}{m}$ 与 $\underset{\sim}{n}$ 所组成的直角.

这样对于每个滑移系有一个最佳拉伸轴方向. 图 2.17 中的 P

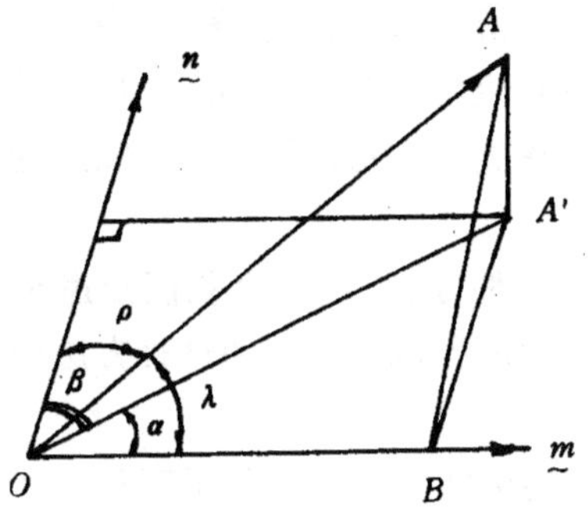

图 2.16

点即是滑移系 $a\bar{2}$ 的最佳拉伸轴方向的极射投影点. Q 点是 P 点相对于 y 轴的对称点. Q 点则是滑移系 $c\bar{2}$ 的最佳拉伸轴方向的极射投影点. 在 y 轴上滑移系 $a\bar{2}$ 的方位因子与滑移系 $c\bar{2}$ 的方位因子相等.

与滑移系 $a\bar{2}$ 相对应的择优三角形的另一边界，是滑移系 $a3$ 所对应的择优三角形区域与滑移系 $a\bar{2}$ 所对应的择优三角形区域的公共边界. 在这个公共边界上，有

$$\tau_{a3} = \tau_{a\bar{2}}$$

式中下标 $a3$，$a\bar{2}$ 指明分解剪应力所对应的滑移系. 这样得到方程

$$\frac{\sigma}{\sqrt{6}}\{[(\sin\varphi + \cos\varphi)\sin\rho + \cos\rho] \cdot (\cos\rho - \sin\rho\cos\varphi)\}$$

$$= \frac{\sigma}{\sqrt{6}}\{[(\sin\varphi + \cos\varphi)\sin\rho + \cos\rho] \cdot (\sin\rho\sin\varphi - \sin\rho\cos\varphi)\}$$

化简后得

$$\mathrm{tg}\rho\sin\varphi = 1 \qquad (2.24)$$

通过 x 轴且平分 yz 平面作一平面，它与参考球相交的大圆

恰好满足方程（2.24）. 该大圆在标准［001］极射赤面投影图上通过［100］，［111］，［011］，［$\bar{1}$11］和［$\bar{1}$00］点.

总之经过上面分析，我们看出极射平面被划分成24个三角形区域. 每个滑移系对应着一个择优的三角形区域. 当拉伸轴方向的极射投影点位于择优的三角形区域内，相应的滑移系的方位因子将是最大.

下面我们介绍一种方法[1)]，一旦我们知道拉伸轴方向的极射投影点位于某个三角形区域，就能用这种方法确定方位因子最大的滑移系.

例如拉伸轴方向的极射投影点位于三角形区域111，110，010之内. 首先我们找出图2.15（a）上相应的三角形区域，然后考察与111相对称的点11$\bar{1}$（以对边110，010为对称线）. 这样就确定了滑移面（11$\bar{1}$）. 再以111，010对边为对称线，找出与110对称的点011，这样就找到了滑移方向［011］. 也就是说方位因子最大的滑移系是（11$\bar{1}$）［011］，即$b\bar{1}$滑移系.

现在来跟踪轴的转动，设想如图2.18所示，P点为拉伸轴的初始位置. 滑移系$a\bar{2}$是原始滑移系，随着滑移程度增加λ_0减小，ρ_0增加. P点沿虚线向着［$\bar{1}$01］运动. 如果$\lambda_0>45°$，晶体的转动使得方位因子增加（注意这里λ_0，ρ_0分别是拉伸轴与滑移系$a\bar{2}$的滑移方向及滑移面法线方向的夹角）. 因为λ_0，ρ_0都趋于45°，因此如果不考虑加工硬化，晶体可以在更低的载荷下继续屈服. 这时，我们称晶体处于几何软化状态. 反过来，若$\rho_0>45°>\lambda_0$，晶体的转动又会使方位因子减小，从而造成几何硬化. 这种几何硬化只是相对于拉伸屈服应力而言. 并不意味着临界分解剪应力的提高. 当拉伸轴达到对称线［001］-［$\bar{1}$11］位置时，第二个滑移系统（$\bar{1}\bar{1}$1）［011］在几何上变得同样重要. 如果此时，原始滑移系$a\bar{2}$的硬化与共轭系统中相同，就会产生双滑移. 两个滑移系所产生的旋转合成后，将使拉伸轴沿对称线［001］-［$\bar{1}$11］位置转

1） 清华大学材料系潘金生教授讲课笔记.

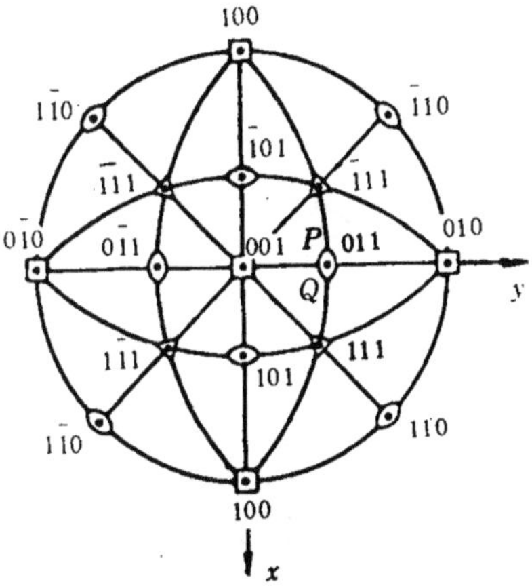

图 2.17

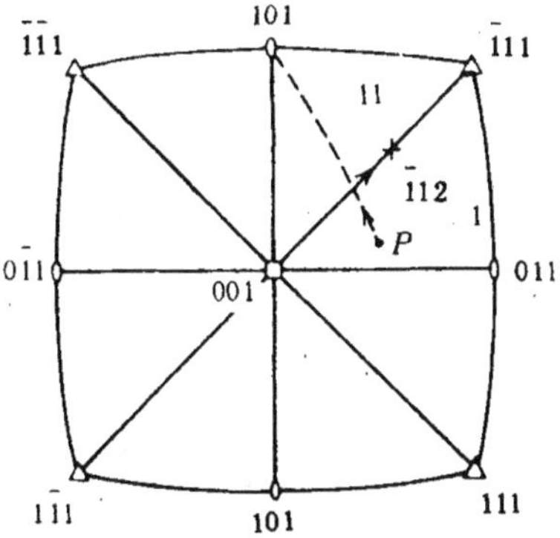

图 2.18

动，以保持两个滑移系受到相同的分解剪应力作用，直到拉伸轴和 $[\bar{1}12]$ 重合. 此时拉伸轴和滑移方向 $[\bar{1}01]$ 及 [011] 处于同一平面，旋转效应完全抵消. 继续拉伸将不再发生方位变化.

纯金属铝、铜等的实验结果与上面的经典分析相符. 但在某些合金中出现超越现象，当拉伸轴取向达到对称线位置后，滑移仍在原始滑移系统上进行. 而 P 点越过对称线，直至共轭滑移系突然激发. 拉伸轴 P 反向朝 [011] 运动，又反向超过对称线. 这种现象说明，滑移在两个滑移系内交替进行. 超越现象说明了共轭系统的硬化要比主滑移系统大，所以比较难于开动. Piercy 等[18]认为超越是由于潜在硬化造成的，共轭系统上的位错滑移时必然和原始滑移系统中已经增殖的大量位错相交截.

§ 2.4 晶体的应力-应变曲线[13,14,16]

(1) 面心立方晶体的形变

采用高纯度的晶体金属和非常精细的试验技术可以得到一条比较完整的面心立方晶体加工硬化曲线，如图 2.19 所示．该曲线明显地分成三个阶段．

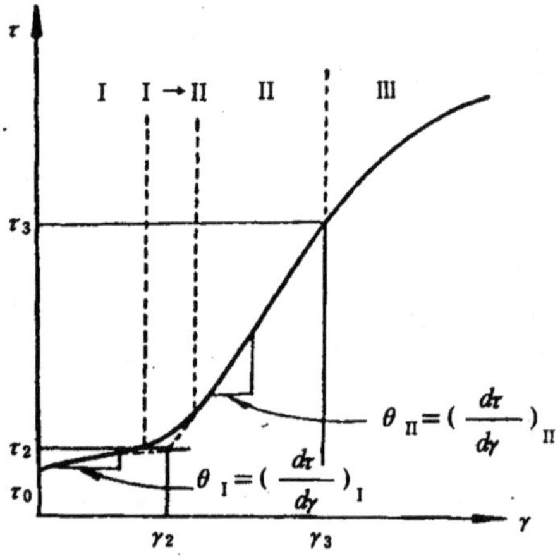

图 2.19　面心立方结构金属晶体的应力-应变曲线示意图

第一阶段是易滑移阶段，硬化系数 θ_I 很小，一般对应单滑移，只有一个滑移系开动．如果拉伸轴的方位使几个滑移系同时开动，这个阶段就不出现．

第二阶段的硬化系数 $\theta_I = \frac{d\tau}{d\gamma}$ 为最大，且为一常数，故又称为线性硬化区．转入第二阶段，由于次滑移系的开动，林位错密度大增，导致加工硬化系数急剧上升．在第一、二两阶段过渡区中，往往对应着次滑移开动，其硬化系数逐渐增加．

第三阶段中硬化系数 θ_{II} 随应变增加而减小，故又称为抛物线硬化区，实验观察表明，此时位错呈胞状组织．

应该强调的是三个阶段并非总是存在的．如果环境发生变化，则第一阶段乃至第二阶段可能会消失．例如变形温度足够高时，第三阶段占主导地位．

晶体的应力-应变曲线受很多可变因素的影响. 这些因素中最主要的是：金属类别、纯度、形变温度和速度、表面状况、晶体的大小和形状、晶体的位向.

不同种类的金属及不同纯度的金属可以看作是不同的材料；形变温度、速度、表面状况不同可以认为是环境不同；

从力学角度值得深入探索的是晶体的大小和形状，特别是晶体位向对应力-应变曲线的影响.

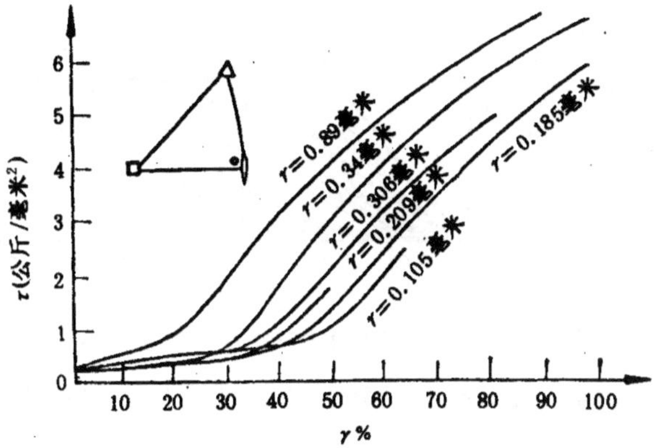

图 2.20　试样大小对铜单晶应力-应变曲线的影响

图 2.20 表示晶体尺寸对铜晶体应力-应变曲线的影响. 所研究的是纯度为 99.98% 的铜晶体，位向很一致，半径从 0.105 毫米到 0.89 毫米之间变化. 一般说来 θ_1，$\theta_{\rm I}$ 的变化不大，但易滑移区变化很大.

实验证明，晶体的形状对变形过程也有重要的影响. 两个相同位向的铝晶体，在截面形状不同的情况下，滑移路径短的晶体给出了较长的易滑移区. 这一看法与晶体尺寸对易滑区的影响是一致的.

晶粒取向对应力-应变曲线的影响可参看图 2.21. 它给出铜单晶的室温形变曲线，短划标出阶段Ⅱ的开始与终止. 此结果表明存在“软”位向区和“硬”位向区，在“软”区，主要为单滑移；在“硬”位向区，主要为多滑移. 尤其在[001]和[$\bar{1}$11]方位上的晶体应力-应变曲线最陡.

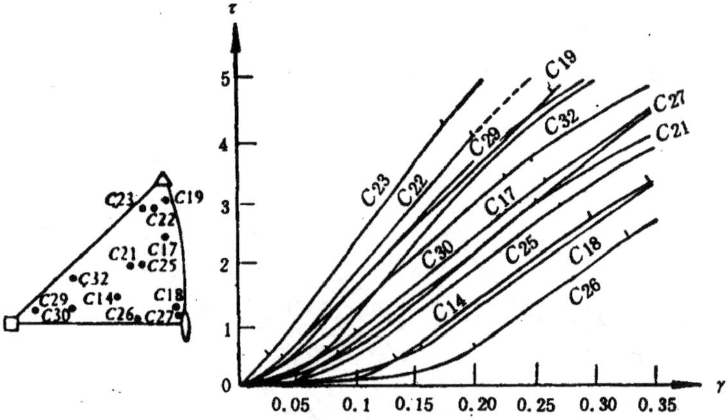

图 2.21 晶体取向对铜单晶应力-应变曲线的影响

晶体位向不仅影响易滑移区的长度而且影响 θ_{I} 和 θ_{II}. 图 2.22 表明，取向[001]点和[$\bar{1}$11]点附近 θ_{I} 较大，[011]方向较小，而在“软区”内部 θ_{I} 最小.

晶体方位对 θ_{II} 的影响不如 θ_{I} 明显，但依然有类似的倾向（图 2.23）.

（2）体心立方晶体的变形

体心立方晶体，一般说来，滑移总是发生在最密排的方向，即〈111〉方向. 而滑移面则有三种可能：{110}，{112}，{123}.

在低温下，体心立方晶体往往在{110}〈111〉滑移系上滑移，但在室温或更高温时，{112}，{123}面就可能开动，出现“铅笔”式滑移.

由于间隙杂质的作用，在体心立方晶格晶体的应力-应变曲线有明显的屈服点.

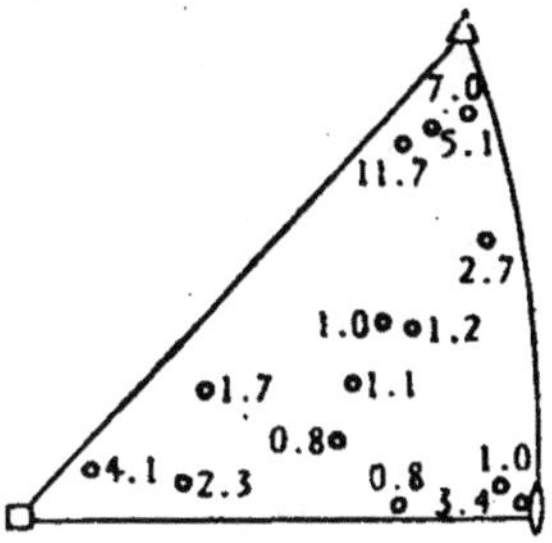

图 2.22　纯铜硬化系数 θ_{I} $\left(\frac{\text{公斤}}{\text{毫米}^2}\right)$ 与晶体取向的关系

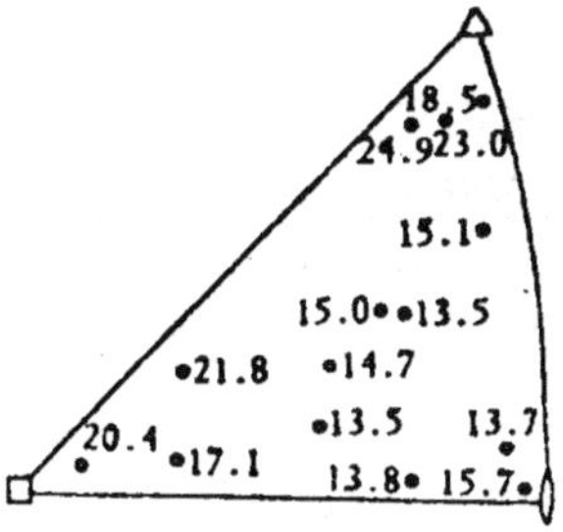

图 2.23　纯铜硬化系数 θ_{I} $\left(\frac{\text{公斤}}{\text{毫米}^2}\right)$ 与晶体取向的关系

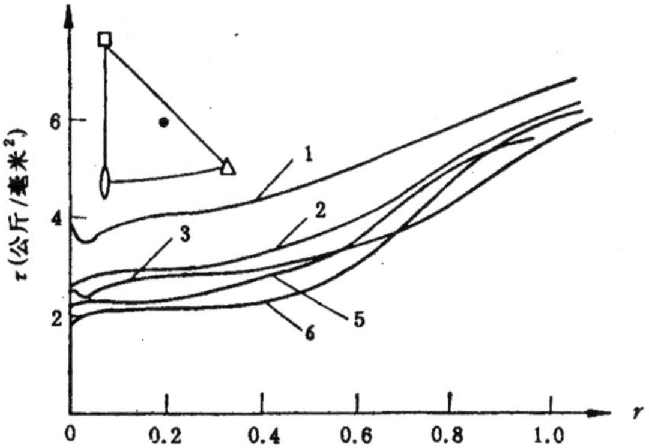

图 2.24　不同纯度铌单晶在 295K 时的应力-应变曲线（图中数字为区熔次数）

体心立方晶体的应力-应变特性可用抛物线来表示：

$$\tau = \tau_0 + \alpha\gamma^{1/2}$$

但当金属纯度足够高时，硬化曲线也会出现三个阶段. 图 2.24 表明不同区熔次数同一取向的铌单晶的硬化曲线，很清楚地看出区熔次数越多，硬化曲线的三个阶段越明显.

变形温度、晶体方位对应力-应变曲线的影响也很明显.

（3）六方晶格金属晶体的变形

六方晶格的轴比值 c/a 可以在标准值 1.633 左右明显变化，锌、镉的轴比为 1.856 和 1.886，而铍的值却低到 1.567. 晶体的几何形状的这种变化引起晶面相对密排关系的变化，从而影响到变形期间的滑移特性.

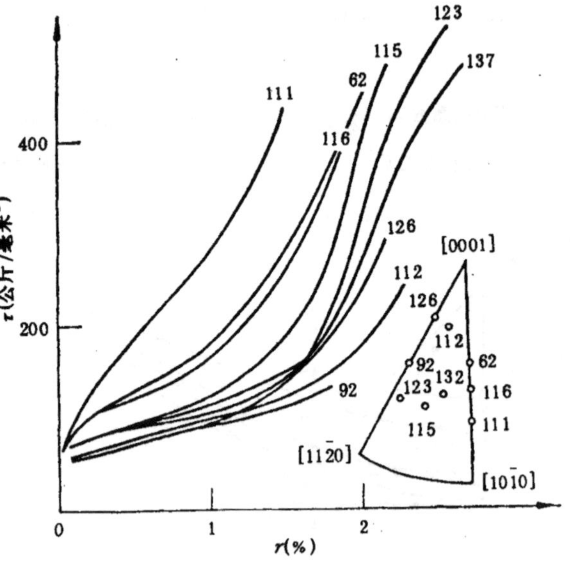

图 2.25　99.995%纯锌在 294K 时的应力-应变曲线

在低温下，超高纯的六方晶格金属晶体的应力-应变曲线也包括三个阶段. 图 2.25 显示 99.995%的纯锌在 294K 变形时所得的硬化曲线，当取向远离［0001］-［10$\bar{1}$0］对称线时，曲线十分类似于面心立方的.

§2.5 晶体变形的其他形式[13,16]

（1）晶体变形的基本特征

晶体变形的重要特征是微观上的不均匀性. 在观察晶体滑移时，业已发现滑移集中在滑移带内，滑移带之间的晶片并不发生滑移. 另外滑移带的分布也并非均匀一致.

随着变形量的增加，在晶体内部形成复杂的位错网络和亚晶界，造成晶体内部明显的位向差. 晶体经过复杂的变形工艺，如轧制、扭转等，会造成严重的不均匀性.

晶体经受拉伸变形时，会产生弥散型的颈缩，也会产生局部剪切带. 在颈缩区内，晶格的转动是逐点变化的. 在局部剪切带内，晶格的转动更是高度的不均匀.

晶体受压缩时会局部失稳而形成扭折，扭折通常以带状形式出现. 晶体受拉伸作用时，也会产生扭折带，特别是夹具附近或者严重伤痕附近更容易产生.

晶体受到局部剪应力作用，又会产生孪晶变形. 孪晶常常是突然过程，并伴随有声响而释放能量.

晶体变形的另一个基本特征是各向异性. 滑移是在特定的结晶学平面上进行，表现出明显的结晶学特征.

晶体的塑性变形又是结构敏感的力学行为，晶体结构、杂质、成分偏析及弥散相都会对晶体的变形行为产生巨大影响.

（2）孪生变形

有孪晶的金属，其显微观察证明，孪晶带常常以平行的侧面为边界，这个面是低指数平面，这些面叫作孪晶面. 这种方式的变形特点在于孪生部分的晶格和母体晶格有镜面对称的关系. 图2.26显示的是一种二维的孪生变形. 孪晶是$ABGH$，孪晶面是AB和GH. 从几何上看，孪晶可以围绕孪生轴旋转180°而与母体重合.

在孪生部分，晶体变形是均匀的，孪生部分的每一层原子的位移正比于该层与孪生面之间的距离.

室温下三种典型结构的孪生要素（孪生面和孪生方向）列于表 2.5 内，可以看出，孪生也是有明显的晶体学特征.

面心立方晶格金属，存在着很多滑移系，孪晶不是主要的变形方式. 但对密排六方晶格金属，滑移常常被限制在底面上进行，那么孪晶就有重要的意义.

表 2.5

金属	晶体结构	孪生要素				切变 S
		K_1	η_1	K_2	η_2	
铜	FCC	(111)	$[11\bar{2}]$	$(11\bar{1})$	$[112]$	0.707
α 铁	BCC	(112)	$[11\bar{1}]$	$(11\bar{2})$	$[111]$	0.707
镁	HCP $\frac{c}{a}=1.624$	$(10\bar{1}2)$	$[10\bar{1}\bar{1}]$	$(10\bar{1}1)$	$[10\bar{1}1]$	0.129
锌	HCP $\frac{c}{a}=1.856$	$(10\bar{1}2)$	$[10\bar{1}\bar{1}]$	$(10\bar{1}1)$	$[10\bar{1}1]$	0.139
镉	HCP $\frac{c}{a}=1.866$	$(10\bar{1}2)$	$[10\bar{1}\bar{1}]$	$(10\bar{1}1)$	$[10\bar{1}1]$	0.171

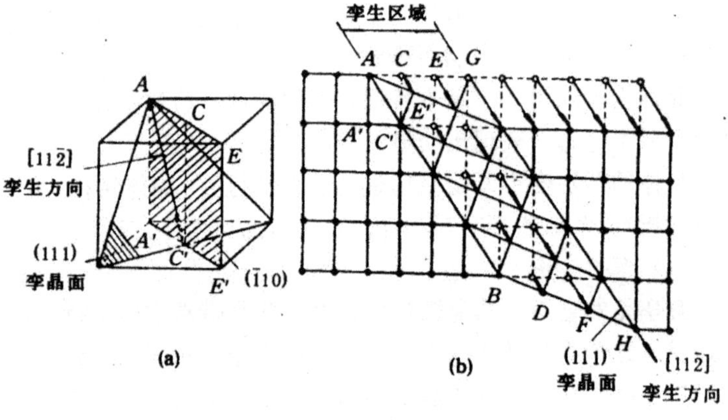

图 2.26　面心立方晶体孪生变形示意图

(a) 一个孪生系；　(b) 孪生时原子迁动情况

孪晶是原子的协同移动，其中每个原子仅仅移动原子间距离的一小部分，但总的效果是宏观的均匀剪切变形.

观察孪晶形变的最好方法是设想一个球形单晶体，如图 2.27 所示. 用赤道平面表示孪生面 K_1，孪生方向以 η_1 表示. 与 K_1 垂直并通过 η_1 的平面便称为切变平面.

孪生变形后，上半球单晶变为等体积的半椭球体. K_1 在孪生过程中保持不变，称为第一不变平面.

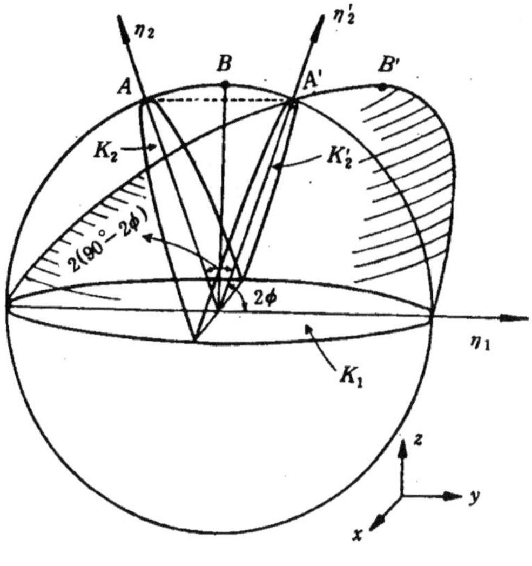

图 2.27 孪生几何

K_2 平面在孪生变形后仍保持圆形，故称它为第二不畸变平面. η_2 为 K_2 与切变平面的交线，设 K_2 与 K_1 的夹角为 2ϕ，则不难证实剪切应变的大小为

$$\gamma = 2\ \mathrm{ctg}\ 2\phi$$

(3) 扭折带

孪生是一种均匀的剪切变形，而扭折不是一种均匀变形，它

是局部晶格绕某一轴旋转而产生的. 它的出现通常是突然的. 图 2.28 画出的是六方金属基面平行棒沿棒轴方向压缩时产生的扭折示意图. 扭折现象在拉伸时也会产生，如图 2.29 所示. *AD*，*BC* 为扭折带，当变形不大时，铝单晶扭折带一般宽为 0.05 毫米，带间距为 1 毫米左右.

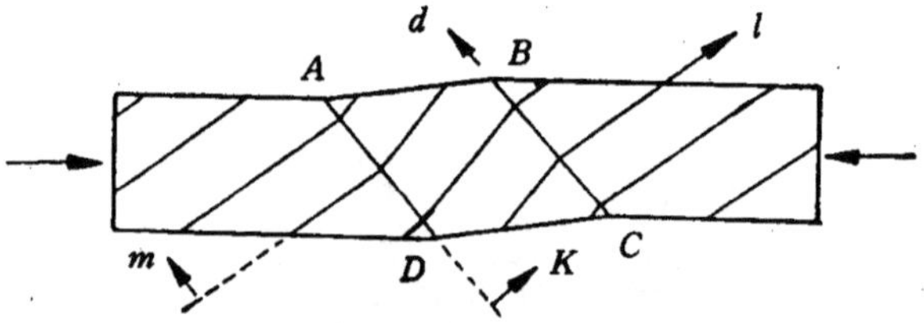

图 2.28

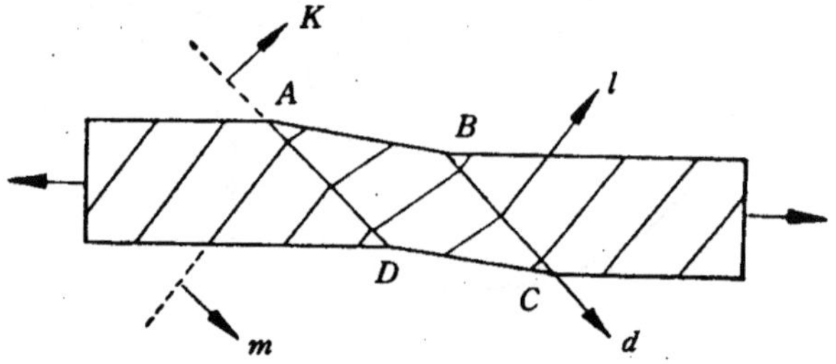

图 2.29

参 考 文 献

[1] Ewing, J. A. and Rosenhain, W., The Crystalline structure of Metals, Philos. Trans. R. Soc. London, **193** (1900), 353—375.

[2] Amoros, J. L., Buerger, M. J. and de Amoros, M. C., The Laue Method, Aca-

demic Press, 1975.

[3] Bragg, W. L., The Crystalline State, vol. 1, A. General Survey, G. Bell and Sone, 1933.

[4] Hull, A. W., The position of atoms in metals, Proc. Am. Inst. Elec. Eng., **38** (1919), 1171—1192.

[5] Taylor, G. I. and Elam, C. F., The plastic extension and fracture of aluminum crystals, Proc. R. soc. London, Sec., A **102** (1925), 643—667.

[6] Seeger, A., Kristallplastizität, Aus Handbuch der physik Band Ⅶ/2, Springer-Verlag, Berlin, 1958.(中译本,赛格,A. 著,张宏图译,晶体的范性及其理论,科学出版社,1963).

[7] Polanyi, Von, M., Über eine Art Gitterstorung, die einen Kristall plastisch machen Konnte, *Z. Phys.*, 89 (1934), 660—664.

[8] Orowan, E., Zur Kristallplastizität, Ⅱ, Über den Mechanismus des Gleituorganges, *Z. Phys.*, 89 (1934), 634－659.

[9] Schmid, E., Proc. Int. Congr. Appl. Mech. (1924), 342.

[10] 徐祖耀,金属学原理,上海科学技术出版社,1964.

[11] 冯端,王业宁和丘第荣,金属物理(下册),科学出版社,1975.

[12] Schmid, E. and Boas, W., Kristallplastizität, mit besonderer Berücksichtigung der Metalle, Springer, 1935.(中译本:施密脱,E.,波司,W. 著,钱临照译,晶体范性学,科学出版社,1958.)

[13] 哈宽富,金属力学性质的微观理论,科学出版社,1983.

[14] 钱临照,杨顺华,晶体缺陷和金属强度,上册,科学出版社,1960.

[15] Asaro, R. J., Micromechanics of Crystals and Polycrystals, in "Advances in Applied Mechanics", **23**, Edited by Hutchinson, J. W. and Wu, T. Y., 1983, Academic press, 1.

[16] R. W. K. 赫奈康,金属塑性变形,重庆大学出版社,1989(张猛等译).

[17] Hertzberg, R. W., Deformation and Fracture Mechanics of Engineering Materials, New York, Wiley, 1983.

[18] Piercy, G. R., Cahn, R. W. and Cottrell, A. H., A study of primary and conjugate slip in crystal of alpha-brass, *Acta. Metall*, 3 (1955), 331—338.

[19] Elam, C. F., Tensile test on crystal, Proc. R. Soc., London, Ser. A **115** (1927), 694—702.

[20] Mitchell, T. E. and Thornton, P. R., The detection of secondary slip during the deformation of copper and α-brass single crystals. *Philos. Mag.*, **10** (1964), 315—323.

[21] Franciosi, P., Berveiller, M. and Zaoui, A., Latent hardening in copper and alu-

minum single crystals, *Acta. Metall*, **28** (1980), 273—283.

[22] Jackson, P. J. and Basinski, Z. S., Latent hardening and the flow stress in copper single crystals, *Can. J. Phys.*, **45** (1967), 707—735.

[23] Ramaswami, B., Kocks, U. F. and chalmers, B., Latent hardening in silver and an ag-au alloy, *Trans*, *AIME* **233** (1965), 927—931.

[24] Kocks, U. F., The relation between polycrystal deformation and single crystal deformation, *Metall Trans.*, **1** (1970), 1121—1142.

第三章　晶体位错

§3.1　位错的基本概念[1,2]

位错作为一种晶体缺陷，是人们从对于金属晶体塑性变形的长期研究中推断出来的.

早在本世纪 20 年代，科学家们就发现理想晶体的理论强度比实验测得的高出三个数量级. 这就促使人们提出晶体缺陷的设想，即认为晶体滑移是位错运动造成的，位错机制使滑移很多特征得到了说明，并使以此为基础的晶体理论强度与实测数值基本相符. 这就为把位错理论引入到金属晶体变形及力学性质的研究中开辟了道路.

嗣后经过 40 年代至 60 年代的蓬勃发展位错理论已经成为研究金属晶体塑性形变、断裂、疲劳和蠕变等力学性质的微观理论基础. 对晶体屈服强度、加工硬化、合金强化、相变强化等现象作出了重要的物理解释.

1. 理想晶体的强度

依照理想晶体滑移模型，在外加切应力作用下，在相邻两列原子层之间产生了相对位移. 如图 3.1 所示，如果原子 A 移至 B 的位置，原子 B 移至 C 的位置等等，那么在滑移面上，整个一列原子 A，B，C，D……同时作了平移. 这就要求同时破坏作用在滑移面上的原子键 A-A'，B-B'，C-C' 等等. 因此，需要很大的外加切应力.

显然滑移面上下两层原子间的作用力是周期性的，不妨假设它是正弦分布，也就是说外加切应力与位移 x 之间的关系可表示为（图 3.2）

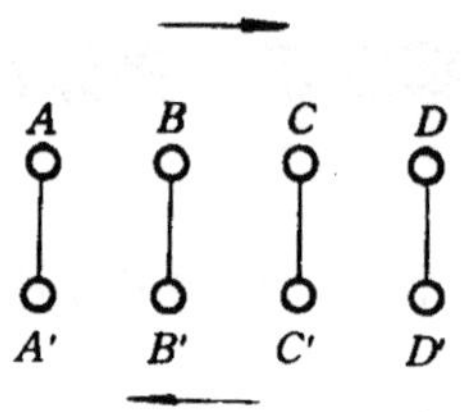

图 3.1

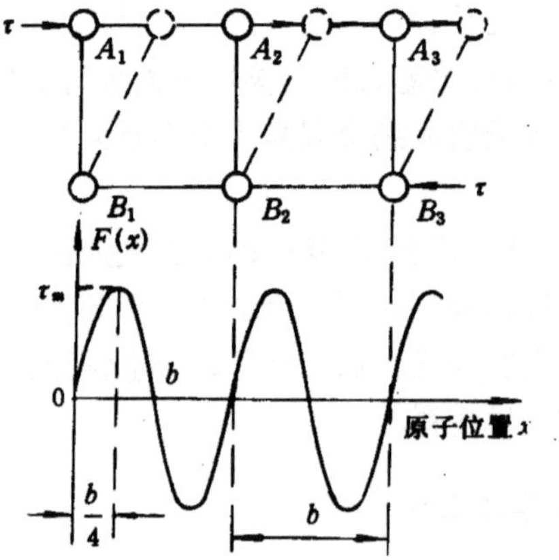

图 3.2

$$\tau = \tau_m \sin(2\pi x/\lambda) \tag{3.1}$$

当位移很小时，上式可改写为

$$\tau \approx \tau_m (2\pi x/\lambda) \tag{3.2}$$

此时变形很小，属于弹性形变，切应力可以用虎克定律确定：

$$\tau = G\gamma \tag{3.3}$$

剪应变可以近似地表示为

$$\gamma \approx x/a$$

式中 a 是相邻两层原子列的间距.

从式（3.2）和（3.3），我们得

$$\tau_m \approx \frac{G}{2\pi}\frac{\lambda}{a}$$

对于大多数晶体，λ 和 a 属同一数量级，因此有

$$\tau_m \approx \frac{G}{2\pi} \tag{3.4}$$

上述分析是初级近似. 更加细致的计算表明 τ_m 大致为 $G/30$.

表 3.1 列出了按（3.4）式算得的理论切变强度（理论切应力）与实验值比较.

表 3.1　金属晶体的理论切应力值和实测切应力值

金　　属	切 变 模 量（兆牛顿/米^2）	理论切应力 τ_m（兆牛顿/米^2）	实际切应力（兆牛顿/米^2）
Al	24400	3830	0.786
Ag	2500	3980	0.372
Cu	40700	6480	0.490
α-Fe	689500	10960	2.75
Mg	16400	2630	0.393

从表 3.1 立即看出，列出的所有材料理论值比实验值高出几个数量级. 这清楚地表明，完整晶体的设想是不切实际的.

2. 位错基本特征

位错是晶体中原子排列的线缺陷，其物理涵义是晶体中已滑移区域与未滑移区域的分界线. 严格地说位错是细长管道，而不是几何学上所定义的线. 位错线上成列的原子发生了有规则的错排.

在位错中心，原子间有强烈的畸变，这些畸变造成了原子间有规律的错排. 而在离位错中心较远的地方，原子间的畸变依然存在.

位错的存在改变了晶体的滑移机制，如图 3.3 所示，晶体的

滑移并不是在整个滑移面上一次完成的，而是通过位错线上的一排原子逐步完成的. 每次只需破坏位错线上那排原子的原子键. 因此可以在很低的应力下开始滑移.

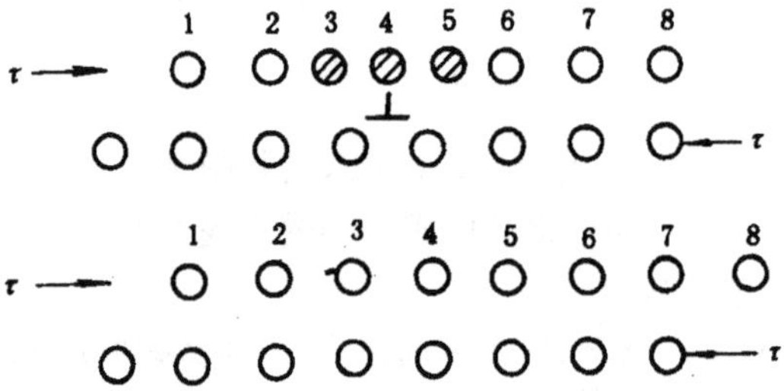

图 3.3　晶体的滑移过程

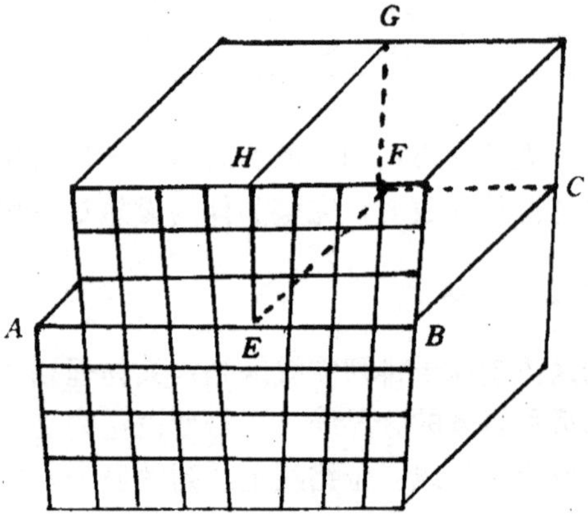

图 3.4　刃型位错

存在着两种基本不同的位错.

刃型位错是图 3.4 所示多余半原子面 EFGH 的下端 EF. 因为这种位错在晶体中有一个刀刃状的多余的半片原子晶面，所以叫刃型位错. 它的位错线是多余的半片原子面与滑移面的交线.

由于在晶体中插入了半片原子晶面，使得晶体上半部受到压缩，而下半部受到膨胀.

为了弄清楚刃型位错的运动机理，我们研究 Burgers 回路. 如图 3.5 所示，在晶格内，围绕位错线，从原子到原子一步一步组成一个回路. 这个回路从 A 点出发，经过水平方向和垂直方向正负数相同的晶格向量，达到终点 B. 由始点 A 出发指向终点 B 的晶格矢量即为位错的 Burgers 矢量 $\boldsymbol{b}$.

对于刃型位错，$\boldsymbol{b}$ 矢量与位错线相垂直. 而滑移面含有位错线，且与 Burgers 矢量 $\boldsymbol{b}$ 平行.

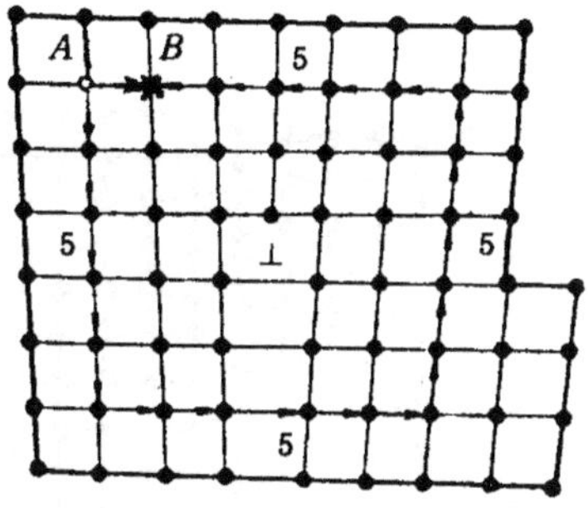

图 3.5　刃型位错（⊥）的回路

另一种线缺陷是螺型位错. 这种位错是由位错线一侧晶体，上下两部分作相对运动而形成的，其 Burgers 回路呈螺旋形式，因而叫螺型位错（图 3.6）.

螺型位错的 Burgers 矢量 $\boldsymbol{b}$ 是与位错线平行的. 但螺型位错的运动方向是与矢量 $\boldsymbol{b}$ 垂直的.

位错线附近，滑移面上下两个原子面相对位移随着与位错中心距离的增加而增加. 当离位错中心距离超过 3—4 个原子间距的地方，原子从一个平衡位置移到另一个平衡位置（图 3.7）.

螺型位错线与它的 Burgers 矢量相平行，因此，它可以在平行

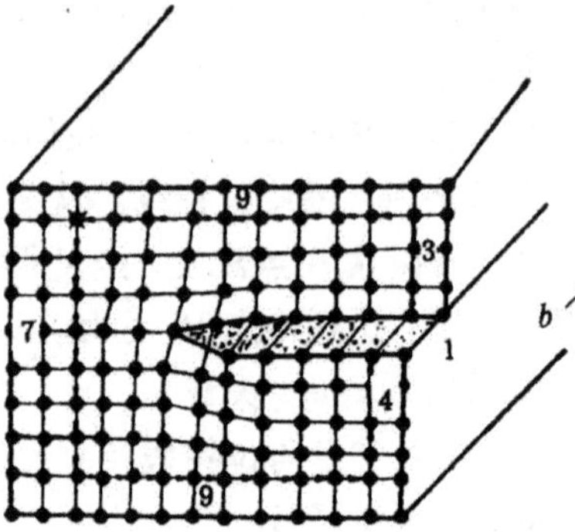

图 3.6 螺型位错的回路

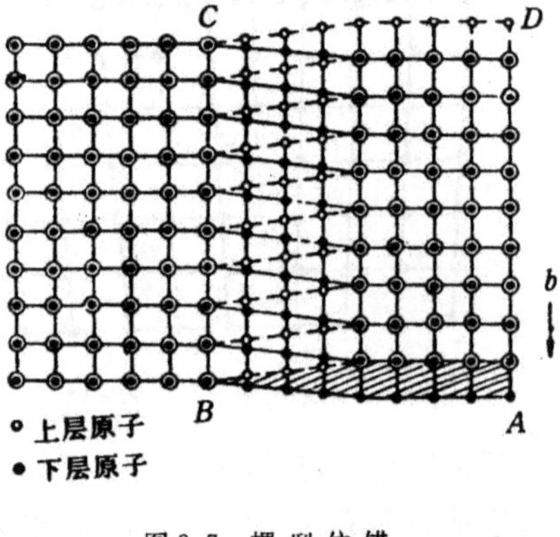

图 3.7 螺型位错

于 **b** 矢量的前提下作任意移动，也就是说螺型位错有无限多个潜在的滑移平面.

螺型位错从一个滑移面运动至另一滑移面是通过交滑移来实现的，如图 3.8 所．螺型位错可以在剪应力 τ_{xz}的作用下沿原始滑移面运动，也可以在剪应力 τ_{xy}作用下交叉滑移到通过位错线 BC 且与 XZ 平面平行的新滑移面内运动.

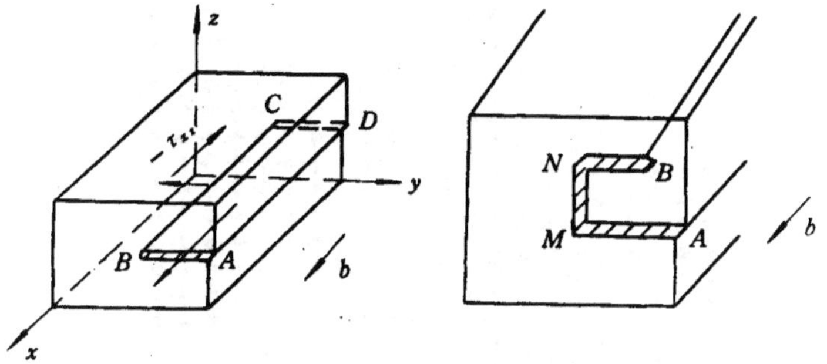

图 3.8 螺型位错在切应力作用下的滑移运动

晶体中经常出现曲线形状的位错；其 Burgers 矢量 $\boldsymbol{b}$ 沿着位错线是守恒的且与位错线成一角度，角度的大小沿着位错线是可以变化的. 这是刃型位错与螺型位错的组合状态，称为混合位错.

图 3.9 表示以 AC 弧为位错线的混合位错，A 处是纯螺型位错，因为曲线在此处平行于 $\boldsymbol{b}$；C 处是纯刃型位错，因为曲线在此处垂直于 $\boldsymbol{b}$；其他部分则为两种位错的混合. 图 3.10 表示位错附近上、下两层晶面原子互相错动情况. 混合位错是由不同的刃型位错 $\boldsymbol{b}_e$ 和螺型位错 $\boldsymbol{b}_s$ 组合而成的.

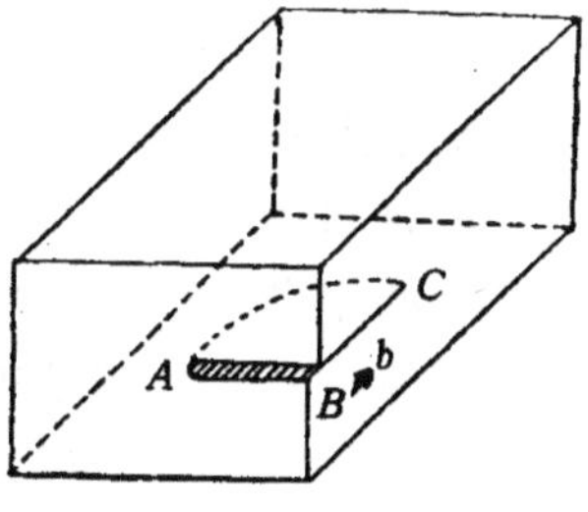

图 3.9 混合型位错

$$\boldsymbol{b} = \boldsymbol{b}_e + \boldsymbol{b}_s \qquad (3.5)$$

设想位错线与 Burgers 矢量的夹角为 θ，此时必有

$$\begin{cases} b_e = b\sin\theta \\ b_e = b\cos\theta \end{cases} \qquad (3.6)$$

位错可终止于自由表面或晶粒边界，但不能终止在晶粒内部.

因此，位错要么形成封闭环路，要么成为位错网络.

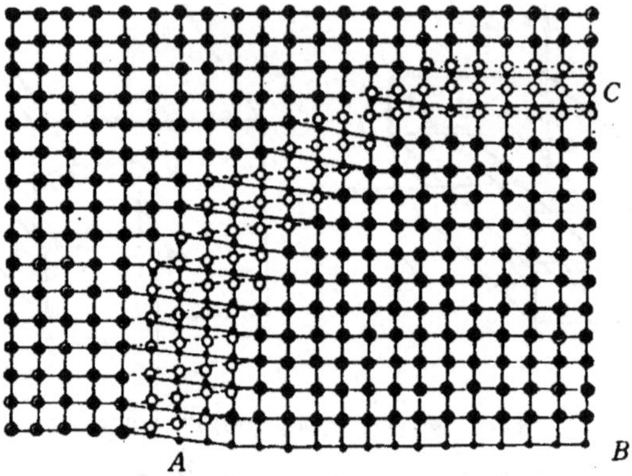

图 3.10　混合位错 AC 的位错组态

∘ 滑移面上方原子；• 滑移面下方原子

Peierls-Nabarro 力

在位错中心附近，原子发生错排. 当位错沿滑移面运动时，必定要使原子点阵重新排列，这就要克服晶格对位错运动的阻力.

Peierls-Nabarro[14]采用滑移面上的点阵模型，考虑到原子位移所引起的非线性效应，对位错应力场作了分析.

为了简单起见，考虑立方晶体中的刃型位错，如图 3.11 所示，位错线垂直于纸面. A 面内的原子受到双重作用力：

(1) 上半晶体对 A 面原子的作用力，这些力试图维持 A 面原子处于原有的平衡位置.

(2) 下半晶体（特别是 B 面内的原子）对 A 面原子的作用力. 这些力试图让 A 面上的原子位置与 B 面上的位置对齐.

当上、下两块晶体凑在一起，这两个作用力相平衡. 原子偏离了原来的平衡位置，作少量位移. 令 A 面内各原子在 x 方向的位移为 $u(x)$. 假定 B 面上对应原子作等量的反向位移 $-u(x)$，则

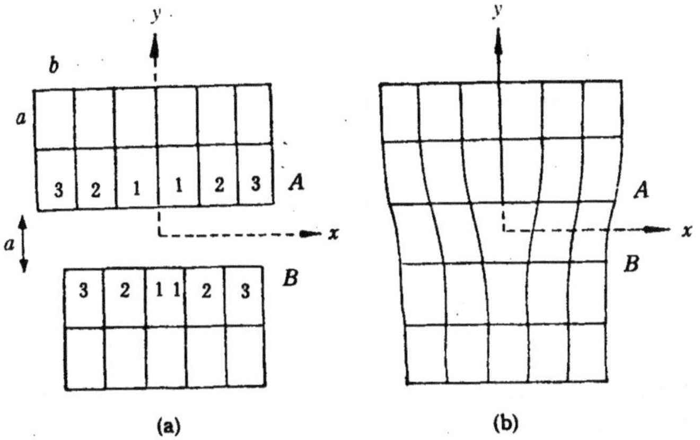

图 3.11

AB 面上相对应的一对原子的间距为

$$\begin{cases} \phi(x) = 2u(x) + \dfrac{b}{2}, & x > 0 \\ \phi(x) = 2u(x) - \dfrac{b}{2}, & x < 0 \end{cases} \tag{3.7}$$

在无穷远处，位错的影响完全消失，两个面上的原子对齐，即 $\phi(x)=0$. 这意味着，

$$\begin{cases} u(\infty) = -\dfrac{b}{4} \\ u(-\infty) = \dfrac{b}{4} \end{cases} \tag{3.8}$$

图 3.12 即为 $u(x)$与 x 的关系曲线.

为了简化计算，Peierls-Nabarro 提出了下列假定：

(1) 在 A 面以上及 B 面以下的晶体都当作各向同性的连续介质来处理.

(2) A，B 面之间的切应力是 A，B 面上原子相对位移 ϕ 的非

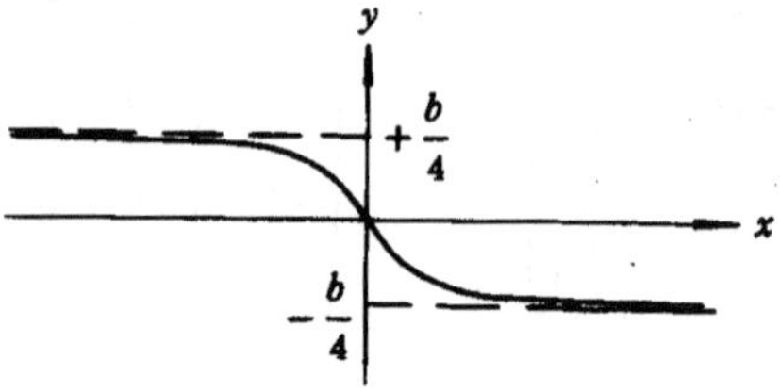

图 3.12

线性函数．作为典型分析，采用了周期为 b 的正弦函数．因此，B 面作用于 A 面的切应力 τ_{xy} 为

$$\tau_{xz} = \frac{\mu b}{2\pi a}\sin\left(\frac{2\pi\phi}{b}\right) = \frac{\mu}{2\pi}\,\frac{b}{a}\sin\left(\frac{4\pi u}{b}\right) \tag{3.9}$$

式中正弦函数前面系数是利用虎克定律在微小位移时推得的．应该指出，由于 A 面的外法线背向 y 轴，因此，切应力 τ_{xy} 是以背向 x 轴为正．

现在讨论 $y>0$ 的上半平面问题，设想在原点边界上受有水平方向的边界力 P 的作用（图 3.13）．

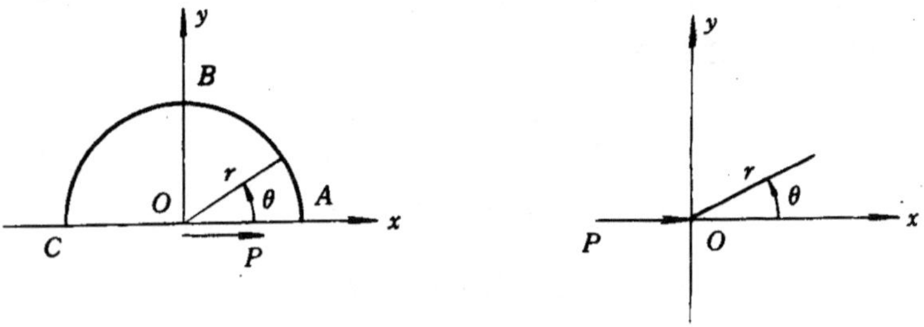

(a) (b)

图 3.13

为了分析这个问题，我们先讨论图 3.13 (b) 中半无限平面问题，这个问题也就是半平面体在边界上受法向集中力的问题，其解答是众所周知的[15]，即

$$\begin{cases}\sigma_r = -\dfrac{2P}{\pi}\dfrac{\cos\theta}{r} \\ \sigma_\theta = \tau_{r\theta} = 0\end{cases} \tag{3.10}$$

鉴于 σ_θ，$\tau_{r\theta}$处处恒等于零，因此，上述解答显然也是图 3.13 (a) 问题的解答. 唯一需要校核的是半圆柱体 $ABCOA$ 的平衡条件能否得到满足. 我们有

$$\begin{aligned}\int_{\widehat{ABC}}\sigma_r\cos\theta ds &= \int_0^\pi \sigma_r\cos\theta\, r d\theta \\ &= -\frac{2}{\pi}P\int_0^\pi \cos^2\theta\, d\theta = -P\end{aligned}$$

这说明平衡条件得到了满足.

相应的位移场为

$$\begin{cases}u = -\dfrac{P}{2\mu\pi}\{(1-\nu)\ln r^2/r_0{}^2 + y^2/r^2\} \\ v = -\dfrac{P}{2\mu\pi}\{(1-2\nu)\theta - xy/r^2\}\end{cases} \tag{3.11}$$

在 A 面上，有

$$\begin{cases}u = -\dfrac{P}{2\pi\mu}(1-\nu)\ln x^2/r_0{}^2 \\ \dfrac{du}{dx} = -\dfrac{(1-\nu)}{\pi\mu}\dfrac{P}{x}\end{cases} \tag{3.12}$$

在 A 面上，实际作用的是分布剪应力 τ_{xy}，因此我们有

$$\frac{du}{dx} = \frac{(1-\nu)}{\pi\mu}\int_{-\infty}^{\infty}\frac{\tau_{xy}(\xi)}{x-\xi}d\xi \tag{3.13}$$

利用 Hillbert[13]变换得

$$-\tau_{xy}(x) = \frac{\mu}{(1-\nu)\pi}\int_{-\infty}^{\infty}\frac{\dfrac{du}{d\xi}}{(x-\xi)}d\xi \tag{3.14}$$

比较式 (3.9) 与 (3.14) 得

$$\int_{-\infty}^{\infty} \frac{\frac{du}{d\xi}}{(x-\xi)} d\xi = \frac{(1-\nu)b}{2a} \sin\left(\frac{4\pi u}{b}\right) \tag{3.15}$$

这就是 Peierls-Nabarro 模型的基本方程.

该方程的满足边界条件（3.8）的解答是

$$u = -\frac{b}{2\pi} \mathrm{tg}^{-1} \frac{x}{\zeta}, \qquad \zeta = \frac{a}{2(1-\nu)}$$

式中 ζ 是位错的半宽度，当 $x=\zeta, u = -\frac{b}{2\pi} \cdot \frac{\pi}{4} = -\frac{b}{8}$，等于 u 的最大值的一半（指绝对值而言）.

Peierls－Nabarro 进一步推得 A，B 两层原子的相互作用的错排能 W_{AB}

$$W_{AB} = \frac{\mu b^2}{4\pi(1-\nu)} \left(1 + 2e^{-\frac{4\pi\zeta}{b}} \cos 4\pi\alpha\right) \tag{3.16}$$

式中 α 是位错线偏离晶格对称位置的程度，$\alpha = s/b$. s 为位错线偏离晶格对称位置的距离.

位错线攀越势垒所需的作用力为

$$F = \frac{\partial W_{AB}}{\partial s} = -\frac{2\mu b}{(1-\nu)} \cdot e^{-\frac{4\pi\zeta}{b}} \sin 4\pi\alpha$$

Peierls-Nabarro 力即是与 F 最大值所对应的切应力

$$\sigma_P = F_{\max}/b = \frac{2\mu}{(1-\nu)} e^{-4\pi\zeta/b} \tag{3.17}$$

Peierls-Nabarro 力相当于在晶体中移动单一位错所需的临界切应力. 在简单立方晶体中，$a=b$. 设 $\nu=0.3$，我们得 $\sigma_P = 3.6 \cdot 10^{-4}\mu$. 这个数值要比完整晶体的临界切应力的理论值（$\sim\mu/30$）低得多，从而证实了位错的易动性设想.

式（3.17）是在种种简化条件下推得的，只能看作是粗略估计，但是，由它引出的一些结果与实验还是一致的.

公式（3.17）表明，随着原子面之间距离 a 的增加 σ_P 将迅速减小. 因为原子面之间的距离与面内密度成反比，因此滑移面一般是原子密排面.

另一方面，公式（3.17）表明，σ_P 随着宽度的增加而减小，这是由原子结构与原子键作用力的性质所决定的.

§3.2 位错的弹性应力场[1,2]

含有位错的晶体，位错线周围的原子将偏离其正常位置而发生畸变. 在位错线中心位置，晶体的畸变严重，已超出弹性变形范围，必须用点阵模型或分子动力学的方法来分析原子间的相互作用. 在距离位错中心较远的地方，位错所产生的应力场可用连续介质模型来分析. 由于畸变很小，因此可以用经典弹性理论的方法来求解. 虽然多数晶体是弹性各向异性的，但为了简化起见，采用各向同性假设来处理，同时假定位错为直线，存在于各向同性介质之中，问题归结为求解一个平面弹性问题.

1. 刃型位错

设想一个刃型位错，其位错线正向沿 Z 轴，其柏氏矢量沿正 x 轴. 在连续介质中，可用下述弹性模拟方法，如图 3.14 所示，将一个空心圆柱体，沿 xz 平面切开，令上、下两个切面沿 x 方向相对位错一个 b 再粘合在一起，这样得到位错线沿 z 轴，b 在 x 方向，为正刃位错.

引入应力函数 ϕ，它应满足双调和方程：

$$\nabla^4\phi = 0 \tag{3.18}$$

设想 $\phi = F(r)\sin\theta$ ，代入（3.18），得

$$F(r) = Ar\ln r + B\cdot\frac{1}{r} + Cr^3 + D\cdot r \tag{3.19}$$

在（3.19）式中，只有第一项给出多值的位移. 限于考虑第一项，我们得到应力分量：

$$\sigma_r = \sigma_\theta = A\frac{\sin\theta}{r}, \qquad \tau_{r\theta} = -A\frac{\cos\theta}{r} \tag{3.20}$$

极坐标中的应变公式为

$$
\begin{cases}
\varepsilon_r = \dfrac{\partial u_r}{\partial r}, \qquad \varepsilon_\theta = \dfrac{1}{r}\dfrac{\partial u_\theta}{\partial \theta} + \dfrac{u_r}{r} \\
\gamma_{r\theta} = \dfrac{1}{r}\dfrac{\partial u_r}{\partial \theta} + \dfrac{\partial u_\theta}{\partial r} - \dfrac{u_\theta}{r}
\end{cases} \tag{3.21}
$$

由公式（3.21）及虎克定律，得平面应变公式：

$$
\begin{cases}
\varepsilon_r = \dfrac{\partial u_r}{\partial r} = \dfrac{(1-2\nu)}{2G} A \dfrac{\sin\theta}{r} \\
\varepsilon_\theta = \dfrac{1}{r}\dfrac{\partial u_\theta}{\partial \theta} + \dfrac{ur}{r} = \dfrac{(1-2\nu)}{2G} A \cdot \dfrac{\sin\theta}{r} \\
\gamma_{r\theta} = \dfrac{1}{r}\dfrac{\partial u_r}{\partial \theta} + \dfrac{\partial u_\theta}{\partial r} - \dfrac{u_\theta}{r} = -\dfrac{A}{G}\dfrac{\cos\theta}{r}
\end{cases} \tag{3.22}
$$

由此求得

$$
u_r = \frac{(1-2\nu)}{2G} A \ln r \sin\theta - \frac{(1-\nu)}{G} A\theta\cos\theta \tag{3.23}
$$

$$
u_\theta = \frac{(1-2\nu)}{2G} A \ln r \cos\theta + \frac{(1-\nu)}{G} A\theta\sin\theta + \frac{1}{2G} A\cos\theta \tag{3.24}
$$

常数 A 根据位错条件确定，我们有

$$
(u_r)_{\theta=2\pi} - (u_r)_{\theta=0} = b = -\frac{(1-\nu)}{G} A \cdot (2\pi)
$$

$$
A = -\frac{Gb}{2\pi(1-\nu)} \tag{3.25}
$$

由公式（3.20）和（3.25），不难看出，上半平面，正应力 σ_r，σ_θ 均为负值，处于受压状态，这是由于多了半原子面的缘故. 而下半平面，正应力 σ_r，σ_θ 均为正值，处于受拉状态.

所有应力分量随着 r 的增加而衰减，反之 $r\to 0$ 时，应力有奇性. 这说明，以上公式，不能用于位错中心区域.

2. 螺型位错

螺型位错问题比较简单，因为螺型位错的变形是纯剪切，对

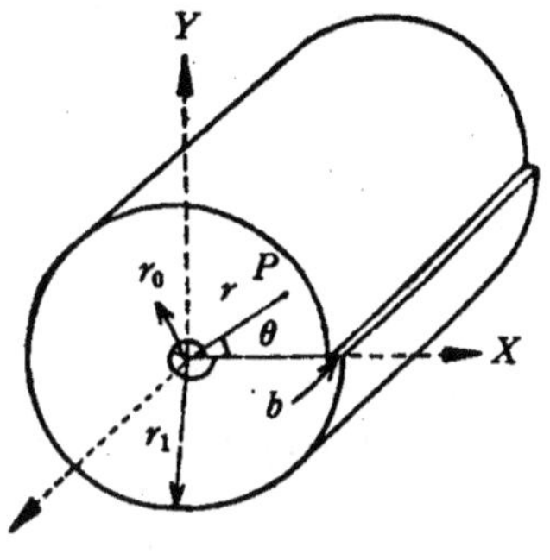

图 3.14

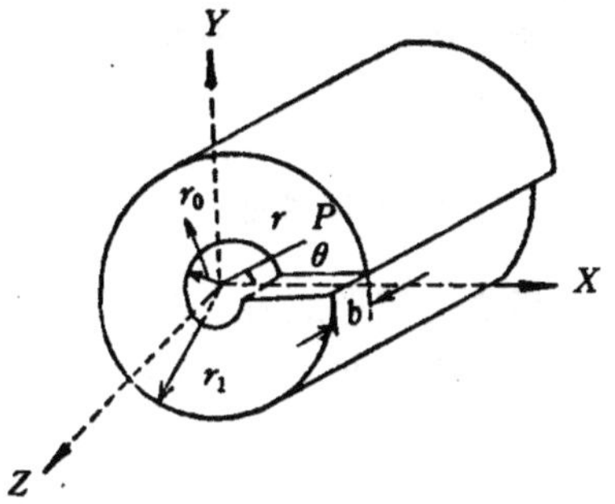

图 3.15

应的是反平面问题：

$$u_x = u_y = 0, \qquad u_z = u_z(x, y)$$

位移的平衡方程为

$$\nabla^2 u_z = 0 \tag{3.26}$$

位错条件为

$$(u_z)_{\theta=2\pi} - (u_z)_{\theta=0} = b \tag{3.27}$$

最简单的解答为

$$u_z = \frac{b}{2\pi}\theta$$

应力分量为

$$\begin{cases} \tau_{z\theta} = \dfrac{G \cdot b}{2\pi r}, \qquad \tau_{zr} = 0 \\ \sigma_r = \sigma_\theta = \sigma_z = 0 \end{cases} \tag{3.28}$$

在直角坐标系中，我们有

$$\begin{cases} \tau_{xz} = -\dfrac{G \cdot b}{2\pi} \cdot \dfrac{y}{r^2} \\ \tau_{yz} = \dfrac{G \cdot b}{2\pi} \cdot \dfrac{x}{r^2} \end{cases} \tag{3.29}$$

以上给出的均是刃型与螺型位错的主应力场，这些应力场满足无穷远处为零的条件．因此，这些应力场可以看作是无限大连续介质中含单个刃型位错或单个螺型位错时的应力场．如果是有限体，那么外表面应力分量为零的边界条件需要得到满足．此时会产生一些附加项．当外半径 $r_1 >> r_0$，在区域 $r_0 < r << r_1$ 范围内，主项起决定作用．

3．位错的弹性能

考虑位错形成时，应力所作的功，对于刃型位错，沿正 xz 平面切开，在微元 $l \cdot dr$ 上，切应力 $\tau_{\theta r}$ 与位错强度成正比，我们有

$$l \cdot W_E = \frac{1}{2}\int_{r_0}^{r_1} \tau_{\theta r} b dr \cdot l$$

由此得出，单位长度位错线的弹性应变能为

$$W_E = \frac{G \cdot b^2}{4\pi(1-\nu)} \ln \frac{r_1}{r_0} \tag{3.30}$$

对螺型位错，我们有

$$W_S = \frac{G \cdot b^2}{4\pi} \cdot \ln \frac{r_1}{r_0} \tag{3.31}$$

§3.3　作用在位错线上的力[3]

一个位错可以处在除自身应力场之外的其他的应力场之中．这个“其它”应力场可以是外加应力场，也可以是其它晶体缺陷所产生的应力场，当位错位于这些应力场之中时，也会受到这些应力场对它的作用，这就是位错受力．

应该强调的是，这种作用在位错线上的力是一种组态力．因为位错线并不是一条实体线，而是代表一种畸变的原子组态．所谓作用在位错线上的力，实际上是作用在位错畸变区内每个原子上的力的总和，是一种组态力．

1．外力场中位错所受的力

晶体在外力作用下会产生滑移，滑移面两侧的晶体产生一定

的相对滑移量，同时位错线向前运动一定的位移量. 外力使晶体滑移所作的功应该等于作用在位错线上的力在位错线移运过程中所作的功.

先讨论使位错滑移的力，如图 3.16 所示，晶体中有一个正的刃型位错，位错线方向平行 z 轴，柏氏矢量 $\boldsymbol{b}$ 沿 x 轴方向，xz 面是滑移面，位错线长度为 l，在外加剪应力 τ_{xy} 的作用下，位错线向前移动 ds 距离，位错线扫过的面积为 $l\cdot ds$，在位错线扫过的面积内，上、下两部分晶体产生了大小为 $\boldsymbol{b}$ 的相对位移，因此 τ_{xy} 使晶体滑移所作的功为

$$W_1=(\tau_{xy}l\cdot ds)\cdot b$$

设想作用在单位长度位错线上的力为 F_x，则该位错线总的受力为 $F_x\cdot l$，该力在位错线移动过程中所作的功为

$$W_2=(F_x\cdot l)ds$$

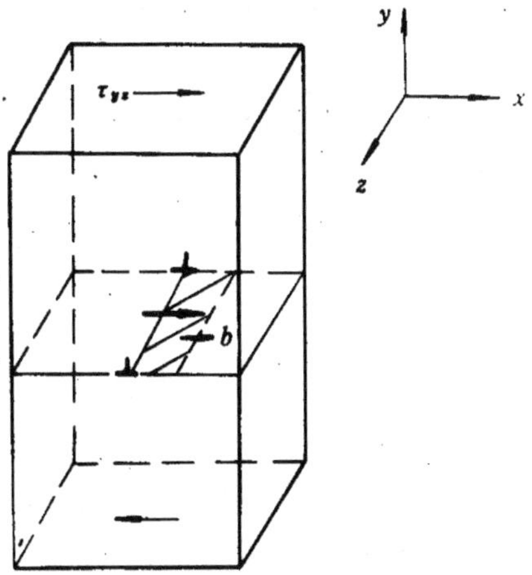

图 3.16　外力场对刃型位错的作用

根据虚功原理，$W_1=W_2$，由此导得

$$F_x=\tau_{xy}\cdot b$$

F_x 是作用在单位长度位错线上的力，这个力正比于位错强度

b 及作用在滑移面上且指向柏氏矢量方向的剪应力 τ_{xy}，F_x 和位错线垂直，而与 $\boldsymbol{b}$ 平行.

对图 3.17 的螺型位错，柏氏矢量 $\boldsymbol{b}$ 在 z 轴负向，位错线在 z 轴正向. 当晶体受外力 τ_{yz} 作用时，位错线受力 $F_x=-\tau_{yz}\cdot b$，F_x 与位错线垂直，也与 $\boldsymbol{b}$ 垂直.

现在讨论使位错攀移的力.

以上讨论的作用在位错线上的组态力，促使位错线在滑移面上滑移，故称之为滑移力.

在高温条件下位错有可能攀移，也就是说，刃型位错在正应力的作用下，在垂直滑移面方向上运动. 这是一种非保守运动，会引起晶体体积变化. 刃型位错是依靠空位和间隙原子的扩散来实现的.

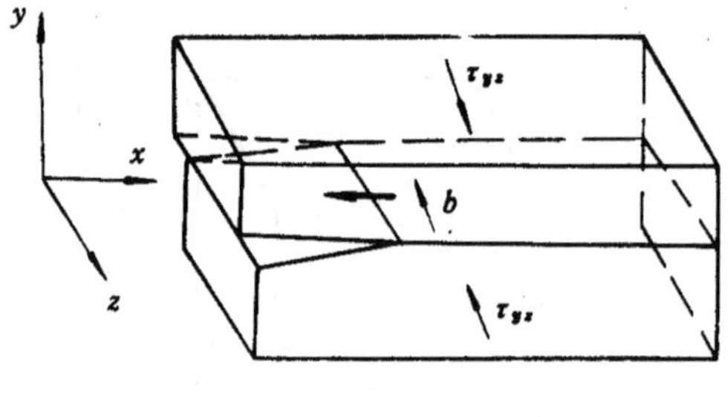

图 3.17　外加应力对螺型位错的作用

如图 3.18 所示，晶体受正应力 σ_x 的作用. 位错线将向下攀移 ds 距离，单位长度位错线受到一个指向 y 轴负方向的力 F_y，多余半原子面扩大. 位错线攀移所消耗的功

$$W_2=-F_y ds\cdot l$$

式中 l 是位错线长度.

位错线向下攀移过程中，位错线所扫过的面积内，左右两部分晶体胀开了一个 b，引起晶体体积膨胀，正应力 σ_x 所作的功为

$$W_1=\sigma_x ds\cdot l\cdot b$$

由虚功原理，推得

$$F_y = \sigma_x \cdot b$$

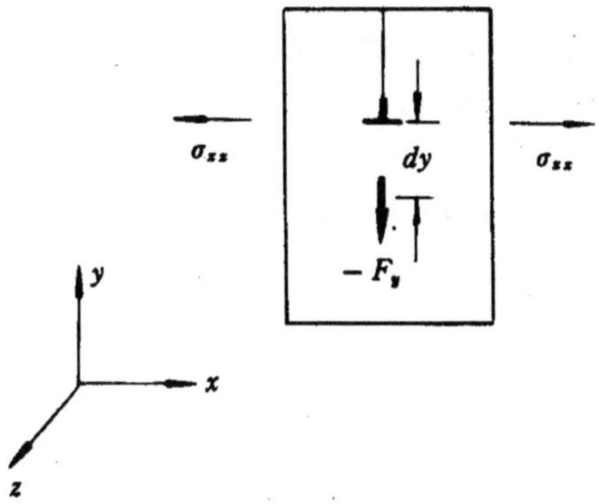

图 3.18 刃型位错受攀移力的示意图

位错受力的一般公式

设想位错线 dl 在复杂的外应力场 σ 的作用下移动了 ds 距离，位错线扫过的面积为 $dl \times ds$. 在位错线扫过的面积两侧晶体产生了相对位移 $\boldsymbol{b}$. 作用在位错线扫过面积上的应力向量 $\boldsymbol{P}$ 为[1]

$$\boldsymbol{P} = \boldsymbol{\sigma} \cdot (\boldsymbol{dl} \times \boldsymbol{ds})$$

外加应力场所作的功 W_1 为

$$W_1 = \boldsymbol{P} \cdot \boldsymbol{b} = [\boldsymbol{\sigma} \cdot (\boldsymbol{dl} \times \boldsymbol{ds})] \cdot \boldsymbol{b}$$

单位位错线所受的力为 $\boldsymbol{F}$. 作用在位错线上的组态力为 $\boldsymbol{F}dl$，它所作的功为 W_2，

$$W_2 = \boldsymbol{F}dl \cdot \boldsymbol{ds}$$

由虚功原理得

$$[\boldsymbol{\sigma} \cdot (\boldsymbol{dl} \times \boldsymbol{ds})] \cdot \boldsymbol{b} = \boldsymbol{F}dl \cdot \boldsymbol{ds}$$

上式左端不难改写为 $[(\boldsymbol{\sigma} \cdot \boldsymbol{b}) \times \boldsymbol{dl}] \cdot \boldsymbol{ds}$，由此得

1） 黑体字表示向量或张量.

$$\boldsymbol{F} = (\boldsymbol{\sigma} \cdot \boldsymbol{b}) \times \boldsymbol{t} \tag{3.32}$$

式中 $\boldsymbol{t}$ 为位错线单位切向量.

由此看出，作用在位错线上的组态力 $\boldsymbol{F}$ 是由外应力场 $\boldsymbol{\sigma}$，柏氏矢量 $\boldsymbol{b}$ 及位错线方向的单位切向量 $\boldsymbol{t}$ 所决定. 它总是位于 $\boldsymbol{m}$ 及 $\boldsymbol{n}$ 所组成的面内.

$\boldsymbol{F}$ 可以分解为滑移力 $\boldsymbol{F}_1$ 及攀移力 $\boldsymbol{F}_2$，如图 3.19 所示，$\boldsymbol{F}$ 总是位于与 $\boldsymbol{t}$ 相垂直的平面内. 设滑移面的单位法向量为 $\boldsymbol{n}$，$\boldsymbol{m}=\boldsymbol{n}\times\boldsymbol{t}$，则有

$$\boldsymbol{F}_1 = (\boldsymbol{F} \cdot \boldsymbol{m})\boldsymbol{m} = (\boldsymbol{\sigma b} \cdot \boldsymbol{n})\boldsymbol{m} \tag{3.33}$$

$$\boldsymbol{F}_2 = (\boldsymbol{F} \cdot \boldsymbol{n})\boldsymbol{n} = -(\boldsymbol{\sigma b} \cdot \boldsymbol{m})\boldsymbol{n} \tag{3.34}$$

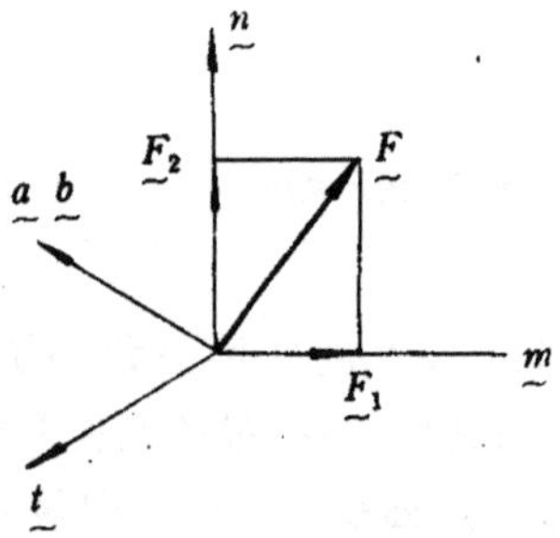

图 3.19

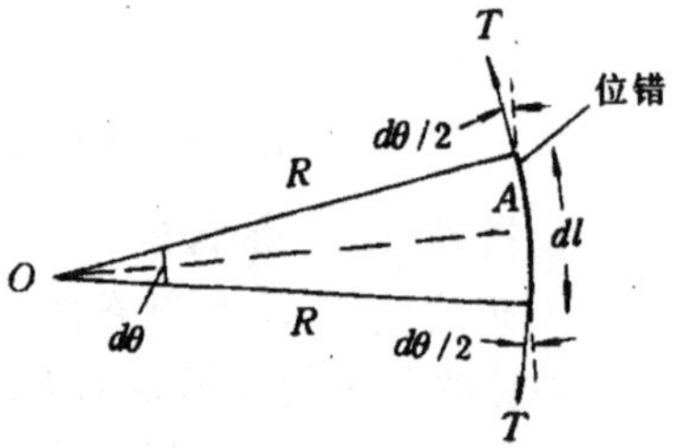

图 3.20

2. 位错线张力

由公式 (3.30)，(3.31) 得知，位错线能量与柏氏矢量 $\boldsymbol{b}$ 的模的平方成正比，又与其长度成正比. 线长度增加，将导致能量增大. 这是产生线张力的物理原因，类似于液体的表面张力. 线张力定义为使位错线增加单位长度时所需要的能量，其数值等于单位长度位错的应变能，

$$T = \alpha G \cdot \boldsymbol{b}^2 \tag{3.35}$$

其中 $\alpha=0.5—1.0$.

当位错线发生弯曲时，线张力将对位错线产生一个力使之变

直.

如图 3.20 所示，在一条弯曲位错线上取一个微元，其曲率半径为 R，作用于位错线两端的线张力为 T. 沿半径 OA 方向分解，便得到一指向曲率中心的力，$2T\cdot\sin\left(\frac{d\theta}{2}\right)\approx T\cdot d\theta$. 为了使这样的弯曲状态处于平衡，必须加外力. 若单位长度位错线所受的力为 F，则外力总和为 Fdl，由此得到

$$F=T\cdot\frac{d\theta}{dl}=T/R \tag{3.36}$$

$$F=\frac{\alpha G\cdot b^2}{R} \tag{3.37}$$

公式（3.37）表明，为了维持弯曲位错线稳定，需附加外力，该力与位错线曲率半径成反比，背向曲率中心.

§3.4 位错的增殖与交互作用[1,2,3]

刚从熔体中生长出来的晶体或经过充分退火的晶体，都存在着大量的位错；此时位错密度约为 10^4 毫米$^{-2}$，以三维网络形式存在. 在变形过程中，位错不断从晶体内部滑移到晶体表面，形成台阶. 但在晶体变形过程中，其内部的位错密度不但未减少，反而随着变形量的增加而增加，位错密度可以增加到 10^8 毫米$^{-2}$—10^{10}毫米$^{-2}$. 这表明在塑性变形过程中，位错以某种机制增殖了.

1. 位错的增殖——Frank-Read 源

在变形过程中，可以有多种机制使位错增殖，其中比较简单而又重要的是 Frank-Read 源及多重交叉滑移机制.

Frank-Read 源

晶体中的位错通常形成三维的位错网络. 有些位错，部分坐落在滑移面内，另一部分在其它面内. 图 3.21 画出了一个纯刃型位错 ABC，BC 段坐落在滑移面内，AB 段垂直滑移面. 因而在与

滑移面平行的剪应力作用下，AB 段并不滑移，于是 BC 段的一端被锚住，只能绕 B 点旋转，绕成一个蜷线.

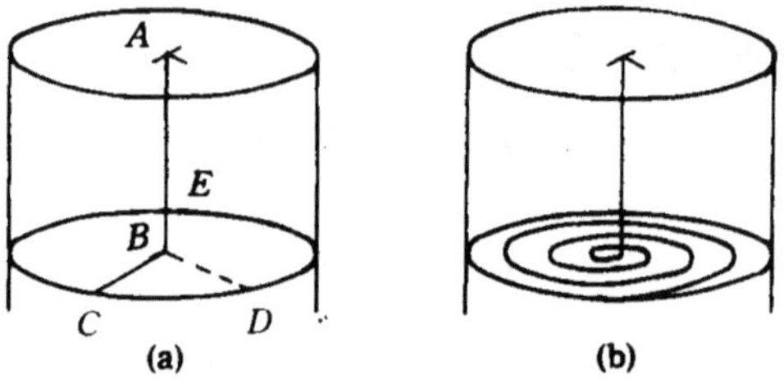

图 3.21 一根位错线运动所产生的滑移

位错线 BC 每绕 B 点旋转一次，滑移面上方的晶体就会相对位移一个柏氏矢量 $\boldsymbol{b}$，绕 B 点的旋转可以反复进行，晶体的相对滑移过程也可重复发生，n 次旋转可形成一个大的滑移台阶，而此时，位错线总长度不断增加.

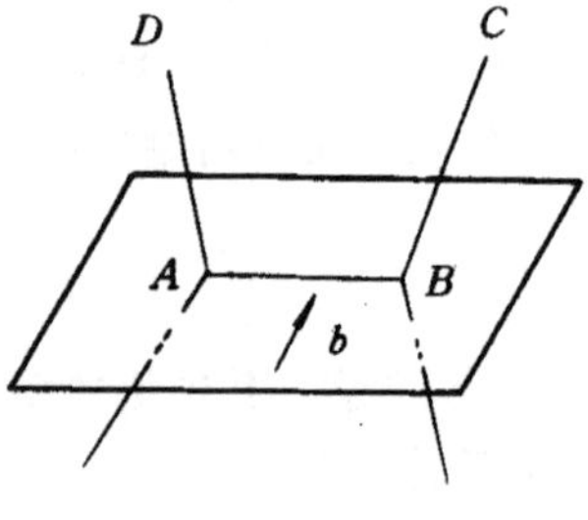

图 3.22 F-R 源的结构

这就是单端位错源机制，著名的 Frank-Read 源（以下简称 F-R 源）是单端源机制的一种推广. 设想纯刃型位错 $DABC$，在空间形成三维位错网络. AB 段位于滑移面内，而 DA，BC 段不在滑移面内. 当柏氏矢量 $\boldsymbol{b}$ 和外加切应力 τ 都平行于滑移面时，位错线 AB 各处受到大小相等，且与位错线垂直的滑移力 $F=\tau b$ 的作用而向前滑移. 但因 AB 两端固定，故 AB 弯曲成曲线，继而在 A，B 二点处卷曲. 达到一定程度后，如图 3.23（d）所示，p，q 两点柏氏矢量相同，而位错线方向相反，互相抵消，结果放出一个位错环，并重新得到一

个位错线 AB. 如果上述过程不断重复，便产生一个个位错环，AB 位错线段成为一个位错增殖源.

现在来考察外加切应力的大小. 公式 (3.37) 表明，当位错线弯曲时，外加切应力应与位错线张力处于平衡. 注意到 $F=\tau\cdot b$，因而有

$$\tau=\frac{\alpha G\cdot b}{R} \tag{3.38}$$

公式 (3.38) 表明，为了使位错源开动，外加切应力 τ 必须与曲率半径成反比. 位错线开始弯曲时，所需外加应力值逐渐增大，达到图 7.23 (b) 位置时，R 等于 $L/2$，(这里 L 是 AB 长度)，τ 达

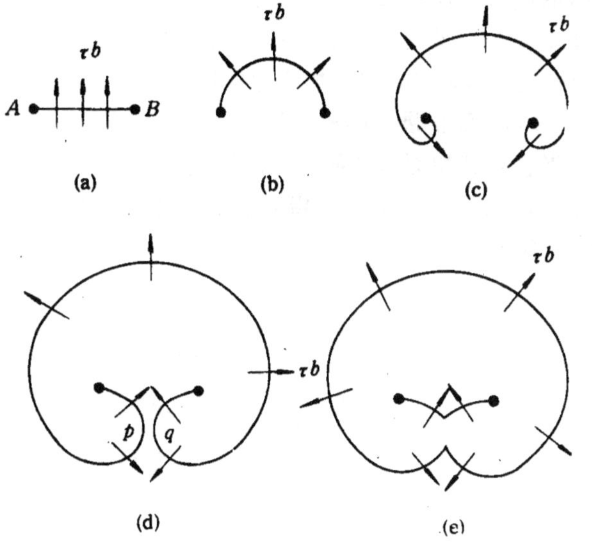

图 3.23 F-R 源的动作过程

到最大值

$$\tau_{\max}=\frac{2\alpha G\cdot b}{L} \tag{3.39}$$

之后位错线继续弯曲，τ 又逐渐下降. 但在 A，B 两端发生卷曲，

局部剪应力 τ 又可能超过 τ_{max}，因此 τ 不再均匀分布. 总的平均剪应力在减小，位错线变得不稳定. 继续弯曲扩大.

一般位错网络结点间距离 $L\approx10^{-3}$毫米，柏氏矢量的大小 $b\approx10^{-7}$毫米，取 $\alpha=\frac{1}{2}$，得

$$\tau_{max}\approx10^{-4}G$$

这个数值与晶体实际屈服强度接近.

2. 双交滑移位错增殖

如图 3.24 所示，一个螺型位错在原有滑移面上受阻时，可转向另一个滑移面上去. 当位错线越离障碍后，又可能回到和原滑移面平行的面上，这一过程称为双交滑移.

在图 3.24 中，面心立方的 (111) 面上有一个柏氏矢量为 $\boldsymbol{b}=[\bar{1}01]$ 的平面小位错环. 在外加应力作用下，在 (111) 面上扩展. 然后转向 $(1\bar{1}1)$ 面扩展，形成刃型割阶 AA' 和 BB'，$A'B'$ 为纯螺型位错. 当它回到和原滑移面平行的继续扩展时，$A'B'$ 两端被锚住，此时 $A'B'$ 段形成一个 F-R 源，不断放出新的位错，这就是双交滑移位错增殖.

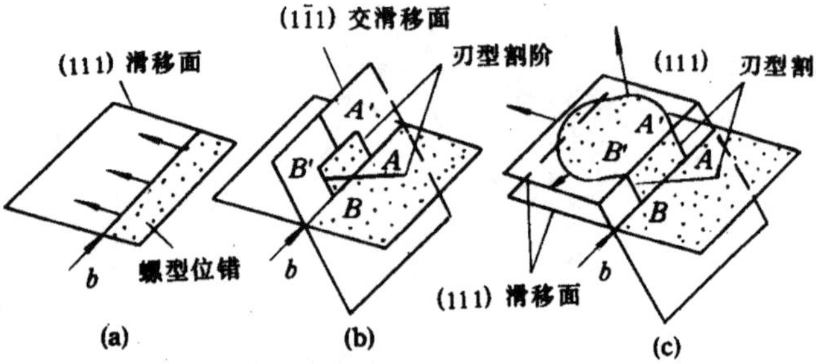

图 3.24 螺型位错的双交滑移增殖

3. 位错交截

位错在外加应力作用下，会在滑移面上运动，可能遇到一些不在该滑移面上位错，这些穿过该滑移面的位错称为林位错，位错运动时，必然要与这些林位错彼此相遇并互相切割. 滑移的难易程度，主要取决于林位错所造成的障碍.

刃型位错之间的交截

图 3.25 表示两个互相垂直的刃型位错交截的情况. 柏氏矢量 $\boldsymbol{b}_1$ 与 $\boldsymbol{b}_2$ 互相垂直，位错线 XY 与位错线 AB 互相垂直，当柏氏矢量为 $\boldsymbol{b}_1$ 的位错线 XY 在剪应力作用下在滑移面 π_1 上滑移时，与 π_2 内柏氏矢量为 $\boldsymbol{b}_2$ 的位错 AB 相遇. 在 XY 位错通过 AB 后，在 π_1 面右侧的原子相对于另一侧的原子位移了 $\boldsymbol{b}_1$，从而在位错 AB 上产生了一个平行于 $\boldsymbol{b}_1$ 的割阶 PP'. 它是位错 AB 的一部分，它的柏氏矢量与 AB 位错相同，为 $\boldsymbol{b}_2$，但 PP' 的长度等于 $\boldsymbol{b}_1$ 的长度，这种割阶并不阻碍位错 AB 的运动.

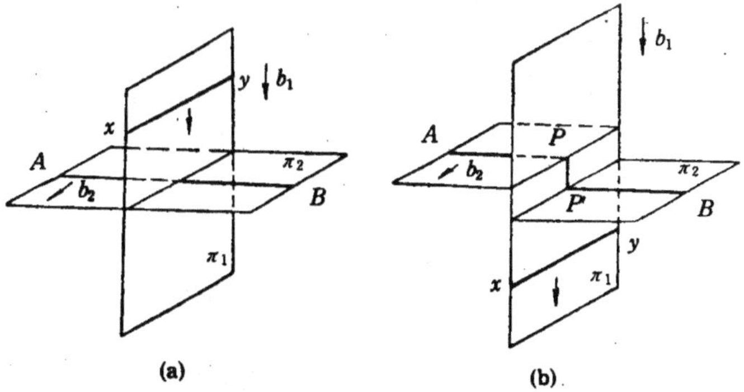

图 3.25 割阶的形成

位错 AB 的柏氏矢量平行于 XY 位错线，当位错 XY 通过 AB 时，位错 XY 并不形成割阶. 位错 AP，$P'B$ 在滑移面 π_2 上滑移时，常带割阶 PP' 一起滑移，但分别有各自的滑移面. 这种割阶称为滑移割阶.

现在讨论柏氏矢量互相平行的两条刃型位错的交截. 如图 3.26 所示，二位错线互相切割后，各自产生了一个割阶. 割阶的方向与长度均等于另一条位错线的柏氏矢量. 这两个割阶均为螺型位错. 由于位错线张力的作用，将促使位错线变直，另外螺型割阶较之刃型位错具有更大的可动性，因之它们并不影响位错的整体运动.

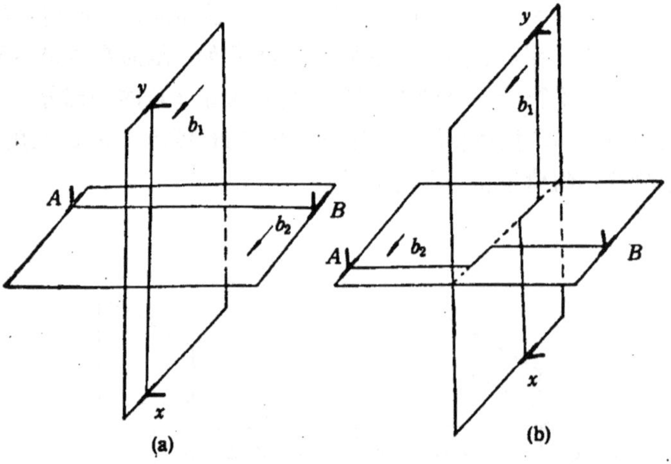

图 3.26　两柏氏矢量平行的刃型位错交割

(a) 交割前　　(b) 交割后形成扭折

图 3.27 表明刃型位错 AB 与螺型位错 CD 交截的情况. CD 垂直 AB，它们的柏氏矢量 $\boldsymbol{b}_1$，$\boldsymbol{b}_2$ 也互相垂直. 当位错线 AB 滑过螺型位错 CD 后，其端点 A，B 将坐落在两个平面内，从而产生一个割阶 PP'，这是一个刃型割阶. 同时在螺型位错 CD 上产生另一

割阶 QQ'，它的柏氏矢量与 $\boldsymbol{b}_2$ 相同，因此也是刃型位错，其长度等于 b_1. 割阶 QQ' 只能在 QQ' 与 $\boldsymbol{b}_2$ 组成的滑移面内运动.

如图 3.28 所示，带割阶的螺型位错 AP，$P'R'$ 运动到 $A'Q$，$Q'B'$ 时，割阶 PP' 沿着 PQ 攀移，从而阻碍原螺型位错的运动.

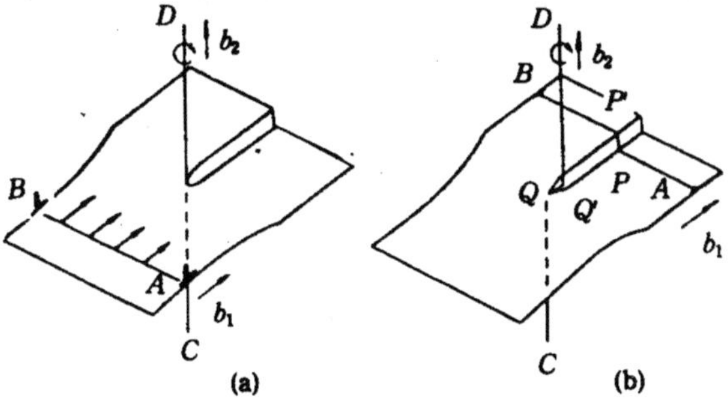

图 3.27 刃型位错与螺位错的交割

(a) 交割前 (b) 交割后

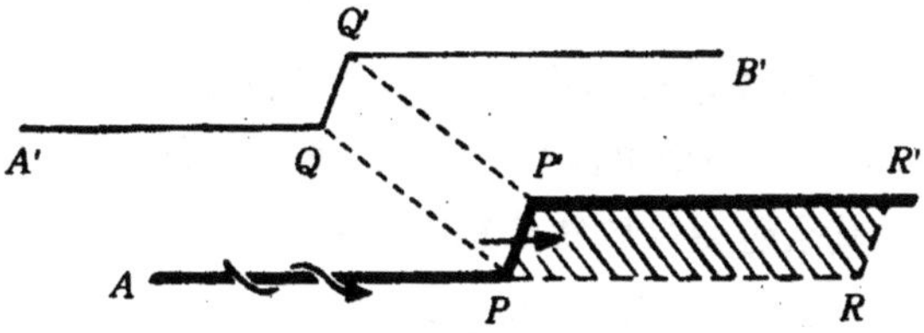

图 3.28

总之，刃型位错上的割阶，对该位错进一步的滑移影响很小，而螺型位错上的刃型割阶，对螺型位错的进一步滑移有重要的影响.

§3.5 位错塞积[1]

考虑晶体内的一个位错源，它所发出的一系列位错在同一滑移面滑移. 如领先位错遇到很强的障碍物，诸如晶界、二个粒子、不可动位错组态等，位错将塞积于领先位错之后，形成塞积群，如图 3.29 所示.

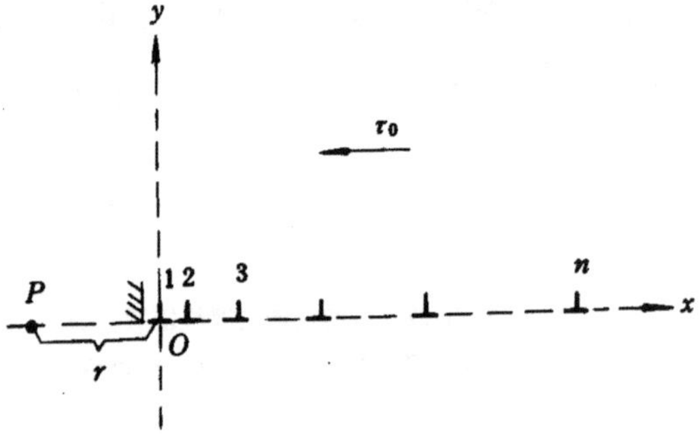

图 3.29 位错塞积群

在外加切应力 τ_0 的作用下，各位错的平衡位置依次标以 1，2，3，……n，令第一个位错在 $x=0$ 的地方，设想这组位错均是正刃型位错，其余位错的位置分别以 x_2，x_3，…，x_n 表示. 则第 j 个位错在第 i 个位错位置上的剪应力为 $-\dfrac{Gb}{2\pi(1-\nu)}\cdot\dfrac{1}{(x_j-x_i)}$.
这样外加应力场及其他位错对第 i 个位错的作用力总和为

$$f_i=-\frac{G\cdot b^2}{2\pi(1-\nu)}\sum_{\substack{j=1\\j\neq i}}^{n}\frac{1}{(x_j-x_i)}-\tau_0 b \tag{3.40}$$

在平衡状态下，$f_i=0$，而 i 可以从 2 至 n，所以可列出 $(n-1)$ 个方程.

用电子计算机解此联立方程组，当 n 较大时，得到近似解：

$$x_i \approx \frac{Gb\pi}{16(1-\nu)n\tau_0}(i-1)^2 \tag{3.41}$$

塞积群总长为

$$L = x_n \approx \frac{A\pi^2}{8n\tau_0}(n-1)^2$$

当 n 很大时

$$L \approx \frac{A\pi^2 n}{8\tau_0} \tag{3.42}$$

其中

$$A = \frac{Gb}{2\pi(1-\nu)}$$

从（3.42）不难看出，位错塞积群的总长度 L 与位错总数 n 成正比，而与外加切应力 τ_0 成反比.

现在来分析位错塞积群对障碍物的作用. 设想在外加切应力 τ_0 的作用下，整个塞积群向前移动了 δ_x 的距离. 每个单位长度的位错线受到 $\tau_0 b$ 的作用，则外力场所作的功为 $n\tau_0 b \cdot \delta_x$. 位错塞积群对障碍物的作用力为 τ，领先位错受到的组态力为 τb，障碍物对领先位错所作的功为 $\tau b\delta_x$. 这两个功应相等，所以

$$|\tau| = n\tau_0 \tag{3.43}$$

该公式表明，塞积群对障碍物的作用力比外加切应力 τ_0 大 n 倍. 随着塞积群中位错数目的增大，在障碍物处的应力集中不断增加. 增大到一定程度时，可以摧毁障碍，也可能产生裂纹.

在塞积群的前方，所产生的应力场也不难计算. 我们有公式

$$\tau = -\frac{G\cdot b}{2\pi(1-\nu)}\sum_{i=1}^{n}\frac{1}{(x_i+r)} - \tau_0 \tag{3.44}$$

考虑以下三种情况：

（1）$r << x_1$，P 点处于障碍物附近的应力集中区内（以下公式中，只给出剪应力大小）

$$\tau \approx n\tau_0 \tag{3.45}$$

（2）$r >> L$. 此时公式中的 $x_i + r \approx r$，我们有

$$\tau \approx \frac{nG\cdot b}{2\pi(1-\nu)}\cdot\frac{1}{r} + \tau_0 \tag{3.46}$$

(3) $x_1 \leqslant r \leqslant L$，此时可采用位错连续分布模型来分析问题. 设想位错线密度为 $D(x)$，则 $bD(x)dx$ 为分布在区间 dx 内的位错的柏氏矢量之和. 我们有

$$\tau = \frac{G \cdot b}{2\pi(1-\nu)}\int_0^L \frac{D(x)dx}{(x+r)} + \tau_0 \tag{3.47}$$

当 n 很大时，位错线密度 $D(x_i)$ 可用下式近似表示

$$D(x_i) = \frac{1}{x_{i+1} - x_i}$$

由公式（3.41）得知

$$\begin{aligned}
x_{i+1} - x_i &= \frac{A\pi^2}{8n\tau_0}[i - (i-1)^2] \\
&= \frac{A\pi^2}{4n\tau_0}\left(i - \frac{1}{2}\right) \\
&= \frac{A\pi^2}{4n\tau_0}\left[\sqrt{\frac{x_i 8n\tau_0}{\pi^2 A}} + \frac{1}{2}\right]
\end{aligned}$$

注意到公式（3.42）

$$\tau = \frac{4\tau_0}{\pi^2}\int_0^L \frac{dx}{(x+r)\left[\sqrt{\frac{x}{L}} + \frac{1}{2n}\right]} + \tau_0$$

$$\approx \frac{4\tau_0}{\pi^2}\int_0^L \frac{\sqrt{\frac{L}{x}}dx}{(x+r)} + \tau_0$$

$$\tau \approx \frac{8\tau_0}{\pi^2}\left(\frac{L}{r}\right)^{\frac{1}{2}}\mathrm{tg}^{-1}\sqrt{\frac{L}{r}} + \tau_0 \tag{3.48}$$

当 $r << L$ 时，我们有

$$\tau \approx \left(\frac{L}{r}\right)^{\frac{1}{2}}\tau_0 + \tau_0 \tag{3.49}$$

利用公式（3.49），我们可以近似计算晶界处的应力集中. 在多晶体中，晶界作为障碍物，位错在晶界处塞积. 塞积群作用到相邻晶粒位错源的力可用（3.49）式计算。当 τ 达到临界值时，相邻晶粒的位错源被激发，变形传向相邻晶粒. 这个过程传布开来，

造成多晶体宏观屈服. 此时对应的外力 τ_0 就是多晶体屈服强度.

实际上，作用在位错上的有效应力有 $\tau_0-\tau_i$，τ_i 是位错滑移摩擦力，由此得

$$\tau_{cr}=(\tau_0-\tau_i)\sqrt{\frac{L}{r}} \tag{3.50}$$

位错塞积群长度 $L\approx d$，d 为晶粒直径，

$$\begin{aligned}\tau_0&=\tau_i+\tau_{cr}\sqrt{\frac{r}{d}}\\&=\tau_i+K_y d^{-1/2}\end{aligned}$$

改为正应力，就得霍尔-佩奇公式：

$$\sigma=\sigma_i+K_y d^{-1/2} \tag{3.51}$$

§3.6 晶界模型[1,3,4]

1. 晶界几何描述

图 3.30 表示了一个二维晶界，位向差 θ 描述了两个相邻晶粒

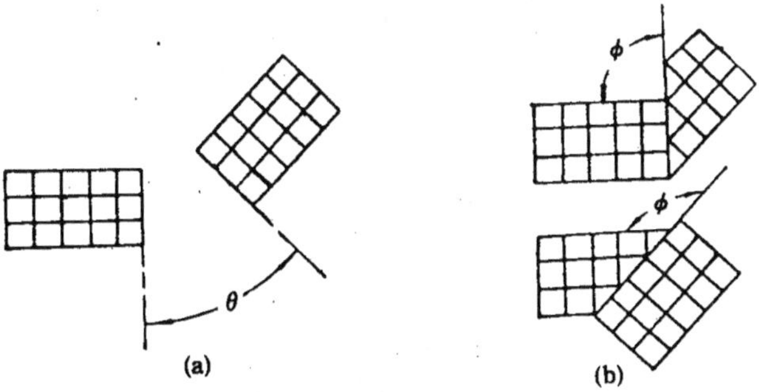

图 3.30 二维晶粒界面的几何自由度

的位向差. 已知位向差 θ，尚不能确定晶界的位置. 在给定 θ 角的条件下，晶界可以位于不同位置. 晶界位向角 ϕ 用来描写晶界相对

于第一个晶粒的位向．这样两个参数 θ，ϕ 完整地描述了二维晶界的几何特征．

两个三维晶体之间的晶界，需要用5个参数来描述，在第一个晶粒上选定直角坐标系．第二个晶粒的位向可用三个欧拉角 θ_1，θ_2，θ_3 来描述．当两个晶粒的位向差确定之后，就要确定晶界面相对第一个晶粒的位向，此时可用两个位向角 ϕ_1，ϕ_2 来描述．

2．小角度晶界

小角度晶界是指两个相邻晶粒的位向差 $\theta<10°$ 所形成的晶界，这种晶界可以用位错模型描述晶界结构，也就是说小角度晶界可以看作是由一系列位错所组成．讨论最简单的情况：

（1）对称倾侧晶界

将两部分晶体绕界面上的某一轴各自转过方向相反的 $\theta/2$ 而形成．

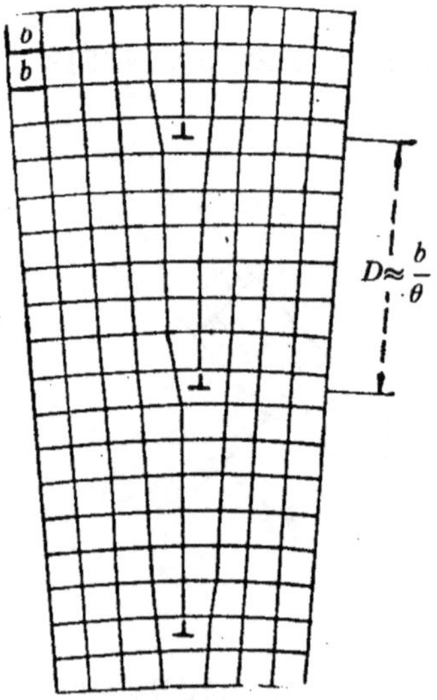

图 3.31　对称倾侧晶界

如图 3.31 所示，对称倾侧晶界是由一系列平行等距的刃型位错沿着界面排列而成，位错间距由下式确定：

$$D=\frac{b}{2\sin\frac{\theta}{2}}\approx\frac{b}{\theta} \qquad (3.52)$$

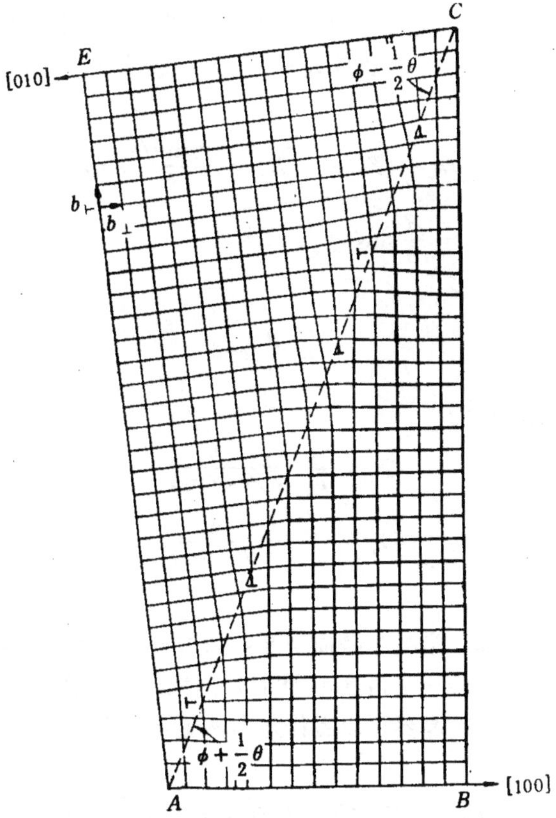

图 3.32 倾斜晶界

当θ很大时，位错间距离D很小，只有几个原子间距，很难明确分开，例如当$b=0.25$纳米，$\theta=10°$，$D=1.4$纳米，只有4—6

个原子间距．因此，这种模型只适用于小角度晶界．

(2) 不对称倾侧晶界（倾斜晶界）

设想两部分晶体绕界面上的某个轴分别旋转 $(\phi+\frac{\theta}{2})$ 角和 $(\phi-\frac{\theta}{2})$ 角，就得到不对称倾侧晶界．此时，晶界可看作是由两组互相垂直的刃型位错所组成，如图 3.32 所示．

与 AB 相交的竖直晶面 (100) 的数目为 AB/b 个，而与 EC 相交的竖直晶面 (010) 的数目为 EC/b 个，令 $AC=1$．故位错密度 $\rho_{\perp}$

$$\rho_{\perp}=\frac{1}{b}(EC-AB)=\frac{2\sin\theta/2}{b}\sin\phi$$

$$\rho_{\perp}=\frac{\theta}{b}\sin\phi \tag{3.53}$$

同理可证

$$\rho_{\vdash}=\frac{\theta}{b}\cos\phi \tag{3.54}$$

位错之间的距离为

$$D_{\perp}=\frac{1}{\rho_{\perp}}=\frac{b}{\theta\cdot\sin\phi} \tag{3.55}$$

$$D_{\vdash}=\frac{1}{\rho_{\vdash}}=\frac{b}{\theta\cdot\cos\phi} \tag{3.56}$$

(3) 扭转晶界

将一块晶体，沿某个晶面切开，然后将其中一块晶体绕垂直晶面的一个轴旋转一个角度 θ，此时将两块晶体粘合在一起，就得到扭转晶界．扭转晶界可以看作是由两组正交螺型位错所组成的网络．

如图 3.33 所示，在一个滑移面上有 n 条平行的同号螺位错，则上下两部分晶体相对移动了 nb，剪切角为 θ．$\sin\theta=\frac{nb}{H}=\rho b$，由此，$\rho=\frac{\theta}{b}$，$D=\frac{b}{\theta}$．$\rho$ 为螺型位错密度，D 为螺型位错间距．

如果再增加一组与上述螺型位错正交的螺型位错，则就形成

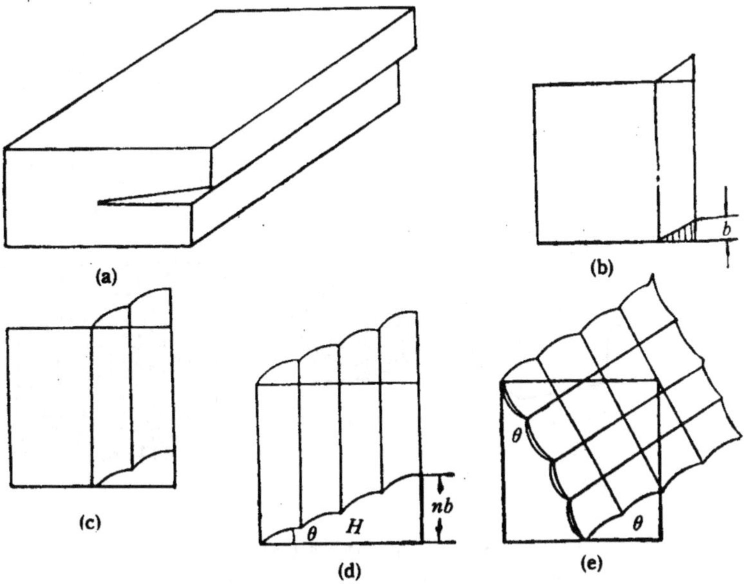

图 3.33　扭转晶界的位错模型

扭转晶界。

在位错网络中间，位错所包围区是原子排列整齐的“好区”，它的面积随着两个晶粒位向差的增大而减少，当 θ 大到一定程度就不能用位错模型来描述.

大量的实验证实了小角度晶界的位错结构. 也就是说，小角度晶界可看作是由一系列刃型位错、螺型位错或混合位错网络所组成.

(4) 任意的小角度晶界

对于任意的小角度晶界，Frank-Bilby 公式提供了一般公式.

考察两个不同晶体点阵所构成的界面 OP. $\boldsymbol{n}$ 是界面的单位法向量. 设想这两个晶体点阵是由理想的参考点阵分别经刚性转动 $\boldsymbol{S}_1$ 和 $\boldsymbol{S}_2$ 而产生，刚性转动轴通过 O 点且垂直于纸面.

令$\overline{OP}$线段为单位长度，围绕$\overline{OP}$作柏氏回路 $PB_2A_2OA_1B_1P$，

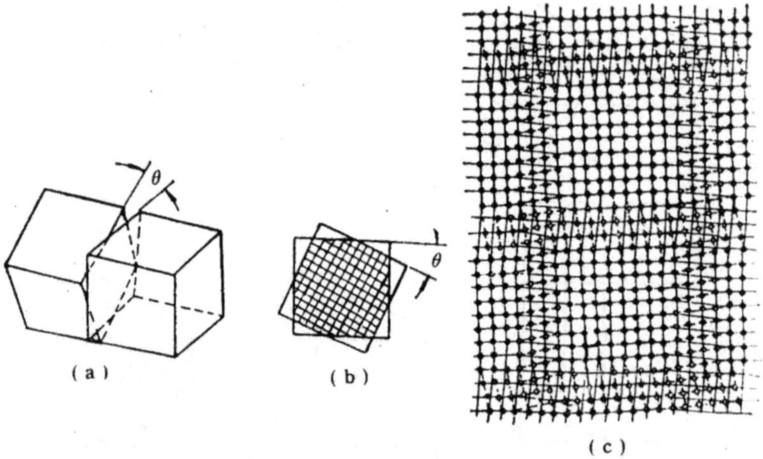

图 3.34　扭转晶界形成过程及结构

(a) 二晶粒绕 Y 轴相对转动 θ 角；　(b) 重叠的边缘是扭转晶界

(c) 扭转晶界的结构

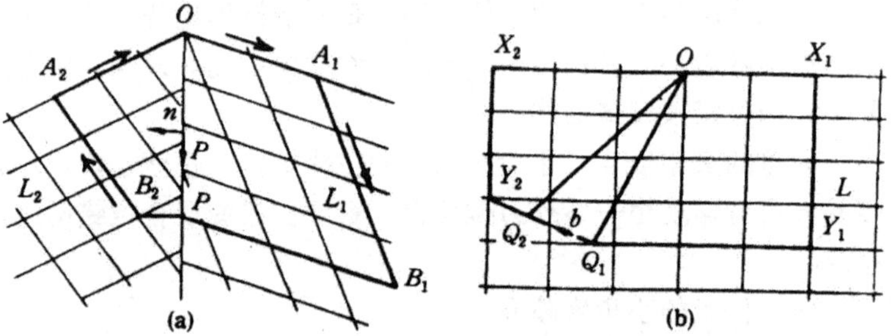

图 3.35　推导 Frank-Bilby 公式用的示意图

(a) 中所示的两实际点阵 L_1 和 L_2 及其界面 OP 是由 (b) 所示

的参考点阵 L 经均匀线性变换而产生[5]

设位错线正方向指向图内，此回路在参考点阵中对应于$Q_2Y_2X_2OX_1Y_1Q_1$. 此回路并不封闭，由终点出发指向始点产生缺口矢量$\boldsymbol{Q_1Q_2}$. 它表示了柏氏回路所包围的界面位错柏氏矢量的总和. 我们有

$$\boldsymbol{S_1} \cdot \boldsymbol{OQ_1} = \boldsymbol{OP} = \boldsymbol{S_2} \cdot \boldsymbol{OQ_2}$$

$$\boldsymbol{Q_1Q_2} = (\boldsymbol{S_2^{-1}} - \boldsymbol{S_1^{-1}}) \cdot \boldsymbol{OP}$$

或写为

$$\boldsymbol{B^L} = (\boldsymbol{S_2^{-1}} - \boldsymbol{S_1^{-1}}) \cdot \boldsymbol{OP} \tag{3.57}$$

此即 Frank-Bilby 公式.

$\boldsymbol{B^L}$ 代表单位面积界面上的总错配度. 公式 (3.57) 中的矢量 $\boldsymbol{OP}$ 可以是界面上的任意矢量. 另外$\boldsymbol{S_2}$, $\boldsymbol{S_1}$ 可以是广到任意的线性变换，可以代表任意的应变、转动以及对称操作的总和.

对于给定的界面，仅从几何分析，尚不能唯一确定 $\boldsymbol{B^L}$，为了确定有意义的位错网络，需要作物理上的考虑.

一般情况下，$\boldsymbol{B^L}$ 可看作由三个不共面的柏氏矢量 $\boldsymbol{b_i}$ 所组成的位错网络.

3. 大角度晶界——重合点阵模型

实验观察表明，大角度晶界也只是几个原子层厚很窄的过渡区，而且与小角度晶界一样具有周期性结构. 也就是说，在界面区域，两晶体点阵周期性地局部调整其原子位置，使两点阵的原子在晶界的一部分区域上彼此配合，形成共格区。在其余部分，原子排列发生畸变，构成坏区.

设想将两个晶体点阵分别向对方空间延伸，使其互相贯穿，则其中有些阵点会相互重合. 这些位置重合的阵点构成新的点阵，称之为重合点阵. 一般说来这种重合点阵的晶胞很大，但如果这两个晶体点阵位向差符合一定关系. 则重合点阵的晶胞大大缩小. 此时，重合阵点密度 $1/\Sigma$ 大于 1/20，对于描述晶界结构，重合点阵模型是可取的.

这里重合点阵密度是指重合点阵的阵点数占原有点阵的阵点

总数的分数，也就是说每 Σ 阵点中就有一个重合位置.

图 3.36 即为一实例. 对于面心立方晶体的扭转晶界，当旋转角 $\theta_c = 36.9°$时，就得到一个清晰的重合点阵，其中重合阵点密度为1/5，重合阵点用大黑点表示.

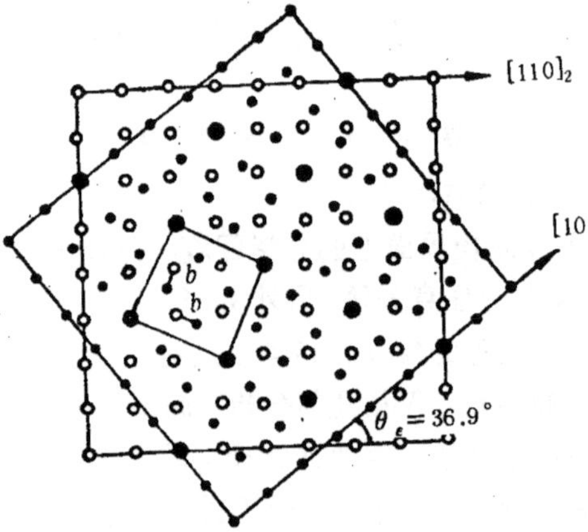

图 3.36 $\theta_c = 36.9°$时，面心立方结构中的（001）面相符扭转晶界

如果沿着晶界面来观察时，就会看到图 3.37 一类示意图. 这个示意图表示面心立方晶体（100）面的倾侧晶界，重合阵点用大黑点表示. 倾侧角为 38°. 其中 *ABCD* 组成结构单元，它们在晶界面上周期性地分布.

晶界一般说来是重合点阵的密排面或次密排面，否则晶界将分解为一系列小台阶，使晶界分段地与重合点阵的密排面重合，中间连以小台阶.

4. O 点阵

Bollmann[6]提出的 O 点阵模型是一种比较普遍的界面几何学模型，O 点阵是在重合点阵模型基础上建立起来的. 当两个互相贯穿点阵的位向差并不符合特定关系时，重合点阵的晶胞是很大的. 此时若将具有相同的晶胞内坐标的几何点充实到重合点阵中

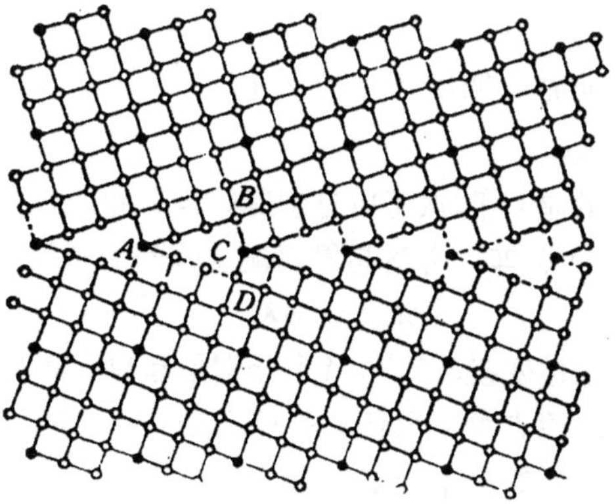

图 3.37　面心立方结构中，〈100〉38°相符倾侧晶界，黑点为相符格点.

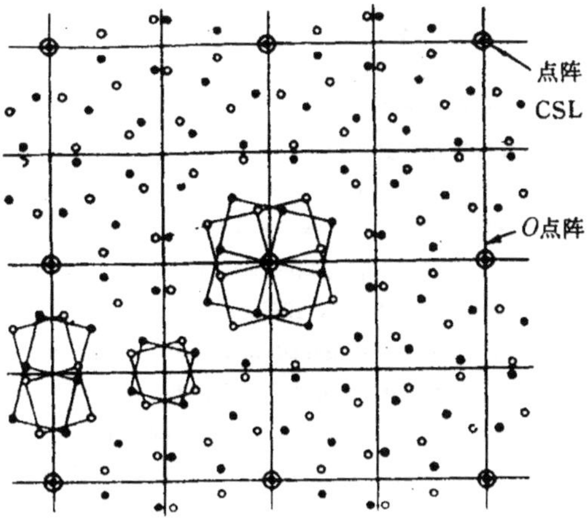

图 3.38　在重合点阵基础上建立起来的 O 点阵，注意其上标明的三类 O 阵点

去，就得到一个新的空间点阵——O 点阵.

图 3.38 表示了一个在重合点阵基础上建立起来的二维 O 点阵，其中重合阵点用⊙点表示. 重合阵点密度为 $1/\Sigma = 1/33$. 现在将具有相同晶胞内坐标（0，$\frac{1}{2}$）和（$\frac{1}{2}$，0）的几何点充实进来，组成 O 点阵.

应该强调的是 O 阵点可以是实际阵点，也可以是虚阵点.

为了分析 O 点阵，考察晶界两侧点阵间的转换关系

$$\boldsymbol{X}^{(2)} = \boldsymbol{A}\boldsymbol{X}^{(1)} \tag{3.58}$$

$\boldsymbol{A}$ 为一均匀的线性变换. $\boldsymbol{X}^{(1)}$，$\boldsymbol{X}^{(2)}$分别是晶粒 1 和晶粒 2 的阵点矢量，此变换的原点可以取任意的 O 阵点，O 点阵任意点的位置矢量 $\boldsymbol{X}^{(0)}$可由下式的解来确定.

$$\boldsymbol{b} = (\boldsymbol{I} - \boldsymbol{A}^{-1})\boldsymbol{X}^{(0)} \tag{3.59}$$

b 是任意的缺口矢量

$$\boldsymbol{b} = \boldsymbol{X}^{(2)} - \boldsymbol{X}^{(1)} \tag{3.60}$$

公式 (3.59) 是 (3.57) 的推广，因为这里 $\boldsymbol{X}^{(0)}$不限于取在界面上.

参 考 文 献

[1] 哈宽富，金属力学性质的微观理论，科学出版社，1983.

[2] 钱临照、杨顺华，晶体缺陷和金属强度，上册，科学出版社. 1960，1.

[3] 包永千、金属学基础，冶金工业出版社，1986.

[4] 李恒德、肖纪美，材料表面与界面，清华大学出版社. 1990.

[5] 罗承萍、刘正义，FCC/BCC 相界面结构的理论和实验研究，取自“材料表面与界面”，李恒德、肖纪美主编，201-224，1990.

[6]Bollmann，W.，Crystal Defects and Crystalline Interfaces，Springer，Berlin，1970.

[7] 吴希俊，晶界结构及其对力学性质的影响，力学进展，**19**，1989，4；20，1990，2.

[8] Hull，D. and Bacon，D. J.，Introduction to dislocation，3rd ed.，Oxford，Pergamon，1984.（中译本：D. 赫尔，D. J. 培根著，李齐译，位错导论，科学出版社，1990.）

[9] Honeycombe，R. W. K.，The plastic deformation of Metals，2nd Ed.，Edward Arnold，Australia，1984.（中译本：R. W. K. 赫奈康著，张猛等译，金属塑性变形，重庆大学出版社，1989.）

[10] Hertzberg，R. W.，Deformation and Fracture Mechanics of Engineering Materi-

als, New York, Wiley, 1983.
[11] 冯端、王业宁和丘第荣，金属物理，科学出版社，1975.

第四章　晶体塑性理论

晶体塑性变形自 30 年代直至 60 年代一直是金属物理学家和力学家热心探索的研究课题．早期研究的主要成果在于搞清楚了晶体塑性的几何学与晶体学特征．这方面整理出大量的实验规律，为塑性变形的位错机制奠定了基础．可以毫不夸张地说，正是晶体塑性变形和强度理论的研究导致了位错概念的提出和位错理论的发展．

反过来，由于 60 年代位错直接观察技术的蓬勃发展，使位错理论有了更坚实的物理基础，从而促进了晶体塑性理论的成熟与向广度、深度发展．

晶体塑性理论的早期工作，应当首推 Taylor 及其合作者[1,2,3]，Orowan[4]，Schmid[5]和 Polanyi[6]的开创性工作．这些工作至今仍给我们很多生动的启迪．

他们的工作清楚地表明金属塑性变形是和它的晶体结构特征密切相关的，是微观结构敏感的．

关于塑性变形的物理机制、晶体学特征及位错理论已在前三章作了简明扼要的介绍．本章主要阐明晶体塑性变形的力学理论．

对于力学家和工程师来说认识晶体塑性变形的滑移机制是颇为有益的．正是这种内在的物理机制激励着他们丰富的想象力，促使他们提出合理的力学模型．这种力学模型既要反映塑性微观机制的内涵，又要在数学上能够进行处理．

Taylor[7]在 1938 年提出的多晶集合体的塑性模型即是这方面的一个范例．

本章前三节介绍一些有关大变形的描述方法．因为晶轴的刚性转动在晶体塑性变形中起着重要的作用．另一方面金属晶体有很好的塑性性能，金属加工经常出现大的塑性变形及超塑性变形．因此，将晶体塑性理论建立在大变形基础上乃是必要的．

§4.4 论述晶体塑性变形的几何学. 首先讨论均匀滑移模型是如何确立的. 然后讨论均匀滑移模型的连续介质描述及晶体塑性变形几何学.

§4.5 讨论率无关材料的硬化规律. §4.6 分析硬化系数的表示式.

晶体塑性本构关系是本章重点，将放在§4.7中讨论.

§4.8 简要介绍率相关流动规律. §4.9 论述与晶体塑性理论等价的极值原理.

§4.1 有限变形的几何学和运动学

1. 变形梯度

在连续介质力学中，把物体看作为物体点的连续致密集合. 物体点通常就用它在参考构形中的位置 $\underset{\sim}{X}$ 表示. 物体在三维空间中所占的区域称为构形. 物体点随着时间在空间中移动. 物体点 $\underset{\sim}{X}$ 在当前构形（时刻 t）的位置矢量 $\underset{\sim}{x}$ 将是 $\underset{\sim}{X}$ 和 t 的函数

$$\underset{\sim}{x}=\underset{\sim}{x}(\underset{\sim}{X},t) \tag{4.1}$$

这反映了不同物体点在不同时刻占有不同位置.

我们称 $\underset{\sim}{X}$ 为物体点的物质坐标，而 $\underset{\sim}{x}$ 为物体点空间坐标. 因此 $\underset{\sim}{X}$ 只是物体点的标志，它不会随着时间而变化. 对于同一个物体点 P，只有一个 $\underset{\sim}{X}$. 而不同的物体点就用不同的 $\underset{\sim}{X}$ 来表示.

这好比是篮球场上的运动员，他身上运动衣的号码是运动员的标志，在整个比赛中是不会改变的. 而运动员在篮球场上的空间位置却在不断变化.

为了表示物体点的位置需要一个坐标系. 我们将采用空间中固定的直角坐标系来描写参考构形和当前构形中物体点的位置矢量.

我们一般选用初始构形为参考构形，采用矩阵表示法表示矢量和张量. 也就是说用矢量在直角坐标系中的分量所组成的列阵表示矢量. 用张量在固定直角坐标系中的分量所组成的矩阵表示

张量.

现在讨论物体点 P_0 附近的变形（如图 4.1）.

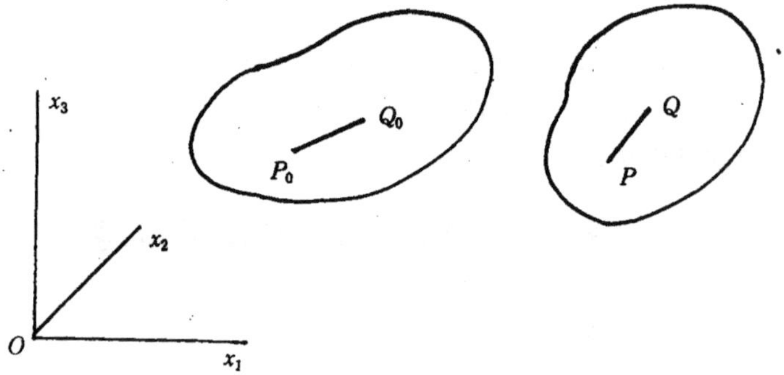

图 4.1

设想 Q_0 点是物体点 P_0 附近的点，变形后，物体点 P_0，Q_0 分别移至 P，Q 点.

物体点 P_0，Q_0 在初始构形中的位置向量为 $\underset{\sim}{X}$ 与 $\underset{\sim}{X}+d\underset{\sim}{X}$. 在当前构形，这两个点的位置矢量为 $\underset{\sim}{x}$，$\underset{\sim}{x}+d\,\underset{\sim}{x}$.

略去 $|d\,\underset{\sim}{X}|$ 的二次以上项，于是得到

$$d\underset{\sim}{x} = \hat{x}(\underset{\sim}{X} + d\underset{\sim}{x}, t) - \hat{x}(\underset{\sim}{X}, t) \approx \underset{\sim}{F} d\underset{\sim}{X}$$

其中 $\underset{\sim}{F}$ 为变形梯度张量

$$\underset{\sim}{F} = \frac{\partial \hat{\underset{\sim}{x}}}{\partial \underset{\sim}{X}} \tag{4.2}$$

利用分量来表示上面的结果将更加清楚. 我们有

$$dx_i = \frac{\partial \hat{x}_i}{\partial X_k} dX_k \tag{4.3}$$

公式（4.2），（4.3）中，$\underset{\sim}{x}$ 及 x_i 均冠以上符号 ^ ，表明 $\underset{\sim}{x}$，x_i 作为 $\underset{\sim}{X}$ 的函数. 为了书写简单起见，以下将略去符号 ^ . 将（4.2）与（4.3）进行比较，立即得出变形梯度张量的分量是

$$F_{kK}=\frac{\partial x_k}{\partial X_k}=x_{k,K} \tag{4.4}$$

变形梯度张量 $\underset{\sim}{F}$ 具有两个下标，一个下标属于当前构形，一个下标属于初始构形. 因此，变形梯度张量 $\underset{\sim}{F}$ 是个两点张量.

点 P 和 Q 之间的距离平方为

$$\begin{aligned} ds^2 &= dx_k dx_k = F_{kK} dX_K F_{kL} dX_L \\ &= F_{kK} F_{kL} dX_K dX_L = (\underset{\sim}{F}^T \underset{\sim}{F} d\underset{\sim}{X}) \cdot d\underset{\sim}{X} \end{aligned} \tag{4.5}$$

鉴于 ds^2 总是非负的，因此，从上式不难判断张量 $\underset{\sim}{F}^T\underset{\sim}{F}$ 是对称正定的. 因为二次型

$$ds^2 = C_{KL} dX_K dX_L \tag{4.6}$$

$$C_{KL} = F_{kK} F_{kL} \tag{4.7}$$

是正定的二次型.

另一方面，变形前物体点 P_0，Q_0 之间的距离平方为

$$dS^2 = dX_K dX_K$$

由此

$$ds^2 - dS^2 = (C_{KL} - \delta_{KL}) dX_K dX_L \tag{4.8}$$

这里 dS 是变形前物质线元素的长度，ds 是变形后该线元素的长度，(4.8) 式将两者联系起来. 因此，我们可以引入下列 Green 应变张量

$$\begin{cases} \underset{\sim}{E} = \dfrac{1}{2}(\underset{\sim}{F}^T \underset{\sim}{F} - \underset{\sim}{I}) \\ E_{KL} = \dfrac{1}{2}(C_{KL} - \delta_{KL}) \end{cases} \tag{4.9}$$

公式 (4.8) 可改写为

$$ds^2 - dS^2 = 2E_{KL} dX_K dX_L \tag{4.10}$$

现在来讨论应变张量 $\underset{\sim}{E}$ 的具体表达式. 按公式 (4.7)，我们有

$$C_{KL} = \frac{\partial x_k}{\partial X_K} \cdot \frac{\partial x_k}{\partial X_L} \tag{4.11}$$

我们用$\underset{\sim}{u}$表示物体点的位移矢量．此时有

$$\begin{cases} \underset{\sim}{u} = \underset{\sim}{x} - \underset{\sim}{X} \\ x_k = \delta_{kK} X_K + u_k \end{cases} \tag{4.12}$$

将公式（4.11），（4.12）代入（4.9）便得到

$$\begin{aligned} E_{KL} &= \frac{1}{2}\{(\delta_{kK} + u_{k,K})(\delta_{kL} + u_{k,L}) - \delta_{KL}\} \\ &= \frac{1}{2}\{\delta_{kK} u_{k,L} + \delta_{kL} u_{k,K} + u_{k,K} u_{k,L}\} \\ &= \frac{1}{2}\{(u_{k,L})_{k=K} + (u_{k,K})_{k=L} + u_{k,K} u_{k,L}\} \end{aligned} \tag{4.13}$$

对于微小变形，可以忽略上述公式中的二次项，也可以忽略不同构形下标之间差别，得

$$E_{KL} = \frac{1}{2}(u_{K,L} + u_{L,K})$$

这就是熟知的 Chaucy 公式．

2．变形运动学

运动（4.1）的速度场是

$$\underset{\sim}{v} = \left(\frac{\partial \underset{\sim}{x}}{\partial t}\right)_{\underset{\sim}{X}} \tag{4.14}$$

式中对时间t的偏导数，是对固定的物质点$\underset{\sim}{X}$进行的，因此称为物质导数．对于任何几何量（张量或向量）我们都可以跟踪固定的物体点，考察这个几何量随时间的变化率，从而得到该几何量的物质导数．

利用（4.12）式，速度场$\underset{\sim}{v}$又可表示为

$$\underset{\sim}{v} = \left(\frac{\partial \underset{\sim}{u}}{\partial t}\right)_{\underset{\sim}{X}} = \dot{\underset{\sim}{u}} \tag{4.15}$$

这里“点运算”表示该几何量的物质导数．

由（4.11）式，得

$$\dot{C}_{KL} = \frac{\partial v_k}{\partial X_K} \cdot \frac{\partial x_k}{\partial X_L} + \frac{\partial x_k}{\partial X_K} \cdot \frac{\partial v_k}{\partial X_L}$$

$$= \frac{\partial v_k}{\partial x_l} \cdot \frac{\partial x_l}{\partial X_K} \frac{\partial x_k}{\partial X_L} + \frac{\partial x_k}{\partial X_K} \frac{\partial x_l}{\partial X_L} \cdot \frac{\partial v_k}{\partial x_l}$$

$$= \frac{\partial x_k}{\partial X_K} \cdot \frac{\partial x_l}{\partial X_L}\left(\frac{\partial v_l}{\partial x_k} + \frac{\partial v_k}{\partial x_l}\right)$$

$$= 2\frac{\partial x_k}{\partial X_K} \cdot \frac{\partial x_l}{\partial X_L} d_{kl}$$

其中 d_{kl}称为变形率张量，

$$d_{kl} = \frac{1}{2}\left(\frac{\partial v_k}{\partial x_l} + \frac{\partial v_l}{\partial x_k}\right) \tag{4.16}$$

由此我们得到

$$\dot{\underset{\sim}{E}} = \frac{1}{2}\dot{\underset{\sim}{C}} = \underset{\sim}{F}^T \underset{\sim}{d}\, \underset{\sim}{F} \tag{4.17}$$

公式（4.17）表明，应变率张量$\dot{\underset{\sim}{E}}$与变形率张量$\underset{\sim}{d}$之间的关系服从张量分量从直角坐标系 $\{x_i\}$ 到随体系 $\{\underset{\sim}{X}, t\}$ 的变换公式，所谓随体系也就是将 $\underset{\sim}{X}$ 看作是描写变形后物体点的位置曲线坐标，而建立起来的流动标架. 这就是说，在某个固定的时刻，将方程（4.1）看作是直角坐标系 $\{x_i\}$ 与曲线坐标系 $\{X_K\}$ 之间的坐标变换式.

总之变形率张量在直角坐标系$\{x_i\}$中的分量所组成的矩阵为$\underset{\sim}{d}$；而在随体坐标系 $\{\underset{\sim}{X}, t\}$ 中的分量所组成的矩阵恰好等于$\dot{\underset{\sim}{E}}$.

严格地说，变形率张量$\underset{\sim}{d}$是定义在当前构形中的两阶张量，而应变率张量$\dot{\underset{\sim}{E}}$是定义在参考构形中的两阶张量，两者是有差别的. 公式（4.17）将两个不同构形的张量联系起来了，而这种联系是通过两点张量 $\underset{\sim}{F}$ 来实现的.

引入速度梯度张量 $\underset{\sim}{L}$

$$\underset{\sim}{L} = \frac{\partial \underset{\sim}{v}}{\partial \underset{\sim}{x}} \tag{4.18}$$

显然有

$$\underset{\sim}{d} = \frac{1}{2}(\underset{\sim}{L} + \underset{\sim}{L}^T) \tag{4.19}$$

另外定义 $\underset{\sim}{L}$的反对称部分为旋律张量：

$$\underset{\sim}{W}=\frac{1}{2}(\underset{\sim}{L}-\underset{\sim}{L}^T) \tag{4.20}$$

对公式（4.4）求物质导数，导得

$$\dot{F}_{kK}=\frac{\partial \dot{x}_k}{\partial X_K}=\frac{\partial v_k}{\partial X_K}=\frac{\partial v_k}{\partial x_l}\cdot\frac{\partial x_l}{\partial X_K}$$
$$\dot{\underset{\sim}{F}}=\underset{\sim}{L}\cdot\underset{\sim}{F} \tag{4.21}$$

由此得到

$$\underset{\sim}{L}=\dot{\underset{\sim}{F}}\,\underset{\sim}{F}^{-1} \tag{4.22}$$

由公式（4.13）和（4.16）看出，应变张量与位移场的关系是非线性的，而变形率张量 $\underset{\sim}{d}$ 与速度场的关系是线性的.

§4.2　应力度量和功共轭

1. 变形梯度的极分解

任何变形都可以表示为“纯粹伸长”与“刚体旋转”的合成，我们可以设想

$$\underset{\sim}{F}=\underset{\sim}{R}\,\underset{\sim}{U}=\underset{\sim}{V}\,\underset{\sim}{R} \tag{4.23}$$

$\underset{\sim}{U}$，$\underset{\sim}{V}$ 分别称为右、左伸长张量，均是二阶张量，$\underset{\sim}{R}$ 是转动张量. 由（4.22）式不难推得

$$\underset{\sim}{U}^2=\underset{\sim}{F}^T\underset{\sim}{F},\qquad \underset{\sim}{V}^2=\underset{\sim}{F}\,\underset{\sim}{F}^T \tag{4.24}$$

注意到公式（4.7），我们有

$$\underset{\sim}{U}^2=\underset{\sim}{C} \tag{4.25}$$

因此，$\underset{\sim}{U}$ 是对称正定张量.

现在来讨论 $\underset{\sim}{U}$，$\underset{\sim}{V}$，$\underset{\sim}{R}$ 的几何意义. 根据线性代数理论，对称矩阵具有三个互相垂直的主轴及对应的三个实的特征值. 设 $\underset{\sim}{U}$ 的主轴分别为 $\underset{\sim}{a}_K$，主值分别是 λ_K（$K=1, 2, 3$）. 因为是正定矩阵，所以 λ_K 是正的，于是有

$$\underset{\sim}{U}\,\underset{\sim}{a}_K=\lambda_K\underset{\sim}{a}_K,\ K\text{ 不求和} \tag{4.26}$$

由（4.26）式看出 $\underset{\sim}{U}$ 作用于 $\underset{\sim}{a}_K$ 只是成比例的伸缩，不改变主轴上线元素的方向. 由于空间中任何矢量可以表示成三个向量 $\underset{\sim}{a}_K$ 的

和. 因此，不难看出$\underset{\sim}{U}$表示纯粹的变形.

极分解(4.22)的第一式表示首先进行纯粹变形$\underset{\sim}{U}$，然后再进行旋转$\underset{\sim}{R}$. 第二式则表示首先进行旋转$\underset{\sim}{R}$，然后再进行纯粹变形$\underset{\sim}{V}$，从而得到合成的$\underset{\sim}{F}$. 这两种极分解，旋转$\underset{\sim}{R}$是一样的，但$\underset{\sim}{U}$和$\underset{\sim}{V}$一般说来是不同的，图4.2即是变形极分解的示意图

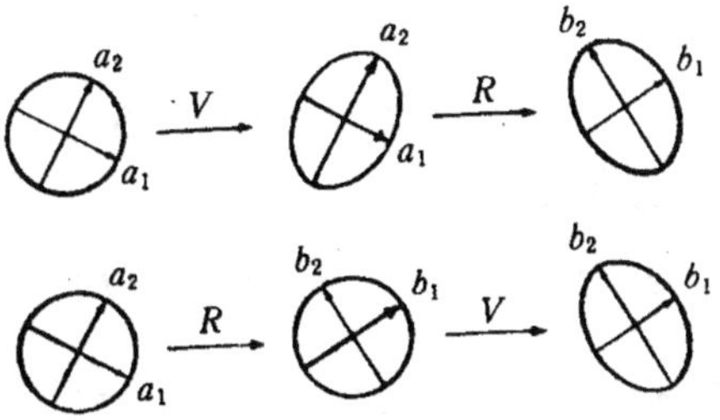

图4.2 变形怎样分解为纯粹伸长$\underset{\sim}{U}$，$\underset{\sim}{V}$与旋转$\underset{\sim}{R}$

2. 应变度量

右伸长张量$\underset{\sim}{U}$主方向上的单位向量记为$\underset{\sim}{N}_K$，则不难证实$\underset{\sim}{U}$的谱表示为

$$\underset{\sim}{U}=\sum_{K=1}^{3}\lambda_K \underset{\sim}{N}_K \underset{\sim}{N}_K^T \tag{4.27}$$

用张量的抽象形式表示，则有

$$\boldsymbol{U}=\sum_{K=1}^{3}\lambda_K \boldsymbol{N}_K \otimes \boldsymbol{N}_K \tag{4.28}$$

确定了$\underset{\sim}{U}$，我们就可以计算任何方向的长度比. 因此任何具有相同主方向且能唯一确定对应主长度比的张量均可作为应变度量.

可以证实，任何一个$\underset{\sim}{U}$的单值可逆，各向同性的对称张量函数$\underset{\sim}{E}=f(\underset{\sim}{U})$都可以作为应变度量. 根据各向同性张量函数的表示

定理，$\underset{\sim}{E}$可表示为

$$\underset{\sim}{E}=f(\underset{\sim}{U})=\varphi_0\underset{\sim}{I}+\varphi_1\underset{\sim}{U}+\varphi_2\underset{\sim}{U}^2 \tag{4.29}$$

为了使这样的应变度量能与微小变形时的经典定义一致，标量函数 $f(\lambda)$必须满足条件

$$f(1)=0, \qquad f'(1)=1 \tag{4.30}$$

这样的应变度量，具有谱表示，

$$\underset{\sim}{E}=\sum_{K=1}^{3}f(\lambda_K)\underset{\sim}{N}_K\underset{\sim}{N}_K^T \tag{4.31}$$

$$\underset{\sim}{\boldsymbol{E}}=\sum_{K=1}^{3}f(\lambda_K)\underset{\sim}{\boldsymbol{N}}_K\otimes\underset{\sim}{\boldsymbol{N}}_K \tag{4.32}$$

下列应变度量是比较常见的.

(1) Green 应变 $\quad \underset{\sim}{E}^{(2)}=\frac{1}{2}(\underset{\sim}{U}^2-\underset{\sim}{I}) \qquad (4.33)$

(2) Almansi 应变 $\quad \underset{\sim}{E}^{(-2)}=\frac{1}{2}(\underset{\sim}{I}-\underset{\sim}{U}^{-2}) \qquad (4.34)$

(3) 名义应变 $\quad \underset{\sim}{E}^{(1)}=\underset{\sim}{U}-\underset{\sim}{I} \qquad (4.35)$

(4) 真应变 $\quad \underset{\sim}{E}^{(0)}=\ln\underset{\sim}{U}=\sum_{K=1}^{3}\ln\lambda_K\underset{\sim}{N}_K\underset{\sim}{N}_K^T \qquad (4.36)$

3. 应力度量与功共轭

Cauchy 应力张量 $\underset{\sim}{\sigma}$，也称为真应力张量，是最为直观和最重要的应力度量. 作用在变形后物体的任何单位面积面元上的应力向量 $\underset{\sim}{p}$可用下式表示：

$$\underset{\sim}{p}=\underset{\sim}{\sigma}\,\underset{\sim}{n} \tag{4.37}$$

其中 $\underset{\sim}{n}$是该面元的单位法向量.

依照 Nanson 定理，变形前的物质面元 da 与变形后的物质面元 dA 之间存在着如下的关系：

$$\underset{\sim}{n}\,da=J(\underset{\sim}{F}^{-1})^T\underset{\sim}{N}\,dA \tag{4.38}$$

其中 $\underset{\sim}{n}$是物质面元 da 的单位法向量，$\underset{\sim}{N}$是物质面元 dA 的单位法向量.

为了证实公式 (4.38)，我们考察图 4.3 所示的变形前物质微元 dV 及变形后物质微元 dV，我们有

$$dV = JdV, \qquad J = \frac{\partial(x_1, x_2, x_3)}{\partial(X_1, X_2, X_3)}$$

设想微元 dV 是柱形体元，它的轴向线元素是 $d\underset{\sim}{X}$，而微元 dV 也可近似地看作是柱形体元，它的轴向线元是 $d\underset{\sim}{x}$. 我们有

$$d\underset{\sim}{x} = \underset{\sim}{F}\, d\underset{\sim}{X}$$

另一方面，体元 dV，dV 可表示为

$$dV = d\underset{\sim}{X} \cdot \underset{\sim}{N} dA$$

$$dV = d\underset{\sim}{x} \cdot \underset{\sim}{n}\, da$$

公式（4.39）可改写为

$$(\underset{\sim}{F}\, d\underset{\sim}{X}) \cdot \underset{\sim}{n}\, da = Jd\underset{\sim}{X} \cdot \underset{\sim}{N} dA$$

这等价于

$$d\underset{\sim}{X} \cdot (\underset{\sim}{F}^T \underset{\sim}{n}) da = Jd\underset{\sim}{X} \cdot \underset{\sim}{N} dA$$

鉴于 $d\underset{\sim}{X}$ 可以是任意的线元素，这就导致

$$\underset{\sim}{F}^T \underset{\sim}{n}\, da = J\underset{\sim}{N} dA \tag{4.39}$$

公式（4.39）显然等价于 Nanson 公式（4.38）.

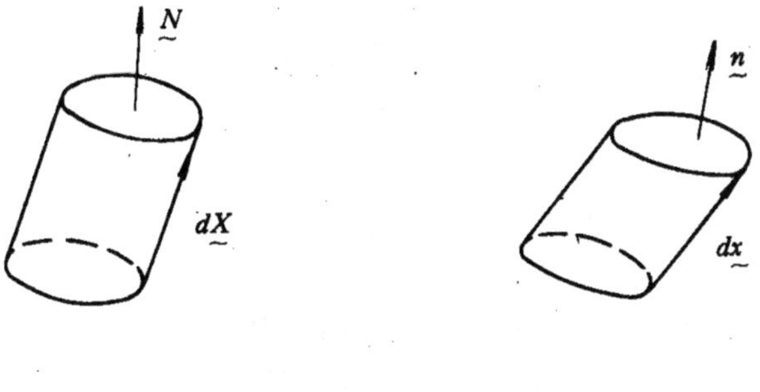

图 4.3　变形前后的物质微元

我们可以将作用在现时构形物质面元 da 上的应力向量 $\underset{\sim}{P} da$ 平移到初始构形的物质面元 dA 上，

$$\underset{\sim}{p}\, da = \underset{\sim}{P}\, dA \tag{4.40}$$

式中$\underset{\sim}{P}$是想象作用在初始构形单位面积物质面元dA上的应力向量.

进一步设想，$\underset{\sim}{P}$可用作用在初始构形体元上的名义应力$\underset{\sim}{S}$来表示：

$$\underset{\sim}{P}=\underset{\sim}{S}\underset{\sim}{N} \tag{4.41}$$

利用公式（4.37），（4.38）及（4.41），可得

$$\underset{\sim}{S}=J\underset{\sim}{\sigma}\ (\underset{\sim}{F}^{-1})^T \tag{4.42}$$

S是非对称的二点张量，叫做第一种 Piola-Kirchhoff 应力张量.

公式（4.42）可以写成分量的形式：

$$S_{iK}=J\sigma_{ij}\frac{\partial X_K}{\partial x_j} \tag{4.43}$$

其中第一个下标指明，应力分量S_{iK}指向$\underset{\sim}{e}_i$方向，而第二个下标，指明该应力向量是设想作用在与$\underset{\sim}{E}_K$相垂直的初始构形的单位面积的物质面元上，这里$\underset{\sim}{e}_i$，$\underset{\sim}{E}_K$是现时构型及初始构形直角坐标系中的基矢量.

与$\underset{\sim}{S}$相关的，我们又可引入对称的二阶张量$\underset{\sim}{T}^{(2)}$

$$\underset{\sim}{T}^{(2)}=\overset{-1}{\underset{\sim}{F}}\underset{\sim}{S}=\underset{\sim}{F}^{-1}J\underset{\sim}{\sigma}\ (\underset{\sim}{F}^{-1})^T \tag{4.44}$$

$\underset{\sim}{T}^{(2)}$叫作第二 Piola-Kirchhoff 应力张量.

有时为了方便起见，采用 Kirchhoff 应力张量：

$$\underset{\sim}{\tau}=J\underset{\sim}{\sigma} \tag{4.45}$$

$\underset{\sim}{\sigma}$，$\underset{\sim}{\tau}$，$\underset{\sim}{S}$，$\underset{\sim}{T}^2$是常用的应力张量.

Hill[30]采用功共轭的原理系统地确立各种应变度量$\underset{\sim}{E}$和各种应力度量之间的对应关系.

考虑初始构形单位体积物质元素的应力功率，

$$\dot{W}=J\underset{\sim}{\sigma}:\underset{\sim}{d}=\underset{\sim}{\tau}:\underset{\sim}{d}=\underset{\sim}{T}:\dot{\underset{\sim}{E}} \tag{4.46}$$

从（4.46）不难看出，任何应变度量$\underset{\sim}{E}$可以看作是广义坐标，而对应的应力度量$\underset{\sim}{T}$则是广义力.（$\underset{\sim}{T}$，$\underset{\sim}{E}$）组成共轭对.

公式（4.46）又可化为

$$\dot{W}=\underset{\sim}{\tau}:\underset{\sim}{d}=\underset{\sim}{S}:\dot{\underset{\sim}{F}}=\underset{\sim}{T}^{(2)}:\dot{\underset{\sim}{E}}^{(2)}$$

由此看出，（$\underset{\sim}{T}^{(2)}$，$\underset{\sim}{E}^{(2)}$）组成共轭对，$\underset{\sim}{S}$与$\underset{\sim}{F}$之间也存在着共轭关

系，但不是严格意义下的共轭对，因为$\underset{\sim}{E}$不是一个应变度量. 此外由于$\underset{\sim}{d}$不是任何应变度量的物质导数，因此，$\underset{\sim}{\sigma}$不是共轭应力.

§4.3 客观应力率

塑性本构关系通常用增量形式表示，因此有必要分析客观应力率，以上我们又引入了现时构形和初始构形的直角坐标系，我们用$\underset{\sim}{x}$表示物体点的空间坐标，也叫做Euler 坐标. 而$\underset{\sim}{X}$则表示物体点在初始构形中位置，是物体点的标志，叫作物质坐标，或Lagrangian 坐标.

公式(4.1)确定了$\underset{\sim}{x}$与$\underset{\sim}{X}$，t之间的函数关系. 对某个特定的时刻t，我们可将$\underset{\sim}{X}$看作是现时构形的曲线坐标，这样可以确立随体的Lagrangian 向量坐标系$\{X^K, t\}$.

在现时构形中，坐标系$\{X^K, t\}$所对应的协变基向量是$\boldsymbol{g}_K$，

$$\boldsymbol{g}_K = \frac{\partial \boldsymbol{r}}{\partial X_K} \tag{4.47}$$

如图4.4所示，$\boldsymbol{g}_K$是镶嵌在物体上，随着物体点的运动而运动，且不断发生变化. 公式(4.47)中，$\boldsymbol{r}$是当前构形物体点的位置矢量. 我们有

$$\boldsymbol{g}_K = \frac{\partial x^k}{\partial X_K}\boldsymbol{e}_k \tag{4.48}$$

考察Cauchy 应力张量在随体向量坐标系$\{X^K, t\}$中的分量Σ^{KL}，

$$\boldsymbol{\sigma} = \sigma^{ij}\boldsymbol{e}_i \otimes \boldsymbol{e}_j = \Sigma^{KL}\boldsymbol{g}_K \otimes \boldsymbol{g}_L$$

我们有

$$\Sigma^{KL} = \frac{\partial X^K}{\partial x^k} \cdot \frac{\partial X^L}{\partial x^l}\sigma^{kl} \tag{4.49}$$

分析图4.5所示的平行六面体，它的棱边分别与$\boldsymbol{g}_K$平行. 作用在这个六面体上的真应力分量为Σ^{KL}，在时刻t，这个平行六面体处于平衡状态. 设想由时刻t到$t+\triangle t$，物体只作准静态的刚体

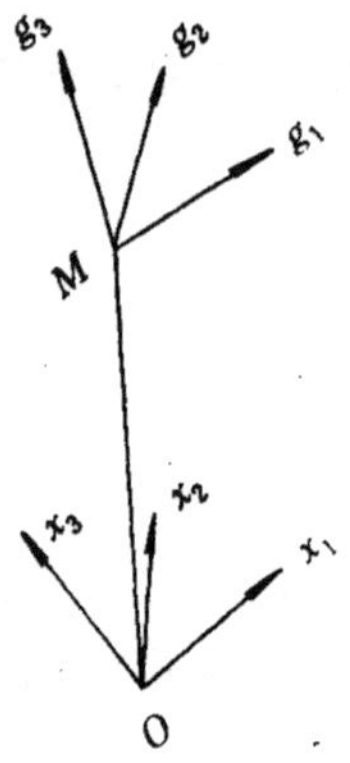

图 4.4　随体坐标标架

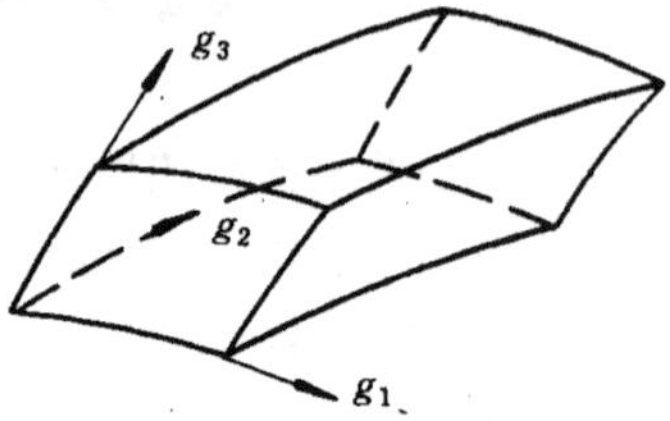

图 4.5　随体坐标系中的平行六面体

运动，不发生进一步的变形，此时基矢量 g_K 跟着作刚性转动，而应力分量 Σ^{KL} 将保持不变，也就是说 $\dot{\Sigma}^{KL}=0$. 这表明 Cauchy 应力张量的向量导数，构成了客观的应力率. 所谓向量导数，指的是 Cauchy 应力张量 $\boldsymbol{\sigma}$ 在向量坐标系 $\{X^K, t\}$ 中的分量 Σ^{KL} 的物质导数 $\dot{\Sigma}^{KL}$ 所组成的张量，

$$\dot{\sigma}=\dot{\Sigma}^{KL}\boldsymbol{g}_K\otimes\boldsymbol{g}_L \tag{4.50}$$

现在来研究 $\dot{\Sigma}^{KL}$ 与 $\dot{\sigma}^{kl}$ 之间的关系. 公式（4.49）可改写为

$$\sigma^{kl}=\frac{\partial x^k}{\partial X^K}\cdot\frac{\partial x^l}{\partial X^L}\Sigma^{KL} \tag{4.51}$$

对（4.51）取物质导数，得到

$$\begin{aligned}\dot{\sigma}^{kl}&=\frac{\partial x^k}{\partial X^K}\cdot\frac{\partial x^l}{\partial X^L}\dot{\Sigma}^{KL}+\frac{\partial v^k}{\partial X^K}\cdot\frac{\partial x^l}{\partial X^L}\Sigma^{KL}\\&\quad+\frac{\partial x^k}{\partial X^K}\cdot\frac{\partial v^l}{\partial X^L}\Sigma^{KL}\\&=\frac{\partial x^k}{\partial X^K}\cdot\frac{\partial x^l}{\partial X^L}\dot{\Sigma}^{KL}+\frac{\partial v^k}{\partial x^m}\sigma^{ml}\\&\quad+\frac{\partial v^l}{\partial x^n}\sigma^{kn}\end{aligned} \tag{4.52}$$

由公式（4.52）不难看出，Cauchy 应力张量的向量导数 $\dot{\sigma}$ 在 Euler 直角坐标系中的分量为

$$\dot{\sigma}^{kl}-\frac{\partial v^k}{\partial x^m}\sigma^{ml}-\frac{\partial v^l}{\partial x^n}\sigma^{kn}=(\dot{\boldsymbol{\sigma}})^{kl} \tag{4.53}$$

公式（4.5）引出另一个最为流行的客观应力率

$$(\overset{\triangledown}{\sigma})^{kl}=\dot{\sigma}^{kl}-W^{km}\sigma^{ml}+W^{nl}\sigma^{kn} \tag{4.54}$$

叫作 Jaumann 应力率或刚体导数，

$$\overset{\triangledown}{\boldsymbol{\sigma}}=\dot{\boldsymbol{\sigma}}+\boldsymbol{\sigma W}-\boldsymbol{W\sigma} \tag{4.55}$$

Cauchy 应力张量的 Jaumann 导数 $\overset{\triangledown}{\boldsymbol{\sigma}}$ 与向量导数 $\dot{\boldsymbol{\sigma}}$ 之间的关系为

$$\overset{\triangledown}{\boldsymbol{\sigma}}=\dot{\boldsymbol{\sigma}}-\boldsymbol{\sigma d}-\boldsymbol{d\sigma} \tag{4.56}$$

公式（4.55），（4.56）中的 $\boldsymbol{d}$，$\boldsymbol{W}$ 分别是变形率张量和物质旋率，

$$d_{ij}=\frac{1}{2}\left(\frac{\partial v^i}{\partial x^j}+\frac{\partial v^j}{\partial x^i}\right) \tag{4.57}$$

$$W_{ij}=\frac{1}{2}\left(\frac{\partial v^i}{\partial x^j}-\frac{\partial v^j}{\partial x^i}\right) \tag{4.58}$$

公式（4.56）表明，Jaumann 导数 $\overset{\triangledown}{\boldsymbol{\sigma}}$ 与向量导数 $\dot{\boldsymbol{\sigma}}$ 一样，不受附加的刚体运动的影响，是客观的应力率.

§4.4 晶体变形运动学

正如晶体塑性的早期工作所指出的那样，晶体的变形是由晶体的位错沿着特定的结晶学平面的滑移和晶格的畸变（包括晶格的刚性转动）造成的.

晶格的畸变可以看作是连续介质的弹性变形，因此可以用弹性力学的方法去处理. 而位错的滑移，由于位错是离散分布的，难以直接用连续介质力学的方法来处理. 另一个困难是位错的滑移将在晶粒内部产生位移间断，这种位移间断难于用连续的变形梯度来指定. 但是由于晶体内部存在着大量位错，因此设想从宏观角度来看滑移在晶粒内部是均匀的，而用连续介质的场变量变形

梯度张量来描述滑移的宏观效应是恰当的. 图 4.6 表示了均匀滑移的变形图像.

晶体的均匀滑移模型是由 Taylor[3],Schmid[5]等人提出的. 基于这种模型，对晶体塑性变形几何学和运动学的严格描述是由 Hill[9]和 Hill，Rice[10]完成的. Asaro 和 Rice[11]，Peirce et al[12]以及 Hill 和 Havner[13]对晶体塑性本构行为作了有趣的综合论述.

总的变形梯度 $\underset{\sim}{F}$ 可表示为

$$\underset{\sim}{F} = \underset{\sim}{F}^{e}\underset{\sim}{F}^{p} \qquad (4.59)$$

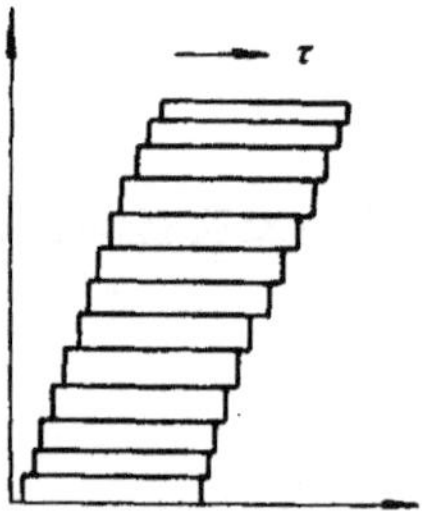

图 4.6

式中 F^e 表示晶格畸变和刚性转动所产生的变形梯度. 晶体受力作用后，晶格必然产生畸变.

另一方面由于变形协调的要求和晶粒边界的约束，晶格也会产生刚性转动. $\underset{\sim}{F}^{p}$ 则表示晶体沿着滑移方向的均匀剪切所对应的变形梯度. 应该着重指出，从微观角度去观察，滑移变形是很不均匀的，在两个滑移带之间的晶体是不变形的（指的是无滑移变形）. 但从细观角度来看，在晶粒内部有大量的平行滑移带，所产生的宏观效应可以看作是均匀的.

图 4.7 给出了晶体变形几何学的清晰图象. 从图上看出，当晶体滑移时，晶格矢量并不发生变化，而当晶格畸变时，晶格矢量将发生伸长和转动.

设想变形前第 α 滑移系滑移方向的单位向量以 $\underset{\sim}{m}^{(\alpha)}$ 表示，滑移面的单位法向量为 $\underset{\sim}{n}^{(\alpha)}$.

晶格畸变后，滑移方向将变为 $\overset{*}{\underset{\sim}{m}}{}^{(\alpha)}$.

$$\overset{*}{\underset{\sim}{m}}{}^{(\alpha)} = \underset{\sim}{F}^{e}\underset{\sim}{m}^{(\alpha)} \qquad (4.60)$$

而滑移面的法线方向将变为 $\overset{*}{\underset{\sim}{n}}{}^{(\alpha)}$

$$\overset{*}{\underset{\sim}{n}}{}^{(\alpha)} = (\overset{-1}{\underset{\sim}{F}}{}^{e})^{T}\underset{\sim}{n}^{(\alpha)} \qquad (4.61)$$

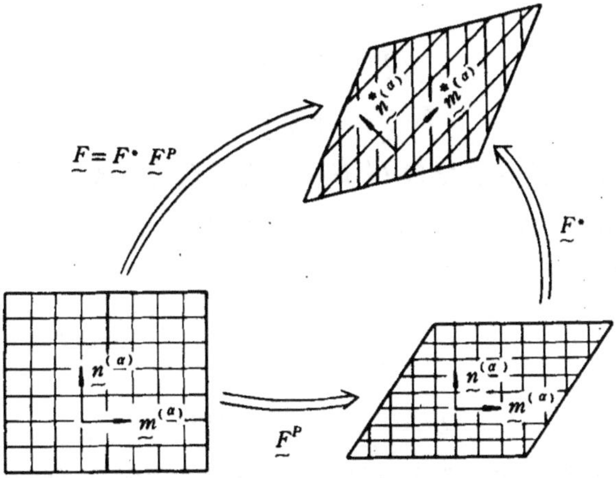

图 4.7　晶体弹塑性变形几何学[14]

应该指出，晶格畸变后，滑移系两个要素的选择是不唯一的. 公式（4.60)，（4.61）的定义在有限变形的分析中具有应用方便的优点. 可以直接验证，$\overset{*}{\boldsymbol{m}}^{(\alpha)}$与$\overset{*}{\boldsymbol{n}}^{(\alpha)}$依然正交，但它们一般不再为单位矢量.

当前构形的速度梯度张量 $\boldsymbol{L}$ 为

$$\boldsymbol{L} = \dot{\boldsymbol{F}}\boldsymbol{F}^{-1} = \dot{\boldsymbol{F}}^{e}\boldsymbol{F}^{e-1} + \boldsymbol{F}^{e}\dot{\boldsymbol{F}}^{p}\boldsymbol{F}^{p-1}\boldsymbol{F}^{e-1} \tag{4.62}$$

不难证实

$$\dot{\boldsymbol{F}}^{p}\boldsymbol{F}^{p-1} = \sum_{\alpha=1}^{n}(\boldsymbol{m}^{(\alpha)}\boldsymbol{n}^{(\alpha)T})\dot{\gamma}^{(\alpha)} \tag{4.63}$$

其中 $\dot{\gamma}^{(\alpha)}$ 表示第 α 滑移系的滑移剪切率，求和将对所有激活的滑移系进行.

为了证实公式（4.63). 先讨论只有一个滑移系开动的情况，此时有公式，

$$\boldsymbol{F}^{p} = \boldsymbol{I} + \gamma\boldsymbol{m}\boldsymbol{n}^{T} \tag{4.64}$$

由此推得

$$\underset{\sim}{\overset{-1}{F}}{}^{p}= \underset{\sim}{I}- \gamma \underset{\sim}{m}\, \underset{\sim}{n}^{T}$$

$$\dot{\underset{\sim}{F}}{}^{p}= \dot{\gamma}\, \underset{\sim}{m}\, \underset{\sim}{n}^{T} \tag{4.65}$$

$$\dot{\underset{\sim}{F}}{}^{p}\, \underset{\sim}{\overset{-1}{F}}{}^{p}= \dot{\gamma}\, \underset{\sim}{m}\, \underset{\sim}{n}^{T}$$

塑性变形的速度梯度张量 $\underset{\sim}{L}^{p}$ 是由所有开动的滑移系上的剪切率 $\dot{\gamma}^{(\alpha)}$的作用叠加而成的．因此得到公式（4.63）．

将公式（4.63）代入（4.62），得到

$$\underset{\sim}{L}= \underset{\sim}{L}^{e} + \underset{\sim}{L}^{p} \tag{4.66}$$

$$\underset{\sim}{L}^{e} = \dot{\underset{\sim}{F}}{}^{e}\, \underset{\sim}{\overset{-1}{F}}{}^{e} \tag{4.67}$$

$$\underset{\sim}{L}^{p} = \sum_{\alpha=1}^{n} \overset{*}{\underset{\sim}{m}}{}^{(\alpha)}\, \overset{*}{\underset{\sim}{n}}{}^{(\alpha)T}\dot{\gamma}^{(\alpha)} \tag{4.68}$$

如果我们将图 4.7 中只经历滑移变形的构形称为中间构形，这个构形也可看作是晶体卸载后残余变形所对应的构形.

比较公式（4.63）与（4.68），不难看出当前构形的速度梯度张量 $\underset{\sim}{L}^{p}$ 与中间构形的速度梯度张量$\dot{\underset{\sim}{F}}{}^{p}\, \underset{\sim}{\overset{-1}{F}}{}^{p}$ 是不同的．前者与当前构形的滑移要素$\overset{*}{\underset{\sim}{m}}{}^{(\alpha)}$，$\overset{*}{\underset{\sim}{n}}{}^{(\alpha)}$相联系；而后者是与中间构形的滑移要素 $\underset{\sim}{m}^{(\alpha)}$，$\underset{\sim}{n}^{(\alpha)}$相联系．从公式（4.68）还看出，采用（4.60）和（4.61）式的定义，使得 $\underset{\sim}{L}^{p}$ 的表达式简洁明了.

有了公式（4.68），我们就能推得下列公式：

变形率张量 $\underset{\sim}{D}$

$$\underset{\sim}{D}= \underset{\sim}{D}^{e} + \underset{\sim}{D}^{p} \tag{4.69}$$

$$\underset{\sim}{D}^{e}= \frac{1}{2}(\dot{\underset{\sim}{F}}{}^{e}\, \underset{\sim}{\overset{-1}{F}}{}^{e} + \underset{\sim}{\overset{-1}{F}}{}^{eT}\, \underset{\sim}{\overset{-1}{F}}{}^{eT}) \tag{4.70}$$

$$\underset{\sim}{D}^{p}= \sum_{\alpha=1}^{n} \underset{\sim}{P}^{(\alpha)}\dot{\gamma}^{(\alpha)} \tag{4.71}$$

$$\underset{\sim}{P}^{(\alpha)}= \frac{1}{2}(\overset{*}{\underset{\sim}{m}}{}^{(\alpha)}\, \overset{*}{\underset{\sim}{n}}{}^{(\alpha)T} + \overset{*}{\underset{\sim}{n}}{}^{(\alpha)}\, \overset{*}{\underset{\sim}{m}}{}^{(\alpha)T}) \tag{4.72}$$

旋率张量 $\underset{\sim}{W}$

$$\underset{\sim}{W}= \underset{\sim}{W}^{e} + \underset{\sim}{W}^{p} \tag{4.73}$$

$$\underset{\sim}{W}^{e}= \frac{1}{2}(\dot{\underset{\sim}{F}}{}^{e}\, \underset{\sim}{\overset{-1}{F}}{}^{e} - \underset{\sim}{\overset{-1}{F}}{}^{eT}\, \dot{\underset{\sim}{F}}{}^{eT}) \tag{4.74}$$

$$\underset{\sim}{W}^p = \sum_{\alpha=1}^{n} \underset{\sim}{W}^{(\alpha)} \dot{\gamma}^{(\alpha)} \tag{4.75}$$

$$\underset{\sim}{W}^{(\alpha)} = \frac{1}{2} (\underset{\sim}{\overset{*}{m}}^{(\alpha)} \underset{\sim}{\overset{*}{n}}^{(\alpha)T} - \underset{\sim}{\overset{*}{n}}^{(\alpha)} \underset{\sim}{\overset{*}{m}}^{(\alpha)T}) \tag{4.76}$$

公式（4.59），（4.66）－（4.76）即是晶体变形运动学的基本公式，这些公式将滑移剪切率与宏观变形率有机地联系起来.

从位错模型到均匀滑移模型

均匀滑移模型也可以从位错模型的均匀化导得，为了分析简单起见，我们只考虑滑移变形，而忽略掉晶格的畸变和转动.

先考虑单个位错所产生的 $\underset{\sim}{F}^p$. 如图 4.8 所示. 位错环 l 将滑移面分成给有影线的已滑移部分 S 和未滑移部分.

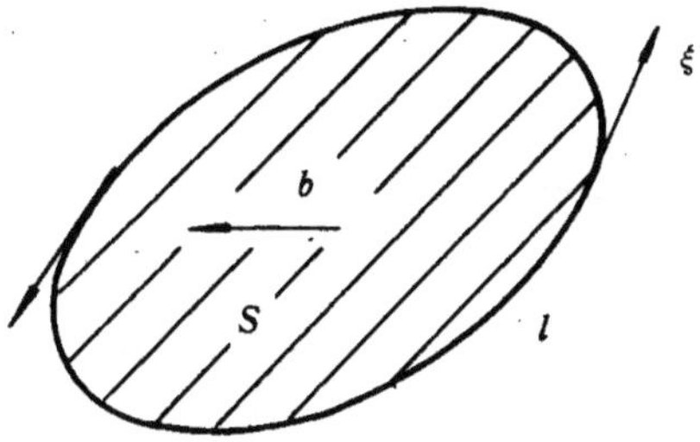

图 4.8 位错环

在已滑移部分 S 上恒有

$$\oint_c d\underset{\sim}{x} = \underset{\sim}{b} \qquad \forall \underset{\sim}{X}^* \in S \tag{4.77}$$

其中 c 为环绕着 $\underset{\sim}{X}^*$ 点的 Burgers 回路，这个回路是在未滑移晶体中选取的. 滑移所对应的变形梯度为 $\underset{\sim}{F}^p$，$\underset{\sim}{x}$ 为滑移变形后晶体上物体点所对应的空间位置矢量. 因此，公式（4.77）可写为

$$\oint_c \underset{\sim}{F}^p d\underset{\sim}{X} = \underset{\sim}{b} \qquad \forall \underset{\sim}{X}^* \in S$$

如果在滑移面 S 上取任意点 X. 令 X^+ 和 X^- 为在面上方和下方无限逼近 $\underset{\sim}{X}$ 的点，取以 X^- 为起点，X^+ 为终点的封闭的 Burgers 回路，则上式又可改写为

$$\oint_{X^-}^{X^+} \underset{\sim}{F}^p d\underset{\sim}{X} = \underset{\sim}{b}, \qquad \forall\, \underset{\sim}{X} \in S \tag{4.78}$$

不难证明，下述塑性变形梯度 $\underset{\sim}{F}^p$

$$\underset{\sim}{F}^p = \underset{\sim}{I} + b\underset{\sim}{m}\,\underset{\sim}{n}^T\delta(\underset{\sim}{n}\cdot\underset{\sim}{X})H_s[\underset{\sim}{X} - \underset{\sim}{n}\,(\underset{\sim}{n}\cdot\underset{\sim}{X})] \tag{4.79}$$

满足 (4.78) 式，其中 $\delta(\cdot)$ 是 Dirac-delta 函数，H_s 是 Heaviside 阶梯函数.

$$H_s(\underset{\sim}{Y}) = \begin{cases} 1, & \underset{\sim}{Y} \in S \\ 0, & \underset{\sim}{Y} \overline{\in} S \end{cases} \tag{4.80}$$

考察图 4.9 上的 Burgers 回路. 这个回路位于 π 平面内，该平面通过法向量 $\underset{\sim}{n}$ 及 P 点而与位错线切向量 $\underset{\sim}{\xi}$ 垂直.

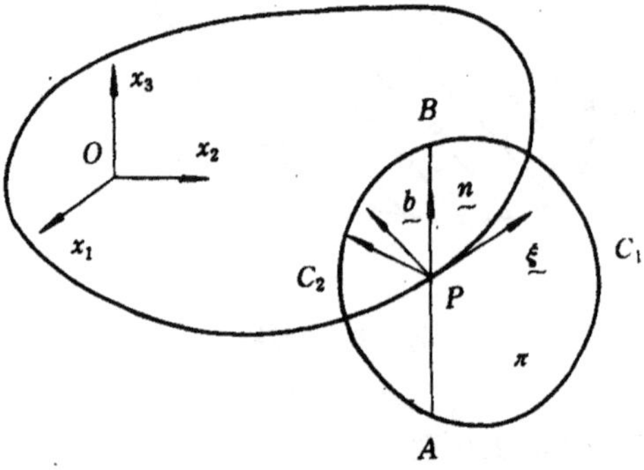

图 4.9　位错的几何描述

设想坐标平面 Ox_1x_2 与滑移面 s 重合，这样任意物体点的位置矢量 $\underset{\sim}{X}$ 可表示为

$$\underset{\sim}{X} = \underset{\sim}{X}_0 + (\underset{\sim}{n}\cdot\underset{\sim}{X})\underset{\sim}{n} \tag{4.81}$$

其中 $\underset{\sim}{X}_0$ 位于滑移平面内. 显然过 P 点的法向量 $\overline{AB}$ 将 Burgers 回

路分成两部分 c_1，c_2；c_1 位于右侧，而 c_2 位于左侧.

当积分点 $\underset{\sim}{X}$ 位于 c_1 上时，$\underset{\sim}{X}_0$必定在 s 之外，此时 $H_s(\underset{\sim}{X}_0)=0$. 当积分点 $\underset{\sim}{X}$ 位于 c_2 上时，$\underset{\sim}{X}_0\in S, H_s(\underset{\sim}{X}_0)=1$.

由此，我们有

$$\oint_c F^p d\underset{\sim}{X} = \oint_c d\underset{\sim}{X} + b\underset{\sim}{m}\int_{c_2}\delta(\underset{\sim}{n}\cdot X)\underset{\sim}{n}^T d\underset{\sim}{X}$$

$$= b\underset{\sim}{m}\int_{c_2}\delta(X_3)dX_3$$

$$= b\underset{\sim}{m} = \underset{\sim}{b} \tag{4.82}$$

这样我们在特定的坐标系内证明了（4.79）式. 对于一般的直角坐标系，公式（4.79）中的 $\underset{\sim}{X}$ 应代之以 $\underset{\sim}{X}'=\underset{\sim}{X}-\underset{\sim}{X}_{O'}$，$O'$ 点是位于滑移面上，且在 S 内的任意点，此时 X' 应理解为从 O 点出发的矢量.

设想在体积为 V 的单晶体上有大量的隶属于滑移系（$\underset{\sim}{m}$，$\underset{\sim}{n}$）的位错. 此时单晶体在该滑移系启动下所产生的平均塑性变形梯度$\bar{\underset{\sim}{F}}^p$ 为，

$$\bar{\underset{\sim}{F}}^p = \frac{1}{V}\int_V \Sigma\{\underset{\sim}{I} + b\underset{\sim}{m}\,\underset{\sim}{n}^T\delta(\underset{\sim}{X}'\cdot\underset{\sim}{n})\}$$

$$H_s(\underset{\sim}{X}' - \underset{\sim}{n}\,(\underset{\sim}{n}\,\underset{\sim}{X}'))dV = \underset{\sim}{I} + \gamma\underset{\sim}{m}\,\underset{\sim}{n}^T \tag{4.83}$$

式中

$$\gamma = \frac{b}{V}A \tag{4.84}$$

$$A = \Sigma\int_V \delta(\underset{\sim}{X}'\cdot\underset{\sim}{n})H_s[\underset{\sim}{X}' - \underset{\sim}{n}\,(\underset{\sim}{n}\cdot\underset{\sim}{X}')]dV \tag{4.85}$$

（4.85）式中的 A 代表 V 内该位错系所扫过的全部滑移面积.

§4.5 率无关硬化规律

晶体的加工硬化表现出明显的各向异性. 分解剪应力 $\tau^{(\alpha)}$ 与滑移剪应变 $\gamma^{(\alpha)}$之间的硬化曲线对晶粒的种类、纯度、变形温度和速

度十分敏感，而且对试样大小、形状、表面条件以及晶粒的定向、晶粒的变形历史均有明显的依赖关系.

以上各种因素中，有些可归之为不同的材料，例如晶粒种类不同、纯度不同. 有些可归之为环境不同，例如变形的温度和速度不同，表面条件不同.

但是试样大小和形状的影响确是令人困惑的因素，难以从力学上加以解释. 从物理上讲，这反映了位错在晶粒内部的滑移路程，路程越短，位错便于滑出晶外.

晶粒定向的影响，可以归之为两个因素，一个是晶粒的各向异性，另一个是双滑移或多滑移机制的影响. 也就是说在“软区域”，单滑移起主导作用，而在“硬区域”，往往有二个或几个滑移系同时激活.

为了得到确定的硬化规律，我们限于讨论晶粒尺寸和形状相同的一类晶粒. 同时设想材料是完全相同的，所处的环境也相同，材料是率无关的.

采用 Schmid 定律来描述流变应力是比较方便的. 一个滑移系 α 处于塑性屈服状态的必要条件是作用在这个滑移系上的分解剪应力 $\tau^{(\alpha)}$ 必须达到临界值 $\tau_c^{(\alpha)}$. 这个临界值就是由当前构形的位错密度和位错组态所决定. 这样的滑移系可能有 n 个，我们称这 n 个滑移系为处于临界状态的滑移系. 对于进一步的增量变形，为了使滑移系 α 继续开动，其分解剪应力 $\dot{\tau}^{(\alpha)}$ 的增量必需跟上临界剪应力 $\tau_c^{(\alpha)}$ 的增加.

因此率无关晶体材料的硬化规律可表示为

$$\dot{\tau}^{(\alpha)} = \dot{\tau}_c^{(\alpha)}, \qquad \dot{\gamma}^{(\alpha)} > 0 \tag{4.86a}$$

$$\dot{\tau}^{(\alpha)} \leqslant \dot{\tau}_c^{(\alpha)}, \qquad \dot{\gamma}^{(\alpha)} = 0 \tag{4.86b}$$

以上公式适用于临界滑移系，其中 $\dot{\gamma}^{(\alpha)}>0$ 表示滑移系 α 继续开动，$\dot{\gamma}^{(\alpha)}=0$ 表示该滑移停止开动.

对于非临界的滑移系 ρ，恒有

$$\tau^{(\rho)} < \tau_c^{(\rho)}, \qquad \dot{\gamma}^{(\rho)} = 0 \tag{4.86c}$$

一个重要的问题在于建立临界剪应力率与滑移剪切率的关

系. 比较流行的，也是最简单的关系是线性关系. 因此，我们有

对临界滑移系 α

$$\dot{\tau}^{(\alpha)} = \dot{\tau}_c^{(\alpha)} = \sum_{\beta=1}^{n} h_{\alpha\beta}\dot{\gamma}^{(\beta)}, \quad \dot{\gamma}^{(\alpha)} > 0 \tag{4.87a}$$

$$\dot{\tau}^{(\alpha)} \leqslant \dot{\tau}_c^{(\alpha)} = \sum_{\beta=1}^{n} h_{\alpha\beta}\dot{\gamma}^{(\beta)}, \quad \dot{\gamma}^{(\alpha)} = 0 \tag{4.87b}$$

对不处于临界状态的滑移系 ρ

$$\tau^{(\rho)} < \tau_c^{(\rho)}, \qquad \dot{\gamma}^{(\rho)} = 0 \tag{4.87c}$$

其中 $h_{\alpha\beta}$是瞬时的滑移硬化系数，它取决于当前的位错密度和位错组态. 当 $\alpha=\beta$ 时，$h_{\alpha\beta}$称为自身硬化系数，当 $\alpha\neq\beta$ 时，$h_{\alpha\beta}$称为潜在硬化系数或耦合硬化系数.

鉴于所讨论的晶体材料是率无关，因此，$h_{\alpha\beta}$不依赖于 $\dot{\gamma}^{(\alpha)}$. 另外一个隐含的假设是 $h_{\alpha\beta}$不依赖于有多少滑移系继续开动.

现在具体分析两个滑移系处于临界状态的情况，此时有

$$\begin{cases} \dot{\tau}^{(\alpha)} = \dot{\tau}_c^{(\alpha)} = \sum_{\beta=1}^{2} h_{\alpha\beta}\dot{\gamma}^{(\beta)}, & \dot{\gamma}^{(\alpha)} > 0 \\ \dot{\tau}^{(\alpha)} \leqslant \dot{\tau}_c^{(\alpha)} = \sum_{\beta=1}^{2} h_{\alpha\beta}\dot{\gamma}^{(\beta)}, & \dot{\gamma}^{(\alpha)} = 0 \end{cases} \tag{4.88}$$

一般来说，硬化系数总是非负的，我们设想 $h_{\alpha\beta}>0$.

分四种情况讨论：

(i) $\dot{\gamma}^{(1)}>0$，$\dot{\gamma}^{(2)}>0$，此时有

$$\begin{cases} h_{11}\dot{\gamma}^{(1)} + h_{12}\dot{\gamma}^{(2)} = \dot{\tau}^{(1)} \\ h_{21}\dot{\gamma}^{(1)} + h_{22}\dot{\gamma}^{(2)} = \dot{\tau}^{(2)} \end{cases} \tag{4.89}$$

由此

$$\begin{cases} \dot{\gamma}^{(1)} = (h_{22}\dot{\tau}^{(1)} - h_{12}\dot{\tau}^{(2)})/\Delta \\ \dot{\gamma}^{(2)} = (h_{11}\dot{\tau}^{(2)} - h_{21}\dot{\tau}^{(1)})/\Delta \end{cases} \tag{4.90}$$

$$\Delta = h_{11}h_{22} - h_{12}h_{21}$$

设想 $\Delta>0$，则从 $\dot{\gamma}^{(1)}$，$\dot{\gamma}^{(2)}$大于零导得

$$\frac{h_{22}}{h_{12}} > \frac{\dot{\tau}^{(2)}}{\dot{\tau}^{(1)}} > \frac{h_{21}}{h_{11}} \tag{4.91}$$

(4.91) 式是与 $\Delta>0$ 的设想一致的.

反之若有 $\Delta<0$，则从 $\dot{\gamma}^{(1)}$，$\dot{\gamma}^{(2)}$大于零导得

$$\frac{h_{22}}{h_{12}}<\frac{\dot{\tau}^{(2)}}{\dot{\tau}^{(1)}}<\frac{h_{21}}{h_{11}}$$

(ii) $\dot{\gamma}^{(1)}>0$，$\dot{\gamma}^{(2)}=0$，此时有

$$\begin{cases}h_{11}\dot{\gamma}^{(1)}=\dot{\tau}^{(1)}\\ h_{22}\dot{\gamma}^{(1)}\geqslant\dot{\tau}^{(2)}\end{cases}$$

由此得

$$\begin{cases}\dot{\gamma}^{(1)}=\dot{\tau}^{(1)}/h_{11}, \quad \dot{\tau}^{(1)}>0\\ \dfrac{h_{21}}{h_{11}}\dot{\tau}^{(1)}\geqslant\dot{\tau}^{(2)}\\ \dfrac{h_{21}}{h_{11}}\geqslant\dfrac{\dot{\tau}^{(2)}}{\dot{\tau}^{(1)}}\end{cases} \tag{4.92}$$

(iii) $\dot{\gamma}^{(1)}=0$，$\dot{\gamma}^{(2)}>0$，此时有

$$\begin{cases}h_{12}\dot{\gamma}^{(2)}\geqslant\dot{\tau}^{(1)}\\ h_{22}\dot{\gamma}^{(2)}=\dot{\tau}^{(2)}\end{cases}$$

由此得

$$\begin{cases}\dot{\gamma}^{(2)}=\dot{\tau}^{(2)}/h_{22}\\ \dfrac{h_{12}}{h_{22}}\geqslant\dfrac{\dot{\tau}^{(1)}}{\dot{\tau}^{(2)}}, \ \dot{\tau}^{(2)}>0\end{cases} \tag{4.93}$$

(iv) $\dot{\gamma}^{(1)}=0$，$\dot{\gamma}^{(2)}=0$，此时有

$$\begin{cases}\dot{\tau}^{(1)}\leqslant 0\\ \dot{\tau}^{(2)}\leqslant 0\end{cases} \tag{4.94}$$

这四种情况在图 4.10 上，用四个不同区域表示.（这里只讨论 $\Delta>0$ 的情况）

在由 $\dot{\tau}^{(1)}$，$\dot{\tau}^{(2)}$组成的应力率平面上，每种应力率对应着一个点. 根据这个点所属区域，即可判断哪个滑移系继续开动，哪个滑移系停止开动.

屈服面和正交性法则

在应力空间中，Schmid 定律所对应的屈服面是一组超平面

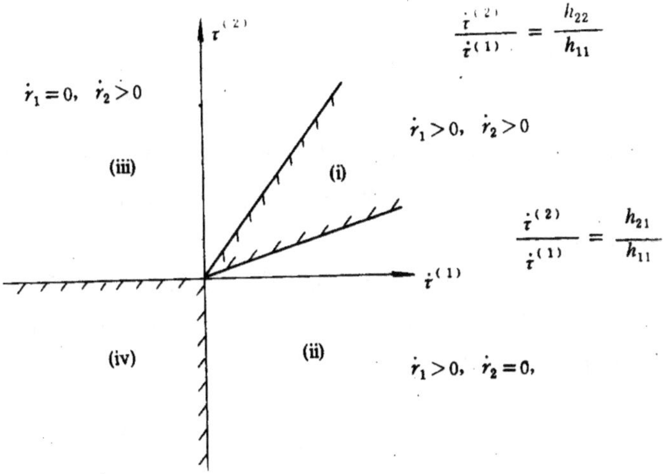

图 4.10

$\tau^{(\alpha)}=\tau_c^{(\alpha)}$，图 4.11 即是这种屈服面的示意图. 超平面的解析表达式为

$$\tau^{(\alpha)} = \underset{\sim}{\sigma} : \underset{\sim}{P}^{(\alpha)} = \tau_c^{(\alpha)} \tag{4.95}$$

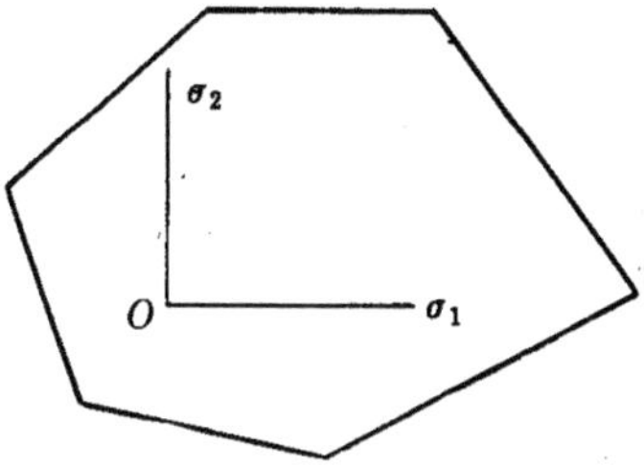

图 4.11 应力空间中的屈服面

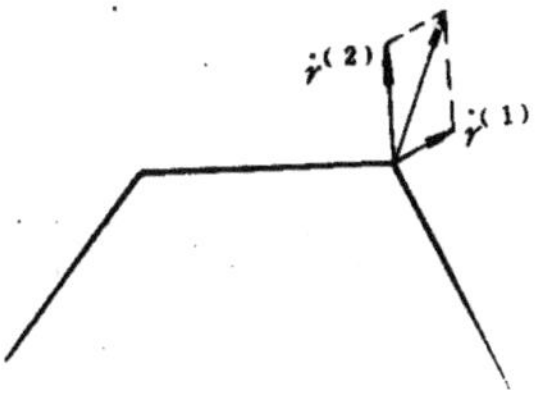

图 4.12 多滑移开动

如果只有一个滑移系开动，那么正交性法则给出

$$\underset{\sim}{D}^{p} = \lambda \frac{\partial f^{(\alpha)}}{\partial \underset{\sim}{\sigma}} = \lambda \underset{\sim}{P}^{\alpha} \tag{4.96}$$

这里 $f^{(\alpha)}$ 是屈服函数

$$f^{(\alpha)} = \tau^{(\alpha)} = \underset{\sim}{\sigma} : \underset{\sim}{P}^{(\alpha)}$$

将公式（4.96）与（4.71）比较不难看出，只需将 λ 比作 $\dot{\gamma}^{(\alpha)}$，两式完全一致，因此，塑性滑移遵循 Schmid 定律，意味着正交性法则成立.

现在讨论多滑移开动的情况，如图 4.12 所示，此时应力点必然位于屈服面的角点. 按照正交性法则，此时塑性变形必然处于各超平面法线所限定的“锥体”内，

$$\underset{\sim}{D}^{p} = \sum_{\alpha=1}^{n} \lambda_{\alpha} \frac{\partial f^{(\alpha)}}{\partial \sigma} = \sum_{\alpha=1}^{n} \lambda_{\alpha} \underset{\sim}{P}^{(\alpha)} \tag{4.97}$$

显然公式（4.97）与（2.34）是完全一致的.

总之 Schmid 的硬化公式与晶体滑移运动学相结合恰好导致相关联的流动法则.

屈服面的一般公式可写为

$$\tau^{(\alpha)} = \underset{\sim}{\sigma} : \underset{\sim}{P}^{(\alpha)} = f_{\alpha}(\gamma^{(\beta)};\rho,K) \tag{4.98}$$

其中 ρ 为位错密度；K 是位错组态参数，一般说来 K 可能是复杂的张量. 应变历史的影响可以通过 ρ 和 K 反映出来.

如果对于某种晶体材料，位错密度 ρ 和位错组态参量 K 依赖于滑移剪切应变 $\gamma^{(\beta)}$. 那么硬化公式（4.98）可改写为

$$\tau^{(\alpha)} = \underset{\sim}{\sigma} : \underset{\sim}{P}^{(\alpha)} = f_{\alpha}(\gamma^{(\beta)}) \tag{4.99}$$

对上述公式求物质导数，得

$$\dot{\tau}^{(\alpha)} = \frac{\partial f_{\alpha}}{\partial \gamma^{(\beta)}} \dot{\gamma}^{(\beta)} \tag{4.100}$$

将公式（4.100）与（4.87）加以比较，就得到

$$h_{\alpha\beta} = \frac{\partial f_{\alpha}}{\partial \gamma^{(\beta)}} \tag{4.101}$$

类似地对于一般情况，可以从公式（4.98）导得

$$\dot{\tau}^{(\alpha)}=\frac{\partial f^{(\alpha)}}{\partial \gamma^{(\beta)}}\dot{\gamma}^{(\beta)}+\frac{\partial f^{(\alpha)}}{\partial \rho}\dot{\rho}+\frac{\partial f^{(\alpha)}}{\partial K}\dot{K} \tag{4.102}$$

由公式（2.47）可知，位错密度 ρ 的变化率可以是滑移剪切率的线性函数. 同时，我们可以设想位错组态参量 K 的变化率也是 $\dot{\gamma}^{(\beta)}$ 的线性函数. 那么从公式（4.102）即可推出硬化规律（4.87）.

应该强调指出硬化规律（4.87）自身有它的独立价值. 如果我们讨论的晶体材料，其硬化系数 $h_{\alpha\beta}$ 是滑移剪切应变 $\gamma^{(\alpha)}$ 及表征应变历史的参量 Λ 的确定函数，或者更一般地说 $h_{\alpha\beta}$ 是应变历史的确定泛涵. 那么我们只需要知道初始屈服面，就可以把后继屈服面随应变历史的变化确定下来. 也就是说，我们无需预先了解屈服面的变化规律，就可以清清楚楚地知道晶体的弹塑性响应.

这就为晶体塑性理论开辟出一条新的思路. 这种思路的焦点在于建立硬化系数 $h_{\alpha\beta}$ 与滑移剪切应变及其历史的关系.

§4.6 硬化系数的表示式

广义 Schmid 公式（4.87）中，包含着众多的硬化系数 $h_{\alpha\beta}$. 比如说，对面心立方晶体而言，若不计及相反方向的滑移，那么硬化系数有 144 个. 而且一般说来，这些系数依赖于应变历史，也依赖于当前的位错密度与位错组态. 其次，当出现多滑移时，要同时测定不同滑移系上的滑移剪切率是相当困难的. 因此，为了确定硬化系数. 通常要引进某种简化假设.

最简单的假设是 Taylor[3] 提出的各向同性硬化假设，$h_{\alpha\beta}=h$，这就是说所有硬化系数都相等. Koiter[21] 提出了独立硬化假设，即忽略不同滑移系之间的交互作用，$h_{\alpha\beta}=h\delta_{\alpha\beta}$. Budiansky 和 Wu[22] 建议简单硬化假设，$h_{\alpha\beta}=h\underset{\sim}{P}^{(\alpha)}:\underset{\sim}{P}^{(\beta)}$. Hutchinson[23] 和 Asaro[16] 提出了简单潜在硬化假设，即 $h_{\alpha\beta}=qh+(1-q)h\cdot\delta\alpha\beta$. Weng[24] 注意到潜在硬化的第二次试验中，出现很高的初始硬化倾向，提出了一个混合强化模型.

最近 Bassani 和 Wu[25]基于对已有的实验观察及他们自己的实验研究，发展了一个新的硬化系数表示式. 下面我们比较详细地介绍他们的工作.

Asaro[16]建议了一个近似公式来描述应变历史对简单潜在硬化公式中硬化参数 h 的影响.

$$h(\gamma_\alpha) = h_o \operatorname{sech}^2\left(\frac{h_o\gamma_\alpha}{\tau_I - \tau_o}\right) \tag{4.103}$$

Bassani 和 Wu[25]提出的硬化系数表示式为

$$\begin{cases} h_{\alpha\alpha} = F(\gamma_\alpha)\cdot G(\{\gamma_\beta;\beta = 1, N, \beta \neq \alpha\}) \\ h_{\beta\alpha} = q h_{\alpha\alpha} \qquad \alpha \text{ 不求和} \end{cases} \tag{4.104}$$

其中

$$\begin{cases} F(\gamma_\alpha) = (h_0 - h_s)\operatorname{sech}^2\left[\dfrac{(h_0 - h_s)}{\tau_I - \tau_0}\gamma_\alpha\right] + h_s \\ G(\{\gamma_\beta;\beta = 1, N, \beta \neq \alpha\}) = 1 + \sum\limits_{\substack{\beta=1 \\ \beta\neq\alpha}}^{N} f_{\alpha\beta} \operatorname{th}\left(\dfrac{\gamma_\beta}{\gamma_0}\right) \end{cases} \tag{4.105}$$

τ_0 是初始的临界分解剪应力，τ_I 是进入第 I 阶段的剪应力，h_0 是初始屈服的硬化模量，h_s 是易滑移阶段的硬化模量. 系数 $f_{\alpha\beta}$ 表征不同滑移系交互作用对自身 硬化系数的影响，其物理意义是表征林位错对该滑移系上的可动位错的交截作用.

对面心立方晶体，Bassani 和 Wu[25]指出，存在着 5 类不同的交截作用，系数 $f_{\alpha\beta}$ 可用 5 个常数 a_i 来表示，其中

a_1 表征两个滑移系的滑移方向相同，而滑移面不同时它们之间的交互作用.

a_2 (Hirth 自锁) 滑移系 α 与 β，合成的柏氏矢量，能量不许可.

a_3 (共面交截) 滑移系 α 与 β 有相同滑移面. 不同的滑移方向.

a_4 (横滑交截) 滑移系 α 的滑移方向位于对方滑移系的滑移面上，而合成的柏氏矢量是能量许可的.

a_5 （非关联交截）合成的柏氏矢量是能量许可的，但并不位于两个滑移系的滑移面上.

一般说来，$a_1<a_2<a_3<a_4<a_5$.

系数 a_i 表征林位错与该滑移面位错的交截与切割造成的障碍.

表示式（4.104）是与下面两个实验事实相符的：①次滑移启动，将使主滑移的硬化系数不断增加，从而由易滑移的第Ⅰ阶段过渡到第Ⅱ阶段；

②在关于潜在硬化的二次试验中，次滑移表现出很高的初始硬化倾向.

Bassani 和 Wu[25]对潜在硬化系数 $h_{\alpha\beta}$考虑得比较简单．在实际运用中，他们发现，参数 $q=0$ 将使理论预示与实验观察一致. 在这种情况下，潜在硬化的效应可以忽略不计.

为了考虑潜在硬化的影响，我们分析应变引起的各向异性，也就是说应力空间中的屈服面将随着变形过程而移动．我们设想作用在滑移面上的有效剪应力为

$$\dot{\tau}_{ef}^{(\alpha)} = \dot{\tau}_{cr}^{(\alpha)} - \dot{\tau}_{B}^{(\alpha)} = h_{\alpha}\dot{\gamma}^{(\alpha)} \tag{4.106}$$

$\dot{\tau}_{B}^{(\alpha)}$表征位错滑移阻力造成的屈服面移动. 滑移阻力包括晶格阻力、林位错、Lomer 位错、沉淀相、二相粒子等等．这些滑移阻力一方面造成加工硬化，另一方面造成屈服面的移动，也就是变形引起的各向异性.

$\dot{\tau}_{B}^{(\alpha)}$可以看作是背应力率$\dot{\underset{\sim}{\tau}}_{B}$在该滑移系上的分解剪应力率，

$$\dot{\tau}_{B}^{(\alpha)} = \dot{\underset{\sim}{\tau}}_{B} : \underset{\sim}{P}^{(\alpha)} \tag{4.107}$$

设想背应力率$\dot{\underset{\sim}{\tau}}_{B}$与塑性变形率张量 $\underset{\sim}{D}^{p}$ 成正比，

$$\dot{\underset{\sim}{\tau}}_{B} = h\underset{\sim}{D}^{p} = h\sum_{\beta=1}^{N}\underset{\sim}{P}^{(\beta)}\dot{\gamma}^{(\beta)} \tag{4.108}$$

由此得到

$$\dot{\tau}_{B}^{(\alpha)} = h\sum_{\beta=1}^{N}\underset{\sim}{P}^{(\alpha)} : \underset{\sim}{P}^{(\beta)}\dot{\gamma}^{(\beta)}$$

$$\dot{\tau}_{cr}^{(\alpha)} = h_{\alpha}\dot{\gamma}^{(\alpha)} + h\sum_{\beta=1}^{N}\underset{\sim}{P}^{(\alpha)} : \underset{\sim}{P}^{(\beta)}\dot{\gamma}^{(\beta)} \tag{4.109}$$

比较（4.109）与（4.87）式，导出

$$\begin{cases} h_{\alpha\beta} = h\underset{\sim}{P}^{(\alpha)} : \underset{\sim}{P}^{(\beta)}, & \beta \neq \alpha \\ h_{\alpha\alpha} = h_\alpha + h\underset{\sim}{P}^{(\alpha)} : \underset{\sim}{P}^{(\alpha)}, & \alpha \text{ 不求和} \end{cases} \tag{4.110}$$

公式（4.110）中的加工硬化系数 h_α 可按下述公式确定：

$$h_\alpha = h_{\alpha\alpha} - h(\underset{\sim}{P}^{(\alpha)} : \underset{\sim}{P}^{(\alpha)}) \tag{4.111}$$

$h_{\alpha\alpha}$ 则由公式（4.104）的第一式确定，也可以认为 h_α 由公式（4.104）的第一式右端决定.

§4.7 晶体塑性本构关系

弹性本构定律

设想晶体的弹性性质不受滑移变形的影响. 此时，我们可以采用下列弹性本构方程：

$$\overset{\triangledown}{\underset{\sim}{\tau}}{}^* = \underset{\sim}{\mathscr{L}} : \underset{\sim}{D}^e \tag{4.112}$$

式中 $\underset{\sim}{\mathscr{L}}$ 是瞬时的弹性模量张量. $\overset{\triangledown}{\underset{\sim}{\tau}}{}^*$ 表示以中间构形为基准状态的 Kirchhoff 应力张量 $\underset{\sim}{\tau}$ 的刚体导数（Jaumann 导数）. 公式（4.112）写成分量的形式为

$$\overset{\triangledown}{\tau}{}^*_{ij} = \mathscr{L}_{ijkl} D^e_{kl} \tag{4.113}$$

另外依照理性力学的分析，我们有

$$\overset{\triangledown}{\underset{\sim}{\tau}}{}^* = \dot{\underset{\sim}{\tau}} - \underset{\sim}{W}^e \tau + \underset{\sim}{\tau} \underset{\sim}{W}^e \tag{4.114}$$

以初始构形为基准状态的刚体导数将是

$$\overset{\triangledown}{\underset{\sim}{\tau}} = \dot{\underset{\sim}{\tau}} - \underset{\sim}{W} \underset{\sim}{\tau} + \underset{\sim}{\tau} \underset{\sim}{W} \tag{4.115}$$

由此得到

$$\overset{\triangledown}{\underset{\sim}{\tau}}{}^* = \overset{\triangledown}{\underset{\sim}{\tau}} + \sum_{\alpha=1}^{n} \underset{\sim}{\beta}^{(\alpha)} \dot{\gamma}^{(\alpha)} \tag{4.116}$$

$$\underset{\sim}{\beta}^{(\alpha)} = \underset{\sim}{W}^{(\alpha)} \underset{\sim}{\tau} - \underset{\sim}{\tau} \underset{\sim}{W}^{(\alpha)} \tag{4.117}$$

代入（4.115）得

$$\overset{\triangledown}{\underset{\sim}{\tau}} = \underset{\sim}{\mathscr{L}} : \underset{\sim}{D} - \sum_{\alpha=1}^{n} [\underset{\sim}{\mathscr{L}} : \underset{\sim}{P}^{(\alpha)} + \underset{\sim}{\beta}^{(\alpha)}] \dot{\gamma}^{(\alpha)} \tag{4.118}$$

初始构形单位体积微元的变形功率 $\dot{W}_p$ 为

$$\dot{W}_p = \underset{\sim}{\tau} : \underset{\sim}{D}^p = \sum_{\alpha=1}^{n} \underset{\sim}{\tau} : \underset{\sim}{P}^{(\alpha)} \dot{\gamma}^{(\alpha)} \tag{4.119}$$

对于有限变形，我们引入分解剪应力 $\tau^{(\alpha)}$

$$\tau^{(\alpha)} = \underset{\sim}{\tau} : \underset{\sim}{P}^{(\alpha)} \tag{4.120}$$

则

$$\dot{W}_p = \sum_{\alpha=1}^{n} \tau^{(\alpha)} \dot{\gamma}^{(\alpha)} \tag{4.121}$$

从公式（4.121）看出，依照（4.120）式定义的分解剪应力 $\tau^{(\alpha)}$是与剪切率 $\gamma^{(\alpha)}$功共轭的.

应该指出（4.120）式所定义的分解剪应力并不严格等于作用在滑移面滑移方向的分解剪应力. 因为

$$\underset{\sim}{\tau} = J \underset{\sim}{\sigma}$$

$$\overset{*}{\underset{\sim}{m}}{}^{(\alpha)} = \underset{\sim}{F}^e \underset{\sim}{m}^{(\alpha)}, \quad \overset{*}{\underset{\sim}{n}}{}^{(\alpha)} = \overset{-1}{\underset{\sim}{F}}{}^{eT} \tilde{n}^{(\alpha)}$$

这里 $\underset{\sim}{\sigma}$是 Cauchy 应力张量，J 是当前构形微元的体积与它初始体积之比.

众所周知，晶体滑移并不产生体积变化，而只是弹性变形引起晶体体积变化，$\overset{*}{\underset{\sim}{m}}{}^{(\alpha)}$，$\overset{*}{\underset{\sim}{n}}{}^{(\alpha)}$，与单位矢量也只相差一个弹性应变. 因此，（4.120）式所定义的分解剪应力与作用在滑移面滑移方向的分解剪应力之间的差别属于弹性应变量级，是可以忽略的，而（4.120）的定义却给下面的分析带来很多方便.

弹塑性本构关系

公式（4.118）已经将应力率、变形率及滑移剪切率联系起来，现在需要求得剪切率与变形率之间的关系. 为此，必需利用硬化规律（4.87）.

由公式（4.120）求物质导数得到

$$\dot{\tau}^{(\alpha)} = \dot{\underset{\sim}{P}}{}^{(\alpha)} : \underset{\sim}{\tau} + \underset{\sim}{P}^{(\alpha)} : \dot{\underset{\sim}{\tau}} \tag{4.122}$$

为了求得$\dot{\underset{\sim}{P}}{}^{(\alpha)}$，注意

$$(\overset{*}{\underset{\sim}{m}}{}^{(\alpha)})^{\cdot} = \dot{\underset{\sim}{F}}{}^e \underset{\sim}{m}^{(\alpha)} = \underset{\sim}{L}^e \overset{*}{\underset{\sim}{m}}{}^{(\alpha)} \tag{4.123}$$

$$(\overset{*}{\underset{\sim}{n}}{}^{(\alpha)})^{\cdot} = (\overset{-1}{\underset{\sim}{F}}{}^e)^{\cdot T} \underset{\sim}{n}^{(\alpha)} \tag{4.124}$$

鉴于

$$(\underset{\sim}{F}^e \overset{-1}{\underset{\sim}{F}}{}^e)^{\cdot} = (\dot{\underset{\sim}{F}}{}^e \overset{-1}{\underset{\sim}{F}}{}^e) + \underset{\sim}{F}^e (\overset{-1}{\underset{\sim}{F}}{}^e)^{\cdot} = 0$$

因此

$$(\overset{-1}{\underset{\sim}{F}}{}^e)^{\cdot T} = -(\overset{-1}{\underset{\sim}{F}}{}^e)^T (\dot{\underset{\sim}{F}}{}^e)^T (\overset{-1}{\underset{\sim}{F}}{}^e)^T$$

代入（4.124）得

$$(\overset{*}{\underset{\sim}{n}}{}^{(\alpha)})^{\cdot} = -(\underset{\sim}{L}^e)^T \overset{*}{\underset{\sim}{n}}{}^{(\alpha)} \tag{4.125}$$

利用公式（4.123），（4.125），我们有

$$\begin{aligned}\dot{\underset{\sim}{P}}{}^{(\alpha)} &= (\overset{*}{\underset{\sim}{m}}{}^{(\alpha)} \overset{*}{\underset{\sim}{n}}{}^{(\alpha)T} + \overset{*}{\underset{\sim}{n}}{}^{(\alpha)} \overset{*}{\underset{\sim}{m}}{}^{(\alpha)T})^{\cdot} /2 \\ &= (\underset{\sim}{\mathscr{L}}^e \overset{*}{\underset{\sim}{m}}{}^{(\alpha)} \overset{*}{\underset{\sim}{n}}{}^{(\alpha)T} - \overset{*}{\underset{\sim}{m}}{}^{(\alpha)} \overset{*}{\underset{\sim}{n}}{}^{(\alpha)T} \underset{\sim}{\mathscr{L}}^e - (\underset{\sim}{\mathscr{L}}^e)^T \overset{*}{\underset{\sim}{n}}{}^{(\alpha)} \overset{*}{\underset{\sim}{m}}{}^{(\alpha)T} \\ &\quad + \overset{*}{\underset{\sim}{n}}{}^{(\alpha)} \overset{*}{\underset{\sim}{m}}{}^{(\alpha)T} (\underset{\sim}{\mathscr{L}}^e)^T)/2\end{aligned}$$

$$\dot{\underset{\sim}{P}}{}^{(\alpha)} = \underset{\sim}{W}^e \underset{\sim}{P}^{(\alpha)} + \underset{\sim}{D}^e \underset{\sim}{W}^{(\alpha)} - \underset{\sim}{P}^{(\alpha)} \underset{\sim}{W}^e - \underset{\sim}{W}^{(\alpha)} \underset{\sim}{D}^e$$

注意到对任意的二阶张量 $\underset{\sim}{A}$，$\underset{\sim}{B}$，$\underset{\sim}{C}$，恒有

$$\underset{\sim}{A}\,\underset{\sim}{B} : \underset{\sim}{C} = \underset{\sim}{A} : \underset{\sim}{C}\,\underset{\sim}{B}^T = \underset{\sim}{B} : \underset{\sim}{A}^T \underset{\sim}{C}$$

因此

$$\begin{aligned}\underset{\sim}{P}^{(\alpha)} : \underset{\sim}{\tau} = &-\underset{\sim}{P}^{(\alpha)} [\underset{\sim}{W}^e \underset{\sim}{\tau} - \underset{\sim}{\tau}\, \underset{\sim}{W}^e] \\ &+ \underset{\sim}{D}^e : [\underset{\sim}{W}^{(\alpha)} \underset{\sim}{\tau} - \underset{\sim}{\tau}\, \underset{\sim}{W}^{(\alpha)}]\end{aligned}$$

将上式代入（4.122）并利用弹性本构定律，得

$$\begin{aligned}\dot{\tau}^{(\alpha)} &= \underset{\sim}{P}^{(\alpha)} : [\dot{\underset{\sim}{\tau}} - \underset{\sim}{W}^e \underset{\sim}{\tau} + \underset{\sim}{\tau}\, \underset{\sim}{W}^e] + \underset{\sim}{\beta}^{(\alpha)} : \underset{\sim}{D}^e \\ &= \underset{\sim}{P}^{(\alpha)} : (\underset{\sim}{\mathscr{L}} : \underset{\sim}{D}^e) + \underset{\sim}{\beta}^{(\alpha)} : \underset{\sim}{D}^e \\ &= \underset{\sim}{\lambda}^{(\alpha)} : \underset{\sim}{D}^e\end{aligned} \tag{4.126}$$

式中 $\underset{\sim}{\lambda}^{(\alpha)}$ 为二阶张量，

$$\underset{\sim}{\lambda}^{(\alpha)} = \underset{\sim}{P}^{(\alpha)} : \underset{\sim}{\mathscr{L}} + \underset{\sim}{\beta}^{(\alpha)} \tag{4.127}$$

它的分量为

$$\underset{\sim}{\lambda}{}^{(\alpha)}_{kl} = P^{(\alpha)}_{ij} \mathscr{L}_{ijkl} + \beta^{(\alpha)}_{kl}$$

由公式（4.87）及（4.126）我们推得

$$\begin{cases}\underset{\sim}{\lambda}^{(\alpha)} : \underset{\sim}{D} = \sum\limits_{\beta=1}^{n} g_{\alpha\beta} \dot{\gamma}^{(\beta)},\ \dot{\gamma}^{(\alpha)} > 0 \\ g_{\alpha\beta} = h_{\alpha\beta} + \underset{\sim}{\lambda}^{(\alpha)} : \underset{\sim}{P}^{(\beta)}\end{cases} \tag{4.128a}$$

$$\underset{\sim}{\lambda}^{(\alpha)}:\underset{\sim}{D}\leqslant\sum_{\beta=1}^{n}g_{\alpha\beta}\dot{\gamma}^{(\beta)},\ \dot{\gamma}^{(\alpha)}=0 \tag{4.128b}$$

方程（4.128）是一组两可方程．对于给定的变形率 $\underset{\sim}{D}$，我们尚不知道哪些滑移系继续开动，哪些滑移系停止开动．设想在 n 个临界滑移系中，只有 n^* 个滑移系继续开动，那么我们可得到 n^* 个方程

$$\sum_{\beta\in B}g_{\alpha\beta}\dot{\gamma}^{(\beta)}=\underset{\sim}{\lambda}^{(\alpha)}:\underset{\sim}{D},\forall\ \alpha\in B \tag{4.129}$$

B 是所有继续开动滑移系 α 正整数的集合．只有从 $\overset{*}{n}$ 个方程中可以解出 $\overset{*}{n}$ 个未知量 $\dot{\gamma}^{(\alpha)}$（$\alpha\in B$），这 $\overset{*}{n}$ 个剪切率 $\dot{\gamma}^{(\alpha)}$ 必须都大于零．同时这个解出的剪切率 $\dot{\gamma}^{(\alpha)}$（$\alpha\in\beta$）还必须满足（4.128b）．

一般地说，我们要预先试选某一组滑移系，然后从（4.128a）解出相应的剪切率，再校核这一组解是否都大于零，是否满足方程（4.128b）．这样需要一个迭代过程．

在下一节我们将讨论一种数学方法来解决这个问题．

为了下面论述简单起见，我们设想所有处于临界状态的滑移系都继续开动，由此解得

$$\dot{\gamma}^{(\alpha)}=\sum_{\beta=1}^{n}g_{\alpha\beta}^{-1}\underset{\sim}{\lambda}^{(\beta)}:\underset{\sim}{D} \tag{4.130}$$

代回公式（4.118），我们得

$$\overset{\nabla}{\underset{\sim}{t}}=\underset{\sim}{C}:\underset{\sim}{D} \tag{4.131}$$

$$\underset{\sim}{C}=\underset{\sim}{\mathscr{L}}-\sum_{\alpha=1}^{n}\sum_{\beta=1}^{n}g_{\alpha\beta}^{-1}\underset{\sim}{\lambda}^{(\alpha)}\otimes\underset{\sim}{\lambda}^{(\beta)} \tag{4.132}$$

式中 $\underset{\sim}{C}$ 是一个四阶张量，它的分量为

$$(\underset{\sim}{C})_{ijkl}=\mathscr{L}_{ijkl}-\sum_{\alpha,\beta=1}^{n}g_{\alpha\beta}^{-1}\lambda_{ij}^{(\alpha)}\lambda_{kl}^{(\beta)} \tag{4.133}$$

公式（4.132）即是晶体塑性理论的本构方程．

在上面的推导中，我们假定了弹性模量张量 $\underset{\sim}{\mathscr{L}}$ 具有如下的对称性：

$$\mathscr{L}_{ijkl}=\mathscr{L}_{klij}$$

因此

$$\underset{\sim}{\mathscr{L}}:\underset{\sim}{P}^{(\alpha)}+\underset{\sim}{\beta}^{(\alpha)}=\underset{\sim}{P}^{(\alpha)}:\underset{\sim}{\mathscr{L}}+\underset{\sim}{\beta}^{(\alpha)},=\underset{\sim}{\lambda}^{(\alpha)}$$

为了能从方程（4.129）中解出 $\dot{\gamma}^{(\alpha)}$，我们要对系数 $g_{\alpha\beta}$ 作出某

种限制．倘若系数矩阵$[g_{\alpha\beta}]$是对称正定矩阵，那么$\dot{\gamma}^{(\alpha)}$的解答必然是唯一的．

本构方程（4.132）是以变形率$\underset{\sim}{D}$作为基本量而以$\overset{\nabla}{\underset{\sim}{\tau}}$为导出量建立起来的．

我们也可以用$\overset{\nabla}{\underset{\sim}{\tau}}$作为基本量来建立本构方程，首先从方程（4.126）导得

$$\underset{\sim}{\mu}^{(\alpha)} : \overset{\nabla}{\underset{\sim}{\tau}} = \sum_{\beta=1}^{n} k_{\alpha\beta}\dot{\gamma}^{(\beta)}, \quad \dot{\gamma}^{(\alpha)} > 0 \tag{4.134a}$$

$$\underset{\sim}{\mu}^{(\alpha)} : \overset{\nabla}{\underset{\sim}{\tau}} \leqslant \sum_{\beta=1}^{n} k_{\alpha\beta}\dot{\gamma}^{(\beta)}, \quad \dot{\gamma}^{(\alpha)} = 0 \tag{4.134b}$$

其中

$$\underset{\sim}{\mu}^{(\alpha)} = \underset{\sim}{\lambda}^{(\alpha)} : \underset{\sim}{\mu} = \underset{\sim}{P}^{(\alpha)} + \underset{\sim}{\beta}^{(\alpha)} : \underset{\sim}{\mu} \tag{4.135}$$

$$\begin{aligned} k_{\alpha\beta} &= h_{\alpha\beta} - \underset{\sim}{\mu}^{(\alpha)} : \underset{\sim}{\beta}^{(\beta)} \\ &= h_{\alpha\beta} - \underset{\sim}{P}^{(\alpha)} : \underset{\sim}{\beta}^{(\beta)} - \underset{\sim}{\beta}^{(\alpha)} : \underset{\sim}{\mu} : \underset{\sim}{\beta}^{(\beta)} \end{aligned} \tag{4.136}$$

这里$\underset{\sim}{\mu}$是弹性柔度张量．

弹性本构定理（4.113）可改写为

$$\underset{\sim}{D}^{e} = \underset{\sim}{\mu} : \overset{\nabla}{\underset{\sim}{\tau}}{}^{*} \tag{4.137}$$

注意到公式（4.116）和（4.71），我们有

$$\underset{\sim}{\mu} : \overset{\nabla}{\underset{\sim}{\tau}} + \sum_{\alpha=1}^{n} \underset{\sim}{\mu}^{(\alpha)}\dot{\gamma}^{(\alpha)} = \underset{\sim}{D} \tag{4.138}$$

从方程（4.134）解出$\dot{\gamma}^{(\alpha)}$

$$\dot{\gamma}^{(\alpha)} = \sum_{\beta=1}^{n} k_{\alpha\beta}^{-1} \overset{\nabla}{\underset{\sim}{\tau}} : \underset{\sim}{\mu}^{(\beta)} \tag{4.139}$$

代入（4.138）得

$$\underset{\sim}{D} = \underset{\sim}{\mu}_{ep} : \overset{\nabla}{\underset{\sim}{\tau}} \tag{4.140}$$

$$\underset{\sim}{\mu}_{ep} = \underset{\sim}{\mu} + \sum_{\alpha=1}^{n}\sum_{\beta=1}^{n} k_{\alpha\beta}^{-1} \underset{\sim}{\mu}^{(\alpha)} \otimes \underset{\sim}{\mu}^{(\beta)} \tag{4.141}$$

$\underset{\sim}{\mu}_{ep}$是四阶张量，它的分量为

$$(\underset{\sim}{\mu}_{ep})_{ijkl} = \mu_{ijkl} + \sum_{\alpha,\beta=1}^{n} k_{\alpha\beta}^{-1} \mu_{ij}^{(\alpha)} \mu_{kl}^{(\beta)} \tag{4.142}$$

以上的推导也已设想所有处于临界状态的滑移系都将继续开动．

一般地说逆矩阵$[g_{\alpha\beta}^{-1}]$和$[k_{\alpha\beta}^{-1}]$不一定存在. 在这种情况下，解的唯一性难以保证. 唯一性问题敏感地依赖于硬化系数矩阵$[h_{\alpha\beta}]$、依赖于应力状态和开动的滑移系数目以及它们的定向. 这个问题很重要，但又相当复杂，需要作进一步的研究.

这里不妨作个简要的讨论. 为了简单起见，我们讨论弹性各向同性的情况，此时有

$$\mathscr{L}_{ijkl}=\lambda\delta_{ij}\delta_{kl}+G(\delta_{ik}\delta_{jl}+\delta_{il}\delta_{jk}) \tag{4.143}$$

因此

$$\underset{\sim}{P}^{(\alpha)}:\underset{\sim}{\mathscr{L}}:\underset{\sim}{P}^{(\beta)}=2G\underset{\sim}{P}^{(\alpha)}:\underset{\sim}{P}^{(\beta)}$$

$$\begin{aligned}g_{\alpha\beta}&=h_{\alpha\beta}+\underset{\sim}{\beta}^{(\alpha)}:\underset{\sim}{P}^{(\beta)}+2G\underset{\sim}{P}^{(\alpha)}:\underset{\sim}{P}^{(\beta)}\\&=g_{\alpha\beta}^{(1)}+g_{\alpha\beta}^{(2)}\\g_{\alpha\beta}^{(1)}&=h_{\alpha\beta}+\underset{\sim}{\beta}^{(\alpha)}:\underset{\sim}{P}^{(\beta)}\\g_{\alpha\beta}^{(2)}&=2G\underset{\sim}{P}^{(\alpha)}:\underset{\sim}{P}^{(\beta)}\end{aligned}$$

$$\begin{aligned}\underset{\sim}{P}^{(\alpha)}:\underset{\sim}{P}^{(\beta)}=\frac{1}{2}\{&(\overset{*}{\underset{\sim}{m}}{}^{(\alpha)}\cdot\overset{*}{\underset{\sim}{m}}{}^{(\beta)})(\overset{*}{\underset{\sim}{n}}{}^{(\alpha)}\cdot\overset{*}{\underset{\sim}{n}}{}^{(\beta)})\\&+(\overset{*}{\underset{\sim}{m}}{}^{(\alpha)}\cdot\overset{*}{\underset{\sim}{n}}{}^{(\beta)})(\overset{*}{\underset{\sim}{m}}{}^{(\beta)}\cdot\overset{*}{\underset{\sim}{n}}{}^{(\alpha)})\}\end{aligned}$$

因此，当$\alpha=\beta$时，$\underset{\sim}{P}^{(\alpha)}:\underset{\sim}{P}^{(\beta)}=\frac{1}{2}$.

对面心立方晶体，我们有

$$\underset{\sim}{P}^{(\alpha)}:\underset{\sim}{P}^{(\beta)}\leqslant\frac{1}{3},\quad\alpha\neq\beta$$

当滑移系数目（处于临界状态的滑移系）小于5，那么矩阵$[g_{\alpha\beta}^{(2)}]$可以是正定的，如果$n>5$，$\underset{\sim}{P}^{(\alpha)}$不是线性独立的，因此，矩阵$[g_{\alpha\beta}^{(2)}]$将是奇异的.

矩阵$[g_{\alpha\beta}^{(1)}]$依赖于硬化系数矩阵$[h_{\alpha\beta}]$和应力状态（通过$\underset{\sim}{\beta}^{(\alpha)}$）. 一般说来，$|g_{\alpha\beta}^{(1)}|<<|g_{\alpha\beta}^{(2)}|$因此，如果$n<5$，可以指望矩阵$[g_{\alpha\beta}]$是正定的.

我们不妨讨论一个理想化的双滑移单轴拉伸晶体（如图4.13所示），其主滑移方向与滑移面法线方向所组成的平面与次滑移系的相应平面重合，而拉伸轴与两个滑移系的对称线平行，此时

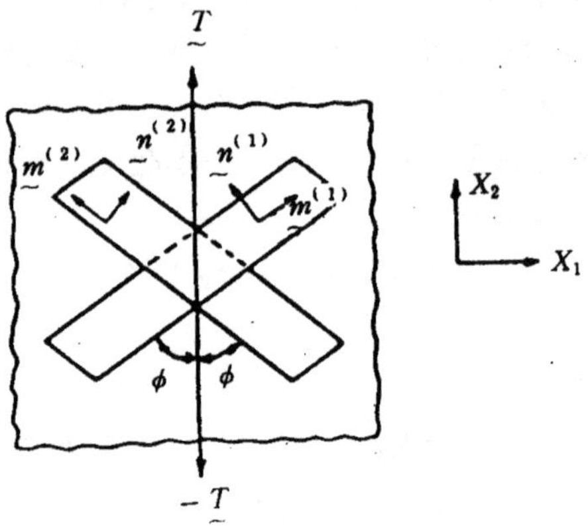

图 4.13 双滑移模型

$$\underset{\sim}{m}^{(1)}=(\sin\phi,\ \cos\phi,\ 0)^T,$$

$$\underset{\sim}{n}^{(1)}=(-\cos\phi,\ \sin\phi,\ 0)^T,$$

$$\underset{\sim}{m}^{(2)}=(-\sin\phi,\ \cos\phi,\ 0)^T$$

$$\underset{\sim}{n}^{(2)}=(\cos\phi,\ \sin\phi,\ 0)^T,$$

$$\underset{\sim}{\sigma}=\sigma\underset{\sim}{l}\ \underset{\sim}{l}^T,\qquad \underset{\sim}{l}=(0\ 1\ 0)^T$$

$$\begin{aligned}\underset{\sim}{\beta}^{(\alpha)}&=\frac{1}{2}\{(\underset{\sim}{m}^{(\alpha)}\underset{\sim}{n}^{(\alpha)T}-\underset{\sim}{n}^{(\alpha)}\underset{\sim}{m}^{(\alpha)T})\sigma\underset{\sim}{l}\ \underset{\sim}{l}^T\\&\quad-\sigma\underset{\sim}{l}\ \underset{\sim}{l}^T(\underset{\sim}{m}^{(\alpha)}\underset{\sim}{n}^{(\alpha)T}-\underset{\sim}{n}^{(\alpha)}\underset{\sim}{m}^{(\alpha)T})\}\\&=\frac{\sigma}{2}\{(\underset{\sim}{l}\cdot\underset{\sim}{n}^{(\alpha)})(\underset{\sim}{m}^{(\alpha)}\underset{\sim}{l}^T+\underset{\sim}{l}\cdot\underset{\sim}{m}^{(\alpha)T})\\&\quad-(\underset{\sim}{l}\cdot\underset{\sim}{m}^{(\alpha)})(\underset{\sim}{n}^{(\alpha)}\underset{\sim}{l}^T+\underset{\sim}{l}\ \underset{\sim}{n}^{(\alpha)T})\}\\&=\frac{\sigma}{2}\{n_2^{(\alpha)}(\underset{\sim}{m}^{(\alpha)}\underset{\sim}{l}^T+\underset{\sim}{l}\ \underset{\sim}{m}^{(\alpha)T})\\&\quad-m_2^{(\alpha)}(\underset{\sim}{n}^{(\alpha)}\underset{\sim}{l}^T+\underset{\sim}{l}\ \underset{\sim}{n}^{(\alpha)})\}\end{aligned}$$

$$\underset{\sim}{P}^{(\alpha)}:\underset{\sim}{P}^{(\beta)}=\begin{cases}\dfrac{1}{2}, & \alpha=\beta\\[2ex] -\dfrac{1}{2}\cos 4\phi, & \alpha\neq\beta\end{cases} \tag{4.144}$$

$$\begin{aligned}\underset{\sim}{\beta}^{(\alpha)}:\underset{\sim}{P}^{(\beta)}=&\frac{\sigma}{2}\{n_2^{(\alpha)}m_2^{(\beta)}(\underset{\sim}{m}^{(\alpha)}\cdot\underset{\sim}{n}^{(\beta)})+n_2^{(\alpha)}n_2^{(\beta)}(\underset{\sim}{m}^{(\alpha)}\cdot\underset{\sim}{m}^{(\beta)})\\&-m_2^{(\alpha)}m_2^{(\beta)}(\underset{\sim}{n}^{(\alpha)}\cdot\underset{\sim}{n}^{(\beta)})-m_2^{(\alpha)}n_2^{(\beta)}(\underset{\sim}{n}^{(\alpha)}\cdot\underset{\sim}{m}^{(\beta)})\}\end{aligned}$$

$$\underset{\sim}{\beta}^{(\alpha)}:\underset{\sim}{P}^{(\beta)}=\begin{cases}-\dfrac{\sigma}{2}\cos 2\phi, & \alpha=\beta\\[2ex] \dfrac{\sigma}{2}\cos 2\phi, & \alpha\neq\beta\end{cases} \tag{4.145}$$

由此推得

$$\begin{cases}g_{\alpha\beta}=h_{\alpha\beta}-\dfrac{\sigma}{2}\cos 2\phi+G, & \alpha=\beta\\[2ex] g_{\alpha\beta}=h_{\alpha\beta}+\dfrac{\sigma}{2}\cos 2\phi-G\cos 4\phi, & \alpha\neq\beta\end{cases} \tag{4.146}$$

如果令 $\phi=30^\circ$，那么这种模型晶体的系数 $g_{\alpha\beta}$ 就与面心立方晶体相应系数很类似，此时

$$g_{11}=h_{11}-\frac{\sigma}{4}+G$$

$$g_{22}=h_{22}-\frac{\sigma}{4}+G$$

$$g_{12}=h_{12}+\sigma/4+G/2$$

$$g_{21}=h_{21}+\sigma/4+G/2$$

因此，系数矩阵 $[g_{\alpha\beta}]$ 当 $|h_{\alpha\beta}|<<G$，$|\sigma|<<G$ 时是正定的.

但是一个令人注目的特殊情况是 $\phi=45^\circ$，此时，

$$g_{11}=h_{11}+G,\qquad g_{22}=h_{22}+G$$

$$g_{12}=h_{12}+G,\qquad g_{21}=h_{21}+G$$

讨论正交对称的情况，$h_{11}=h_{22}=h$

$$h_{12}=h_{21}=h_1$$

在这种情况下，只当 $h>h_1$ 时，系数矩阵 $[g_{\alpha\beta}]$ 才可能是正定的.

率无关材料硬化规律一般说来并不能保证滑移剪切率的唯一

性，这一点在实际运用晶体塑性理论时是值得特别注意的.

这一点似乎启发人们考虑实际的率相关性，特别是在分析塑性流动局部化现象及高速变形率现象时，率相关性是不可忽视的因素.

§4.8 率相关流动规律[14]

众所周知位错运动的阻力依赖于阻碍位错运动的障碍. 杂质、可溶原子、二相粒子、沉淀相、林位错、Lomer 位错等等都可以成为位错运动的障碍. 为了克服障碍必须有相应的微观机制，例如交滑移、攀移等，这些微观机制的起动要求滑移位错达到更高层次激活能状态.

位错高速滑移时，除了上面提到的阻力外，还要受到下述三种阻力：

①热弹性阻尼，位错所经之处，温度梯度造成熵增加，从而吸收机械能.

②辐射阻尼. 位错滑移时，位错核从晶格点阵的一个位置移到下一个位置，相关的原子要辐射出弹性波，从而消耗一定能量.

③声波散射. 晶格自身扰动波的散射，消耗一定能量.

大量实验指出，下述经验公式对金属晶体是可取的：

$$v = (\tau/\tau_0)^m \tag{4.147}$$

其中 v 为位错滑移速度，τ_0 为位错以单位速度滑移时所需的切应力，m 为位错速度-应力指数.

另一方面正如公式（4.84）所指出的那样，宏观的滑移剪应变 γ 可表示为

$$\gamma = \frac{b}{V}A$$

其中代表 V 内，位错所扫过的全部滑移面积. 对上式取时间导数，得：

$$\dot{\gamma} = \frac{b}{V}\dot{A} = b\rho v \tag{4.148}$$

这就是著名的 Orowan 公式. 其中 ρ 是可动位错密度，v 是平均位错速度.

由公式 (4.147)，(4.148) 导得

$$\dot{\gamma}=b\rho(\tau/\tau_0)^m \tag{4.149}$$

显然 τ_0 是依赖剪切应变 γ，而位错密度 ρ 也是依赖于剪切应变 γ 及应力状态的.

由此看出，应变率对晶体滑移硬化规律是有影响的.

Chiem 和 Duffy[14]的实验精确地测量了铝单晶在恒定应变率下 τ 与 γ 的关系. 图 4.14 显示了应变率从 4×10^{-5} 到 1.6×10^3/秒范围之间，应变率对流变剪应力及硬化规律的影响.

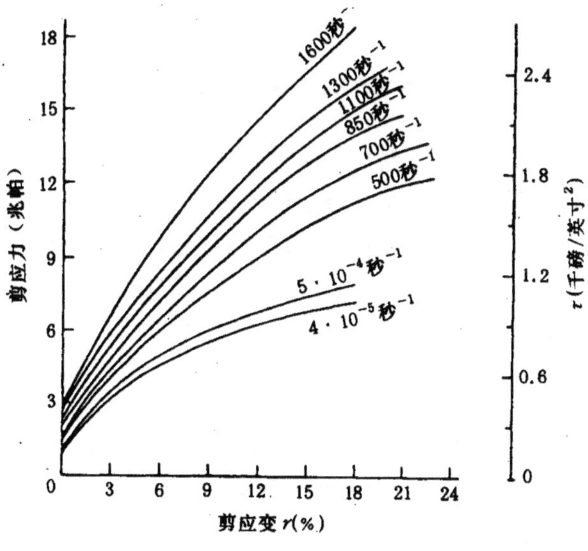

图 4.14 恒应变率条件下分解剪应力与剪应变之间的关系曲线（室温 20℃）

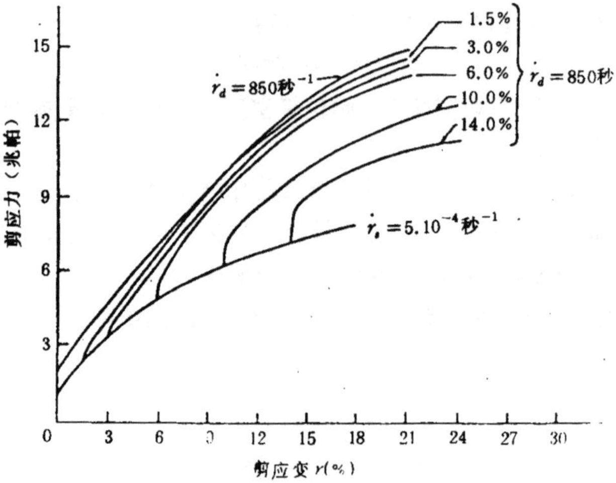

图 4.15　应变率跳跃对分解剪应力的影响（室温 20℃）[14]

图 4.15 显示了突然从低应变率 5×10^{-4}/秒向高应变率 850/秒"跳跃"所产生的影响."跳跃"是在不同的预应变情况下发生的，从图上不难看出，不同的预应变对应力-应变关系的影响是不同的．当预应变小于 6%时，"跳跃"以后的剪应力与剪应变曲线很快逼近高应变率下的相应曲线．当预应变大于 10%时，"跳跃"以后的剪应力与剪应变曲线与高应变率下的相应曲线有明显的差别．预应变越大，这种差别越明显．

Chiem 和 Duffy 还观察了位错的结构，发现位错密度 ρ_s 与滑移剪应变之间存在着线性关系（图 4.16）

$$\rho_s = 2.7\times10^8 + 1.15\times10^{10}\gamma_S \text{ 厘米}^{-2} \qquad (4.150)$$

在低应变率下，形成了位错胞．剪应力与位错胞直径之间存在着如图 4.17 所示的关系，这种关系可以表示为

$$\tau = 7.45d^{-1} - 1.84 \qquad (4.151)$$

或者，用 Hall-Petch 的公式来拟合这条曲线也可以得到同样的精

度

$$\tau = 14.66d^{-1/2} - 8.92 \tag{4.152}$$

Chiem 和 Duffy 发现，在高应变率下，也会形成位错胞，但是位错胞尺寸将更小.

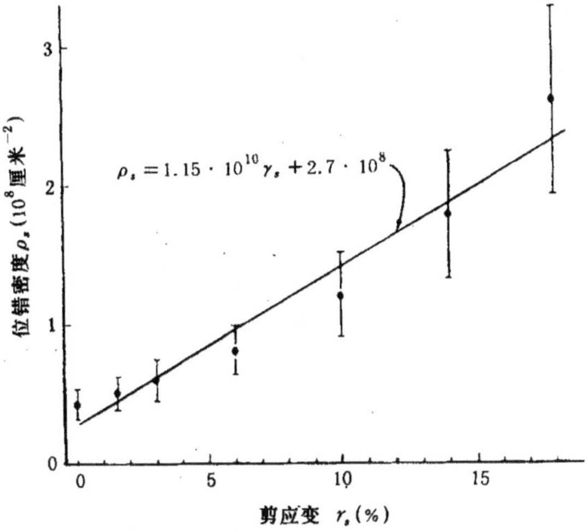

图 4.16 位错密度与滑移剪应变的关系
(室温 20℃，应变率 $5 \cdot 10^{-4}$ 秒$^{-1}$)[14]

体心立方金属比面心立方金属更对应变率敏感，图 4.18 表示了应变率跳跃试验的典型结果. 这里特别值得注意的是，在不同的预应力下，突然跳跃到高应变率，将使流动应力急剧增加到高于在恒定高应变率所得到的流动应力.

非线性公式 (4.153) 是一个简单的等温关系式，它部分地反映了上述现象又具备易于计算特点，

$$\dot{\gamma} = \dot{a}\ (\tau/g)^m \tag{4.153}$$

式中 g 是由瞬时的位错组态所决定的，而 $\dot{a}$ 是当 $\tau = g$ 时的应变率，参数 g 随着应变的变化遵循随动硬化规律：

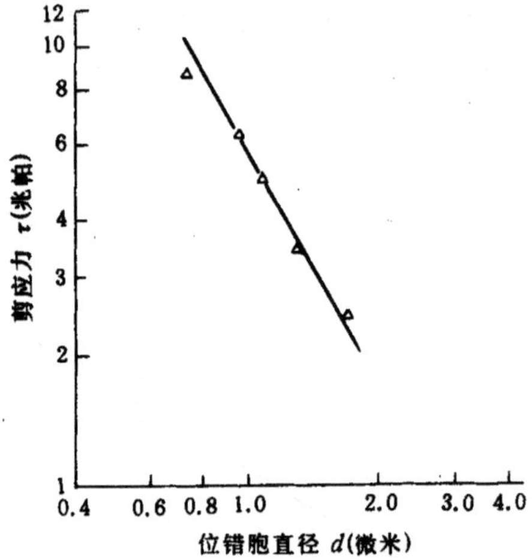

图 4.17 剪应力与位错胞直径的关系（室温 20℃）[14]

$$\dot{g} = h\dot{\gamma} \tag{4.154}$$

硬化系数 h 依赖于应变. 以上公式实际上是常用的率相关的本构定律

$$\sigma = \sigma_0 \varepsilon^n \dot{\varepsilon}^{1/m} \tag{4.155}$$

的一种翻版. 公式（4.155）可以推广到多滑移情况，我们有

$$\begin{cases} \dot{\gamma}^{(\alpha)} = \dot{a}^{(\alpha)} (\tau^{(\alpha)}/g^{(\alpha)})^m, & \tau^{(\alpha)} > 0 \\ \dot{\gamma}^{(\alpha)} = 0 \quad , & \tau^{(\alpha)} \leqslant 0 \end{cases} \tag{4.156}$$

而 $g^{(\alpha)}$ 则遵循硬化规律

$$\dot{g}^{(\alpha)} = \sum_{\beta=1}^{n} h_{\alpha\beta} \dot{\gamma}^{(\beta)} \tag{4.157}$$

因此，潜在硬化的现象也得到了反映.

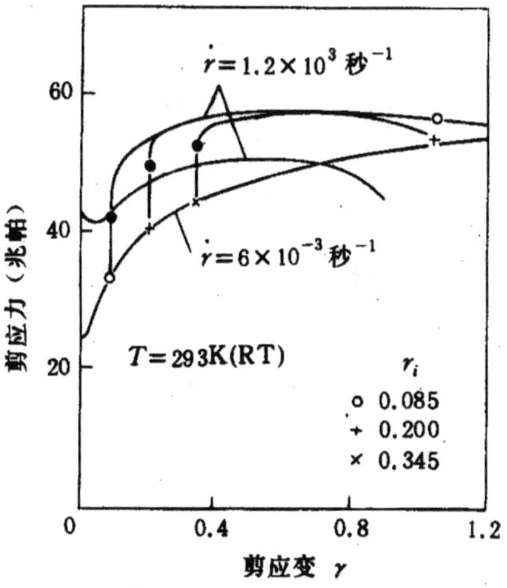

图 4.18 应变率跳跃对剪应力的影响（软钢，室温 20℃）[14]

§4.9 晶体塑性理论极值原理

在变形过程的每一瞬时，晶体内部各点的应力状态是已知的；哪些滑移系处于临界状态，哪些滑移系不处于临界状态也已确定.对于增量理论而言，问题的核心是对于进一步的增量变形，处于临界状态的滑移系，哪些继续开动，哪些停止开动，需要加以确定. 同时要求得相应的滑移剪切率，本节分析了这个问题，提出了相应的极小值原理.

单晶体在外力作用下的弹塑性变形问题是一个复杂的边值问题，一般说来难以求得精确解，而数值解却可以利用现代超级计算机得到很有效的结果. 在这种情况下，需要确立与边值问题等价的变分原理.

1. 确定 $\dot{\gamma}^{(\alpha)}$ 的极值原理

文献［17］首先提出了微小变形情况下确定 $\dot{\gamma}^{(\alpha)}$ 的极值原理.变形率张量 $\underset{\sim}{D}$ 可表示为

$$\begin{cases} \underset{\sim}{D} = \underset{\sim}{D}^e + \underset{\sim}{D}^p, \\ \underset{\sim}{D}^p = \sum_{\alpha=1}^{N} \underset{\sim}{P}^{(\alpha)} \dot{\gamma}^{(\alpha)}, \end{cases} \tag{4.158}$$

$$\underset{\sim}{P}^{(\alpha)} = \frac{1}{2}(\underset{\sim}{m}^{(\alpha)} \underset{\sim}{n}^{(\alpha)T} + \underset{\sim}{n}^{(\alpha)} \underset{\sim}{m}^{(\alpha)T}) \tag{4.159}$$

式中 $\underset{\sim}{m}^{(\alpha)}$ 表示第 α 滑移系滑移方向的单位矢量；$\underset{\sim}{n}^{(\alpha)}$ 表示滑移面的单位法向量.

作用在第 α 滑移系上的分解剪应力 $\tau^{(\alpha)}$ 可表示为

$$\tau^{(\alpha)} = \underset{\sim}{\sigma} : \underset{\sim}{P}^{(\alpha)}$$

其变化率为

$$\dot{\tau}^{(\alpha)} = \dot{\underset{\sim}{\sigma}} : \underset{\sim}{P}^{(\alpha)} \tag{4.160}$$

当应力率 $\dot{\underset{\sim}{\sigma}}$ 给定时，由上式得 $\dot{\tau}^{(\alpha)}$. 凡是对应于 $\dot{\tau}^{(\alpha)}<0$ 的滑移系 α, 必然停止开动. 从所有处于临界状态的滑移系中删去 $\dot{\tau}^{(\alpha)}<0$ 的滑移系，然后由 1 至 n 重新编号，这里 n 为处于临界状态且 $\dot{\tau}^{(\alpha)}\geqslant 0$ 的滑移系总数.

研究下述多变量函数 Π 的极小值问题，

$$\Pi = \frac{1}{2}\sum_{\alpha,\beta=1}^{n} h_{\alpha\beta}\, \tilde{\gamma}^{(\alpha)}\, \tilde{\gamma}^{(\beta)} - \sum_{\alpha=1}^{n} \dot{\tau}^{(\alpha)}\, \tilde{\gamma}^{(\alpha)} \tag{4.161}$$

约束条件为

$$\tilde{\gamma}^{(\alpha)} \geqslant 0, \qquad \alpha = 1,2,\cdots n \tag{4.162}$$

约束条件（4.162）所给出的可行域是 n 维欧氏空间中的闭凸集，当硬化系数矩阵 $[h_{\alpha\beta}]$ 是对称正定矩阵时，函数 Π 是多变量 $\tilde{\gamma}^{(\alpha)}$ 的严格凸函数. 因此，上述问题归结为二次凸规划问题.

在极值点 $\{\dot{\gamma}^{(\alpha)}\}$ 处，必有[17]

$$\begin{cases} (i)\ \sum_{\beta=1}^{n} h_{\alpha\beta}\dot{\gamma}^{(\beta)} - \dot{\tau}^{(\alpha)} \geqslant 0\ (\alpha == 1,2,\cdots n) \\ (ii)\ (\sum_{\beta=1}^{n} h_{\alpha\beta}\dot{\gamma}^{(\beta)} - \dot{\tau}^{(\alpha)}) \cdot \dot{\gamma}^{(\alpha)} = 0 \end{cases} \tag{4.163}$$

（4.163）式等价于

$$\begin{cases}(i)\ \dot{\tau}^{(\alpha)} = \dot{\tau}_{cr}^{(\alpha)} = \sum_{\beta=1}^{n} h_{\alpha\beta}\dot{\gamma}^{(\beta)}, \dot{\gamma}^{(\alpha)} > 0 \\ (ii)\ \dot{\tau}^{(\alpha)} \leqslant \dot{\tau}_{cr}^{(\alpha)} = \sum_{\beta=1}^{n} h_{\alpha\beta}\dot{\gamma}^{(\beta)}, \dot{\gamma}^{(q)} = 0\end{cases} \tag{4.164}$$

$$\alpha = 1,2,\cdots n$$

公式（4.164）即是广义的 Schmid 公式.

当 $[h_{\alpha\beta}]$ 是对称正定矩阵时，真实的 $\{\dot{\gamma}^{(\alpha)}\}$ 给出函数 Π 的最小值. 还可证明，极小值问题的解答是唯一的.

现在讨论给定变形率张量 $\underset{\sim}{D}$ 的情况.

设想 $\{\dot{\gamma}_*^{(\alpha)}\}$ 是一组满足约束条件（4.162）的滑移剪切率，引入

$$\tilde{\dot{\gamma}}^{(\alpha)} = \dot{\gamma}^{(\alpha)} + \varepsilon(\dot{\gamma}_*^{(\alpha)} - \dot{\gamma}^{(\alpha)}), \quad 0 \leqslant \varepsilon \leqslant 1 \tag{4.165}$$

研究下述多变量函数 Π_2 的极小问题

$$\Pi_2 = \frac{1}{2}\sum_{\alpha,\beta=1}^{N} g_{\alpha\beta}\,\tilde{\dot{\gamma}}^{(\alpha)}\,\tilde{\dot{\gamma}}^{(\beta)} - \sum_{\alpha=1}^{N}(\underset{\sim}{P}^{(\alpha)} : \underset{\sim}{\mathscr{L}} : \underset{\sim}{D})\,\tilde{\dot{\gamma}}^{(\alpha)} \tag{4.166}$$

其中 $\underset{\sim}{\mathscr{L}}$ 是弹性模量张量，$g_{\alpha\beta}$ 为

$$g_{\alpha\beta} = h_{\alpha\beta} + \underset{\sim}{P}^{(\alpha)} : \underset{\sim}{\mathscr{L}} : \underset{\sim}{P}^{(\beta)} \tag{4.167}$$

公式（4.167）与（4.128a）相比，已经忽略了 $\underset{\sim}{\beta}^{(\alpha)}$ 项对 $g_{\alpha\beta}$ 的贡献. 因为在微小变形情况下，应力分量 τ_{ij} 与弹性模量相比是非常小的，可以忽略不计，因此，$\underset{\sim}{\beta}^{(\alpha)}$ 与 $\underset{\sim}{P}^{(\alpha)} : \underset{\sim}{\mathscr{L}}$ 相比可以忽略.

我们有

$$\begin{aligned}\Pi_2(\tilde{\dot{\gamma}}^{(\alpha)}) - \Pi_2(\dot{\gamma}^{(\alpha)}) = &\ \varepsilon\Big\{\sum_{\alpha=1}^{N}\Big[\sum_{\beta=1}^{N}\frac{1}{2}(g_{\alpha\beta} + g_{\beta\alpha})\dot{\gamma}^{(\beta)} \\ &- (\underset{\sim}{P}^{(\alpha)} : \underset{\sim}{\mathscr{L}} : \underset{\sim}{D})\Big](\dot{\gamma}_*^{(\alpha)} - \dot{\gamma}^{(\alpha)})\Big\} \\ &+ \frac{\varepsilon^2}{2}\sum_{\alpha,\beta=1}^{N} g_{\alpha\beta}(\dot{\gamma}_*^{(\alpha)} - \dot{\gamma}^{(\alpha)})(\dot{\gamma}_*^{(\beta)} - \dot{\gamma}^{(\beta)})\end{aligned} \tag{4.168}$$

设想 $[h_{\alpha\beta}]$ 是对称正定矩阵，那么不难证实 $[g_{\alpha\beta}]$ 也是对称正定矩阵. 事实上，二项式

$$\begin{aligned}A &= \frac{1}{2}\sum_{\alpha,\beta=1}^{N} g_{\alpha\beta}x_\alpha x_\beta \\ &= \frac{1}{2}\sum_{\alpha,\beta=1}^{N} h_{\alpha\beta}x_\alpha x_\beta + \frac{1}{2}\sum_{\alpha,\beta=1}^{N}\underset{\sim}{P}^{(\alpha)} : \underset{\sim}{\mathscr{L}} : \underset{\sim}{P}^{(\beta)}x_\alpha x_\beta\end{aligned}$$

$$=\frac{1}{2}\sum_{\alpha,\beta=1}^{N}h_{\alpha\beta}x_{\alpha}x_{\beta}+\frac{1}{2}\underset{\sim}{d}:\underset{\sim}{\mathscr{L}}:\underset{\sim}{d} \tag{4.169}$$

式中

$$\underset{\sim}{d}=\sum_{\alpha=1}^{N}x_{\alpha}\underset{\sim}{P}^{(\alpha)}$$

公式（4.169）中右端第二项表示“应变”$\underset{\sim}{d}$所对应的弹性应变能，它必定是非负的，所以矩阵［$g_{\alpha\beta}$］是对称正定的.

设想 $\{\dot{\gamma}^{(\alpha)}\}$ 是函数 Π_2 的极小点，则有

$$0\leqslant\left[\sum_{\beta=1}^{N}\frac{1}{2}(g_{\alpha\beta}+g_{\beta\alpha})\dot{\gamma}^{(\beta)}-\underset{\sim}{P}^{(\alpha)}:\underset{\sim}{\mathscr{L}}:\underset{\sim}{D}\right](\dot{\gamma}_{*}^{(\alpha)}-\dot{\gamma}^{(\alpha)}) \tag{4.170}$$

$$\alpha=1,2,\cdots N$$

公式（4.170）对任意满足约束条件 $\dot{\gamma}_{*}^{(\alpha)}\geqslant 0$ 的滑移剪切率都存在，由此得到

$$\begin{cases}\sum_{\beta=1}^{N}g_{\alpha\beta}\dot{\gamma}^{(\beta)}-\underset{\sim}{P}^{(\alpha)}:\underset{\sim}{\mathscr{L}}:\underset{\sim}{D}=0,\dot{\gamma}^{(\alpha)}>0\\ \sum_{\beta=1}^{N}g_{\alpha\beta}\dot{\gamma}^{(\beta)}-\underset{\sim}{P}^{(\alpha)}:\underset{\sim}{\mathscr{L}}:\underset{\sim}{D}\geqslant 0,\dot{\gamma}^{(\alpha)}=0\end{cases} \tag{4.171}$$

$$\alpha=1,2,\cdots N$$

公式（4.171）可改写为

$$\begin{cases}\sum_{\beta=1}^{N}h_{\alpha\beta}\dot{\gamma}^{(\beta)}=\underset{\sim}{P}^{(\alpha)}:\underset{\sim}{\mathscr{L}}:\underset{\sim}{D}^{e},\dot{\gamma}^{(\alpha)}>0\\ \sum_{\beta=1}^{N}h_{\alpha\beta}\dot{\gamma}^{(\beta)}\geqslant\underset{\sim}{P}^{(\alpha)}:\underset{\sim}{\mathscr{L}}:\underset{\sim}{D}^{e},\dot{\gamma}^{(\alpha)}=0\end{cases} \tag{4.172}$$

$$\alpha=1,2,\cdots n$$

注意到

$$\dot{\tau}^{(\alpha)}=\underset{\sim}{P}^{(\alpha)}:\underset{\sim}{\dot{\sigma}}=\underset{\sim}{P}^{(\alpha)}:\underset{\sim}{\mathscr{L}}:\underset{\sim}{D}^{e}$$

公式（4.172）即是广义 Schmid 公式（4.87）.

对于有限变形的情况，只需分析下列多变量函数 Π_2 的极小值问题：

$$\Pi_2=\frac{1}{2}\sum_{\alpha,\beta=1}^{N}g_{\alpha\beta}\tilde{\dot{\gamma}}^{(\alpha)}\tilde{\dot{\gamma}}^{(\beta)}-\sum_{\alpha=1}^{N}\underset{\sim}{\lambda}^{(\alpha)}:\underset{\sim}{D}\tilde{\dot{\gamma}}^{(\alpha)} \tag{4.173}$$

假定［$g_{\alpha\beta}$］是对称正定矩阵，就能导出同样的结果. 此时 $g_{\alpha\beta}$，

$\underset{\sim}{\lambda}^{(\alpha)}$必需按公式（4.127）和（4.128）计算.

2. Hill 极值原理[18]

设想晶体占有体积V，在变形的某个瞬时，晶体内各点的位移场及应力场是已知的. 晶体外表面S分为两部分，一部分表面S_σ上，给定了外力率$\dot{\bar{p}}_i$，而其余表面S_u上给定了$\overline{V}_i$.

我们有如下边值问题：

平衡方程及边界条件

$$\begin{cases}\dot{\sigma}_{ij,j}=0, & \text{在} V \text{内}\\ \dot{\sigma}_{ij}n_j=\dot{\bar{p}}_i, & \text{在} S_\sigma \text{上}\\ v_i=\bar{v}_i & \text{在} S_u \text{上}\end{cases} \tag{4.174}$$

哥西公式

$$D_{ij}=\frac{1}{2}(v_{i,j}+v_{j,i}) \tag{4.175}$$

本构方程

$$\underset{\sim}{D}=\underset{\sim}{\mu}:\dot{\underset{\sim}{\sigma}}+\sum_{\alpha=1}^{N}\underset{\sim}{P}^{(\alpha)}\dot{\gamma}^{(\alpha)} \tag{4.176}$$

硬化规律

$$\begin{cases}\dot{\tau}^{(\alpha)}=\dot{\tau}_c^{(\alpha)}=\sum\limits_{\beta=1}^{N}h_{\alpha\beta}\dot{\gamma}^{(\beta)}, \dot{\gamma}^{(\alpha)}>0\\ \dot{\tau}^{(\alpha)}\leqslant\dot{\tau}_c^{(\alpha)}=\sum\limits_{\beta=1}^{N}h_{\alpha\beta}\dot{\gamma}^{(\beta)}, \dot{\gamma}^{(\alpha)}=0\end{cases} \tag{4.177}$$

公式（4.177）只适用于处于临界状态的滑移系.

以速度场v_i为基本场量，一切满足S_u上速率边界条件的速率场v_i^*称为运动许可的速度场. 我们有

在一切满足速率边界条件的运动许可的速率场中，真实的速率场使速率势能Φ取极小值

$$\Phi_1(v_i^*)=\frac{1}{2}\int_v\dot{\sigma}_{ij}^*D_{ij}^*dV-\int_{s_\sigma}\dot{\bar{p}}_iv_i^*dS \tag{4.178}$$

对于给定的D_{ij}，我们可以通过多变量函数Π_2的极小问题，求

得满足广义 Schmid 公式的滑移剪切率 $\dot{\gamma}^{(\alpha)}$，记 B_0 是满足下述条件的所有正整数 α 的集合，

$$B_0 := \{\alpha, \dot{\gamma}^{(\alpha)} > 0\} \tag{4.179}$$

类似地对于任意的 D_{ij}^*，可求得相应的滑移剪切率 $\dot{\gamma}^{(\alpha)*}$ 及相应的 B_0^* 集，一般说来 B_0^* 集与 B_0 集不一定重合.

Hill[18]在假定 B_0^* 与 B_0 重合的情况下给出了证明.

我们有

$$\Phi_1(v_i^*) - \Phi_1(v_i) = \frac{1}{2}\int_v (\dot{\sigma}_{ij}^* D_{ij}^* - \dot{\sigma}_{ij} D_{ij}) dV - \int_{S\sigma} \dot{\bar{p}}_i (v_i^* - v_i) dS$$

鉴于真实应力率场 $\dot{\sigma}_{ij}$满足平衡方程及应力率边界条件，上式可化为

$$\begin{aligned}
\Phi_1(v_i^*) - \Phi_1(v_i) &= \frac{1}{2}\int_v (\dot{\sigma}_{ij}^* - \dot{\sigma}_{ij})(D_{ij}^* - D_{ij}) dV \\
&\quad + \frac{1}{2}\int_v (\dot{\sigma}_{ij}^* D_{ij} - \dot{\sigma}_{ij} D_{ij}^*) dV \\
&= \frac{1}{2}\int_v \{\triangle \dot{\underset{\sim}{\sigma}} : \underset{\sim}{\mu} : \triangle \dot{\underset{\sim}{\sigma}} + \sum_{\alpha=1}^{N} \triangle \dot{\tau}^{(\alpha)} \triangle \dot{\gamma}^{(\alpha)}\} dV \\
&\quad + \frac{1}{2}\int_v \sum_{\alpha=1}^{N} \{\dot{\tau}^{(\alpha)*} \dot{\gamma}^{(\alpha)} - \dot{\tau}^{(\alpha)} \dot{\gamma}^{(\alpha)*}\} dV \\
&= \frac{1}{2}\int_v \{\triangle \dot{\underset{\sim}{\sigma}} : \underset{\sim}{\mu} : \triangle \dot{\underset{\sim}{\sigma}} + \sum_{\alpha\in B_0} \sum_{\beta\in B_0} h_{\alpha\beta} \triangle \dot{\gamma}^{(\alpha)} \triangle \dot{\gamma}^{(\beta)} \\
&\quad + \sum_{\alpha\in B_0} \sum_{\beta\in B_0} (h_{\alpha\beta} \dot{\gamma}^{(\alpha)} \dot{\gamma}^{(\beta)*} - h_{\alpha\beta} \dot{\gamma}^{(\alpha)*} \dot{\gamma}^{(\beta)})\} dV \\
&= \frac{1}{2}\int_v \{\triangle \dot{\underset{\sim}{\sigma}} : \underset{\sim}{\mu} : \triangle \dot{\underset{\sim}{\sigma}} + \sum_{\alpha,\beta\in B_0} h_{\alpha\beta} \triangle \dot{\gamma}^{(\alpha)} \triangle \dot{\gamma}^{(\beta)})\} dV \\
&\geqslant 0
\end{aligned} \tag{4.180}$$

上式中

$$\triangle \dot{\underset{\sim}{\sigma}} = \dot{\underset{\sim}{\sigma}}^* - \dot{\underset{\sim}{\sigma}}, \quad \triangle \dot{\gamma}^{(\alpha)} = \dot{\gamma}^{(\alpha)*} - \dot{\gamma}^{(\alpha)}$$

在一般情况下，B_0 与 B_0^* 并不重合，此时

$$\Phi_1(v_i^*) - \Phi_1(v_i) = \frac{1}{2}\int_v \{\triangle \dot{\underset{\sim}{\sigma}} : \underset{\sim}{\mu} : \triangle \dot{\underset{\sim}{\sigma}}$$

$$+ \sum_{\alpha=1}^{N}[(\dot{\tau}^{(\alpha)*} - \dot{\tau}^{(\alpha)})(\dot{\gamma}^{(\alpha)*} - \dot{\gamma}^{(\alpha)})$$

$$+ \dot{\tau}^{(\alpha)*}\dot{\gamma}^{(\alpha)} - \dot{\tau}^{(\alpha)}\dot{\gamma}^{(\alpha)*}]\}dV \qquad (4.181)$$

考察被积函数中带方括号的项、添加两个恒为零的项：$\sum_{\alpha=1}^{N}[(\dot{\tau}_{cr}^{(\alpha)*} - \dot{\tau}^{(\alpha)*})\dot{\gamma}^{(\alpha)*} - (\dot{\tau}_{cr}^{(\alpha)} - \dot{\tau}^{(\alpha)})\dot{\gamma}^{(\alpha)}]$，由此得到

$$\Phi_1(v_i^*) - \Phi_1(v_i) = \frac{1}{2}\int_v \{\triangle \dot{\underset{\sim}{\sigma}} : \underset{\sim}{\mu} : \triangle \dot{\underset{\sim}{\sigma}}$$

$$+ \sum_{\alpha=1}^{N}(\dot{\tau}_{cr}^{(\alpha)*} - \dot{\tau}_{cr}^{(\alpha)})(\dot{\gamma}^{(\alpha)*} - \dot{\gamma}^{(\alpha)})$$

$$+ 2(\dot{\tau}_{cr}^{(\alpha)} - \dot{\tau}^{(\alpha)})(\dot{\gamma}^{(\alpha)*} - \dot{\gamma}^{(\alpha)})]\}dV$$

$$= \frac{1}{2}\cdot\int_v \{\triangle \dot{\underset{\sim}{\sigma}} : \underset{\sim}{\mu} : \triangle \dot{\underset{\sim}{\sigma}}$$

$$+ \sum_{\alpha,\beta=1}^{N} h_{\alpha\beta}(\dot{\gamma}^{(\beta)*} - \dot{\gamma}^{(\beta)})(\dot{\gamma}^{(\alpha)*} - \dot{\gamma}^{(\alpha)})$$

$$+ 2\sum_{\alpha=1}^{N}(\dot{\tau}_{cr}^{(\alpha)} - \dot{\tau}^{(\alpha)})(\dot{\gamma}^{(\alpha)*} - \dot{\gamma}^{(\alpha)})\}dV \qquad (4.182)$$

被积函数中的前两项，显然是非负的. 第三项

$$\sum_{\alpha=1}^{N}(\dot{\tau}_{cr}^{(\alpha)} - \dot{\tau}^{(\alpha)})(\dot{\gamma}^{(\alpha)*} - \dot{\gamma}^{(\alpha)}) = \sum_{\alpha\in A_0}(\dot{\tau}_{or}^{(\alpha)} - \dot{\tau}^{(\alpha)})\cdot\dot{\gamma}^{(\alpha)*}$$

也是非负的，这里 A_0 是满足下述条件的所有正整数 α 的集合.

$$A_0 := \{\alpha, \dot{\gamma}^{(\alpha)} = 0\}$$

由此，对任意满足速率边界条件的运动许可的速率场 v_i^*，恒有

$$\Phi_1(v_i^*) \geqslant \Phi_1(v_i)$$

以应力率场为基本未知量. 设应力率场 $\dot{\sigma}_{ij}^*$ 是静力许可的，它满足体内平衡方程及 S_σ 上的给定的外力率边界条件. 对于给定的应力率 $\dot{\sigma}_{ij}^*$，通过极小值问题（4.161），可求得相应的剪切率 $\{\dot{\gamma}^{(\alpha)*}\}$，而相应的应变率张量 D_{ij}^* 为

$$\underset{\sim}{D}^* = \underset{\sim}{\mu} : \dot{\underset{\sim}{\sigma}}^* + \sum_{\alpha=1}^{N}\underset{\sim}{P}^{(\alpha)}\dot{\gamma}^{(\alpha)*}$$

我们有下述最小应力率余能原理.

在一切静力许可的应力率场中，真实的应力率场使应力率余能 Φ_2 取极小：

$$\Phi_2(\dot{\sigma}_{ij}^*) = \frac{1}{2}\int_V \dot{\sigma}_{ij}^* D_{ij}^* dV - \int_{S_u} \dot{p}_i^* \bar{v}_i dS \tag{4.183}$$

真实的应力率场记为 $\dot{\sigma}_{ij}$，真实的速率场和应变率场为 v_i，D_{ij} 我们有

$$\begin{aligned}\Phi_2(\dot{\sigma}_{ij}^*) - \Phi_2(\dot{\sigma}_{ij}) &= \frac{1}{2}\int_V (\dot{\sigma}_{ij}^* - \dot{\sigma}_{ij})(D_{ij}^* - D_{ij})dV \\ &\quad + \frac{1}{2}\int_V (\dot{\sigma}_{ij} D_{ij}^* - \dot{\sigma}_{ij}^* D_{ij})dV \\ &= \frac{1}{2}\int_V \{\triangle \dot{\underset{\sim}{\sigma}} : \underset{\sim}{\mu} : \triangle \dot{\underset{\sim}{\sigma}} + \sum_{\alpha=1}^{N} \triangle \dot{\tau}^{(\alpha)} \cdot \triangle \dot{\gamma}^{(\alpha)} \\ &\quad + \sum_{\alpha=1}^{N} [\dot{\tau}^{(\alpha)} \dot{\gamma}^{(\alpha)*} - \dot{\tau}^{(\alpha)*} \dot{\gamma}^{(\alpha)}]\} dV\end{aligned}$$

在上述公式中，添加两项恒为零的项：

$$\sum_{\alpha=1}^{N} [(\dot{\tau}_{cr}^{(\alpha)*} - \tau^{(\alpha)*})\dot{\gamma}^{(\alpha)*} - (\dot{\tau}_{cr}^{(\alpha)} - \tau^{(\alpha)})\dot{\gamma}^{(\alpha)}]$$

就得到

$$\begin{aligned}\Phi_2(\dot{\sigma}_{ij}^*) - \Phi_2(\dot{\sigma}_{ij}) &= \frac{1}{2}\int_V \{\triangle \dot{\underset{\sim}{\sigma}} : \underset{\sim}{\mu} : \triangle \dot{\underset{\sim}{\sigma}} \\ &\quad + \sum_{\alpha=1}^{N} [(\dot{\tau}_{cr}^{(\alpha)*} - \dot{\tau}_{cr}^{(\alpha)})\triangle \dot{\gamma}^{(\alpha)} + 2(\dot{\tau}_{cr}^{(\alpha)*} \\ &\quad - \dot{\tau}^{(\alpha)*})\dot{\gamma}^{(\alpha)} \\ &\quad - 2(\dot{\tau}_{cr}^{(\alpha)} - \dot{\tau}^{(\alpha)})\dot{\gamma}^{(\alpha)}]\} dV\end{aligned} \tag{4.184}$$

公式（4.184）中的前三项均是非负的，而第四项恒为零，由此得到

$$\Phi_2(\dot{\sigma}_{ij}^*) - \Phi_2(\dot{\sigma}_{ij}) \geqslant 0 \tag{4.185}$$

3. 新的极值原理

以上讨论的极值原理中，滑移剪切率 $\{\dot{\gamma}^{(\alpha)}\}$ 不是独立变量，而是通过本构方程及硬化规律求得. 这类变分原理实际运用比较困

难，因为我们事先并不知道真实的速率场及真实的应力率场.

王自强建议了一类新的变分原理[17]. 在这类变分原理中. $\{\dot{\gamma}^{(\alpha)}\}$ 是独立变量.

在一切满足速率边界条件的运动许可的速率场 v_i^* 及一切满足约束条件 $\dot{\gamma}^{(\alpha)*}\geqslant 0$ 的剪切率场 $\{\dot{\gamma}^{(\alpha)*}\}$ 中，真实的速率场 v_i 和剪切率场 $\{\dot{\gamma}^{(\alpha)}\}$ 使下述泛函取极小值，

$$\Phi(v_i^*, \dot{\gamma}^{(\alpha)*}) = \frac{1}{2}\int_V \underset{\sim}{D}^{e*} : \underset{\sim}{\mathscr{L}} : \underset{\sim}{D}^{e*} dV + \frac{1}{2}\int_V \sum_{\alpha,\beta=1}^{N} h_{\alpha\beta}\dot{\gamma}^{(\alpha)*}\dot{\gamma}^{(\beta)*} dV - \int_{S_\sigma} \dot{\bar{p}}_i v_i^* ds \tag{4.186}$$

其中

$$\underset{\sim}{D}^{e*} = \underset{\sim}{D}^* - \sum_{\alpha=1}^{N} \underset{\sim}{P}^{(\alpha)}\dot{\gamma}^{(\alpha)*} \tag{4.187}$$

对于任意的实数 ε, δ $(0\leqslant\varepsilon\leqslant1)$ 下述速率场 $\tilde{v}_i$ 及剪切率场 $\{\tilde{\dot{\gamma}}^{(\alpha)}\}$ 是运动许可的：

$$\begin{cases} \tilde{v}_i = v_i + \delta(v_i^* - v_i) \\ \tilde{\dot{\gamma}}^{(\alpha)} = \dot{\gamma}^{(\alpha)} + \varepsilon(\dot{\gamma}^{(\alpha)*} - \dot{\gamma}^{(\alpha)}) \end{cases} \tag{4.188}$$

此时有

$$\begin{aligned} \Phi(\tilde{v}_i, \tilde{\dot{\gamma}}^{(\alpha)}) = {} & \Phi(v_i, \dot{\gamma}^{(\alpha)}) + \frac{1}{2}\int_V \triangle\underset{\sim}{D}^e : \underset{\sim}{\mathscr{L}} : \triangle\underset{\sim}{D}^e dV \\ & + \int_V \underset{\sim}{D}^e : \underset{\sim}{\mathscr{L}} : \triangle\underset{\sim}{D}^e dv - \delta\int_{S_\sigma} \dot{\bar{p}}_i (v_i^* - v_i) dS \\ & + \frac{\varepsilon}{2}\int_V \sum_{\alpha,\beta=1}^{N} [h_{\alpha\beta}(\dot{\gamma}^{(\alpha)*} - \dot{\gamma}^{(\alpha)})\dot{\gamma}^{(\beta)} \\ & + h_{\alpha\beta}\dot{\gamma}^{(\alpha)}(\dot{\gamma}^{(\beta)*} - \dot{\gamma}^{(\beta)})] dV \\ & + \frac{\varepsilon^2}{2}\int_V \sum_{\alpha,\beta=1}^{N} h_{\alpha\beta}(\dot{\gamma}^{(\alpha)*} - \dot{\gamma}^{(\alpha)})(\dot{\gamma}^{(\beta)*} \\ & - \dot{\gamma}^{(\beta)}) dV \end{aligned} \tag{4.189}$$

注意到

$$\triangle\underset{\sim}{D}^e = \underset{\sim}{\tilde{D}} - \underset{\sim}{D} - \varepsilon\sum_{\alpha=1}^{N} \underset{\sim}{P}^{(\alpha)}(\dot{\gamma}^{(\alpha)*} - \dot{\gamma}^{(\alpha)})$$

设想 $[h_{\alpha\beta}]$ 是对称正定矩阵，弹性模量张量 $\underset{\sim}{\mathscr{L}}$ 具有如下对称性：

$$\mathscr{L}_{ijkl}=\mathscr{L}_{klij}$$

此时，(4.189) 式可化为

$$\begin{aligned}\Phi(\tilde{v}_i,\tilde{\dot{\gamma}}^{(\alpha)})=&\Phi(v_i,\dot{\gamma}^{(\alpha)})+\frac{1}{2}\int_V\triangle\underset{\sim}{D}^e:\underset{\sim}{\mathscr{L}}:\triangle\underset{\sim}{D}^e dV\\&+\frac{\varepsilon^2}{2}\int_V\sum_{\alpha,\beta=1}^N h_{\alpha\beta}(\dot{\gamma}^{(\alpha)*}-\dot{\gamma}^{(\alpha)})(\dot{\gamma}^{(\beta)*}-\dot{\gamma}^{(\beta)})dV\\&+\varepsilon\int_V\sum_{\alpha=1}^N(\dot{\tau}_{cr}^{(\alpha)}-\dot{\tau}^{(\alpha)})(\dot{\gamma}^{(\alpha)*}-\dot{\gamma}^{(\alpha)})dV\end{aligned}\qquad(4.190)$$

鉴于真实的速率场 v_i 及剪切率场 $\{\dot{\gamma}^{(\alpha)}\}$ 所对应的应力率场 $\dot{\underset{\sim}{\sigma}}$ 满足硬化规律，因此，公式 (4.190) 右端的第四项是非负的，这就导得

$$\Phi(\tilde{v}_i,\tilde{\dot{\gamma}}^{(\alpha)})\geqslant\Phi(v_i,\dot{\gamma}^{(\alpha)})$$

特别有 ($\varepsilon=1$，$\delta=1$)

$$\Phi(v_i^*,\dot{\gamma}^{(\alpha)*})\geqslant\Phi(v_i,\dot{\gamma}^{(\alpha)})$$

下面讨论以应力率场及剪切率场 $\{\dot{\gamma}^{(\alpha)}\}$ 为基本未知量的广义极值原理.

设想静力许可的应力率场 $\dot{\sigma}_{ij}^*$，及约束许可的剪切率场 $\{\dot{\gamma}^{(\alpha)*}\}$，它满足约束条件：

$$\begin{cases}\dot{\gamma}^{(\alpha)*}\geqslant 0\\\sum\limits_{\beta=1}^N h_{\alpha\beta}\dot{\gamma}^{(\beta)*}\geqslant\dot{\tau}^{(\alpha)*}\end{cases}$$
$$\alpha=1,2,\cdots N\qquad(4.191)$$

这里 $\alpha=1$，2，$\cdots N$ 包括所有处于临界状态的滑移系，其中 $\dot{\tau}^{(\alpha)*}$ 是与 $\dot{\sigma}_{ij}^*$ 对应的作用在第 α 个滑移系上的分解剪应力. 我们有

$$\begin{aligned}\Phi_0(\dot{\sigma}_{ij}^*,\dot{\gamma}^{(\alpha)*})=&\frac{1}{2}\int_V\dot{\underset{\sim}{\sigma}}^*:\underset{\sim}{\mu}:\dot{\underset{\sim}{\sigma}}^*dV\\&+\frac{1}{2}\int_V\sum_{\alpha,\beta=1}^N h_{\alpha\beta}\dot{\gamma}^{(\alpha)*}\dot{\gamma}^{(\beta)*}dV\\&-\int_{S_u}\dot{p}_i^*\bar{v}_i dS\end{aligned}\qquad(4.192)$$

在所有静力许可的应力率场 $\dot{\sigma}_{ij}^*$ 及约束许可的剪切率场 $\{\dot{\gamma}^{(\alpha)*}\}$ 中，真实的应力率场 $\dot{\sigma}_{ij}$ 及剪切率场 $\{\dot{\gamma}^{(\alpha)}\}$ 使 Φ_0 取极小.

我们有

$$
\begin{aligned}
\Phi_0(\dot{\sigma}_{ij}^*,\dot{\gamma}^{(\alpha)*}) = {} & \Phi_0(\dot{\sigma}_{ij},\dot{\gamma}^{(\alpha)}) + \int_V \{\mu_{ijkl}\dot{\sigma}_{kl}\triangle\dot{\sigma}_{ij} \\
& + \sum_{\alpha,\beta=1}^{N} h_{\alpha\beta}\triangle\dot{\gamma}^{(\beta)}\dot{\gamma}^{(\alpha)} + \frac{1}{2}\mu_{ijkl}\triangle\dot{\sigma}_{ij}\triangle\dot{\sigma}_{kl} \\
& + \frac{1}{2}\sum_{\alpha,\beta=1}^{N} h_{\alpha\beta}\triangle\dot{\gamma}^{(\alpha)}\triangle\dot{\gamma}^{(\beta)}\Big\}dV \\
& - \int_{S_u}\triangle\dot{p}_i\cdot\bar{v}_i\cdot dS \\
= {} & \Phi_0(\dot{\sigma}_{ij},\dot{\gamma}^{(\alpha)}) + \int_V \{(D_{ij}-D_{ij}^P)\triangle\dot{\sigma}_{ij} - D_{ij}\triangle\dot{\sigma}_{ij} \\
& + \sum_{\alpha=1}^{N}(\dot{\tau}_{cr}^{(\alpha)*}-\dot{\tau}_{cr}^{(\alpha)})\dot{\gamma}^{(\alpha)}\}dV \\
& + \frac{1}{2}\int_V \{\mu_{ijkl}\triangle\dot{\sigma}_{ij}\triangle\dot{\sigma}_{kl} + \sum_{\alpha,\beta=1}^{N} h_{\alpha\beta}\triangle\dot{\gamma}^{(\alpha)}\triangle\dot{\gamma}^{(\beta)}\}dV
\end{aligned}
$$

上式中第二个大括号中的项显然是非负的. 第一个大括号中的项可以改写为

$$
\begin{aligned}
& \sum_{\alpha=1}^{N}[(\dot{\tau}_{cr}^{(\alpha)*}-\dot{\tau}_{cr}^{(\alpha)})-(\dot{\tau}^{(\alpha)*}-\dot{\tau}^{(\alpha)})]\dot{\gamma}^{(\alpha)} \\
= & \sum_{\alpha=1}^{N}(\dot{\tau}_{cr}^{(\alpha)*}-\dot{\tau}^{(\alpha)*})\dot{\gamma}^{(\alpha)} \geqslant 0
\end{aligned}
$$

命题证毕.

参 考 文 献

[1] Taylor, G. I. and Elam, C. F., The distortion of an aluminum crystal during a tension test, Proc. Roy. Soc. London, Sec. A 102 (1923), 643—667.

[2] Taylor, G. I. and Elam, C. F., The plastic extension and fracture of aluminum crystals, Proc. Roy. Soc. London, Sec. A 108 (1925), 28—51.

[3] Taylor, G. I., The mechanism of plastic deformation of crystals, Part I-theoretical, Proc. Roy. Soc. London, Sec. A 145 (1934), 362-387.

[4] Orowan, E., Zur Kristallplastizität, Ⅱ. Über den Mechanismus des Gleituorganges, *Z. Phys.*, **89** (1934), 634-659.

[5] Schmid, E. and Boas, W., Kristallplastizität, Springer, 1935.（中译本：施密特，E.，波司，W. 著，钱临照译，晶体范性学，科学出版社，1958.）
[6] Polanyi, Von, M., Über eine art gitterstorung, die einen Kristall plastisch machen konnte, *Z. Phys.*, 89 (1934), 660—664.
[7] Taylor, G. I., Plastic strain in metals, *J. Inst. Met.*, **62** (1938), 307—325.
[8] Truesdell, C., Six Lectures on Modern Natural Philosophy, Springer-Verlag, New York (1966), 1—117.
[9] Hill, R., Generalized constitutive relations for incremental deformation of metals crystals by multislip, *J. Mech. Phys. Solids*, **14** (1966), 95—102.
[10] Hill, R. and Rice, J. R., Constitutive analysis of elastic-plastic crystals at arbitrary strain, *J. Mech. Phys. Solids*, **20** (1972), 401—413.
[11] Asaro, R. J. and Rice, J. R., Strain localization in ductile single crystals, *J. Mech. Phys. Solids*, **25** (1977), 309—338.
[12] Peirce, D., Asaro, R. J. and Needleman, A., An analysis of nonuniform and localized defomation in ductile single crystals, *Acta Metall.*, **3** (1982), 11.
[13] Hill, R. and Havner, K., Perspectives in the mechanics of elastoplastic crystals, *J. Mech. Phys. Solids*, **30** (1982), 5.
[14] Asaro, R. J., Micromechanics of crystals, in "Advances in Applied Mechanics", **23** (1983), 1, Eds. Hutchinson, J. W., and Wu, T. Y.
[15] Nemat-Nasser, S., On finite plastic flow of crystalline solids and geomaterials, *J. Appl. Mech.*, **50** (1983), 1114—1126.
[16] Asaro, R. J., Crystal plasticity, *J. Appl. Mech.*, **50** (1983), 921—934.
[17] 王自强，晶体塑性理论极值原理，中国科学，A 辑，**31** (1988)，4，425—435
[18] Hill, R., Generalized constitutive relations for incremental deformation of metals crystals by multislip, *J. Mech. Phys. Solids*, **14** (1966), 95—102.
[19] 王自强，晶体塑性理论，塑性力学进展，王仁、黄克智、朱兆祥主编，中国铁道出版社，1988，198－215.
[20] 杨卫，塑性变形微观研究，塑性力学进展，王仁、黄克智、朱兆祥主编，中国铁道出版社，1988，179－197.
[21] Koiter, W., Stress-strain relations, uniqueness and variational theorems for elastic-plastic materials with a singular yield surface, *Quart. Appl. Math.*, **11** (1953), 350.
[22] Budiansky, B. and Wu, T. T., Theoretical prediction of plastic strains of polycrystals, Proc. 4th U. S. Nat. Cong. Appl. Mech., ASME (1962), 1175—1185.
[23] Hutchinson, J. W., Elastic-plastic behavior of polycrystalline metals and compos-

ites, Proc. Roy. Soc., series A, **319** (1970), 247—272.

[24] Weng, G., Dislocation theories of work hardening and yield surface of single crystals, *Acta Mechanica*, **37** (1980), 217—230.

[25] Bassani, J. L. and Wu, T. Y., Latent hardening in single crystal, Technical Report, University of Pennsylvania, 1989.

[26] Bassani, J. L., Single crystal hardening, *Appl. Mech. Rev.*, **43** (1990), 320—327.

[27] 王自强，近代塑性力学发展概况，力学进展，**16** (1986), 210－219.

[28] 王自强，张晓堤，非线性弹塑性问题的数学分析和有限元公式，中国科学院研究生院学报，**3** (1986), 59－72.

[29] 郭仲衡，Dubey, R. N.，非线性连续介质力学中的主轴法，力学进展，**13** (1983), 1－16.

[30] Hill, R., Aspects of invariance in solid mechanics, *Adv. in Appl. Mech.*, **18** (1978), 1－75.

[31] Ogden, R. W., Non-Linear Elastic Deformations, Ellis Horwood Limited, 1984.

第五章　椭球体夹杂

§5.1　本征应变问题

现在讨论无限大各向同性均匀介质，其局部区域 Ω^+ 由于某种物理或化学的原因产生均匀的局部应变 ε_{ij}^*，它可以是热膨胀应变、相应变、预应变、塑性应变、孪晶应变等非弹性应变. 这种不产生应力的均匀应变是在假想局部区域 Ω^+ 不受周围介质包围的情况下产生的. 而实际上子区域 Ω^+ 的变形受到周围介质的制约，从而在子区域内外产生内应力场.

由于无限大各向同性的均匀介质并未受外力的作用，内应力的产生是由于内部应变不均匀造成的. 这使人联想起，弹性体的自由振动不受外力的驱使，其频谱由本征值问题确定. 也使人想起，齐次的偏微分方程或常微分方程，在齐次边界条件下，当方程中的可变参数为本征值时，会得到不恒为零的本征解.

对于我们的问题，物体不受外力作用，似乎不应有应力产生，但实际上应力处处存在. 为此，我们将局部应变 ε_{ij}^* 称之为本征应变，以便我们将不受外力作用而产生应力场问题与本征值问题作一形象化的联想.

本征应变问题可以分解为三个问题叠加而成.

(i)割出子区域 Ω^+，让其不受约束地经受本征应变，而余下的区域 Ω^- 不经受任何变形.

(ii)在子区域的外表面 S 上加外力 $(-p_i)$，使子区域 Ω^+ 回到原来位置，再将它与区域 Ω^- 重新粘合起来. 显然外力 p_i 等于

$$\begin{cases} p_i = \sigma_{ij}^* n_j \\ \sigma_{ij}^* = \lambda\varepsilon^* \delta_{ij} + 2\mu\varepsilon_{ij}^* \end{cases} \tag{5.1}$$

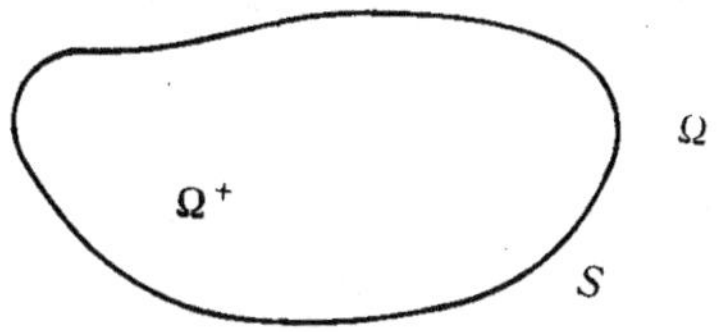

图 5.1　子区域经受均匀本征应变

其中 n_i 是曲面 S 的单位外法线，$\underset{\sim}{\varepsilon}^*$ 是均匀本征应变，λ 是拉梅系数，μ 是弹性剪切模量. 经过动作(ii)之后，整个区域 Ω 未发生任何变形.

(iii)沿着曲面 S 加上分布面积力 $p_i dS$ 的作用，使子区域 Ω^+ 与包围着它的区域 Ω^- 一起协调变形，这样就能得到我们欲求的应力应变场.

因此，局部区域 Ω^+ 的本征应变 ε_{ij}^* 在整个均匀介质中所产生的应力-应变场，可以通过在子区域 Ω^+ 的外表面 S 上加分布面力 $p_i dS$ 作用来得到.

众所周知，无穷大均匀弹性介质在集中力 f_k 作用下所产生的位移场 u_i 已由 Kelvin 解给出

$$u_i(\boldsymbol{x}) = U_{ik}(\boldsymbol{x} - \boldsymbol{x}')f_k \tag{5.2}$$

其中 $\boldsymbol{x}'$ 是集中力 f_k 作用点，U_{ik} 是已知函数[1].

由此，我们可以得到本征应变问题的位移场为

$$u_i(\boldsymbol{x}) = \int_S U_{ik} p_k(\boldsymbol{x}') dS \tag{5.3}$$

$$p_i = \sigma_{ij}^* n_j = (\lambda\varepsilon^* \delta_{ij} + 2\mu\varepsilon_{ij}^*) n_j$$

考虑到 ε_{ij}^* 是均匀应变场，因此公式(5.3)可改写为

$$u_i(\boldsymbol{x}) = \lambda\varepsilon^* \int_s U_{ik}(\boldsymbol{x} - \boldsymbol{x}') n_k(\boldsymbol{x}') dS$$

$$+ 2\mu\varepsilon_{kl}^* \int_s U_{ik}(\boldsymbol{x} - \boldsymbol{x}') n_l(\boldsymbol{x}') dS \tag{5.4}$$

有了位移场 $u_i(x)$ 就可求得应变场.

应变场 ε_{ij} 在区域 Ω^+ 内外由下式表示:

$$\varepsilon_{ij} = \frac{1}{2}(u_{i,j} + u_{j,i}) \tag{5.5}$$

在区域 Ω^- 内,应力场由虎克定律确定:

$$\sigma_{ij} = \lambda\varepsilon\delta_{ij} + 2\mu\varepsilon_{ij} \tag{5.6}$$

在区域 Ω^+ 内,由于第二个动作之后,产生了一个 $(-\sigma_{ij}^*)$ 应力. 因此,总的应力 σ_{ij} 将是

$$\sigma_{ij} = \lambda(\varepsilon - \varepsilon^*)\delta_{ij} + 2\mu(\varepsilon_{ij} - \varepsilon_{ij}^*) \tag{5.7}$$

式中 ε 是平均应变, ε^* 是平均本征应变.

格林函数 $U_{ik}(x - x')$ 有如下的解析表达式:

$$U_{ik}(\boldsymbol{x} - \boldsymbol{x}') = \frac{1}{4\pi\mu}\left\{\frac{\delta_{ik}}{|\boldsymbol{x} - \boldsymbol{x}'|} - \frac{1}{4(1-\nu)} \cdot \frac{\partial^2}{\partial x_i \partial x_k}|\boldsymbol{x} - \boldsymbol{x}'|\right\} \tag{5.8}$$

将(5.8)式代入(5.4)式,利用高斯定理,并注意到 $\frac{\partial}{\partial x_i}|\boldsymbol{x} - \boldsymbol{x}'| = -\frac{\partial}{\partial x_i'}|\boldsymbol{x} - \boldsymbol{x}'|$,得到

$$u_i(\boldsymbol{x}) = \frac{1}{16\pi\mu(1-\nu)}\sigma_{jk}^*\psi_{,ijk} - \frac{1}{4\pi\mu}\sigma_{ik}\varphi_{,k} \tag{5.9}$$

式中

$$\varphi = \int_v \frac{d\boldsymbol{x}'}{|\boldsymbol{x} - \boldsymbol{x}'|}, \qquad \psi = \int_v |\boldsymbol{x} - \boldsymbol{x}'| d\boldsymbol{x}'$$

V 是曲面 S 所包围的体积.

格林函数 $U_{ij}(\boldsymbol{x} - \boldsymbol{x}')$ 也可改写成更方便的形式:

$$U_{ij}(\boldsymbol{x} - \boldsymbol{x}') = \frac{1}{16\pi\mu(1-\nu)|\boldsymbol{x} - \boldsymbol{x}'|}\left\{(3 - 4\nu)\delta_{ij} + \frac{(x_i - x_i')(x_j - x_j')}{|\boldsymbol{x} - \boldsymbol{x}'|^2}\right\} \tag{5.10}$$

将公式(5.10)代入(5.4),导出

$$u_i(\boldsymbol{x}) = \frac{\sigma_{jk}^*}{16\pi\mu(1-\nu)}\int_V \frac{d\boldsymbol{x}'}{r^2} f_{ijk}(\boldsymbol{l})$$

$$=\frac{\varepsilon_{jk}^*}{8\pi(1-\nu)}\int_V \frac{dx'}{r^2}g_{ijk}(l) \tag{5.11}$$

式中 $r=|x-x'|$, $l=\dfrac{(x-x')}{r}$

$$\begin{cases} f_{ijk}=(1-2\nu)(\delta_{ij}l_k+\delta_{ik}l_j)-\delta_{jk}l_i+3l_il_jl_k \\ g_{ijk}=(1-2\nu)(\delta_{ij}l_k+\delta_{ik}l_j-\delta_{jk}l_i)+3l_il_jl_k \end{cases} \tag{5.12}$$

§ 5.2 Eshelby 解

当子区域 Ω^+ 是椭球体时，Eshelby[2]巧妙地证明，均匀本征应变 ε_{ij}^* 将在椭球内部产生均匀的应力和应变场.

为了分析椭球内部的应力、应变场，比较方便的是重新定义单位矢量 l，命 $l=\dfrac{x'-x}{r}$，并将公式(5.11)的体积分转化为以 x 为中心的单位球面上的面积分，如图 5.2 所示.

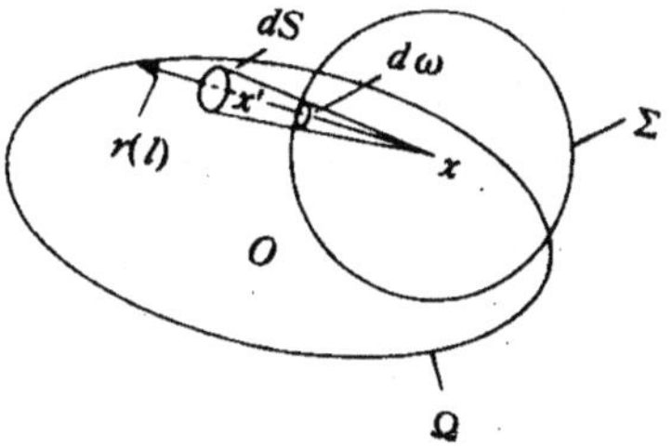

图 5.2 $\sum$ 是圆心在 x 的单位球面[1]

此时我们有

$$dx'=drdS=dr\cdot r^2d\omega \tag{5.13}$$

这里 $r=|x'-x|$，$d\omega$ 是单位球面 $\sum$ 上的面元. 公式(5.11)转化为

$$u_i(\boldsymbol{x}) = -\frac{\varepsilon_{jk}^*}{8\pi(1-\nu)}\int_{\Sigma} r(\boldsymbol{l}) g_{ijk}(\boldsymbol{l}) d\omega \tag{5.14}$$

对于椭球面 S,我们有方程:

$$\frac{X_1^2}{a_1^2} + \frac{X_2^2}{a_2^2} + \frac{X_3^2}{a_3^2} = 1$$

当 $\boldsymbol{x}$ 位于椭球 Ω^+ 内,则公式(5.14)中的 $r(\boldsymbol{l})$ 是下述方程的根

$$\frac{(x_1 + r \cdot l_1)^2}{a_1^2} + \frac{(x_2 + r \cdot l_2)^2}{a_2^2} + \frac{(x_3 + r \cdot l_3)^2}{a_3^2} = 1 \tag{5.15}$$

$$r(\boldsymbol{l}) = \frac{-b + \sqrt{b^2 - 4ac}}{2a} \tag{5.16}$$

式中

$$\begin{cases} a = l_1^2/a_1^2 + l_2^2/a_2^2 + l_3^2/a_3^2 \\ b = 2(l_1 x_1/a_1^2 + l_2 x_2/a_2^2 + l_3 x_3/a_3^2) \\ c = x_1^2/a_1^2 + x_2^2/a_2^2 + x_3^2/a_3^2 - 1 \end{cases} \tag{5.17}$$

引入向量 $\boldsymbol{\lambda}$

$$\lambda_1 = l_1/a_1^2, \quad \lambda_2 = l_2/a_2^2, \quad \lambda_3 = l_3/a_3^2$$

当将公式(5.16) 代入公式(5.14),不难发现 $\sqrt{b^2 - 4ac}/2a$ 这一项是单位矢量 $\boldsymbol{l}$ 的偶函数,而 $g_{ijk}(\boldsymbol{l})$ 则是 $\boldsymbol{l}$ 的奇函数. 因此,该项所对应的面积分为零. 这样我们有公式:

$$u_i(\boldsymbol{x}) = \frac{x_m \varepsilon_{jk}^*}{8\pi(1-\nu)}\int_{\Sigma} \frac{\lambda_m g_{ijk}}{a} d\omega \tag{5.18}$$

相应的应变场为

$$\varepsilon_{ij}(\boldsymbol{x}) = \frac{\varepsilon_{mn}^*}{16\pi(1-\nu)}\int_{\Sigma} \frac{\lambda_i g_{jmn} + \lambda_j g_{imn}}{a} d\omega \tag{5.19}$$

显然(5.19)式中的积分是不依赖于 $\boldsymbol{x}$ 的. 因此,我们得到如下非常精彩的结论:椭球内部的应力、应变场是均匀的.

椭球内部的应变 ε_{ij} 可表示为

$$\varepsilon_{ij} = S_{ijmn}\varepsilon_{mn}^* \tag{5.20}$$

四阶张量 S_{ijmn} 称为 Eshelby 张量，它只依赖于椭球的形状，

$$S_{ijmn}=\frac{1}{16\pi(1-\nu)}\int_{\Sigma}\frac{(\lambda_i g_{jmn}+\lambda_j g_{imn})}{a}d\omega \qquad (5.21)$$

以上讨论是对各向同性弹性体进行的，而对一般的三维各向异性弹性介质，Eshelby 的结论同样是正确的[1,5].

§5.3 椭球体夹杂

现在讨论一个无限大的均匀弹性介质，含有一个椭球体夹杂.

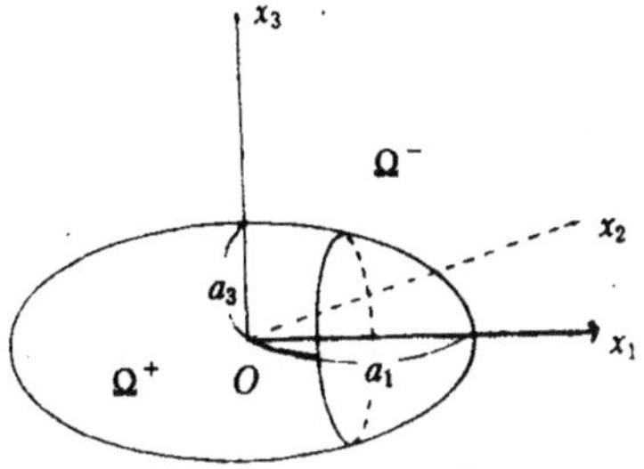

图 5.3 椭球夹杂[1]

夹杂的弹性模量张量为 $\mathscr{L}^c_{ijkl}$，而周围无限大基体的弹性模量张量为 $\mathscr{L}_{ijkl}$. 设想无穷远处，基体受到均匀应力场的作用，

$$\sigma^0_{ij}=\mathscr{L}_{ijkl}\varepsilon^0_{ij}$$

设想总的位移场可表示为 $(u_i)_{total}=u^0_i+u_i$，这样夹杂问题可归结为

平衡方程：$\sigma^0_{ij,j}+\sigma_{ij,j}=0 \qquad (5.22)$

边界条件：$\sigma^0_{ij}+\sigma_{ij}\to\sigma^0_{ij}$，无穷远处 $\qquad (5.23)$

连接条件：

$$(u^0_i+u_i)^+=(u^0_i+u_i)^-,\quad \text{在} S \text{上} \qquad (5.24)$$

$$(\sigma^0_{ij}+\sigma_{ij})^+n_j=(\sigma^0_{ij}+\sigma_{ij})^-n_j,\quad \text{在} S \text{上} \qquad (5.25)$$

应力-应变关系：

$$\sigma_{ij}^0 + \sigma_{ij} = \mathscr{L}_{ijkl}(\varepsilon_{kl}^0 + \varepsilon_{kl}), \text{在 } \Omega^- \text{ 内} \tag{5.26}$$

$$\sigma_{ij}^0 + \sigma_{ij} = \mathscr{L}_{ijkl}^c(\varepsilon_{kl}^0 + \varepsilon_{kl}), \text{在 } \Omega^+ \text{ 内} \tag{5.27}$$

类似地我们可以写下本征应变问题所对应的边值问题：

平衡方程

$$\sigma_{ij,j} = 0, \qquad \text{在 } \Omega \text{ 内} \tag{5.28}$$

边界条件

$$\sigma_{ij} \to 0, \qquad \text{在无穷远处} \tag{5.29}$$

连接条件

$$u_i^+ = u_i^-, \qquad \text{在 } S \text{ 上} \tag{5.30}$$

$$\sigma_{ij}^+ n_j = \sigma_{ij}^- n_j, \qquad \text{在 } S \text{ 上} \tag{5.31}$$

应力-应变关系：

$$\sigma_{ij} = \mathscr{L}_{ijkl}\varepsilon_{kl}, \qquad \text{在 } \Omega^- \text{ 内} \tag{5.32}$$

$$\sigma_{ij} = \mathscr{L}_{ijkl}(\varepsilon_{kl} - \varepsilon_{kl}^*), \qquad \text{在 } \Omega^+ \text{ 内} \tag{5.33}$$

现在尝试用等效本征应变方法来求解夹杂问题. 将方程组(5.22)-(5.27)与方程组(5.28)-(5.33)逐个进行比较，注意到 σ_{ij}^0 是均匀应力场. 不难看出这两组方程是相同的，唯一的差别是方程(5.27)与(5.33). 设想调节本征应变 ε_{ij}^* 使(5.27)与(5.33)相等，我们有

$$\mathscr{L}_{ijkl}^c(\varepsilon_{kl}^0 + \varepsilon_{kl}) = \mathscr{L}_{ijkl}(\varepsilon_{kl} - \varepsilon_{kl}^*) + \sigma_{ij}^0 \tag{5.34}$$

注意到

$$\sigma_{ij}^0 = \mathscr{L}_{ijkl}\varepsilon_{kl}^0$$

$$\varepsilon_{kl} = S_{klmn}\varepsilon_{mn}^*$$

我们得

$$\begin{aligned}\mathscr{L}_{ijkl}^c(\varepsilon_{kl}^0 + S_{klmn}\varepsilon_{mn}^*) &= \mathscr{L}_{ijkl}(\varepsilon_{kl}^0 + S_{klmn}\varepsilon_{mn}^* - \varepsilon_{kl}^*), \\ &- \{\mathscr{L}_{ijkl} + (\mathscr{L}_{ijmn}^c - \mathscr{L}_{ijmn})S_{mnkl}\}\varepsilon_{kl}^* \\ &= (\mathscr{L}_{ijkl}^c - \mathscr{L}_{ijkl})\varepsilon_{kl}^0\end{aligned} \tag{5.35}$$

采用一种特殊的矩阵符号来表示张量，可以使方程(5.35)变得相当简洁. 用列阵表示应变张量

$$\{\varepsilon\} = \{\varepsilon_{11}, \varepsilon_{12}, \varepsilon_{13}, \varepsilon_{21}, \varepsilon_{22}, \varepsilon_{23}, \varepsilon_{31}, \varepsilon_{32}, \varepsilon_{33}\}^T$$

其分量

$$\varepsilon_p = \varepsilon_{ij}, \qquad p = 3 \times (i-1) + j$$

用方阵$[L]$表示四阶张量$\mathscr{L}$. 它的元素

$$L_{pq} = \mathscr{L}_{ijkl}$$

其中

$$p = 3 \times (i-1) + j, \qquad q = 3 \times (k-1) + l$$

这样方程(5.35)变为

$$-[L + (L^c - L)S]\{\varepsilon^*\} = [L^c - L]\{\varepsilon^0\}$$

$$\{\varepsilon^*\} = -[L + (L^c - L)S]^{-1}[L^c - L]\{\varepsilon^0\} \tag{5.36}$$

由方程(5.36)可求得等效本征应变ε_{ij}^*. 这样夹杂问题在椭球内部所产生的应变将是

$$\varepsilon_{ij}^c = \varepsilon_{ij}^0 + \varepsilon_{ij} = \varepsilon_{ij}^0 + S_{ijkl}\varepsilon_{kl}^* \tag{5.37}$$

上式又可写为

$$\varepsilon_{ij}^c = A_{ijkl}\varepsilon_{kl}^0 \tag{5.38}$$

四阶张量A_{ijkl}称为集中因子张量. 它描述了夹杂内部应变与远场应变之间的确定关系. 集中因子张量A_{ijkl}依赖于基体弹性模量张量$\mathscr{L}_{ijkl}$, 夹杂物的弹性模量张量$\mathscr{L}_{ijkl}^c$及夹杂物的形状(椭球形状), 而与夹杂物的大小无关.

一般说来, Eshelby 张量S_{ijkl}的表达式相当复杂, 因此, 集中因子张量A_{ijkl}的表达式难以求得. 但对球形夹杂且基体为各向同性线弹性介质, S_{ijkl}的表达式相当简单,

$$S_{ijkl} = \frac{1}{3}\alpha\delta_{ij}\delta_{kl} + \frac{1}{2}\beta\left(\delta_{ik}\delta_{jl} + \delta_{il}\delta_{jk} - \frac{2}{3}\delta_{ij}\delta_{kl}\right) \tag{5.39}$$

其中

$$\alpha = \frac{(1+\nu)}{3(1-\nu)}, \quad \beta = \frac{2(4-5\nu)}{15(1-\nu)} \tag{5.40}$$

§ 5.4 Tanaka-Mori 定理[4]

这一节将简单地讨论一下与夹杂问题有关联的一些问题. 主

要是介绍一些有用的关于多晶体及复相介质宏观应力及宏观应变的性质.

1. 内应力宏观平均

设想物体在空间占有体积 V，它的外边界曲面 S 上并未作用任何外力，由于某种物理或化学的原因产生了内应力场，我们有

$$\int_V \sigma_{ij} dV = \int_V \sigma_{ik} \delta_{jk} dV \tag{5.41}$$

注意到 $\delta_{jk} = x_{j,k}$，公式(5.41)可写成

$$\int_V \sigma_{ij} dV = \int_V \sigma_{ik} x_{j,k} dV \tag{5.42}$$

内应力场 σ_{ij} 在物体内部满足平衡方程

$$\sigma_{ik,k} = 0, \qquad \text{在 } V \text{ 内}$$

而在边界 S 上满足面力自由的条件

$$\sigma_{ik} n_k = 0, \qquad \text{在 } S \text{ 上}$$

利用这些性质，方程(5.42)变为

$$\int_V \sigma_{ij} dV = \int_V (\sigma_{ik} x_j)_{,k} dV = \int_S \sigma_{ik} n_k x_j dS = 0 \tag{5.43}$$

这说明内应力的体积平均为零. 这一性质对任意的介质和不同的内应力源均是成立的.

对于弹性介质局部区域 Ω 的本征应变 ε_{ij}^* 引起的内应变问题. 我们有

$$\langle \varepsilon_{ij} \rangle_V = \frac{1}{V} \int_V \varepsilon_{ij} dV = \frac{1}{V} \int_V (e_{ij} + \varepsilon_{ij}^*) dV \tag{5.44}$$

其中 e_{ij} 是本征应变 ε_{ij}^* 引起的附加应变. 对于均匀的弹性介质，(5.44)可写作

$$\begin{aligned} \langle \varepsilon_{ij} \rangle_V &= \frac{1}{V} \int_V \mu_{ijkl} \sigma_{kl} dV + \frac{1}{V} \int_V \varepsilon_{ij}^* dV \\ &= \frac{1}{V} \int_V \varepsilon_{ij}^* dV \\ &= \frac{1}{V} \int_\Omega \varepsilon_{ij}^* dV \end{aligned} \tag{5.45}$$

引入“夹杂物”体积比 $f=\Omega/V$，上式转化为

$$\langle\varepsilon_{ij}\rangle_V = f\cdot\langle\varepsilon_{ij}^*\rangle_\Omega \tag{5.46}$$

假若本征应变 ε_{ij}^* 在 Ω 内是均匀的，则有

$$\langle\varepsilon_{ij}\rangle_V = f\varepsilon_{ij}^* \tag{5.47}$$

现在分析夹杂物均匀塑性应变引起的内应变. 此时问题可归结为等效的本征应变问题，我们有

$$\begin{aligned}\sigma_{ij} &= \mathscr{L}_{ijkl}^*(\varepsilon_{kl}-\varepsilon_{kl}^p)\\ &= \mathscr{L}_{ijkl}(\varepsilon_{kl}-\varepsilon_{kl}^*), \qquad \text{在 } \Omega \text{ 内}\end{aligned} \tag{5.48}$$

$$\varepsilon_{ij} = S_{ijkl}\varepsilon_{kl}^*, \qquad \text{在 } \Omega \text{ 内} \tag{5.49}$$

由此得到

$$\langle\varepsilon_{ij}\rangle_V = f\varepsilon_{ij}^* \tag{5.50}$$

而等效本征应变 ε_{ij}^* 则由(5.48)式确定：

$$[(\mathscr{L}_{ijpq}^* - \mathscr{L}_{ijpq})S_{pqkl} + \mathscr{L}_{ijkl}]\varepsilon_{kl}^* = \mathscr{L}_{ijkl}^*\varepsilon_{kl}^p \tag{5.51}$$

式中 $\mathscr{L}_{ijkl}^*$ 是夹杂物的弹性模量张量.

2. Tanaka-Mori 定理

本章第 1 节分析了均匀介质的本征应变问题. 设想在子区域 Ω 上给定了均匀的本征应变 ε_{ij}^*. 当 Ω 内 ε_{ij}^* 均匀分布时，公式(5.4)给出了各向同性介质位移场 $u_i(x)$，对于一般的各向异性的弹性介质，类似地有

$$u_i(x) = \int_S G_{ik}(x-x')P_k(x')dS \tag{5.52}$$

$$P_k = \sigma_{kl}^* n_l = \mathscr{L}_{klmn}\varepsilon_{mn}^* n_l \tag{5.53}$$

将(5.53)转化为体积分：

$$u_i(\boldsymbol{x}) = -\int_\Omega \mathscr{L}_{klmn}\varepsilon_{mn}^* G_{ik,l}(\boldsymbol{x}-\boldsymbol{x}')d\boldsymbol{x}' \tag{5.54}$$

公式(5.54)不仅适用于 ε_{ij}^* 是均匀应变的情况，也适用于 ε_{ij}^* 在 Ω 内非均匀分布的一般情况. 公式(5.54)中. $G_{ik}(\boldsymbol{x}-\boldsymbol{x}')$ 是格林函数，对各向同性介质 $G_{ik}=U_{ik}$. 对一般的各向异性介质，G_{ik}难于用解析式子来表示，但可以用傅里叶积分表示[1].

用公式(5.54)可进一步推得应变、应力场：

$$u_{i,j}=-\int_{\Omega}\mathscr{L}_{klmn}\varepsilon_{mn}^{*}G_{ik,lj}(\boldsymbol{x}-\boldsymbol{x}')d\boldsymbol{x}' \tag{5.55}$$

$$\sigma_{ij}=-\mathscr{L}_{ijkl}\int_{\Omega}\mathscr{L}_{pqmn}\varepsilon_{mn}^{*}G_{kp,ql}(\boldsymbol{x}-\boldsymbol{x}')d\boldsymbol{x}'$$

$$\boldsymbol{x}\text{ 在 }\Omega\text{ 之外} \tag{5.56}$$

考察图 5.4 所示的两个椭球区域 $V_1, V_2, \Omega\subset V_1\subset V_2$. 在区域 V_2-V_1 上，对(5.56)式给出的应力场进行积分：

$$\int_{V_2-V_1}\sigma_{ij}d\boldsymbol{x}=-\mathscr{L}_{ijkl}\left\{\int_{V_2}d\boldsymbol{x}\int_{\Omega}\mathscr{L}_{pqmn}\varepsilon_{mn}^{*}G_{kp,ql}(\boldsymbol{x}-\boldsymbol{x}')d\boldsymbol{x}'\right.$$
$$\left.-\int_{V_1}d\boldsymbol{x}\int_{\Omega}\mathscr{L}_{pqmn}\varepsilon_{mn}^{*}G_{kp,ql}(\boldsymbol{x}-\boldsymbol{x}')d\boldsymbol{x}'\right\}$$

改变积分次序，上式变为

$$\int_{V_2-V_1}\sigma_{ij}d\boldsymbol{x}=-\int_{\Omega}d\boldsymbol{x}'\left\{\mathscr{L}_{ijkl}\int_{V_2}\mathscr{L}_{pqmn}\varepsilon_{mn}^{*}G_{kp,ql}(\boldsymbol{x}-\boldsymbol{x}')d\boldsymbol{x}\right.$$
$$\left.-\mathscr{L}_{ijkl}\int_{V_1}\mathscr{L}_{pqmn}\varepsilon_{mn}^{*}G_{kp,ql}(x-x')dx\right\} \tag{5.57}$$

注意到积分式

$$-\int_{V_2}\mathscr{L}_{pqmn}\varepsilon_{mn}^{*}G_{kp,ql}(\boldsymbol{x}-\boldsymbol{x}')d\boldsymbol{x}$$

表示在子区域 V_2 上给定的均匀本征应变 ε_{mn}^{*} 所引起的在 $\boldsymbol{x}'$ 点处的总应变. 鉴于 V_2 是椭球区域，因此，这个总应变将等于

$$\varepsilon_{kl}=S_{klmn}(V_2)\varepsilon_{mn}^{*},\ x'\in V_2$$

由此，公式(5.57)可改写为

$$\int_{V_2-V_1}\sigma_{ij}d\boldsymbol{x}=\Omega\mathscr{L}_{ijkl}[S_{klmn}(V_2)-S_{klmn}(V_1)]\varepsilon_{mn}^{*} \tag{5.58}$$

需要强调指出的是公式(5.58)左端积分号下的应力 σ_{ij} 是在子区域 Ω 上给定了均匀本征应变 ε_{mn}^{*} 所引起的内应力. 而子区域 Ω 并不一定是椭球区域. 公式(5.58)表明，内应力 σ_{ij} 在 V_2-V_1 区域上的体积分，并不依赖于 V_1, V_2 的位置与尺寸大小. 当 V_1, V_2 形状相似，定向相同时，这个体积分恒为零. 也就是说，当

$a_1/b_1=a_2/b_2=a_3/b_3$

V_1： $x_1^2/a_1^2+x_2^2/a_2^2+x_3^2/a_3^2\leqslant 1$

V_2： $(x_1-x_1^0)^2/b_1^2+(x_2-x_2^0)^2/b_2^2+(x_3-x_3^0)^2/b_3^2\leqslant 1$

恒有

$$\int_{V_2-V_1}\sigma_{ij}dV=0$$

当子区域 Ω 自身也是一个椭球区域，我们有公式：

$$\int_{V_2-\Omega}\sigma_{ij}dx=\Omega\mathscr{L}_{ijkl}[S_{klmn}(V_2)-S_{klmn}(\Omega)]\varepsilon^*_{mn}$$

$$V_2\supset\Omega \qquad (5.59)$$

若 V_2 与 Ω 在形状上相似，定向上相同，则有

$$\int_{V_2-\Omega}\sigma_{ij}dx=0,\quad \int_{V_2-\Omega}\varepsilon_{ij}dx=0,\quad \Omega\subset V_2 \qquad (5.60)$$

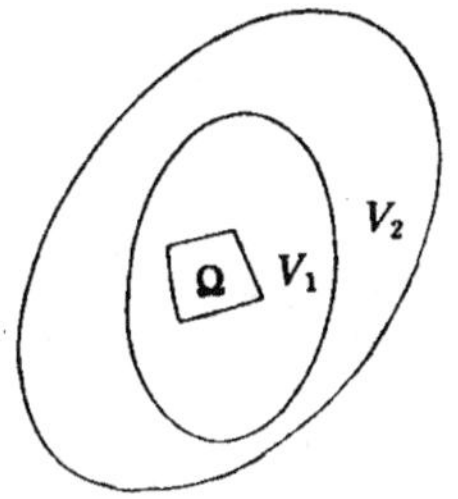

图 5.4　区域 Ω,V_1 和 V_2

3. 象应力

讨论有限弹性体 V，设想它是个椭球体，考虑 V 内一个子区域 Ω，它与 V 形状相似，定向相同，在子区域 Ω 上给定均匀本征应变 ε^*_{ij}，将在 V 内产生内应力 σ_{ij}，这个内应力场可表示为

$$\sigma_{ij}=\sigma^0_{ij}+\sigma^I_{ij} \qquad (5.61)$$

式中 σ^0_{ij} 是当 $V\to\infty$ 时，σ_{ij} 的极限值. 也就是无限大弹性体中，子区域 Ω 上给定了均匀本征应变 ε^*_{ij} 所产生的内应力. σ^I_{ij} 则是为了确

保有限区域 V 的外边界 ∂V 上面力自由而产生的附加内应力，这种附加内应力简称为象应力. 我们有

$$\sigma^I_{ij,j} = 0, \qquad x \in V \tag{5.62}$$

$$\sigma^I_{ij}n_j + \sigma^0_{ij}n_j = 0, \qquad x \in \partial V \tag{5.63}$$

求解象应力一般说来相当困难，但是我们可以利用前面的公式估算象应力的平均值.

由公式(5.43)，(5.60)得

$$\begin{aligned}\langle\sigma^I_{ij}\rangle_V &= \frac{1}{V}\int_V \sigma^I_{ij}dV = -\frac{1}{V}\int_V \sigma^0_{ij}dV \\ &= -\frac{1}{V}\int_\Omega \sigma^0_{ij}dV = -\frac{\Omega}{V}\sigma^0_{ij} \\ &= -\frac{\Omega}{V}\mathscr{L}_{ijkl}\{S_{klmn}(\Omega)\varepsilon^*_{mn} - \varepsilon^*_{kl}\}\end{aligned}$$

$$\langle\sigma^I_{ij}\rangle_V = -f\cdot\mathscr{L}_{ijkl}\{S_{klmn}(\Omega)\varepsilon^*_{mn} - \varepsilon^*_{kl}\} \tag{5.64}$$

式中

$$f = \Omega/V$$

类似地，我们有

$$\begin{aligned}\langle\varepsilon^0_{ij}\rangle_V &= \frac{1}{V}\int_V \varepsilon^0_{ij}dV = \frac{1}{V}\int_\Omega \varepsilon^0_{ij}d\Omega \\ &= \frac{\Omega}{V}\varepsilon^0_{ij}(\Omega) = \frac{\Omega}{V}S_{ijkl}(\Omega)\varepsilon^*_{kl}\end{aligned} \tag{5.65}$$

令

$$\varepsilon_{ij} = \varepsilon^0_{ij} + \varepsilon^I_{ij}$$

由(5.47)式得

$$\langle\varepsilon_{ij}\rangle_V = f\cdot\varepsilon^*_{ij} \tag{5.66}$$

因此

$$\begin{aligned}\langle\varepsilon^I_{ij}\rangle &= f\varepsilon^*_{ij} - fS_{ijkl}(\Omega)\varepsilon^*_{kl} \\ &= -f\{S_{ijkl}(\Omega)\varepsilon^*_{kl} - \varepsilon^*_{ij}\}\end{aligned} \tag{5.67}$$

公式(5.67)也可以从公式(5.64)直接推得.

参 考 文 献

[1] Mura, T., Micromechanics of Defects in Solids, Martinus Nijhoff Publishers, 1987.

[2] Eshelby, J. D., The determination of the elastic field of an ellipsoidal inclusion and related problems, Proc. Roy. Soc., London, A241, 1957, 376—396.

[3] Eshelby, J. D., Elastic inclusion and inhomogeneities, In "Progress on Solid Mechanics, II", North-Holland, Publ., 1961.

[4] Tanaka, K. and Mori, T., Note on volume integrals of the elastic field around an ellipsoida inclusions, *J. Elasticity*, **2** (1972), 199—200.

[5] Kinoshita, N. and Mura, T., Elastic fields of inclusions in anisotropic media, *Phys. Stat. Sol.* (*a*), **5** (1971), 759—768.

第六章　多晶体塑性细观力学

当晶体塑性行为确定之后，金属多晶体的塑性行为依赖于微观物理量向宏观物理量的转换，也依赖于晶界效应的适当处理. 晶界附近材料内部的那种有序的结晶排列和细观结构，在某种程度上被打乱. 晶界两侧晶粒定向的改变使得位错运动受阻. 晶界效应至少包含两层含意，首先是晶界自身细观结构对宏观力学性能的影响，其次是界面周围晶粒的约束作用.

迄今为止，晶界自身细观结构对宏观力学性能影响在定性方面有很多研究，但在定量分析方面尚不成熟. 关于界面周围晶粒的约束作用，通常是将界面看作是厚度为零的曲面来加以考虑.

这里着重介绍微观物理量向宏观物理量过渡问题. 有两个关键问题需要讨论：

(i)作为微观量的平均，选择恰当的关于各类宏观量的定义和平均方式.

(ii)确定相应的边界资料，建立微观量与总体边界资料的关系.

对于第一个问题，Hill[1]，Rice[2]以及 Mandel[3]做了很多工作. Havner[4]对此作了比较详细的评述.

对于第二个问题，很多学者采用Eshelby[5]方法.

§6.1　从微观向宏观过渡的均匀化方法

宏观平均的基本方法

设想一个宏观元素，它由大量的细观元素组成. 在宏观尺度内，宏观元素的变形看作是均匀的. 但是它所包含的细观元素的变形是彼此不同的，在细观元素之间的交界面上变形并不连续. 描述这些细观元素集合体所产生的综合响应，一般需要考虑这些细观元素的离散性质. 但是在连续介质范围内，我们仍然要用连续的位移场和速度场来描述细观元素的变形. 另一方面，在很多情况下，为了简化分析，设想在每个细观元素内速度梯度、变形率是均匀分布的.

物质点在参考构形和当前构形分别占有位置 $\boldsymbol{X}$ 和 $\boldsymbol{x}$. 不失普遍性，可令参考构形中，宏观元素占有单位体积.

用量 $\langle\psi\rangle=\int_{V^0}\psi dV^0$ 表示物理量 ψ 对于参考构形宏观元素的平均.

利用散度定理，不难证明下述公式：

$$\begin{cases}\langle\boldsymbol{F}\rangle=\int_{V^0}\boldsymbol{F}dV^0=\int_{A^0}\boldsymbol{x}\otimes\boldsymbol{N}dA^0\\ \langle F_{ij}\rangle=\int_{A^0}x_iN_jdA^0\\ \langle\dot{F}_{ij}\rangle=\int_{A^0}v_iN_jdA^0\end{cases}\tag{6.1}$$

$$\begin{cases}\langle\boldsymbol{S}\rangle=\int_{A^0}\boldsymbol{S}\boldsymbol{N}\otimes\boldsymbol{X}dA^0\\ \langle S_{ij}\rangle=\int_{A^0}S_{ik}N_kX_jdA^0\\ \langle\dot{S}_{ij}\rangle=\int_{A^0}\dot{S}_{ik}N_kX_jdA^0\end{cases}\tag{6.2}$$

$$\langle\tau_{ij}\rangle=\int_{A^0}S_{ik}N_kx_jdA^0,\tag{6.3}$$

其中 $\boldsymbol{S}$ 为第一 Piola-Kirchhoff 应力张量，A^0 为包围 V^0 的曲面，$\boldsymbol{N}$ 为曲面 A^0 的单位外法线，$\boldsymbol{\tau}$ 为 Kirchhoff 应力张量，$\boldsymbol{\sigma}$ 为 Cauchy 应力张量，

$$\boldsymbol{\tau}=J\boldsymbol{\sigma}$$

$$\boldsymbol{S}=\boldsymbol{\tau}\overset{-1}{\boldsymbol{F}}{}^{T}$$

J 为变形梯度张量的第三不变量.

我们采用空间固定的直角坐标系. 其基向量为 $\boldsymbol{e}_i$，因此，

$$\boldsymbol{X}=X_i\boldsymbol{e}_i,\quad \boldsymbol{V}=v_i\boldsymbol{e}_i$$

平衡方程可表示为

$$\frac{\partial S_{ij}}{\partial X_j}=0, \qquad i=1,2,3$$

或

$$\frac{\partial \sigma_{ij}}{\partial x_j}=0$$

以上公式表明，变形梯度张量 $\boldsymbol{F}$、速度梯度张量 $\boldsymbol{L}$、应力张量 $\boldsymbol{\tau}$,$\boldsymbol{S}$ 在参照构形中的体积平均只依赖于表面信息. 以上这些公式的推导并未利用任何先验条件，只需要假定位移场和速度场在整个区域 $\overline{V}^0$ 内是连续的，速度梯度在每一个细观区域内是连续的，在每一个细观元素内平衡方程得到满足，而在相邻细观元素的交界面上应力平衡条件得到满足即可.

为了导得更进一步的公式，讨论下述两种边界条件:

(i) $\boldsymbol{x}=\langle \boldsymbol{F}\rangle \boldsymbol{X}$, 在 A^0 上 (6.4)

(ii) $\boldsymbol{SN}=\langle \boldsymbol{S}\rangle \boldsymbol{N}$, 在 A^0 上 (6.5)

边界条件(6.4)意味着在边界曲面 A^0 上，给定了边界位移.

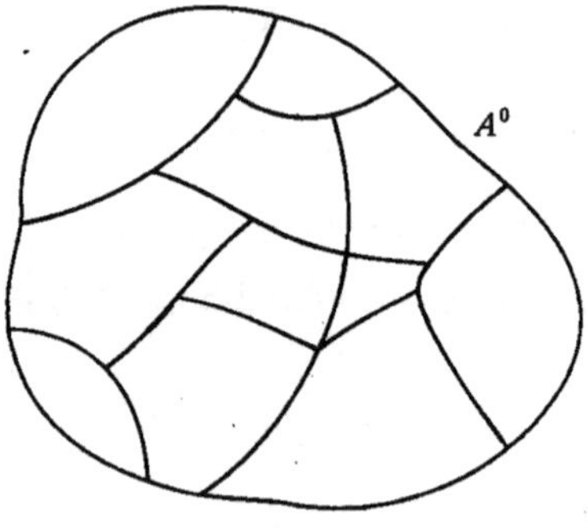

图 6.1

如图 6.1 所示，如果在整个区域 V^0 内，都有

$$x = \langle F \rangle X$$

那么必有

$$F = \frac{\partial x}{\partial X} = \langle F \rangle$$

这意味着在整个区域 V^0 内，速度梯度场是均匀的并且等于平均量 $\langle F \rangle$. 这种情况只是当所有微观元素材料性质相同的时候才能发生. 因此，一般情况下，我们只能说位移边界条件(6.4)是与一个均匀变形场相一致的.

边界条件(6.5)意味着在边界曲面 A^0 上给定了边界应力

$$t^0 = SN = \langle S \rangle N, \qquad \text{在 } A^0 \text{ 上}$$

这个边界应力显然是与均匀的名义应力场

$$S = \langle S \rangle \qquad \text{在 } V^0 \text{ 内}$$

相平衡的. 也就是当所有细观元素材料力学性质相同时，若在边界上受到边界力 $t^0 = \langle S \rangle N$ 的作用，将会在 V^0 内产生均匀应力场

$$S = \langle S \rangle$$

因此，我们说应力边界条件(6.5)是与一个均匀的名义应力场相一致的.

应该特别强调的是应力边界条件(6.5)并不等价于

$$S = \langle S \rangle, \qquad \text{在 } A^0 \text{ 上}$$

利用上述两个边界条件中的任何一个，不难证实下述平均定理

$$\langle \tau \rangle = \langle SF^T \rangle = \langle S \rangle \langle F^T \rangle \tag{6.6}$$

事实上，我们有

$$\langle \tau_{ij} \rangle = \int_{V^0} S_{ik} F_{jk} dV^0 = \int_{V^0} S_{ik} \frac{\partial x_j}{\partial X_k} dV^0$$

$$= \int_{A^0} S_{ik} x_j N_k dA^0$$

对于边界条件(6.4)，上式可化为

$$\langle \tau_{ij} \rangle = \int_{A^0} S_{ik} N_k \langle F_{jm} \rangle X_m dA^0$$

$$
\begin{aligned}
&= \langle F_{jm} \rangle \int_{V^0} \frac{\partial (S_{ik} X_m)}{\partial X_k} dV^0 \\
&= \int_{V^0} S_{im} dV^0 \cdot \langle F_{jm} \rangle \\
&= \langle S_{im} \rangle \langle F_{jm} \rangle
\end{aligned}
$$

这就是(6.6)式.类似地可以利用(6.5)证实(6.6).

宏观量的定义和性质

以下为了书写起见,宏观量都用带有横杠"—"的物理量表示.根据前节的公式,下述定义显然是恰当的.

$$
\begin{cases}
\overline{\boldsymbol{F}} = \langle \boldsymbol{F} \rangle \\
\overline{\boldsymbol{S}} = \langle \boldsymbol{S} \rangle \\
\overline{J} = \langle J \rangle
\end{cases}
\tag{6.7}
$$

另外利用 $\overline{\boldsymbol{F}}, \overline{\boldsymbol{S}}$ 可以定义下述宏观量

$$
\begin{cases}
\overline{\boldsymbol{E}} = \dfrac{1}{2}(\overline{\boldsymbol{F}}^T \overline{\boldsymbol{F}} + \overline{\boldsymbol{F}}\overline{\boldsymbol{F}}^T) \\
\overline{\boldsymbol{\sigma}} = \dfrac{1}{\overline{J}} \overline{\boldsymbol{\tau}} \\
\overline{\boldsymbol{\tau}} = \overline{\boldsymbol{S}}\, \overline{\boldsymbol{F}}^T \\
\overline{\boldsymbol{D}} = \dfrac{1}{2}\{\dot{\overline{\boldsymbol{F}}}\, \overline{\boldsymbol{F}}^{-1} + (\overline{\boldsymbol{F}}^{-1})^T \dot{\overline{\boldsymbol{F}}}^T\}
\end{cases}
\tag{6.8}
$$

这样引出的宏观量一般说来并不等于它们对应的微观量的体积平均

$$
\overline{\boldsymbol{E}} \neq \langle \boldsymbol{E} \rangle
$$

由此,宏观量的定义是要小心选择的,不能简单地都用体积平均来定义.

当边界 A^0 处位移满足边界条件(6.4)时,不难证实下述公式

$$
\begin{aligned}
&\overline{\boldsymbol{\tau}} = \langle \boldsymbol{\tau} \rangle \\
&\overline{\boldsymbol{\sigma}} = \frac{1}{\overline{J}} \langle \boldsymbol{\tau} \rangle
\end{aligned}
\tag{6.9}
$$

$$
\begin{cases} \bar{\boldsymbol{\tau}} : \overline{\boldsymbol{D}} = \langle \boldsymbol{\tau} : \boldsymbol{D} \rangle \\ \bar{\boldsymbol{\sigma}} : \overline{\boldsymbol{D}} = \langle \boldsymbol{\sigma} : \boldsymbol{D} \rangle \dfrac{1}{J} \end{cases} \tag{6.10}
$$

公式(6.10)表明，应力功率的体积平均恰好等于宏观应力 $\bar{\boldsymbol{\tau}}$ 在宏观变形率 $\overline{\boldsymbol{D}}$ 上所作的功. 这说明依照(6.8)所定义的宏观应力 $\bar{\tau}$ 及宏观变形率张量符合功共轭原理.

为了证明公式(6.10)，讨论变形功率：

$$
\dot{W} = \int_{V^0} \boldsymbol{\tau} : \boldsymbol{D} dV^0 = \int_V \sigma_{ij} D_{ij} dV = \int_A \sigma_{ij} v_j n_i dA
$$

其中 A 是变形后宏观元素的外边界曲面，V 是变形后宏观元素的体积.

利用边界条件(6.4)，上式可改写为

$$
\begin{aligned}
\int_A \sigma_{ij} v_j n_i dA &= \langle \dot{F}_{jk} \rangle \int_A \sigma_{ij} X_k n_i dA \\
&= \langle \dot{F}_{jk} \rangle \langle F_{kl} \rangle^{-1} \int_A \sigma_{ij} x_l n_i dA \\
&= \langle \dot{F}_{jk} \rangle \langle \dot{F}_{kl} \rangle^{-1} \int_V \sigma_{ij} dV \\
&= \langle \dot{F}_{jk} \rangle \langle F_{ki} \rangle^{-1} \langle J \sigma_{ij} \rangle \\
&= \overline{D}_{ij} \bar{\tau}_{ij} = \bar{\boldsymbol{\tau}} : \overline{\boldsymbol{D}}
\end{aligned}
$$

体元模型和功共轭

如果我们的目的在于确定具有细观结构的宏观元素的本构方程，那么采用具有清晰几何图象的体元模型将富有吸引力. 常用的几何图象可以是立方体、球体或柱体，选定的体元也称为构元. 体元内部含有为数众多的细观元素，这些离散的细观元素称之为体胞，充满了整个体元.

体元的外边界或者遵守位移边界条件(6.4)或者遵守应力边界条件(6.5).

为了分析简单起见，我们讨论微小变形问题. 增量形式的边界条件可归结为

(i) $v_i = \dot{E}_{ij}x_j$, 在 A 上 (6.11)

或

(ii) $\dot{p}_i = \dot{\Sigma}_{ij}n_j$, 在 A 上 (6.12)

其中 E_{ij},Σ_{ij} 分别是体元的宏观应变和应力场. 微观的速度,应变和应力场分别用 v_i,ε_{ij} 和 σ_{ij} 来表示.

利用散度定理不难证实,如果有边界条件(6.11),那么微观应变率 $\dot{\varepsilon}_{ij}$ 的体积平均将等于 $\dot{E}_{ij}$,事实上,

$$\begin{aligned}\frac{1}{V}\int_V \dot{\varepsilon}_{ij}dV &= \frac{1}{V}\int_V \frac{1}{2}(v_{i,j} + v_{j,i})dV \\ &= \frac{1}{V}\int_A \frac{1}{2}(v_i n_j + v_j n_i)dA \\ &= \frac{1}{V}\int_A \frac{1}{2}(\dot{E}_{ik}x_k n_j + \dot{E}_{jk}x_k n_i)dA \\ &= \frac{1}{2V}\left\{\dot{E}_{ik}\int_V \delta_{kj}dv + \dot{E}_{jk}\int_V \delta_{ki}dv\right\} \\ &= \frac{1}{2}(\dot{E}_{ij} + \dot{E}_{ji}) = \dot{E}_{ij}\end{aligned}$$

另一方面,我们可以进一步证实,依照功互等定理,微观应力的体积平均将等于宏观应力 Σ_{ij}. 事实上依照功率相等原理,我们有

$$\begin{aligned}\Sigma_{ij}\dot{E}_{ij} &= \frac{1}{V}\int_V \sigma_{ij}\dot{\varepsilon}_{ij}dV = \frac{1}{V}\int_A \sigma_{ij}n_j v_i dA \\ &= \frac{1}{V}\dot{E}_{ik}\int_A \sigma_{ij}x_k n_j dA \\ &= \frac{1}{V}\int_V \sigma_{ij}dV\dot{E}_{ij}\end{aligned}$$

这个式子将对任意的 $\dot{E}_{ij}$ 成立,因此

$$\Sigma_{ij} = \frac{1}{V}\int_V \sigma_{ij}dV \tag{6.13}$$

现在讨论给定边界条件(6.12)的情况,此时

$$\Sigma_{ij}\dot{E}_{ij} = \frac{1}{V}\int_V \sigma_{ij}\dot{\varepsilon}_{ij}dV = \frac{1}{V}\int_A \sigma_{ij}n_j v_i dA$$

$$=\frac{1}{V}\Sigma_{ij}\int_A n_j v_i dA$$

$$=\Sigma_{ij}\frac{1}{V}\int_V \dot{\varepsilon}_{ij} dV$$

鉴于 Σ_{ij} 是可以任意变化的，因此，有

$$\dot{E}_{ij}=\frac{1}{V}\int_V \dot{\varepsilon}_{ij} dV \tag{6.14}$$

总之边界条件(6.11)中的 $\dot{E}_{ij}$ 即是体元的宏观应变率，与其功共轭的宏观应力分量即是微观应力分量的体积平均.

而边界条件(6.12)中的应力率分量 $\dot{\Sigma}_{ij}$ 可视为体元的宏观应力率，而体元宏观应力 Σ_{ij} 是与(6.14)式所定义的应变率 $\dot{E}_{ij}$ 功共轭.

现在讨论宏观构元的本构方程确定. 在变形的某个瞬时，体元内每个细观元素的应力和变形状态是已知的，每个细观元素的本构方程也已确定. 严格地说在每个细观元素内部应力和应变都不是均匀的，但是在很多情况下设想在每个细观元素内部应力和应变是均匀的，可以使计算得到简化而又不丧失实用精度. 在这种情况下我们需要求解的是一个特定的边值问题，也就是在边界条件(6.11)或(6.12)之下，求解一个非均匀介质的问题，这个非均匀介质是由离散分布的大量的子区域所组成，每个子区域相应于一个细观元素. 这种细观元素内部材料的本构方程通常可表示为

$$\dot{\boldsymbol{\sigma}}=\mathscr{L}_c:\dot{\boldsymbol{\varepsilon}} \tag{6.15}$$

其中 $\mathscr{L}_c$ 为瞬时的弹塑性模量张量，它依赖于该细观元素的应力状态，而且对于不同的细观元素，$\mathscr{L}_c$ 是不相同的.

这个边值问题的解析解是很难求得的，但是借助于现代计算机，可以通过有限元法或其他数值解法得到高精度的解答. 对于给定位移的边值问题，我们有解答

$$\dot{\boldsymbol{\varepsilon}}=\mathscr{A}_c:\dot{\boldsymbol{E}} \tag{6.16}$$

其中 $\mathscr{A}_c$ 为集中因子张量，它依赖于体元的形状，细观元素的瞬时弹塑性模量以及细观元素的形状和分布. 由此，我们得到

$$\dot{\sigma} = \mathscr{L}_c : A_c : \dot{E}$$

再由公式(4.13)得

$$\dot{\Sigma} = \frac{1}{V}\int_V \dot{\sigma}\, dV = \mathscr{L} : \dot{E} \tag{6.17}$$

$$\mathscr{L} = \frac{1}{V}\sum_{i=1}^{N}(\mathscr{L}_c : \mathscr{A}_c)_{ic} V_i \tag{6.18}$$

其中 N 是体元所含细观元素总数，V_i 是第 i 个细观元素的体积，$\mathscr{L}$ 是宏观的弹塑性模量张量.

以上公式原则上提供了确定宏观的弹塑性模量的方法和步骤，但是实际上还有很多隐含的技术细节需要在实施过程中加以解决. 这些隐含的技术细节将在下面的几节中逐步加以说明.

撇开技术细节不谈，以上的方法理论上相当严密. 体元模型几何上的直观性和合理性，数学分析结果的普遍性和实用性都使这种方法具备了吸引力和发展前景.

但是这种方法的一个比较明显的弱点是它只能提供数值结果，难以用一套具备内在逻辑的公式来表达，而且通常需要进行浩繁的计算.

力学家历来钟爱系统完美的解析公式，工程师至今青睐简明扼要的设计公式或图表曲线. 这些因素促使人们寻找一种准解析的近似方法和理论模式. 下面几节将扼要介绍一下几种主要的有效的理论模式.

§6.2 简单滑移理论

Taylor 模型

1938 年 Taylor[7]首先提出了一个比较现实的模型，用以分析多晶体的应力-应变关系，这种分析是基于单晶体塑性响应. Taylor 把晶粒边界看作是厚度为零的界面，在界面两侧晶粒定向是不相同的.

Taylor 提出了如下简化假设：

(1)每个晶粒是刚塑性体，其弹性应变忽略不计；

(2)每个晶粒的应变率张量$\dot{\underset{\sim}{\varepsilon}}(\underset{\sim}{D})$等于多晶集合体的宏观应变率张量$\dot{\underset{\sim}{E}}(\bar{\underset{\sim}{D}})$；

(3)对于每个晶粒可以通过最小塑性功原理求得各个滑移系的滑移剪切率；

(4)对于每个晶粒，作用在各个开动的滑移系上的临界剪应力是相同的，它是所有滑移系剪应变之和的确定函数，

$$\tau_c = \hat{F}\left(\sum_{\alpha=1}^{n} \gamma^{(\alpha)}\right) \tag{6.19}$$

利用这些假设，Taylor 分析了由大量任意定向的面心立方晶体所组成多晶集合体在单轴拉伸情况下的应力-应变关系和变形结构的发展.

采用增量步骤讨论变形问题. 在变形的某个瞬时，每个晶粒的定向是已知的(初始时刻晶粒定向是随机分布的)，多晶集合体的宏观变形梯度张量 $\boldsymbol{F}$ 也是已知的，多晶体的刚性转动对于轴对称变形可以取为零. 这样每个晶粒的总体刚性转动也为零.

设想对于进一步的变形，给定多晶集合体的宏观速度梯度张量 $\boldsymbol{L}$. 对于轴对称变形，可以令 $\boldsymbol{L}$ 等于变形率张量 $\dot{\boldsymbol{E}}\ (\bar{\boldsymbol{D}})$.

对于每个晶粒，由于所有开动的滑移系上的分解剪应力都是相同的，因此，第 i 个晶粒的变形功率为

$$\dot{W}_i = (\tau_c)_i \sum_{\alpha=1}^{n} \dot{\gamma}_i^{(\alpha)} V_i \tag{6.20}$$

其中 V_i 是第 i 个晶粒体积.

所有晶粒的变形功率为

$$\dot{W} = \sum_{i=1}^{N} \sum_{\alpha=1}^{n} (\tau_c \dot{\gamma}^{(\alpha)} V)_i$$

另一方面外力所作的功是

$$\sigma \dot{E}_{11} V = \dot{W} \tag{6.21}$$

设想初始时刻每个晶粒的体积是相同的，而塑性变形并不改变晶粒体积. 因此，我们有

$$\sigma \dot{E}_{11} = \frac{1}{N} \sum_{i=1}^{N} \sum_{\alpha=1}^{n} (\tau_c \dot{\gamma}^{(\alpha)})_i \tag{6.22}$$

对于每个晶粒，我们可以通过最小塑性功原理求得 $\dot{\gamma}^{(\alpha)}$. 也就是说在约束条件

$$\begin{cases} \sum_{\alpha=1}^{n} \underset{\sim}{P}^{(\alpha)} \dot{\gamma}^{(\alpha)} = \dot{\underset{\sim}{E}}^{p} = \dot{\underset{\sim}{E}} \\ \dot{\gamma}^{(\alpha)} \geqslant 0, \ \alpha = 1, 2, \cdots n \end{cases} \tag{6.23}$$

之下，求累积剪应变率 $\dot{\Gamma}$ 的极小，

$$\dot{\Gamma} = \sum_{\alpha=1}^{n} \dot{\gamma}^{(\alpha)} \tag{6.24}$$

其中

$$\underset{\sim}{P}^{(\alpha)} = \frac{1}{2} (\overset{*}{\underset{\sim}{m}}{}^{(\alpha)} \overset{*}{\underset{\sim}{n}}{}^{(\alpha)T} + \overset{*}{\underset{\sim}{n}}{}^{(\alpha)} \overset{*}{\underset{\sim}{m}}{}^{(\alpha)T})$$

$\overset{*}{m}{}^{(\alpha)}$, $\overset{*}{n}{}^{(\alpha)}$ 是变形后第 α 滑移系两要素.

应该指出，Taylor 当时是从所有 12 个滑移系中挑选 5 个独立滑移系来比较 $\dot{\Gamma}$，从中挑出使 $\dot{\Gamma}$ 最小的滑移剪切率. 鉴于 $\dot{\gamma}^{(\alpha)}$ 允许取负值，因此 Taylor 定义

$$\dot{\Gamma} = \sum_{\alpha=1}^{n} |\dot{\gamma}^{(\alpha)}|$$

对于每个晶粒，求得 $\dot{\gamma}^{(\alpha)}$, $\dot{\Gamma}$ 之后，就可以依照下述公式求得临界剪应力

$$\tau_c = \hat{F}\left(\sum_{\alpha=1}^{n} \int |\dot{\gamma}^{(\alpha)}| dt\right)$$

代入公式(4.22)即可求得应力 σ.

由于每个晶粒的总体刚性转动为零，因此我们有

$$\underset{\sim}{W}^{e} = - \underset{\sim}{W}^{p} = - \sum_{\alpha=1}^{n} \overset{*}{\underset{\sim}{W}}{}^{(\alpha)} \dot{\gamma}^{(\alpha)}$$

$\underset{\sim}{W}^{e}$ 就表示了晶格的刚性转动.

事实上，依照

$$\underset{\sim}{L} = \dot{\underset{\sim}{F}} \overset{-1}{\underset{\sim}{F}} = \underset{\sim}{D} + \underset{\sim}{W}^{p} + \underset{\sim}{W}^{e}$$

$$\underset{\sim}{F} = \underset{\sim}{Q} \underset{\sim}{F}^{p}$$

$$\underset{\sim}{L} = \dot{\underset{\sim}{Q}} \underset{\sim}{Q}^{T} + \underset{\sim}{Q} \dot{\underset{\sim}{F}}^{p} \overset{-1}{F}{}^{p} \underset{\sim}{Q}^{T}$$

$$\underset{\sim}{W}^{e} = \dot{\underset{\sim}{Q}} \underset{\sim}{Q}^{T}$$

$$\dot{\underset{\sim}{Q}}=\underset{\sim}{W}^e\underset{\sim}{Q}$$

这样求得 $\underset{\sim}{W}^e$ 之后，即可求得 $\dot{\underset{\sim}{Q}}$. 应该强调指出，这里的 $\underset{\sim}{Q}$ 只表示晶格的刚性转动，并不代表晶体总体刚性转动.

Taylor[7] 利用上述模型，计算了多晶体的拉伸应力-应变曲线，得到了与实验曲线基本一致的结果. 这说明 Taylor 采用的基本假设并未带来重大偏差，也就是说 Taylor 模型虽然比较简单，但在很大程度上抓住了多晶塑性响应的主要特征.

众所周知，金属晶体可以产生很大塑性变形而不产生裂纹. 因此，晶粒边界处的位移连续条件应该得到满足，而第(2)个假设可以使这个条件得到满足. 但是随之带来的问题是晶粒边界的应力平衡条件难以满足.

另一方面，由于忽略了弹性应变，每个晶粒的应力状态无法确定. 如果从 5 个独立的开动的滑移系上的分解剪应力 $\tau_c^{(\alpha)}$ 都等于 $\hat{F}\left(\Sigma\int|\dot{\gamma}^{(\alpha)}|dt\right)$ 来推算晶粒的应力状态(精确到相差一个三轴张力)，那么这样的应力状态可能与实际情况相差甚远.

再一个突出问题是，依照 Taylor 模型，每个瞬时，哪个滑移系开动，哪个滑移系不开动(对每个晶粒而言)，完全取决于宏观应变率 $\dot{\underset{\sim}{E}}$，而不依赖于应力状态. 这一点显然是与晶体塑性理论相违背的. 依照晶体塑性理论，哪个滑移系开动，哪个滑移系不开动，只能从处于临界状态的滑移系中考虑，这自然依赖于应力状态.

换句话说，Taylor 模型要求晶粒的应力状态依附于应变率 $\dot{\underset{\sim}{E}}$，当应变率 $\dot{\underset{\sim}{E}}$ 发生突然变化，晶粒的应力状态也要发生突变.

最小塑性功原理

现在我们来证明 Taylor 提出的最小塑性功原理.

定义 一切满足约束条件

$$\begin{cases}\sum_{\alpha=1}^{n}\underset{\sim}{P}^{(\alpha)}\tilde{\dot{\gamma}}^{(\alpha)}=\underset{\sim}{D}\\ \tilde{\dot{\gamma}}^{(\alpha)}\geqslant 0,\qquad \alpha=1,2,\cdots n\end{cases}\tag{6.25}$$

的 $\tilde{\dot{\gamma}}^{(\alpha)}$ 称为运动许可的剪切率.

记所有开动的真实滑移系 α 所组成的正整数集合为 B,

$$B_{:}=\{\alpha,\ \dot{\gamma}^{(\alpha)}>0,\ 1\leqslant\alpha\leqslant n\}$$

另记 $\tilde{B}$ 为

$$\tilde{B}_{:}=\{\alpha,\tilde{\dot{\gamma}}^{(\alpha)}>0,\ 1\leqslant\alpha\leqslant n\}$$

由此得到

$$\begin{aligned}
\sum_{\beta\in\tilde{B}}\tau_c^{(\beta)}\tilde{\dot{\gamma}}^{(\beta)} &= \sum_{\substack{\beta\in\tilde{B}\\ \beta\in B}}\tau_c^{(\beta)}\tilde{\dot{\gamma}}^{(\beta)}+\sum_{\substack{\beta\in\tilde{B}\\ \beta\bar{\in} B}}\tau_c^{(\beta)}\tilde{\dot{\gamma}}^{(\beta)}\\
&= \sum_{\substack{\beta\in\tilde{B}\\ \beta\in B}}\underset{\sim}{\sigma}:\underset{\sim}{P}^{(\beta)}\tilde{\dot{\gamma}}^{(\beta)}+\sum_{\substack{\nu\in\tilde{B}\\ \nu\bar{\in} B}}\underset{\sim}{\sigma}:\underset{\sim}{P}^{(\nu)}\tilde{\dot{\gamma}}^{(\nu)}\\
&\quad+\sum_{\substack{\nu\in\tilde{B}\\ \nu\bar{\in} B}}(\tau_c^{(\nu)}-\underset{\sim}{\sigma}:\underset{\sim}{P}^{(\nu)})\tilde{\dot{\gamma}}^{(\nu)}\\
&= \sum_{\beta\in\tilde{B}}\underset{\sim}{\sigma}:\underset{\sim}{P}^{(\beta)}\tilde{\dot{\gamma}}^{(\beta)}+\sum_{\substack{\nu\in\tilde{B}\\ \nu\bar{\in} B}}(\tau_c^{(\nu)}-\tau^{(\nu)})\tilde{\dot{\gamma}}^{(\nu)}\\
&\geqslant\underset{\sim}{\sigma}:\underset{\sim}{D}=\sum_{\alpha\in B}\tau_c^{(\alpha)}\dot{\gamma}^{(\alpha)}
\end{aligned}$$

也就是

$$\sum_{\beta=1}^{n}\tau_c^{(\beta)}\tilde{\dot{\gamma}}^{(\beta)}\geqslant\sum_{\alpha=1}^{n}\tau_c^{(\alpha)}\dot{\gamma}^{(\alpha)} \tag{6.26}$$

这就是最小塑性功原理.

在上述推导中,$\underset{\sim}{\sigma}$表示真实的应力状态,$\tau^{(\alpha)}$表示真实的分解剪应力.

以上的最小塑性功原理,使我们有可能从所有滑移系中挑出处于临界状态的滑移系. 但是这个原理并不能使我们从处于临界状态的滑移系中判断出哪些滑移系继续开动,哪些滑移系停止开动.

最大塑性功原理

对面心或体心立方晶体,从 12 组滑移系中选择 5 组滑移系来,总共有 $C_{12}^5=792$ 种选择. 去掉那些线性相关的选组,仍然留下大量的线性无关的选组. 从中选出给出最小累积剪切率的工作，在当时实在过于繁琐. 为了简化计算，Bishop 和 Hill[8]提出了最大塑性功原理.

定义 满足约束条件

$$\tilde{\underset{\sim}{\sigma}} : \underset{\sim}{P}^{(\alpha)} = \tilde{\tau}^{(\alpha)} \leqslant \tau_c^{(\alpha)}, \forall\ \alpha \tag{6.27}$$

的应力$\tilde{\underset{\sim}{\sigma}}$称为静力许可的应力.

由约束条件(6.27)立即推得

$$\sum_{\alpha=1}^{n} \tau_c^{(\alpha)} \dot{\gamma}^{(\alpha)} \geqslant \sum_{\alpha=1}^{n} \tilde{\tau}^{(\alpha)} \dot{\gamma}^{(\alpha)} \tag{6.28}$$

$$\underset{\sim}{\sigma} : \underset{\sim}{D} \geqslant \tilde{\underset{\sim}{\sigma}} : \underset{\sim}{D}$$

$$(\underset{\sim}{\sigma} - \tilde{\underset{\sim}{\sigma}}) : \underset{\sim}{D} \geqslant 0 \tag{6.29}$$

公式(6.29)的物理意义在于所有处于屈服面内的应力状态中，产生给定应变率张量 $\underset{\sim}{D}$ 的真实应力状态 $\underset{\sim}{\sigma}$将给出最大的塑性功.

图 6.2 显示出最大塑性功原理的几何解释. 一旦真实应力状态 $\underset{\sim}{\sigma}$确定下来，那么我们只需从通过该应力状态的屈服面中选择滑移系就可以了. 这样使计算工作量大大减少.

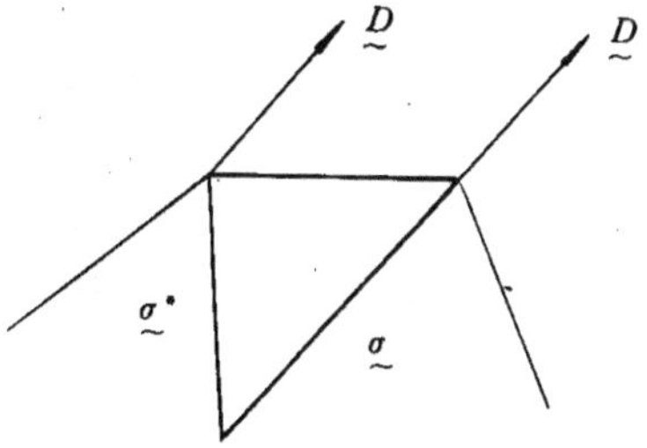

图 6.2

§ 6.3 林同骅模型

林同骅[9]对 Taylor 模型提出了改进，将弹性应变考虑在内，林同骅提出如下假设：

(1)每个晶粒的应变率张量 $\dot{\underset{\sim}{\varepsilon}}$ 等于多晶集合体的宏观应变率

张量 $\underset{\sim}{E}$.

(2)对于每个晶粒,各个滑移系的临界剪应力是相同的(各向同性硬化),是累积剪应变的确定函数,

$$\tau_c = \hat{F}(\Gamma), \qquad \Gamma = \sum_{\alpha=1}^{n}\int|\dot{\gamma}^{(\alpha)}|dt$$

对于每个晶粒,我们有

$$\underset{\sim}{\varepsilon} = \underset{\sim}{\varepsilon}^e + \underset{\sim}{\varepsilon}^p = \underset{\sim}{E} = \underset{\sim}{E}^e + \underset{\sim}{E}^p \tag{6.30}$$

为了分析简单起见,设想晶粒是弹性各向同性的,并且,各个晶粒的 μ,ν 是相同的,我们有

$$\underset{\sim}{\varepsilon}^e = \frac{1}{2\mu}\left(\underset{\sim}{\sigma} - \frac{3\nu}{(1+\nu)}\sigma_m \underset{\sim}{I}\right) \tag{6.31}$$

$$\underset{\sim}{E}^e = \frac{1}{2\mu}\left(\underset{\sim}{\Sigma} - \frac{3\nu}{(1+\nu)}\Sigma_m \underset{\sim}{I}\right) \tag{6.32}$$

由公式(6.30)推得

$$\varepsilon_{kk}^e = E_{kk}^e, \qquad \Sigma_m = \sigma_m$$

其中 Σ_m,σ_m 分别是多晶体宏观平均应力和晶体的平均应力.

进而导出

$$\underset{\sim}{\sigma} = \underset{\sim}{\Sigma} + 2\mu(\underset{\sim}{E}^p - \underset{\sim}{\varepsilon}^p) \tag{6.33}$$

又由公式(6.31),得到

$$\underset{\sim}{\sigma} = 2\mu(\underset{\sim}{\varepsilon} - \underset{\sim}{\varepsilon}^p) + \frac{3\nu}{(1+\nu)}\sigma_m \underset{\sim}{I}$$

第 α 滑移系的分解剪应力 $\tau_c^{(\alpha)}$ 为

$$\tau^{(\alpha)} = \underset{\sim}{\sigma} : \underset{\sim}{P}^{(\alpha)} = 2\mu \underset{\sim}{P}^{(\alpha)} : \left(\underset{\sim}{\varepsilon} - \sum_{\beta=1}^{n}\underset{\sim}{P}^{(\beta)}\gamma^{(\beta)}\right) \tag{6.34}$$

如果有 n 个滑移系开动,那么我们有

$$\tau^{(1)} = \tau^{(2)} = \cdots = \tau^{(n)} = \hat{F}\left(\sum_{\alpha=1}^{n}\int|\dot{\gamma}^{(\alpha)}|dt\right)$$

这样我们得到 n 个方程:

$$2\mu \underset{\sim}{P}^{(\alpha)} : \left(\underset{\sim}{\varepsilon} - \sum_{\beta=1}^{n}\gamma^{(\beta)}\underset{\sim}{P}^{(\beta)}\right) = \hat{F}\left(\sum_{\beta=1}^{n}\int|\dot{\gamma}^{(\beta)}|dt\right)$$

$$\alpha = 1, 2, \cdots n \tag{6.35}$$

写成增量的形式,将有

$$2\mu \underset{\sim}{P}^{(\alpha)} : (\dot{\underset{\sim}{\varepsilon}} - \sum_{\beta=1}^{n} \underset{\sim}{P}^{(\beta)} \dot{\gamma}^{(\beta)}) = \hat{F}'(\sum_{\beta=1}^{n} \int |\dot{\gamma}^{(\beta)}| dt) \sum_{\beta=1}^{n} \dot{\gamma}^{(\beta)}$$

$$\alpha = 1, 2, \cdots n \qquad (6.36)$$

方程(6.35)和(6.36)即是林同骅模型的基本方程.

方程(6.35)是全量型方程,而方程(6.36)是它的增量形式.林同骅模型实质上是一种全量型方程,对于每个晶粒,随着宏观应变的增加,由初始弹性应变进入第一个滑移系开动.此时有方程:

$$2\mu \underset{\sim}{P}^{(1)} : (\underset{\sim}{\varepsilon} - \underset{\sim}{P}^{(1)} \gamma^{(1)}) = \hat{F}(|\gamma^{(1)}|)$$

这种单滑移的情况延续到第二个滑移系达到临界状态,此后我们有双滑移方程:

$$\begin{aligned} & 2\mu \underset{\sim}{P}^{(1)} : (\underset{\sim}{\varepsilon} - \underset{\sim}{P}^{(1)} \gamma^{(1)} - \underset{\sim}{P}^{(2)} \gamma^{(2)}) \\ = & 2\mu \underset{\sim}{P}^{(2)} : (\underset{\sim}{\varepsilon} - \underset{\sim}{P}^{(1)} \gamma^{(1)} - \underset{\sim}{P}^{(2)} \gamma^{(2)}) \\ = & \hat{F}(|\gamma^{(1)}| + |\gamma^{(2)}|) \end{aligned}$$

进一步还可以出现三个、四个或更多滑移系开动的情况.

对于给定的宏观应变 $\underset{\sim}{E}$,我们可以确定每个晶粒的总应变 $\underset{\sim}{\varepsilon}$,再由每个晶粒的控制方程(6.35)求得滑移剪应变 $\gamma^{(\alpha)}$,进一步求得临界分解剪应力 τ_c.利用弹性本构定理求得每个晶粒的应力张量:

$$\begin{cases} \underset{\sim}{\sigma} = 2\mu(\underset{\sim}{\varepsilon} - \sum_{\alpha=1}^{n} \underset{\sim}{P}^{(\alpha)} \gamma^{(\alpha)}) + \dfrac{3\nu}{(1+\nu)} \sigma_m \underset{\sim}{I} \\ \sigma_m = \dfrac{E}{(1-2\nu)} \varepsilon_m \\ \underset{\sim}{\varepsilon} = \underset{\sim}{E}, \qquad \varepsilon_m = E_m \end{cases} \qquad (6.37)$$

宏观应力 $\underset{\sim}{\Sigma}$ 为

$$\underset{\sim}{\Sigma} = \frac{1}{V} \int_V \underset{\sim}{\sigma}\, dV = \frac{1}{N} \sum_{i=1}^{N} (\underset{\sim}{\sigma})_i V_i \qquad (6.38)$$

林同骅模型采用了全量形式的硬化规律,因此,控制方程表现出全量形式.如果改用近代发展起来的增量形式的硬化规律,那么我们可以得到增量形式的方程.

硬化规律为(对所有处于临界状态的滑移系)

$$
\begin{cases}
\dot{\tau}^{(\alpha)} = \dot{\tau}_c^{(\alpha)} = \sum\limits_{\beta=1}^{n} h_{\alpha\beta}\dot{\gamma}^{(\beta)}, & \dot{\gamma}^{(\alpha)} > 0 \\
\dot{\tau}^{(\alpha)} \leqslant \dot{\tau}_c^{(\alpha)} = \sum\limits_{\beta=1}^{n} h_{\alpha\beta}\dot{\gamma}^{(\beta)}, & \dot{\gamma}^{(\alpha)} = 0
\end{cases}
\tag{6.39}
$$

由方程(6.34)对"时间"求微分导得

$$
\dot{\tau}^{(\alpha)} = 2\mu \underset{\sim}{P}^{(\alpha)} : (\dot{\underset{\sim}{\varepsilon}} - \sum_{\beta=1}^{n} \underset{\sim}{P}^{(\beta)}\dot{\gamma}^{(\beta)})
$$

结合(6.39)式，引出

$$
\begin{cases}
\sum\limits_{\beta=1}^{n} g_{\alpha\beta}\dot{\gamma}^{(\beta)} = 2\mu \underset{\sim}{P}^{(\alpha)} : \dot{\underset{\sim}{\varepsilon}}, \dot{\gamma}^{(\alpha)} > 0 \\
\sum\limits_{\beta=1}^{n} g_{\alpha\beta}\dot{\gamma}^{(\beta)} \leqslant 2\mu \underset{\sim}{P}^{(\alpha)} : \dot{\underset{\sim}{\varepsilon}}, \dot{\gamma}^{(\alpha)} = 0
\end{cases}
\tag{6.40}
$$

$$
g_{\alpha\beta} = h_{\alpha\beta} + 2\mu \underset{\sim}{P}^{(\alpha)} : \underset{\sim}{P}^{(\beta)}
$$

为了论述简单起见，设想所有滑移系继续开动，此时有

$$
\sum_{\beta=1}^{n} g_{\alpha\beta}\dot{\gamma}^{(\beta)} = 2\mu \underset{\sim}{P}^{(\alpha)} : \dot{\underset{\sim}{\varepsilon}}, \qquad \alpha = 1, 2, \cdots n
$$

由此解出 $\dot{\gamma}^{(\alpha)}$

$$
\begin{aligned}
\dot{\gamma}^{(\alpha)} &= \sum_{\beta=1}^{n} \overset{-1}{g}_{\alpha\beta} 2\mu (\underset{\sim}{P}^{(\beta)} : \dot{\underset{\sim}{\varepsilon}}) \\
&= 2\mu (\sum_{\beta=1}^{n} \overset{-1}{g}_{\alpha\beta} \underset{\sim}{P}^{(\beta)}) : \dot{\underset{\sim}{\varepsilon}}
\end{aligned}
\tag{6.41}
$$

仿照(6.37)式，可导得每个晶粒的应力率张量

$$
\begin{cases}
\dot{\underset{\sim}{\sigma}} = 2\mu \{ \dot{\underset{\sim}{\varepsilon}} - \sum\limits_{\alpha,\beta=1}^{n} \overset{-1}{g}_{\alpha\beta} \underset{\sim}{P}^{(\alpha)} (\underset{\sim}{P}^{(\beta)} : \dot{\underset{\sim}{\varepsilon}}) \} + \dfrac{3\nu}{(1+\nu)} \dot{\sigma}_m \underset{\sim}{I} \\
\dot{\sigma}_m = \dfrac{E}{(1-2\nu)} \dot{\varepsilon}_m \\
\dot{\underset{\sim}{\varepsilon}} = \dot{\underset{\sim}{E}}, \qquad \dot{\varepsilon}_m = \dot{E}_m
\end{cases}
\tag{6.42}
$$

$$
\dot{\underset{\sim}{\Sigma}} = \frac{1}{V} \int_V \dot{\underset{\sim}{\sigma}} \, dV = \frac{1}{N} \sum_{i=1}^{N} (\dot{\underset{\sim}{\sigma}})_i V_i
\tag{6.43}
$$

§ 6.4 Kröner-Budiansky-Wu (K-B-W)自洽模型

Taylor 模型和林同骅模型都未能考虑晶粒间的交互作用. Kröner[10], Budiansky 和 Wu[11]提出了一个模型，以一种特殊的方

法考虑了晶粒间的交互作用.在此之前,也有一些工作试图考虑晶粒间的交互作用,但是这些工作未能满足微观应力和应变的体积平均等于宏观应力和宏观应变的要求.而K-B-W模型满足了这个要求,因此该模型又称为自洽模型.

该模型认为,由于每个晶粒的定向各不相同,每个晶粒的应变也不可能是相同的.问题的关键是如何求得每个晶粒的应变.如图6.1所示,宏观元素是由大量晶粒所组成,每个晶粒都受相邻晶粒的约束,严格地分析每个晶粒的应变只能借助于数值分析的方法.Kroner[10],Budiansky和Wu[11]提出了一个简化的物理模型来分析每个晶粒的应变,把每个晶粒假想为球形的晶粒.这个球形晶粒深埋在无限大的均匀介质内部,球形晶粒的定向与原晶粒相同,晶粒与基体介质都是弹性各向同性的.

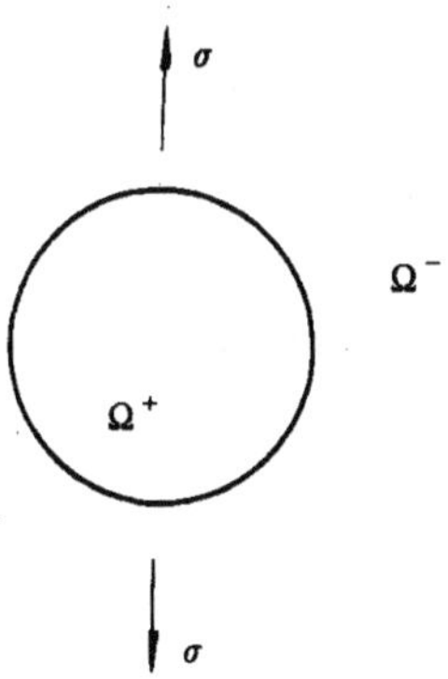

图6.3 无限大基体中球形晶粒

另外假设基体介质内各点的塑性应变恰好等于宏观塑性应变E_{ij}^p,这样我们有如下应力-应变关系:

$$\sigma_{ij} = \mathscr{L}_{ijkl}(\varepsilon_{kl} - E_{kl}^p),\text{在 } \Omega^- \text{ 内} \tag{6.44}$$

$$\sigma_{ij} = \mathscr{L}_{ijkl}(\varepsilon_{kl} - \varepsilon_{kl}^p),\text{在 } \Omega^+ \text{ 内} \tag{6.45}$$

其中$\mathscr{L}_{ijkl}$是弹性模量张量,E_{kl}^p是宏观塑性应变,ε_{kl}^p是微观塑性应变.令

$$\varepsilon_{ij} = \varepsilon_{ij}^0 + E_{ij}^p + \tilde{\varepsilon}_{ij}$$

$$\sigma_{ij} = \sigma_{ij}^0 + \tilde{\sigma}_{ij}, \qquad \sigma_{ij}^0 = \mathscr{L}_{ijkl}\varepsilon_{kl}^0$$

则方程(6.44)和(6.45)可改写为

$$\tilde{\sigma}_{ij} = \mathscr{L}_{ijkl}\tilde{\varepsilon}_{ij}, \qquad \text{在 } \Omega^- \text{ 内} \tag{6.46}$$

$$\widetilde{\sigma}_{ij}=\mathscr{L}_{ijkl}(\widetilde{\varepsilon}_{ij}-\widetilde{\varepsilon}_{kl}^{p}+E_{kl}^{p}),\quad \text{在 } \Omega^{+} \text{ 内} \tag{6.47}$$

显然应力-应变场(6.46),(6.47)所对应的问题是本征应变问题.相应的本征应变 ε_{ij}^{*} 为

$$\varepsilon_{ij}^{*}=\varepsilon_{ij}^{p}-E_{ij}^{p} \tag{6.48}$$

因此,在球形晶粒内部将有

$$\widetilde{\varepsilon}_{ij}=S_{ijkl}(\varepsilon_{kl}^{p}-E_{kl}^{p}) \tag{6.49}$$

对于各向同性弹性介质,我们有[13]

$$S_{1111}=S_{2222}=S_{3333}=\frac{7-5\nu}{15(1-\nu)}$$

$$S_{1122}=S_{2233}=S_{3311}=S_{1133}=S_{2211}=S_{3322}=\frac{5\nu-1}{15(1-\nu)}$$

$$S_{1221}=S_{1212}=S_{2323}=S_{3131}=\frac{4-5\nu}{15(1-\nu)}$$

未列出的系数 S_{ijkl} 其下标 $ijkl$ 可以用 1,2,3 置换方法得到置换后的 S_{ijkl} 值,譬如

$$S_{1313}=S_{1212}=\frac{4-5\nu}{15(1-\nu)}$$

其余的 S_{ijkl} 将为零.

如果用方阵表示 4 阶矩阵,那么有[17]

$$[S]=\alpha\{i\}\{i\}^{T}+\beta([I]-\{i\}\{i\}^{T}) \tag{6.50}$$

其中

$\{i\}$ 是单位列向量

$$\{i\}^{T}=\{1\ 0\ 0\ 0\ 1\ 0\ 0\ 0\ 1\}$$

方阵 $[I]$ 的元素是由 4 阶张量 $\frac{1}{2}(\delta_{ik}\delta_{jl}+\delta_{il}\delta_{jk})$ 转换而来.

$$\alpha=1-\beta,\qquad \beta=\frac{2(4-5\nu)}{15(1-\nu)}$$

公式(6.49)写成矩阵形式,将是

$$\{\widetilde{\varepsilon}\}=[S]\{\varepsilon^{p}-E^{p}\} \tag{6.51}$$

将(6.50)式代入上式得

$$\{\widetilde{\varepsilon}\}=(\alpha-\beta)\{i\}\{i\}^{T}\{\varepsilon^{p}-E^{p}\}+\beta\{\varepsilon^{p}-E^{p}\} \tag{6.52}$$

注意到

$$\{i\}^T\{\varepsilon^p - E^p\} = 3(\varepsilon_m^p - E_m^p) = 0$$

公式(6.52)可改写为

$$\{\widetilde{\varepsilon}\} = \beta\{\varepsilon^p - E^p\} \tag{6.53}$$

$$\widetilde{\varepsilon}_{ij} = \beta(\varepsilon_{ij}^p - E_{ij}^p) \tag{6.54}$$

由此，立即得到晶粒内部的应变为

$$\varepsilon_{ij} = \varepsilon_{ij}^0 + \beta(\varepsilon_{ij}^p - E_{ij}^p) + E_{ij}^p \tag{6.55}$$

$$\varepsilon_{ij}^e = \varepsilon_{ij}^0 + \beta(\varepsilon_{ij}^p - E_{ij}^p) + E_{ij}^p - \varepsilon_{ij}^p \tag{6.56}$$

晶粒内部的应力将是

$$\sigma_{ij} = \mathscr{L}_{ijkl}\varepsilon_{ij}^e = \sigma_{ij}^0 - 2\mu(1-\beta)(\varepsilon_{ij}^p - E_{ij}^p) \tag{6.57}$$

其增量形式将是

$$\dot{\sigma}_{ij} = \dot{\sigma}_{ij}^0 - 2\mu(1-\beta)(\dot{\varepsilon}_{ij}^p - \dot{E}_{ij}^p) \tag{6.58}$$

如果我们定义

$$E_{ij}^p = \langle \varepsilon_{ij}^p \rangle \tag{6.59}$$

那么从(6.57)式，立即引出

$$\sigma_{ij}^0 = \langle \sigma_{ij} \rangle \tag{6.60}$$

另一方面，从(6.55)可以推得

$$\langle \varepsilon_{ij} \rangle = \varepsilon_{ij}^0 + E_{ij}^p = E_{ij} \tag{6.61}$$

因为 ε_{ij}^0是与 σ_{ij}^0相对应的弹性应变

$$\sigma_{ij}^0 = \mathscr{L}_{ijkl}\varepsilon_{kl}^0$$

公式(6.60)和(6.61)表述了自洽模型的基本特征，晶粒的硬化规律为

$$\begin{cases} \dot{\tau}^{(\alpha)} = \dot{\tau}_c^{(\alpha)} = \sum\limits_{\beta=1}^{n} h_{\alpha\beta}\dot{\gamma}^{(\beta)}, & \dot{\gamma}^{(\alpha)} > 0 \\ \dot{\tau}^{(\alpha)} \leqslant \dot{\tau}_c^{(\alpha)} = \sum\limits_{\beta=1}^{n} h_{\alpha\beta}\dot{\gamma}^{(\beta)}, & \dot{\gamma}^{(\alpha)} = 0 \end{cases} \tag{6.62}$$

$$\alpha = 1,\ 2,\ \cdots n$$

以上公式适用于处于临界状态的滑移系.

$\dot{\tau}^{(\alpha)} = \dot{\sigma}_{ij}P_{ij}^{(\alpha)}$，由公式(6.58)和(6.59)导出：

$$\begin{cases}\sum_{\beta=1}^{n} g_{\alpha\beta}\dot{\gamma}^{(\beta)} = P_{ij}^{(\alpha)}\dot{Q}_{ij}, & \dot{\gamma}^{(\alpha)} > 0 \\ \sum_{\beta=1}^{n} g_{\alpha\beta}\dot{\gamma}^{(\beta)} \geqslant P_{ij}^{(\alpha)}\dot{Q}_{ij}, & \dot{\gamma}^{(\alpha)} = 0\end{cases} \quad \alpha = 1, 2, \cdots n \tag{6.63}$$

其中

$$g_{\alpha\beta} = h_{\alpha\beta} + 2\mu(1-\beta)P_{ij}^{(\alpha)}P_{ij}^{(\beta)} \tag{6.64}$$

$$\dot{Q}_{ij} = \dot{\sigma}_{ij}^{0} + 2\mu(1-\beta)\dot{E}_{ij}^{p} \tag{6.65}$$

方程(6.58)—(6.61)和(6.63)即是 K-B-W 模型的基本方程.

求解步骤

具体求解多晶体塑性响应，比较方便的是对于预先给定的 $\dot{Q}_{ij}$，利用方程(6.63)求得每个晶粒各个滑移系的滑移剪切率 $\dot{\gamma}^{(\alpha)}$. 然后求得该晶粒的塑性应变率 $\dot{\varepsilon}_{ij}^{p} = \sum_{\alpha=1}^{n} P_{ij}^{(\alpha)}\dot{\gamma}^{(\alpha)}$. 对所有晶粒重复上述步骤，得到所有晶粒的 $\dot{\varepsilon}_{ij}^{p}$.

利用公式(6.59)求得 $\dot{E}_{ij}^{p}$.

再利用公式(6.65)求得 $\dot{\sigma}_{ij}^{0}$，进而得到 $\dot{\varepsilon}_{ij}^{0}$.

这样就可以得到宏观应力率 $\dot{\sigma}_{ij}^{0}$ 所产生的宏观应变率 $\dot{E}_{ij}$，也就求得了宏观塑性响应.

§6.5 Hill 自洽模型

自洽模型的主要思想是由 Hershey[14] 和 Kröner[15] 在研究多晶集合体的弹性行为时提出来的，而后 Kröner[10]，Budiansky 和 Wu[11]，Hutchinson[16] 又把这种方法推广到多晶集合体的塑性行为研究中去. Hill[17] 吸收了上述工作的精华，提出了一种更接近真实的模型.

自洽模型的核心是设计一个理想化的物理模型来分析每个晶粒的应变或应变率. K-B-W 模型主要采用两个简化假设:

(1)用球形晶粒代替真实晶粒，真实晶粒的周围晶粒用无限大均匀介质来代替；

(2)在球形晶粒之外的无限大均匀介质中各点的塑性应变是相等的，恰好等于宏观塑性应变.

Hill[17]认为只需第(1)个假设就足以把问题解出，同时他设想真实晶粒可以用更加一般的椭球晶粒来代替. 椭球晶粒的晶轴与真实晶粒的晶轴相同，这个椭球晶粒深埋在无限大的均匀介质中，该无限大基体的瞬时弹塑性刚度矩阵就等于宏观元素的弹塑性模量张量.

因此，我们有如下本构关系：

$$\dot{\sigma}_{ij}^{0}+\dot{\sigma}_{ij}=\mathscr{L}_{ijkl}(\dot{\varepsilon}_{kl}^{0}+\dot{\varepsilon}_{kl}),\qquad \text{在 } \Omega^{-} \text{ 内} \tag{6.66}$$

$$\dot{\sigma}_{ij}^{0}+\dot{\sigma}_{ij}=\mathscr{L}_{ijkl}^{c}(\dot{\varepsilon}_{kl}^{0}+\dot{\varepsilon}_{kl}),\qquad \text{在 } \Omega^{+} \text{ 内} \tag{6.67}$$

其中 $\mathscr{L}_{ijkl}$ 是瞬时宏观元素的弹塑性模量张量；$\mathscr{L}_{ijkl}^{c}$ 是瞬时晶粒的弹塑性模量张量；$\dot{\sigma}_{ij}^{0}$ 是宏观元素所对应的宏观应力率场 $\dot{\Sigma}_{ij}$，也是理想化物理模型中无穷远处的应力率分量，$\dot{\varepsilon}_{ij}^{0}=\mathscr{L}_{ijkl}^{-1}\dot{\sigma}_{kl}^{0}$ 物体内的应力率场与应变率场分别用 $(\dot{\sigma}_{ij}+\dot{\sigma}_{ij}^{0})$ 及 $(\dot{\varepsilon}_{ij}+\dot{\varepsilon}_{ij}^{0})$ 来表示，这个问题显然可以用前面的夹杂物问题来求解.

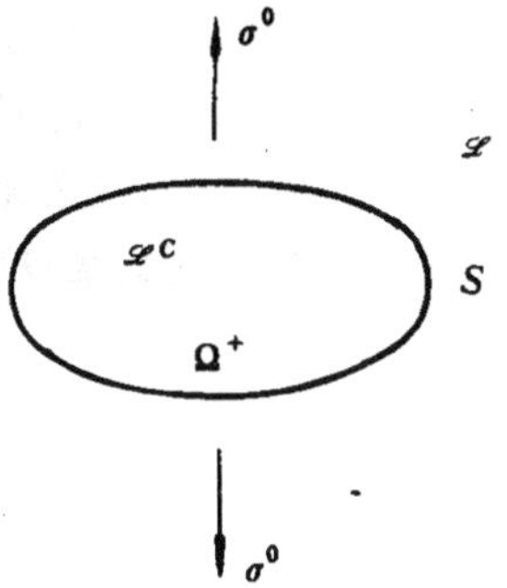

图 6.4　物理模型

方程(6.66)和(6.67)与方程(5.26)和(5.27)是完全类似的. 所不同的是这里涉及的是弹塑性增量问题，而不是纯弹性问题.

利用夹杂物问题，我们可以求得椭球晶粒内部的应变率 $\dot{\varepsilon}_{ij}^{c}$

$$\dot{\varepsilon}_{ij}^{c}=\mathscr{A}_{ijkl}\dot{\varepsilon}_{kl}^{0}=\mathscr{A}_{ijkl}\dot{E}_{kl}, \tag{6.68}$$

4 阶张量称为集中因子张量，方程(6.68)的矩阵形式是

$$\{\dot{\varepsilon}^c\} = [A]\{\dot{E}\} \tag{6.69}$$

矩阵$[A]$等于

$$[A] = [I] - [S][L + (L^c - L)S]^{-1}[L^c - L] \tag{6.70}$$

其中$[A]$，$[L]$，$[L^c]$，$[S]$分别是 4 阶张量 $\mathscr{A}_{ijkl}$，$\mathscr{L}_{ijkl}$，$\mathscr{L}^c_{ijkl}$，S_{ijkl}的矩阵表示，另外$[(L^c-L)S]=[L^c-L][S]$.

Hill 方法的具体步骤如下：

(1)设想在变形历史的每个阶段，宏观元素包含的各个晶粒的应力、应变场是已知的，而且在每个晶粒内部应力、应变是均匀的.

(2)在每个晶粒内部，弹塑性增量行为是线性关系：

$$\dot{\sigma}^c_{ij} = \mathscr{L}^c_{ijkl}\dot{\varepsilon}^c_{kl},$$

$\mathscr{L}^c_{ijkl}$是晶粒的瞬时弹塑性模量张量，晶粒的定向可以随机分布. 因此，各晶粒的 $\mathscr{L}^c_{ijkl}$彼此不同，但在每个晶粒内部 $\mathscr{L}^c_{ijkl}$是均匀的.

(3)设想宏观元素的边界上的速度场已经给定，而且这个速度场是与宏观应变率场相协调的. 为了求得每个晶粒内部的局部应变率场. 取出单个晶粒，并用椭球晶粒(尽可能接近原来的晶粒)代替它，而把包围它的晶粒用无限大的均匀介质来代替. 这个无限大基体的瞬时弹塑性模量张量恰好等于宏观元素的瞬时弹塑性模量张量 $\mathscr{L}_{ijkl}$.

(4)采用 Eshelby 方法，处理夹杂物问题，求得集中因子张量 $\mathscr{A}_{ijkl}$. 晶粒内部的应变率张量为

$$\dot{\varepsilon}^c_{ij} = \mathscr{A}_{ijkl}\dot{E}_{kl}$$

(5)对宏观元素的每个晶粒(实际形状的晶粒)作下列体积平均：

$$\begin{aligned}\mathscr{L}_{ijkl} &= \langle \mathscr{L}^c_{ijmn}\mathscr{A}_{mnkl}\rangle \\ &= \frac{1}{V}\sum_{K=1}^{N}(\mathscr{L}^c_{ijmn}\mathscr{A}_{mnkl})_K V_K\end{aligned} \tag{6.71}$$

这里 N 是宏观元素所含的晶粒总数，V_K 是第 K 个晶粒的体积.

为了便于对各种模型进行比较，我们将稍稍改变一下方程(5.36)，(6.70)的形式. 由公式(5.36)及(5.37)，不难推得

$$-[LS^{-1}+L_c-L]\{\dot{\varepsilon}^c-\dot{\varepsilon}^0\}=[L_c-L]\{\dot{\varepsilon}^0\}$$

$$[LS^{-1}+L_c-L]\{\dot{\varepsilon}^c\}=[LS^{-1}]\{\dot{\varepsilon}^0\} \tag{6.72}$$

命

$$[L^*]=[LS^{-1}-L] \tag{6.73}$$

公式(6.73)变为

$$[L_c+L^*]\{\dot{\varepsilon}^c\}=[L+L^*]\{\dot{\varepsilon}^0\} \tag{6.74}$$

$$\{\dot{\varepsilon}^c\}=[L_c+L^*]^{-1}[L+L^*]\{\dot{\varepsilon}^0\} \tag{6.75}$$

将(6.75)式与(6.69)式比较，得

$$[A]=[L_c+L^*]^{-1}[L+L^*] \tag{6.76}$$

另外方程(6.74)可改写为

$$[\dot{\sigma}^c]-[\dot{\sigma}^0]=[L^*]\{\dot{\varepsilon}^0-\dot{\varepsilon}^c\}$$

$$\dot{\underset{\sim}{\sigma}}^c-\dot{\underset{\sim}{\sigma}}^0=\mathscr{L}^*:(\dot{\underset{\sim}{\varepsilon}}^0-\dot{\underset{\sim}{\varepsilon}}^c) \tag{6.77}$$

现在来分析 K-B-W 模型，由方程(6.55)，(6.66)导得

$$(\dot{\underset{\sim}{\varepsilon}}^c-\dot{\underset{\sim}{E}})^e=(1-\beta)(\dot{\underset{\sim}{E}}^p-\dot{\underset{\sim}{\varepsilon}}^{cp})$$

$$\dot{\underset{\sim}{\varepsilon}}^c-\dot{\underset{\sim}{E}}=-\beta(\dot{\underset{\sim}{E}}^p-\dot{\underset{\sim}{\varepsilon}}^{cp}) \tag{6.78}$$

将(6.78)代入(6.58)得

$$\dot{\underset{\sim}{\sigma}}^c-\dot{\underset{\sim}{\sigma}}^0=2\mu\frac{(1-\beta)}{\beta}(\dot{\underset{\sim}{E}}-\dot{\underset{\sim}{\varepsilon}}^c) \tag{6.79}$$

应该强调指出，K-B-W 模型中的$\dot{\underset{\sim}{\varepsilon}}^0$ 是与$\dot{\underset{\sim}{\sigma}}^0$ 对应的弹性应变率. 因为公式(6.44)，(6.45)中的 $\mathscr{L}$ 是弹性模量张量，因此，应变率$\dot{\underset{\sim}{\varepsilon}}^0$ 并非宏观的应变率，而是宏观的弹性应变率，而 Hill 模型中的$\dot{\underset{\sim}{\varepsilon}}^0$ 确是宏观的应变率$\dot{\underset{\sim}{E}}$，因为公式(6.66)中的 $\mathscr{L}$ 是宏观元素的瞬时弹塑性模量张量.

因此，公式(6.77)又可表示为

$$\dot{\underset{\sim}{\sigma}}^c-\dot{\underset{\sim}{\sigma}}^0=\mathscr{L}^*:(\dot{\underset{\sim}{E}}-\dot{\underset{\sim}{\varepsilon}}^c) \tag{6.80}$$

比较(6.79)与(6.80)不难看出，K-B-W 模型相当于取 $\mathscr{L}^*=2\mu\frac{(1-\beta)}{\beta}\boldsymbol{I}$. 这里 $\boldsymbol{I}$ 是 4 阶单位模量张量.

林同骅的模型相当于 K-B-W 模型中取 $\beta=0$,此时必有 $\dot{\underset{\sim}{E}}\equiv\dot{\underset{\sim}{\varepsilon}}^c$.

还有一点必需强调指出的是,公式(6.71)形式地求得了宏观的弹塑性模量张量 $\mathscr{L}$. 实际上,每个晶粒的集中因子张量 $\mathscr{A}$,依赖于宏观的弹塑性模量张量 $\mathscr{L}$(见方程(6.70)),因此方程(6.71)是一个复杂的矩阵方程,一般需要采用迭代方法求解 $\mathscr{L}$. 另一方面,对于每个晶粒,瞬时的弹塑性模量张量 $\mathscr{L}^c$ 可能涉及很多分枝. 特别是几个滑移系处于临界状态时,要判断哪些滑移系继续开动,哪些滑移系停止开动,依赖于实际变形率. 因此,$\mathscr{L}^c$ 的选择也包含着一个迭代过程. 总之,方程(6.71)只能结合具体变形过程来分析,两个迭代过程都只能在计算机上进行.

§6.6 典型计算结果

Budiansky 和 Wu[11],Hutchinson[16]曾对 K-B-W 模型进行过详细计算,前者的计算是针对单轴拉伸的情况进行的,设想面心立方单晶的取向分布是随机的. 首先对理想塑性的单晶体所组成的多晶体进行了计算,得到了单轴拉伸下的应力、塑性应变曲线,如图 6.5 所示. 发现多晶体的极限屈服应力是初始屈服应力的 1.536 倍. 这个结果与 Bishop 和 Hill[8]的计算相当一致,后者的结果是 $\sigma_{max}=1.53\sigma_{ys}$.

对纯剪试样也进行了类似计算,得到的结果表示在图 6.6 上,多晶体的极限剪切应力是初始剪切屈服应力的 1.658 倍.

Budiansky 和 Wu[11]还计算了随动硬化晶体所组成的多晶体的单轴拉伸应力-应变曲线.

Hutchinson[16]的工作是基于 K-B-W 模型的,采用了各向同性的 Taylor 硬化规律,因此有

$$h_{\alpha\beta}=h$$

实际计算时又设想硬化系数是材料常数,所以处理的是线性硬化的单晶体.

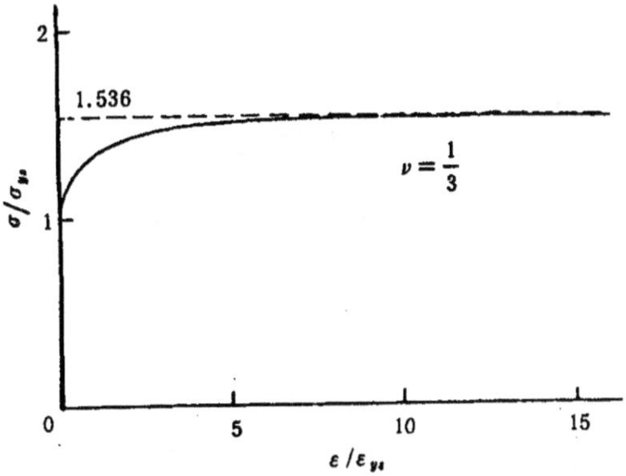

图 6.5　应力-塑性应变关系

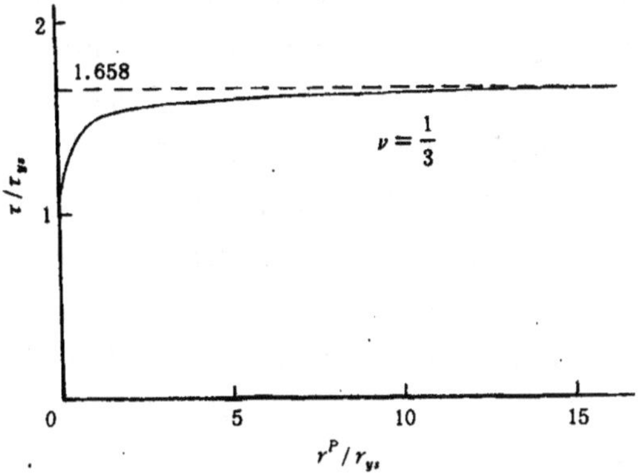

图 6.6　剪应力-塑性剪应变关系

图 6.7 画出的是相应的面心立方多晶体的单轴拉伸应力-应变曲线.

众所周知多晶体的弹性限随着拉伸塑性应变的增加而增加,

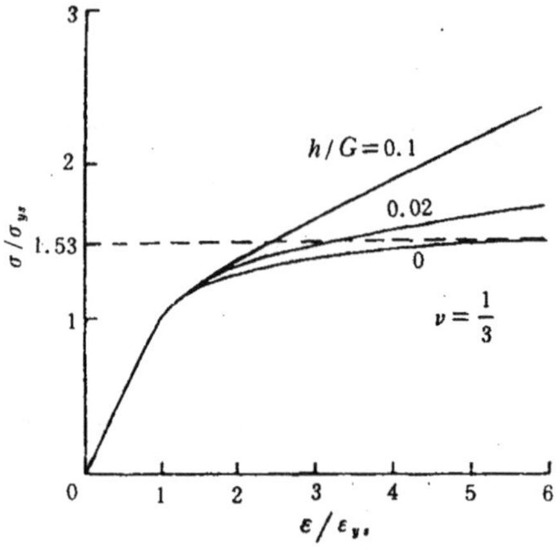

图 6.7　线性硬化面心立方晶体所组成的多晶体的单轴拉伸应力—应变曲线.

但压缩弹性限(反向压缩进入初始屈服)的大小却随着拉伸塑性应变的增加而减小,这就是 Bauschinger 效应. Hutchinson 讨论了面心立方多晶体的 Bauschinger 效应,设想多晶体是由理想塑性的单晶体所组成,且单晶体的 Bauschinger 效应忽略不计. 让多晶体单轴拉伸到不同塑性应变,然后卸载并反向压缩使之重新进入屈服,这样就得到一系列应力-应变曲线(如图 6.8). 这些理论曲线生动地描绘出多晶体的 Bauschinger 效应.

Hutchinson 还成功地指出,林同骅模型与 K-B-W 模型的基本方程之间存在着一一对应的关系. 事实上,将方程(6.40)与(6.63)进行比较,不难发现,如果我们令

$$\begin{cases} \underset{\sim}{Q} = 2\hat{\mu}\,\hat{\underset{\sim}{\varepsilon}}, \qquad \mu(1-\beta) = \hat{\mu} \\ h_{\alpha\beta} = \hat{h}_{\alpha\beta} \end{cases} \tag{6.81}$$

其中等式右边冠以符号 ^ 的物理量均是指林同骅模型中的有关物理量. 由方程(6.40),(6.63)及关系式(6.81)立即推得

$$g_{\alpha\beta} = \hat{g}_{\alpha\beta}, \qquad \dot{\gamma}^{(\alpha)} = \hat{\dot{\gamma}}^{(\alpha)} \tag{6.82}$$

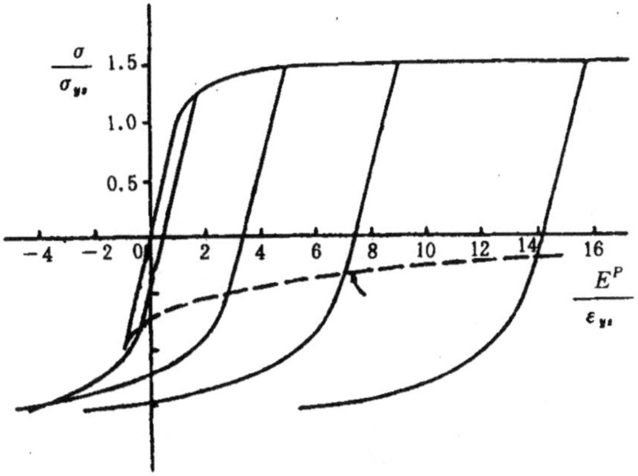

图 6.8 多晶体 Bauschinger 效应

$$\begin{cases} \dot{\varepsilon}_{ij}^{p} = \dot{\hat{\varepsilon}}_{ij}^{p}, & \dot{\underset{\sim}{E}}^{p} = \dot{\hat{\underset{\sim}{E}}}^{p} \\ \underset{\sim}{E}^{p} = \hat{\underset{\sim}{E}}^{p}, & S_{ij}^{0} = \hat{S}_{ij}^{0} \end{cases} \tag{6.83}$$

由此，得到了林同骅模型的全部结果. 由公式(6.82)，(6.83)不难看出，对于同样的宏观应变，为了得到同样滑移剪切 $\dot{\gamma}^{(\alpha)}$，我们需要将 K-B-W 模型中剪切模量提高 $\frac{1}{(1-\beta)}$ 倍，这无疑会引起宏观引力的增加. 因此，林同骅模型的应力-应变曲线在 K-B-W 模型的曲线之上是不难理解的.

Hutchinson[18]对 Hill 模型进行了具体计算，揭示了很多富有启迪的物理图象.

设想晶粒定向分布是随机的，也就是各个方向的晶粒都有相同的组分量，各个晶粒是弹性-理想塑性体. 他的计算还考虑了晶粒的弹性各向异性情况. 图 6.9 表示了单轴拉伸时面心立方多晶体的应力-应变曲线.

晶粒是弹性-理想塑性的 *FCC* 体，其相应的多晶集合体的塑性响应，对不同模型其结果是有差异的. 图 6.10 给出了各种理论

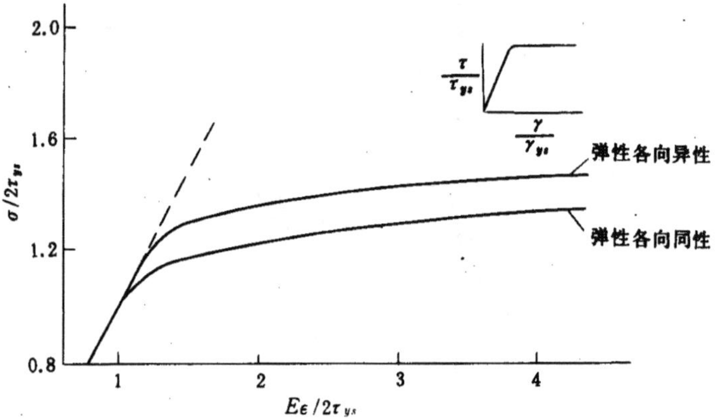

图 6.9　随机定向面心立方单晶所组成的多晶体的应力-应变曲线

所得结果比较.

单晶各向同性硬化对多晶集合体应力-应变关系的影响表现在图 6.11 上，硬化规律为

$$\tau_y = \tau_y^0 + h\sum_{\alpha=1}^{n}\gamma^{(\alpha)}$$

Hutchinson[18]还分析了面心立方多晶体的屈服面. 设想单晶体是弹性各向同性、理想塑性的面心立方体，多晶体的初始屈服面遵循 Tresca 准则. 该屈服面在应力平面 $\bar{\sigma}_{13}$-$\bar{\sigma}_{33}$ 及应力平面 $\bar{\sigma}_{12}$-$\bar{\sigma}_{33}$ 上的轨迹如图 6.12 所示.

初始屈服面与后继屈服面呈现出明显的角点性质. 显然单晶体的硬化行为将会影响多晶体屈服面的演化规律. 如果考虑潜在硬化要比自身硬化更加强烈，那么多晶体后继屈服面在横向收缩将会减小.

图 6.12 表明多晶体的 Bauschinger 效应是很明显的，尽管单晶体的 Bauschinger 效应并未考虑进去. 如果我们考虑单晶体的

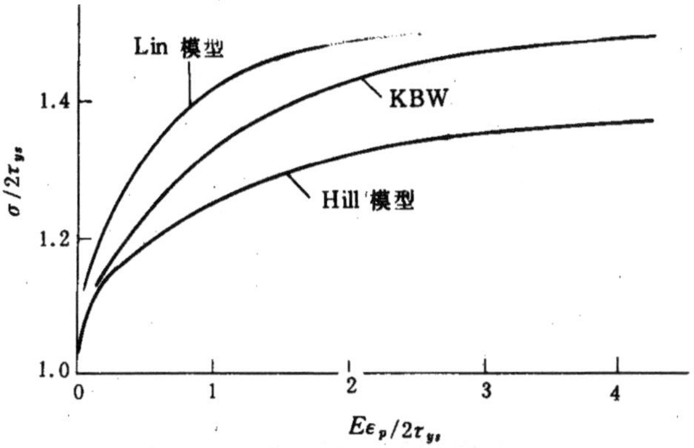

图 6.10 各种理论比较

Bauschinger 效应，那么多晶体将会呈现更加强烈的 Bauschinger 效应.

§6.7 等效面力法[21, 22]

K-B-W 自洽模型与 Hill 自洽模型都是通过一种简化的物理模型，以特殊的方法考虑了晶粒间的交互作用. 这种方法的优点是能得到一些半解析的结果，这种方法的缺点是物理模型与真实图象仍有明显的差别. 真实的晶粒一般说来不是椭球，椭球无法组成致密的多晶体. 简化的物理模型无法考虑晶粒的空间位置分布、排列方式、晶粒大小对多晶体宏观塑性变形的影响，更无法分析周围晶粒的定向分布、晶粒大小对每个晶粒细观塑性应变的影响.

为此林同骅及其合作者[21,22]提出了一种等效面力法，这种方法渊源于热应力和内应力的经典分析，所不同的是以塑性应变替代热应变.

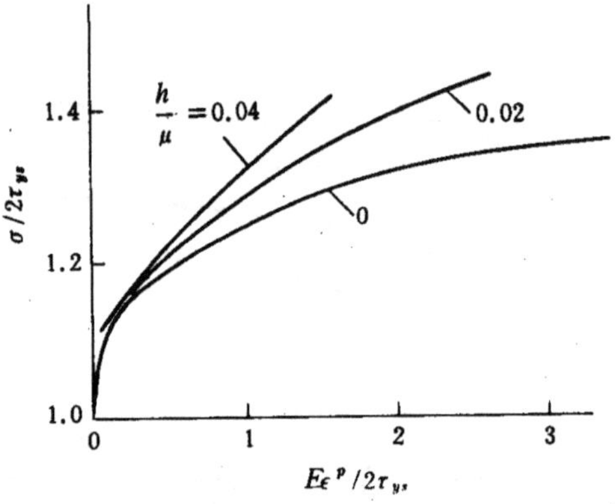

图 6.11 各向同性硬化对多晶集合体应力-应变关系的影响

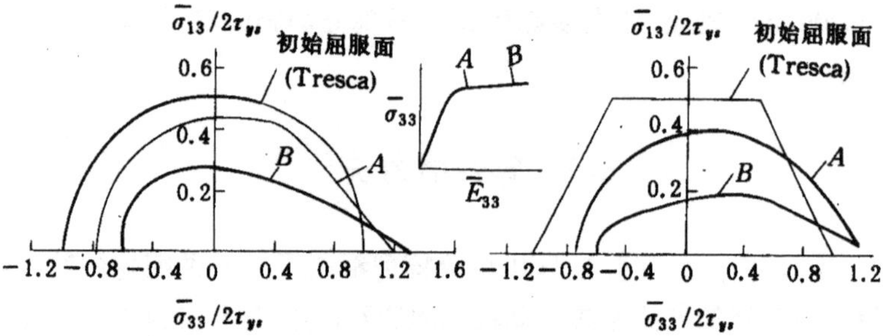

图 6.12 多晶体的 Bauschinger 效应

本节遵循文献[21,22]的思路，但论述方法和采用的符号作了修改，以使读者便于理解.

将多晶体看作是大量单晶晶粒的致密集合体，单晶晶粒一般说来是弹性各向异性的. 林同骅及其合作者的分析是针对弹性各向同性的情况并设想所有晶粒的弹性性质是相同的.

对于微小变形,我们有

$$\varepsilon_{ij} = \varepsilon_{ij}^{e} + \varepsilon_{ij}^{p} \tag{6.84}$$

$$\sigma_{ij} = \lambda\delta_{ij}\theta + 2\mu(\varepsilon_{ij} - \varepsilon_{ij}^{p}) \tag{6.85}$$

引入虚拟应力场 σ_{ij}^{*}

$$\sigma_{ij}^{*} = 2\mu\varepsilon_{ij} + \lambda\theta \cdot \delta_{ij} \tag{6.86}$$

在每个晶粒内部,物体满足如下平衡方程:

$$\sigma_{ij,j} = 0$$

将(6.85)代入上式,

$$\sigma_{ij,j}^{*} + \overline{F}_{i} = 0 \tag{6.87}$$

式中等效体力为

$$\overline{F}_{i} = - 2\mu\varepsilon_{ij,j}^{p} \tag{6.88}$$

在每个晶粒的边界 S 上,面力分量为

$$\begin{cases} p_{i} = \sigma_{ij}n_{j} = \sigma_{ij}^{*}n_{j} - 2\mu\varepsilon_{ij}^{p}n_{j} \\ p_{i}^{*} = p_{i} + 2\mu\varepsilon_{ij}^{p}n_{j} = \sigma_{ij}^{*}n_{j} \end{cases} \tag{6.89}$$

在晶界上,两侧晶粒必须满足位移及面力的连续条件:

$$u_{i}^{+} - u_{i}^{-} = 0 \tag{6.90}$$

$$p_{i}^{+} = p_{i}^{-} \tag{6.91}$$

由(6.91)式,不难推得

$$p_{i}^{*+} - p_{i}^{*-} = [p_{i}^{*}]_{S} = 2\mu[\varepsilon_{ij}^{p}]_{S}n_{j} \tag{6.92}$$

现在我们考察一个虚拟的理想弹性体,为了使这个虚拟的理想弹性体产生与多晶体完全相同的位移场,在体内必须作用有等效体力 $\overline{F}_{i}$,在晶界上必须作用有等效面力 $-2\mu[\varepsilon_{ij}^{p}]_{S}n_{j}$.

设想多晶体是无限大的,无穷远处受有均匀应力场 σ_{ij}^{∞} 的作用. 那么总的虚拟应力由三部分组成(G_{ik} 即是公式(5.8)中的 U_{ik}):

$$\sigma_{ij}^{*} = \sigma_{ij}^{\infty} - \sum_{s} 2\mu\int_{S} G_{ik,j}[\varepsilon_{kl}^{p}n_{l}]_{s}dS - 2\mu\int_{V} G_{ik,j}\varepsilon_{kl,l}^{p}dV \tag{6.93}$$

式中右端第二项代表晶界上等效面力所产生的应力场,$[\varepsilon_{kl}^{p}]_{S}$ 代表

晶界面两侧塑性应变的开断量,求和号 $\sum_S$ 遍及所有晶界面.

假设在每个晶粒内部,塑性应变是均匀的,但各个晶粒的塑性应变并不相同,由此得到

$$\sigma_{ij}^{*} = \sigma_{ij}^{\infty} - \sum_S 2\mu\int_S G_{ik,j}[\varepsilon_{kl}^{p}]_S n_l dS \tag{6.94}$$

作用在每个晶粒内部的真实应力场为

$$\sigma_{ij} = \sigma_{ij}^{*} - 2\mu\varepsilon_{ij}^{p} \tag{6.95}$$

相应的作用在第 α 滑移系上的分解剪应力 $\tau^{(\alpha)}$ 为

$$\tau^{(\alpha)} = \sigma_{ij}p_{ij}^{(\alpha)} \tag{6.96}$$

式中 $P_{ij}^{(\alpha)} = \frac{1}{2}(m_i^{(\alpha)}n_j^{(\alpha)} + m_j^{(\alpha)}n_i^{(\alpha)})$, $\underset{\sim}{n}^{(\alpha)}$, $\underset{\sim}{m}^{(\alpha)}$ 分别是滑移面的法线方向及滑移方向的单位向量. 另一方面,我们有

$$\varepsilon_{ij}^{p} = \sum_{\alpha=1}^{N} P_{ij}^{(\alpha)}\gamma^{(\alpha)} \tag{6.97}$$

广义的 Schmid 公式

$$\dot{\tau}^{(\alpha)} = \dot{\tau}_{cr}^{(\alpha)} = f'(\Gamma)\sum_{\alpha=1}^{n}\dot{\gamma}^{(d)} \tag{6.98}$$

$$\Gamma = \sum_{\alpha=1}^{n}\gamma^{\alpha}$$

式(6.98)只对处于临界状态并继续开动的滑移系成立. 对于其他情况,恒有 $\dot{\gamma}^{(\alpha)}=0$.

在具体计算时,林同骅及其合作者将无限大多晶体看作是由完全相同的结构单元在三维空间中排列而成. 每个结构单元由 27 个或 64 个立方晶粒所组成,这些晶粒的定向各不相同,能近似代表多晶晶粒的随机取向.

应力和应变在三维空间内呈周期分布,这就使公式(6.94)中的面积分得以简化. 晶粒内部的应力场 σ_{ij}是不均匀的. 在计算分解剪应力时,取晶粒中心处的应力场作为应力度量.

计算是从增量形式进行的. 由于事先并不知道 $\dot{\gamma}^{(\alpha)}$ 的数值,因此,计算中采用松弛法进行迭代.

计算工作相当繁冗,这是本方法的一个缺点. 下面讨论一个算例,结构单元各个晶粒的编号及定向如图 6.13 和 6.14 及表 6.1

所示.

计算是针对 Budiansky[23] 等人的实验进行的. 铝合金 14ST4 的杨氏模量 $E=10^7$ 磅/英寸^2，泊松系数为 0.3，拉伸应力-应变曲线如图 6.15 所示.

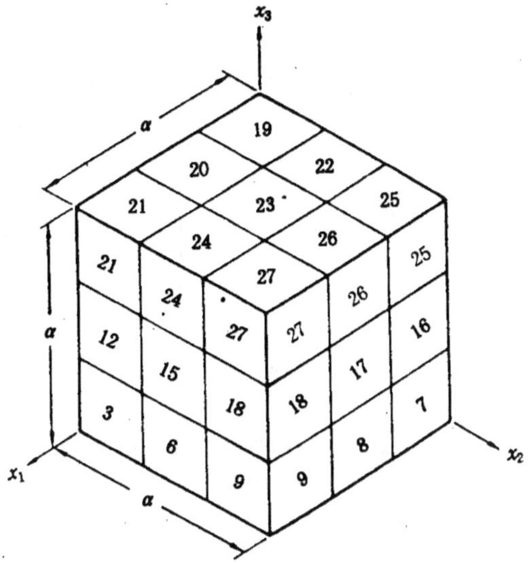

图 6.13　结构单元内晶粒编号

林同骅及其合作者用逐段线性硬化曲线来表征公式(6.98)中的待定硬化函数 $f(\Gamma)$. 在每一个增量过程中，设想 $f'(\Gamma)$ 是待定常数，调节这个硬化系数，使计算所得的拉伸曲线与实验测得的拉伸曲线一致. 这样就得单晶体(组分)的临界分解剪应力 τ_{cr} 与滑移剪应变之和 Γ 之间的关系曲线 $f(\Gamma)$，如图 6.16 所示.

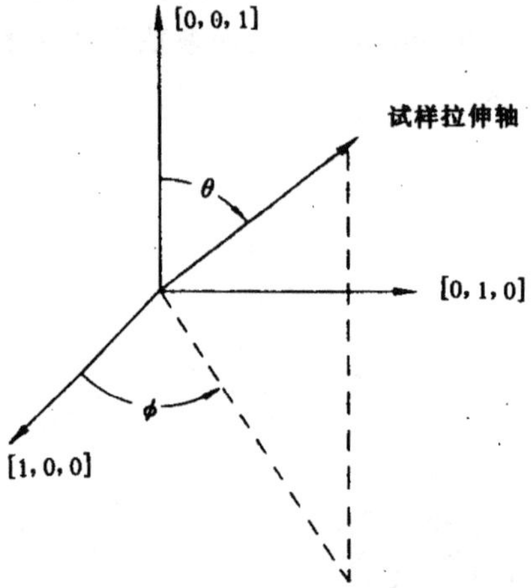

图 6.14　晶粒定向方位角 θ,ϕ

表 6.1　晶粒定向与编排

晶粒号码	方位角	试样坐标轴		
No.	度数	x_1	x_2	x_3
1	θ	61.5	75.4	84.9
	ϕ	41.5	33.4	32.3
2	θ	71.5	76.9	85.7
	ϕ	26.5	22.1	22.5
3	θ	76.5	80.6	66.8
	ϕ	21.5	36.2	32.2
4	θ	76.5	85.8	62.5
	ϕ	31.5	30.9	38.7
5	θ	86.5	81.4	81.7
	ϕ	11.5	27.3	26.1
6	θ	61.5	76.4	87.0
	ϕ	36.5	25.5	34.9
7	θ	71.5	87.1	81.6
	ϕ	36.5	35.5	16.8
8	θ	81.5	66.6	76.0
	ϕ	36.5	32.8	21.0

表 6.1 续表

9	θ ϕ	76.5 26.5	87.7 25.9	86.2 13.2
10	θ ϕ	81.5 31.5	75.4 40.1	61.7 41.8
11	θ ϕ	71.5 41.5	59.4 37.4	80.4 36.6
12	θ ϕ	86.5 36.5	85.5 11.9	77.8 37.3
13	θ ϕ	81.5 21.5	77.4 36.2	70.8 31.8
14	θ ϕ	71.5 31.5	60.6 42.3	87.8 35.7
15	θ ϕ	86.5 16.5	81.7 41.1	75.5 43.3
16	θ ϕ	86.5 41.5	89.2 6.2	84.8 41.8
17	θ ϕ	76.5 41.5	87.4 22.6	72.0 44.2
18	θ ϕ	81.5 26.5	71.7 32.4	69.9 25.5
19	θ ϕ	86.5 31.5	72.1 24.8	64.8 33.6
20	θ ϕ	81.5 41.5	68.3 44.9	81.6 22.0
21	θ ϕ	86.5 26.5	85.5 16.6	73.1 27.6
22	θ ϕ	86.5 21.5	81.0 32.9	70.4 36.1
23	θ ϕ	81.5 16.5	85.7 40.8	72.0 42.2
24	θ ϕ	66.5 31.5	71.9 37.3	76.2 32.3
25	θ ϕ	66.5 36.5	82.9 23.7	82.7 33.3
26	θ ϕ	76.5 36.5	66.9 42.4	86.1 26.9
27	θ ϕ	66.5 41.5	64.7 38.7	80.1 42.8

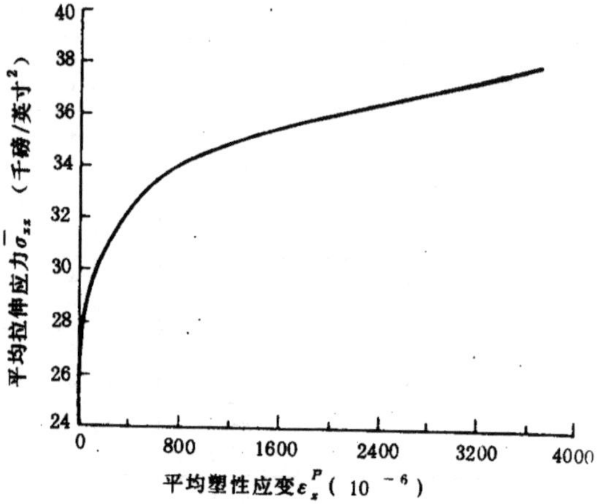

图 6.15　铝合金 14ST4 拉伸应力-应变曲线

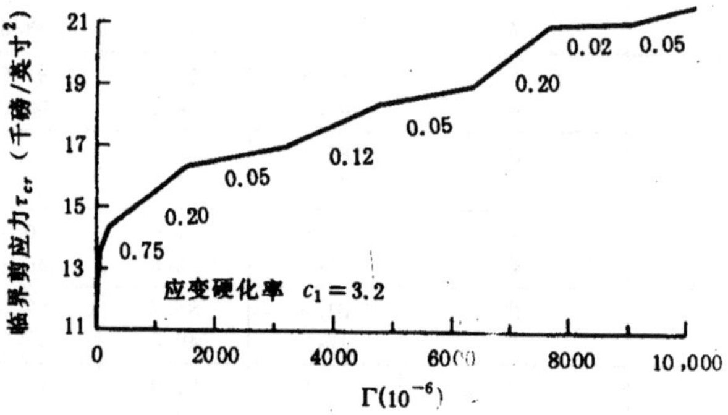

图 6.16　单晶(组分)临界分解剪应力 τ_{cr} 与滑移剪切应变之和 Γ 关系曲线

然后再依照 Budianski 等人[23]的实验加载路径，计算多晶体的弹塑性响应，并与实验进行比较，其结果在图 6.17—6.19 中已经画出. 所有实验都是在轴向压缩薄壁铝合金圆管直至轴向压应力 σ_x 等于 35.6 千磅/英寸^2 时再加上扭矩，使剪应力增量 $\Delta\tau_{xy}$ 与压应力增量 $\Delta\sigma_x$ 保持常数. 而林同骅及其合作者在计算中均把实验中的轴向压应力改为轴向拉应力. 这样的改变不致于改变问题的实质.

从这些图上不难看出，林同骅及其合作者的理论，与实验仍有明显的差别，但与其他理论相比，则有了重大改进.

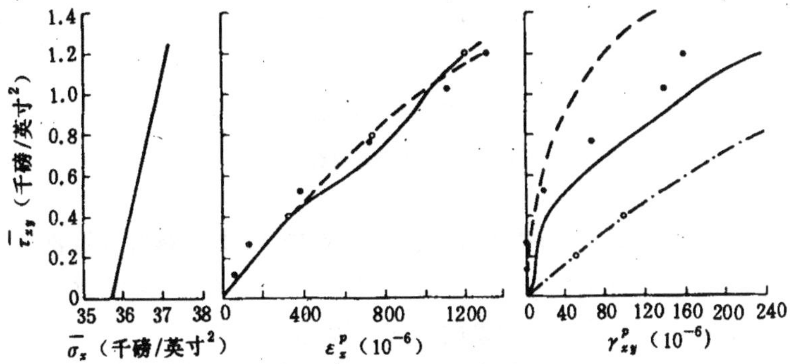

图 6.17　加载路径与塑性应变 $\dfrac{\Delta\sigma_x}{\Delta\tau_{xy}}=1.18$

——Lin 和 Ito 理论，---流动理论，—·—形变理论，∘ 简单滑移理论，· 实验

§6.8　多晶体塑性响应的数值模拟

以上讨论的方法原则上适用于无限大的多晶体，其中自洽模型是以 Eshelby 的关于无限大弹性体中的夹杂问题的解为基础，而等效面力法又用到了 Kelvin 的关于无限大弹性体受集中力作用的解答.

对于有限多晶体，以上介绍的方法难以直接应用，需要采用数

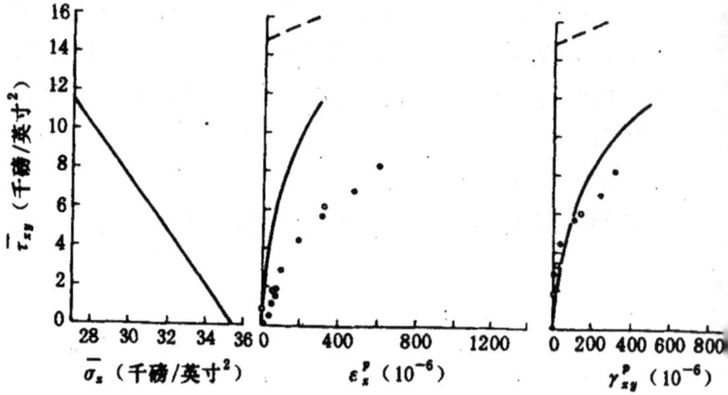

图 6.18　加载路径与塑性应变$\frac{\Delta\sigma_x}{\Delta\tau_{xy}}=-0.656$

（有关各曲线说明与图 6.17 相同）

值模拟的方法，其中最为常用的是有限元法．大型超级计算机日益增长的应用对塑性理论的发展带来了巨大的冲击，使得过去望而生畏的复杂的分析与浩繁的计算得以迅速实现．

有限元方法的实质是离散化．因此，在分析微观和细观结构层次的材料行为与宏观力学性能的关系方面，有限元法显示出巨大的优点．它的包罗万象的应变能力，慎密精细的网格划分，各个单元独立选择的本构响应，使得数值模拟能够给出形象生动、内容丰富的真实图象．

只要有了各个组分单晶的本构方程和多晶集合体的细观结构，有限元就能进行分析与计算，而不必顾忌方程的复杂性和计算的浩繁程度．

1. 平衡方程的变分表示[24,25]

讨论有限变形问题．晶粒的转动与定向变化是多晶体塑性变形的重要特征，因此，任意大的变形与转动必需在计算中加以考

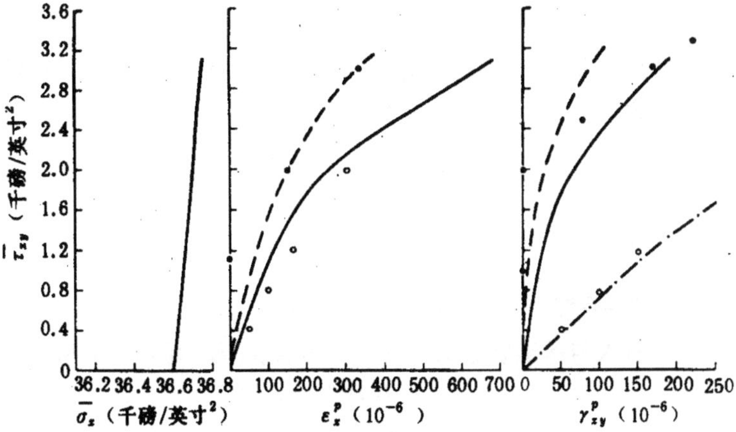

图 6.19 加载路径与塑性应变$\frac{\Delta\sigma_x}{\Delta\tau_{xy}}=0.052$

（有关各曲线说明与图 6.17 相同）

虑.

变形后物体满足如下的平衡方程及边界条件：

$$\frac{\partial\sigma_{ij}}{\partial x_j}+f_i=0,\qquad \text{在}\ V\ \text{内} \tag{6.99}$$

$$\sigma_{ij}n_j=p_i,\qquad \text{在}\ S_\sigma\ \text{上} \tag{6.100}$$

$$u_i=0,\qquad \text{在}\ S_u\ \text{上} \tag{6.101}$$

式中 σ_{ij}是 Chaucy 真应力张量，f_i 是作用在变形后物体单位体积上的体积力向量，p_i 是作用在变形后物体单位面积上的表面力向量. 平衡方程(6.99)及边界条件(6.100)与下列变分式等价，

$$\int_V\sigma_{ij}\tilde{d}_{ij}dV=\int_V f_i\tilde{v}_i dV+\int_{s_\sigma}p_i\tilde{v}_i ds \tag{6.102}$$

其中 $\tilde{v}_i$ 是任意的满足速率边界条件的虚速率，

$$\tilde{v}_i=0,\qquad \text{在}\ S_u\ \text{上} \tag{6.103}$$

$\tilde{d}_{ij}$ 是虚变形率张量：

$$\tilde{d}_{ij} = \frac{1}{2}\left(\frac{\partial \tilde{v}_i}{\partial x_j} + \frac{\partial \tilde{v}_i}{\partial x_i}\right) \tag{6.104}$$

依照第四章§4.2节的功共轭原理，不难证实公式(6.102)的左端可化为

$$\begin{aligned}\int_{V^0} J\sigma_{ij}\tilde{d}_{ij}d\,V^0 &= \int_{V^0} \underset{\sim}{S} : \underset{\sim}{\dot{\tilde{F}}}\, dV^o \\ &= \int_{V^0} S_{iK} \frac{\partial \tilde{v}_i}{\partial X_K} dV^o\end{aligned} \tag{6.105}$$

式中 S_{iK}是第一 Piola-Kirchhoff 应力张量.

引入与基准状态的体元 dV^o 及面元 dS^o 相对应的应力向量：

$$\begin{cases} \boldsymbol{f}^0 dV^0 = \boldsymbol{f} dV \\ \boldsymbol{P}^0 dS^0 = \boldsymbol{P} dS \end{cases} \tag{6.106}$$

这样就得到下述变分式：

$$\int_{V^0} S_{iK} \frac{\partial \tilde{v}_i}{\partial X_K} dV^o = \int_{V^0} f_i^0 \tilde{v}_i dV^0 + \int_{S^0} P_i^0 \tilde{v}_i dS^0 \tag{6.107}$$

设想虚速率 $\tilde{v}_i$ 与时间无关，对(6.107)求物质导数

$$\int_{V^0} \dot{S}_{iK} \frac{\partial \tilde{v}_i}{\partial X_K} dV^o = \int_{V^0} \dot{f}_i^0 \tilde{v}_i dV^0 + \int_{S^0} \dot{P}_i^0 \tilde{v}_i dS^0 \tag{6.108}$$

这样就得到有关应力率的变分式.

如果取时刻 t 的变形状态作为基准状态，来考察下一个时刻 $t+\Delta t$内的应力率，那么方程(6.108)可写为

$$\int_{V} \dot{S}_{ik} \frac{\partial \tilde{v}_i}{\partial x_k} dV = \int_{V} \dot{f}_i^0 \tilde{v}_i dV + \int_{S} \dot{P}_i^0 \tilde{v}_i dS \tag{6.109}$$

现在来考察各种应力率之间关系. 我们有

$$\boldsymbol{S} = \boldsymbol{\tau} \overset{-1}{\boldsymbol{F}}{}^T \tag{6.110}$$

对上式求物质导数

$$\dot{\boldsymbol{S}} = \dot{\boldsymbol{\tau}} \overset{-1}{\boldsymbol{F}}{}^T + \boldsymbol{\tau}(\overset{-1}{\boldsymbol{F}}{}^T)^{\cdot} = \dot{\boldsymbol{\tau}} \overset{-1}{\boldsymbol{F}}{}^T - \boldsymbol{\tau}(\boldsymbol{F}^T)^{-1}\dot{\boldsymbol{F}}^T(\boldsymbol{F}^T)^{-1} \tag{6.111}$$

若取当前构形作为基准状态，(6.111)式变为

$$\dot{\boldsymbol{S}} = \dot{\boldsymbol{\tau}} - \boldsymbol{\tau}\dot{\boldsymbol{F}}^T$$

进一步不难证实

$$\dot{S} = \dot{\tau} - \tau L^T \tag{6.112}$$

其分量形式为

$$\dot{S}_{ij} = \dot{\tau}_{ij} - \sigma_{ik} \frac{\partial v_j}{\partial x_k} \tag{6.113}$$

在非线性连续介质理论里，通常采用刚体导数(Jaumann 导数)作为客观应力率，我们有如下形式的本构方程：

$$\overset{\nabla}{\tau}_{ij} = \dot{\tau}_{ij} + \sigma_{ik} W_{kj} - W_{ik} \sigma_{kj} = L_{ijkl} d_{kl} \tag{6.114}$$

式中 τ_{ij}是 Kirchhoff 应力张量. 将(6.113)，(6.114)结合起来得

$$\dot{S}_{ij} = \overset{\nabla}{\tau}_{ij} - \sigma_{ik} d_{kj} - d_{ik} \sigma_{kj} + \frac{\partial v_i}{\partial x_k} \sigma_{kj} \tag{6.115}$$

将(6.114)，(6.115)代入(6.109)，得

$$\int_V \left\{ L_{ijkl} d_{kl} \tilde{d}_{ij} - 2\sigma_{ik} d_{kj} \tilde{d}_{ij} + \sigma_{kl} \frac{\partial \tilde{v}_m}{\partial x_k} \frac{\partial v_m}{\partial x_l} \right\} dV$$

$$= \int_V \dot{f}_i^0 \tilde{v}_i dV + \int_S \dot{p}_i^0 \tilde{v}_i dS \tag{6.116}$$

式中 L_{ijkl}是瞬时的弹塑性模量张量.

公式(6.116)即是变形率张量 d_{ij} 所应该满足的变分式. (6.116)式等号右端的$\dot{f}_i^0$，$\dot{p}_i^0$ 是以当前构形为基准状态来考察作用在基准状态单位体元及单位面元上的应力向量的变化率.

2. 晶体塑性大变形有限元公式[25]

由公式(4.133)得知，晶体塑性大变形的本构方程为

$$\overset{\nabla}{\tau}_{ij} = L^c_{ijkl} d_{kl} \tag{6.117}$$

式中 L^c_{ijkl}是瞬时弹塑性模量张量

$$L^c_{ijkl} = \mathscr{L}_{ijkl} - \sum_{\alpha,\beta=1}^{n} g_{\alpha\beta}^{-1} \lambda_{ij}^{(\alpha)} \lambda_{kl}^{(\beta)} \tag{6.118}$$

这里 $\mathscr{L}_{ijkl}$是晶体弹性模量张量，$\underset{\sim}{\lambda}^{(\alpha)}$ 为二阶张量：

$$\lambda_{ij}^{(\alpha)} = P_{kl}^{(\alpha)} \mathscr{L}_{klij} + \beta_{ij}^{(\alpha)} \tag{6.119}$$

$g_{\alpha\beta}$是矩阵系数：

$$g_{\alpha\beta} = h_{\alpha\beta} + \underset{\sim}{\lambda}^{(\alpha)} : \underset{\sim}{\lambda}^{(\beta)} \tag{6.120}$$

为了简单起见，讨论晶体弹性各向同性的情况，此时有

$$\mathscr{L}_{ijkl} = \lambda\delta_{ij}\delta_{kl} + \mu(\delta_{ik}\delta_{jl} + \delta_{il}\delta_{jk}) \tag{6.121}$$

分析三维问题. 设应力列阵及应变率列阵分别为

$$\begin{aligned}\{\sigma\} &= \{\sigma_{11},\sigma_{22},\sigma_{33},\sqrt{2}\,\sigma_{12},\sqrt{2}\,\sigma_{23},\sqrt{2}\,\sigma_{31}\}^T \\ &= \{\sigma_x,\sigma_y,\sigma_z,\sqrt{2}\,\tau_{xy},\sqrt{2}\,\tau_{yz},\sqrt{2}\,\tau_{zx}\}^T\end{aligned} \tag{6.122}$$

$$\begin{aligned}\{d\} &= \{d_{11},d_{22},d_{33},\sqrt{2}\,d_{12},\sqrt{2}\,d_{23},\sqrt{2}\,d_{31}\}^T \\ &= \{d_x,d_y,d_z,\sqrt{2}\,d_{xy},\sqrt{2}\,d_{yz},\sqrt{2}\,d_{zx}\}^T\end{aligned} \tag{6.123}$$

速率列阵为

$$\{v\} = \{v_1,v_2,v_3\}^T = \{v_x,v_y,v_z\}^T \tag{6.124}$$

速率模式是

$$\{v\} = \{N\}\{\psi\}^e = [N_1\boldsymbol{I},N_2\boldsymbol{I},\cdots N_m\boldsymbol{I})\{\psi\}^e \tag{6.125}$$

m 是单元的节点数，I 是三阶单位矩阵. N_m 是形函数，$\{\psi\}^e$ 是单元 m 个节点的速率列阵.

进而推得

$$\{d\} = [B]\{\psi\}^e = [[B_1],[B_2]\cdots[B_m]]\{\psi\}^e \tag{6.126}$$

$$[B_m] = \begin{bmatrix} \dfrac{\partial N_m}{\partial x}, & 0, & 0 \\ 0, & \dfrac{\partial N_m}{\partial y}, & 0 \\ 0, & 0, & \dfrac{\partial N_m}{\partial z} \\ N_m,y/\sqrt{2}, & N_m,x/\sqrt{2}, & 0 \\ 0, & N_m,z/\sqrt{2}, & N_m,y/\sqrt{2} \\ N_m,z/\sqrt{2}, & 0, & N_m,x/\sqrt{2} \end{bmatrix}$$

$$
= \begin{bmatrix} b_m, & 0, & 0 \\ 0, & c_m, & 0 \\ 0, & 0, & e_m \\ c_m/\sqrt{2}, & b_m/\sqrt{2}, & 0 \\ 0, & e_m/\sqrt{2}, & c_m/\sqrt{2} \\ e_m/\sqrt{2}, & 0, & b_m/\sqrt{2} \end{bmatrix} \qquad (6.127)
$$

这里

$$
b_m = \frac{\partial N_m}{\partial x}, \qquad c_m = \frac{\partial N_m}{\partial y}, \qquad e_m = \frac{\partial N_m}{\partial z} \qquad (6.128)
$$

根据上述公式不难推得

$$
2\mu\, d_{kl}\,\tilde{d}_{kl} = 2\mu\{\tilde{d}\}^T\{d\} = 2\mu\{\tilde{\psi}\}^{eT}[B]^T[B]\{\psi\}^e \qquad (6.129)
$$

$$
d_{kk}\tilde{d}_{ll} = \{\tilde{d}\}^T[J_6]\{d\} = \{\tilde{\psi}\}^{eT}[B]^T[J_6][B]\{\psi\}^e \qquad (6.130)
$$

$$
[J_6] = \{1,1,1,0,0,0\}^T\{1,1,1,0,0,0\} \qquad (6.131)
$$

$$
\begin{aligned} 2\sigma_{kl}\tilde{d}_{km}\tilde{d}_{lm} &= 2\{\tilde{d}\}^T[C]\{d\} = 2\{\tilde{\psi}\}^{eT}[B]^T[C][B]\{\psi\}^e \\ &= \{\tilde{\psi}\}^{eT}[K^{(3)}]\{\psi\}^e \end{aligned} \qquad (6.132)
$$

矩阵$[C]$为

$$
[C] = \begin{bmatrix} \sigma_{11}, & 0, & 0, & \sigma_{12}/\sqrt{2}, & 0, & \sigma_{13}/\sqrt{2} \\ 0, & \sigma_{22}, & 0, & \sigma_{21}/\sqrt{2}, & \sigma_{23}/\sqrt{2}, & 0 \\ 0, & 0, & \sigma_{33}, & 0, & \sigma_{32}/\sqrt{2}, & \sigma_{31}/\sqrt{2} \\ \sigma_{21}/\sqrt{2}, & \sigma_{12}/\sqrt{2}, & 0, & (\sigma_{11}+\sigma_{22})/2, & \sigma_{13}/2, & \sigma_{23}/2 \\ 0, & \sigma_{32}/\sqrt{2}, & \sigma_{23}/\sqrt{2}, & \sigma_{31}/2, & (\sigma_{22}+\sigma_{33})/2, & \sigma_{21}/2 \\ \sigma_{31}/\sqrt{2}, & 0, & \sigma_{13}/\sqrt{2}, & \sigma_{32}/2, & \sigma_{12}/2, & (\sigma_{11}+\sigma_{33})/2 \end{bmatrix} \qquad (6.133
$$

又有

$$
\begin{aligned} \sigma_{kl}\tilde{v}_{m,k}v_{m,l} &= \sigma_{kl}\{\tilde{v}_{,k}\}^T\{v_{,l}\} = \sigma_{kl}\{\tilde{\psi}\}^{eT}[N_{,k}]^T[N_{,l}]\{\psi\}^e \\ &= \{\tilde{\psi}\}^{eT}[K^{(4)}]\{\psi\} \end{aligned} \qquad (6.134)
$$

$$
[K^{(4)}] = \sigma_{kl}[N_{,k}]^T[N_{,l}] \qquad (6.135)
$$

命

$$
\varphi_{kl} = \sigma_{ij}N_{k,i}N_{l,j} \qquad (6.136)
$$

则有

$$[K^{(4)}] = \begin{bmatrix} \varphi_{11}\boldsymbol{I}, & \varphi_{12}\boldsymbol{I}, & \cdots & \varphi_{1m}\boldsymbol{I} \\ \varphi_{21}\boldsymbol{I}, & \varphi_{22}\boldsymbol{I}, & \cdots & \varphi_{2m}\boldsymbol{I} \\ \vdots & \vdots & & \vdots \\ \varphi_{m1}\boldsymbol{I}, & \varphi_{m2}\boldsymbol{I} & & \varphi_{mm}\boldsymbol{I} \end{bmatrix} \tag{6.137}$$

公式(6.137)说明矩阵$[K^{(4)}]$是由分块矩阵$[\varphi_{rs}\boldsymbol{I}]$所组成.

引入$\{\lambda^{(\alpha)}\}$列阵

$$\{\lambda^{(\alpha)}\} = \{\lambda_{11}^{(\alpha)}, \lambda_{22}^{(\alpha)}, \lambda_{33}^{(\alpha)}, \sqrt{2}\,\lambda_{12}^{(\alpha)}, \sqrt{2}\,\lambda_{23}^{(\alpha)}, \sqrt{2}\,\lambda_{31}^{(\alpha)}\}^T \tag{6.138}$$

由此得到

$$\begin{aligned} \lambda_{ij}^{(\alpha)}\tilde{d}_{ij}\lambda_{kl}^{(\beta)}d_{kl} &= \{\tilde{d}\}^T\{\lambda^{(\alpha)}\}\{\lambda^{(\beta)}\}^T\{d\} \\ &= \{\psi\}^{eT}[B]^T[\Lambda^{\alpha\beta}][B]\{\psi\}^e \end{aligned} \tag{6.139}$$

式中矩阵$[\Lambda^{\alpha\beta}]$为

$$[\Lambda^{\alpha\beta}] = \{\lambda^{(\alpha)}\}\{\lambda^{(\beta)}\}^T$$

利用公式(6.129),(6.130)立即导得单元弹性刚度矩阵

$$[K^{(1)}] = \begin{bmatrix} [K_{11}^{(1)}], & [K_{12}^{(1)}], & \cdots & [K_{1m}^{(1)}] \\ [K_{21}^{(1)}], & [K_{22}^{(1)}], & \cdots & [K_{2m}^{(1)}] \\ & & & \\ [K_{m1}^{(1)}], & [K_{m2}^{(1)}], & \cdots & [K_{mm}^{(1)}] \end{bmatrix} \tag{6.140}$$

$$[K_{rs}^{(1)}] = 2\mu[B_r]^T[B_s] + \lambda[B_r]^T[J_5][B_s] \tag{6.141}$$

由公式(6.118),(6.139)推得与塑性变形相关的刚度矩阵:

$$[K^{(2)}] = [[K_{rs}^{(2)}]] \qquad (6.141)$$

$$[K_{rs}^{(2)}] = \sum_{\alpha,\beta=1}^{N} g_{\alpha\beta}^{-1}[B]^T[\Lambda^{\alpha\beta}][B] \tag{6.142}$$

几何刚度矩阵也是由$m\times m$个分块矩阵$[K_{rs}^{(3)}]$所组成

$$[K^{(3)}] = [[K_{rs}^{(3)}]] \tag{6.143}$$

$$[K_{rs}^{(3)}] = 2[B_r]^T[C][B_s] \tag{6.144}$$

单元总刚度矩阵是由$m\times m$个分块矩阵所组成,分块矩阵为

$$[K_{rs}] = [K_{rs}^{(1)}] - [K_{rs}^{(2)}] - [K_{rs}^{(3)}] + [K_{rs}^{(4)}] \tag{6.145}$$

参 考 文 献

[1] Hill, R., On constitutive macro-variables for heterogeneous solids at finite strain, Proc. Roy. Soc., London, **A326**(1972), 131—147.

[2] Iwakuma, T. and Nemat-Nasser, S., Finite elastic-Plastic deformation of polycrystalline metals, Proc. R. Soc. Lond., **A394** (1984), 87—119.

[3] Mandel, J., Relations de comportement des milieux elastique-viscoplastiques, Notion de repere directeur, Foundation of plasticity, Ed. A Sawczuk, Nordhoff, 1972, 387—399.

[4] Havner, K. S., Comparisons of crystal hardening laws in multiple slip, *Int. J. Plasticity*, **1**(1985), 111—124.

[5] Eshelby, J, D., The determination of the elastic field of an ellipsoidal inclusion and related problems, Proc. Roy, Soc., London, **A241**(1957), 376—396.

[6] Berveiller, M. and Zaoui, A., An extension of the self-consistent scheme to plastically flowing polycryystals, *J. Mech. Phys. Solids*, **26** (1979) 325.

[7] Taylor, G. I., Plastic strain in metals, ***J. Inst. Metals***, **62**(1938), 307—321.

[8] Bishop, J. F. W. and Hill, R., A theoretical derivation of the plastic properties of a polycrstalline face centered metal, *Philos. Mag.*, **42** (1951), 414—427.

[9] Lin, T. H., Physical theory of plasticity, *Adv. Appl. Mech.*, **11** (1971), 255—311.

[10] Kröner, E., Zur plastischen verformung des Vielkristalls, *Acta Metall.*, **9** (1961), 155.

[11] Budiansky, B. and Wu, T. T., Theory prediction of plastic strains of polycrystals, Proc. 4th. U.S. Nat. Congr. Appl. Mech., 1962, 1175.

[12] Eshelby, J. D., Elastic Inclusions and Inhomogeneities, Progress in Solid Mechanics, Ⅱ, North-Holland Publ., 1961.

[13] Mura, T., Micromechanics of Defects in Solids, Martinus Nijhoff, the Hagüe, 1982.

[14] Hershey, A. V., The elasticity of an isotropic aggregate of anisotropic cubic crystals, *J. Appl. Mech.*, **21**(1954), 236.

[15] Kröner, E., Statistical continuum mechanics, CISM Lecture Notes, Springer, **92** (1972).

[16] Hutchinson, J. W., Elastic-plastic behaviour of polycrystalline metals and composites, Proc. Roy. Soc., **A319**(1970), 247—272.

[17] Hill, R., Continuum micro-mechanics of elastoplastic polycrystals, *J. Mech.*

Phys. Solids, **13**(1965) 89—101.

[18] Hutchinson, J. W., Plastic stress-strain relations of FCC, polycrystalline metals hardening, according to Taylor's role, *J. Mech. Phys. Solids*, **13**(1964), 89.

[19] Nemat-Nasser, S., On finite plastic flow of crystalline solids and geomaterials, *J. App. Mech.*, **50**(1983), 1114—1126.

[20] Berveiler, M. and Zaoui, A., An extension of the self consistent scheme to plastically flowing polycrystals, *J. Mech. Phys. Solids*, **26**(1979), 325—344.

[21] Lin, T. H. and Ito, Y. M., Theoretical plastic stress-strain relationship of a polycrystal and comparisons with the von Mises and the Tresca plasticity theories, *Int. J. Eng. Sci.*, **4**(1966), 543—561.

[22] Lin, T. H., Ito, Y. M. and Yu, C. L., A new slip theory of plasticity, *J. Appl. Mech.*, **41**(1974), 587—592.

[23] Budiansky, B., Daw, N. F., Peters, R. W. and Shepherd, R. P., Experimental studies of polyaxial stress-strin laws of plasticity, Proc. first U. S. Nat. Cong. Appl. Mech., 1951, 503—512.

[24] 王自强，塑性大变形基本方程及有限元公式，力学学报，特刊(1981)，182—192.

[25] 王自强、张晓堤，非线性弹塑性问题的数学分析和有限元公式，中国科学院研究生院学报，**3**(1986)，59—72.

[26] Nèmat-Nasser, S. and Obara, M., Rate-dependent deformation of polycrystals, *Proc. Roy. Soc. Lond.*, A **407** (1986) 343—375.

[27] Harren, S. V. and Asaro, R. J., Nonuniform deformations in polycrystals and aspects of the validy of the Taylor model, *J. Mech. Phys. Solids*, **37** (1989), 191-232.

[28] Havlicek, F., Kratochvil, J., Tokuda, M. and Lev, V., Finite element model of plastic defomed multicrystal, *Int. J. Plasticity*, **6** (1990), 281—291.

第七章　晶体与多晶体塑性理论的应用

正如前面所指出的那样，晶体塑性大变形无论从宏观角度还是从微观角度来看都是非均匀的．塑性流动的局部化是晶体有限塑性变形的常见现象．变形局部化的例子包括：剪切带、扭折带、粗滑移变形带等等．

这些现象虽然早已为材料科学家、金属物理学家所熟悉，但是从理论上对这些现象加以说明只是在近十年内才受到重视．

§7.1　宏观剪切带[1]

图 7.1 显示了四张单晶在单轴拉伸条件下出现强烈的局部剪切变形的照片，这四种情况代表了不同的晶体结构和组分，说明了变形局部化是一种普遍的现象．

图 7.1(a)，(c)是同一种面心立方的铝-铜合金（含铜 2.8%），通过热处理得到两种不同的微观结构，其中图 7.1(a)的材料含有 GP(Ⅱ)区，在宏观剪切带出现之前，出现了粗糙滑移带．

图 7.1(c)的材料，其微观结构含有沉淀物 θ'，在变形的任何阶段都不出现粗滑移带，在试样进入颈缩后，很快出现宏观剪切带．

图 7.1(d)取自 Lisiechi 等人的工作[2]，它揭示了非常类似的现象．材料是纯单相面心立方铜单晶，试样在经受严重颈缩后，出现了剪切带．

图 7.1(b)取自 Reid 等人的工作[3]，材料是纯体心立方铌单晶，试样在经受少量变形后突然形成剪切带而导致断裂．

宏观剪切带与粗滑移带的区别在于，前者带平面并不与两个主要滑移面中的任一个相一致，而是偏离滑移面一定角度（约 4—12°）．粗滑移带通常非常接近某一个滑移面，这一点在图 7.1(a)中

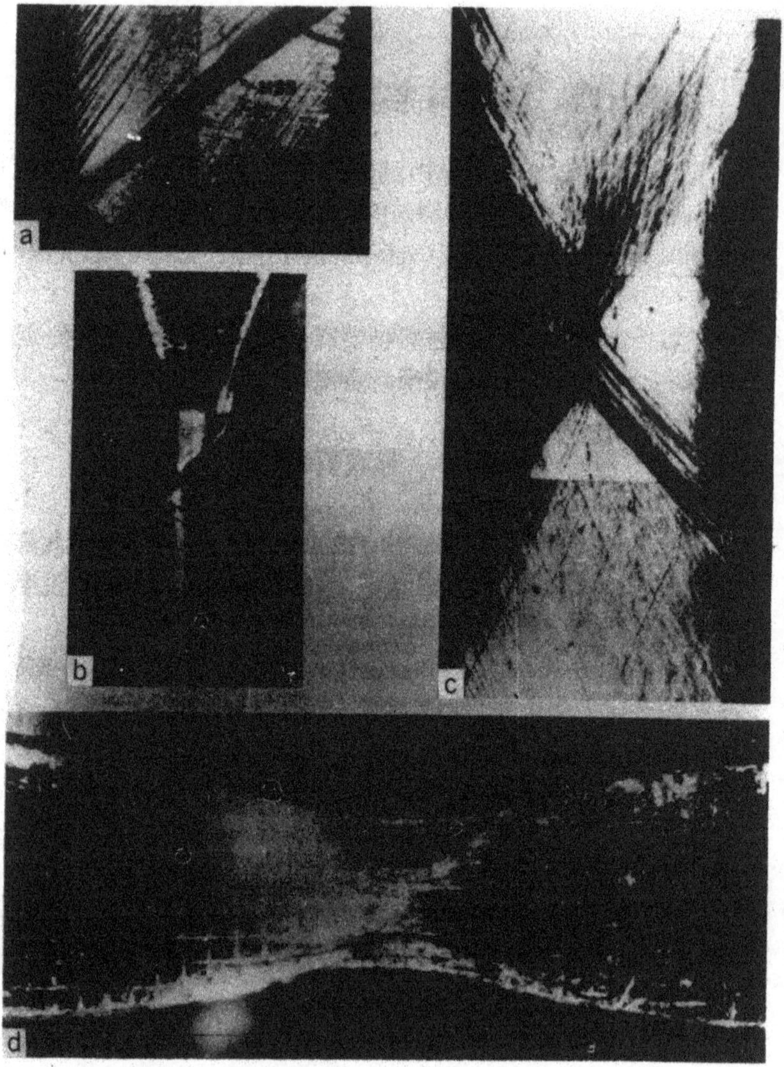

图 7.1　局部剪切带例子[1] (a)铝-铜单晶，含 GP(Ⅱ)区时效老化材料，出现粗滑移带；(b)纯铌单晶，宏观剪切带导致断裂；(c)含沉淀物 θ' 的铝-铜单晶，颈缩后出现宏观剪切带；(d)纯单相铜单晶

看得很清楚.另外宏观剪切带内,晶格的定向也与带外的晶格定向发生突然改变.

迄今为止,所有资料表明,剪切带的形成不能归之于材料丧失硬化能力或应变软化,也不能完全归之于材料形成细观损伤(微裂纹、孔洞等).

Chang 和 Asaro[4]的工作表明,在剪切带内,材料继续应变硬化直到应变达到单位量级.

宏观剪切带的形成是一种典型的材料塑性失稳现象,是分岔理论的一个前沿领域.

对于工程材料而言,剪切带的形成往往与细观损伤交叉在一起,它们的交互作用使这些现象变得更加复杂.从这种意义上说,晶体材料的分叉失稳显得单纯些,因此可以成为一个很好的理论园地,值得力学工作者去开垦.

1. 剪切带的基本公式

材料塑性失稳现象很早就引起人们的注意.1952 年,Hill[5]首先分析了薄板局部颈缩现象.1961 年,Thomas[6]提出了运动间断面的几何和运动学条件并将这些条件应用到固体失稳问题中去.Hill[7]在 1962 年又分析了变形局部化的一般理论框架.

Rice[8]则讨论了准静态的变形局部化的直接公式.

讨论均匀介质在均匀外力作用下的均匀变形场,如图 7.2 所示,建立空间固定的直角坐标系 $Ox_1x_2x_3$,其中 x_1 方向平行于剪切带,x_2 方向垂直于剪切带.

剪切带是一个很狭窄的区域.在这个区域内变形率场不同于带外区域,在这个区域内变形率场是不均匀的,而带外区域变形场保持均匀.

现在分析触发剪切带开始形成的条件.依照剪切带的定义,速度场通过剪切带保持连续.速度梯度在平行于剪切带方向保持均匀,也就是沿着 x_2,x_3 方向的速度梯度均匀.

剪切带内的速度场 v_i 可表示为

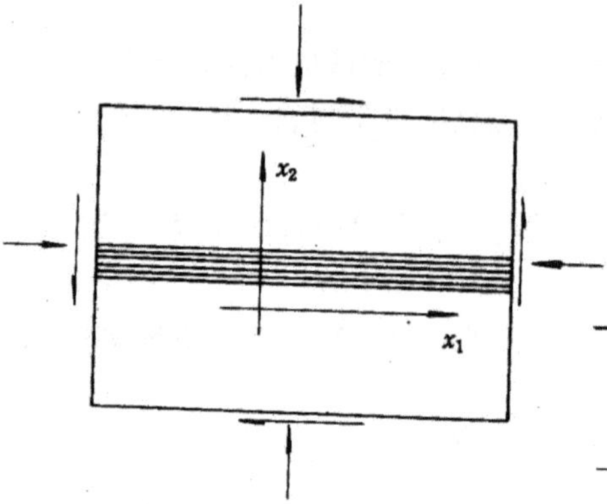

图 7.2 局部剪切带的坐标系

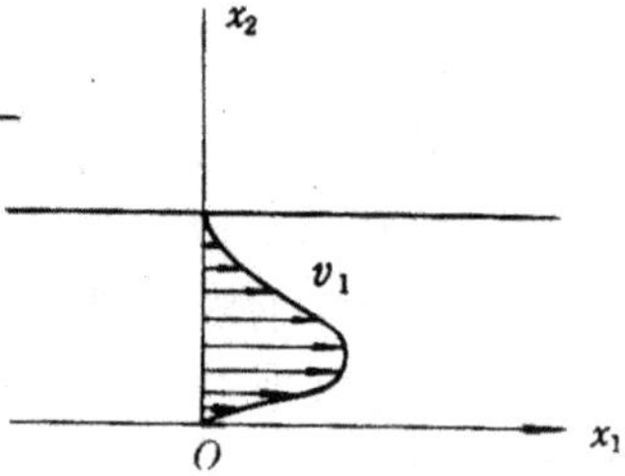

图 7.3

$$v_i = v_i^0 + \widetilde{v}_i \tag{7.1}$$

式中 v_i^0 表示全域性均匀变形率场 D_{ij}^0 所对应的速度场. $\widetilde{v}_i$ 是剪切带内附加的速度场,它所对应的是附加的非均匀变形率场. 我们可以令

$$v_i^0 = D_{ij}^0 x_j \tag{7.2}$$

公式(7.2)等号右端可以加上一个任意的刚性运动速度场,我们设想通过适当约束去掉了这种刚体运动,我们有

$$\frac{\partial \widetilde{v}_i}{\partial x_j} = g_i(x_2)\delta_{j_2}, \qquad i,j = 1,2,3 \tag{7.3}$$

或者写成

$$\begin{aligned} \frac{\partial \widetilde{v}_i}{\partial x_1} &= \frac{\partial \widetilde{v}_i}{\partial x_3} = 0 \\ \frac{\partial \widetilde{v}_i}{\partial x_2} &= g_i(x_2) \end{aligned} \tag{7.4}$$

图 7.3 表示附加速度分量在带内分布的可能形式,物体的平衡方程为

$$\frac{\partial \sigma_{ij}}{\partial x_i} = 0 \tag{7.5}$$

注意到坐标 x_i 是物体点的空间坐标，对确定的物体点，x_i 是随时间而变化的. 因此，我们只能对方程(7.5)求时间的偏导数(对固定的 x_i)，

$$\frac{\partial}{\partial x_i}\left(\frac{\partial \sigma_{ij}}{\partial t}\right) = 0 \tag{7.6}$$

这意味着

$$\frac{\partial}{\partial x_i}\left(\dot{\sigma}_{ij} - v_k \frac{\partial \sigma_{ij}}{\partial x_k}\right) = 0$$

由于在剪切带出现的初始瞬间，应力场在带内也是均匀的. 因此，我们有方程：

$$\frac{\partial}{\partial x_i}\dot{\sigma}_{ij} = 0 \tag{7.7}$$

其中 $\dot{\sigma}_{ij}$表示应力分量的物质导数.

另一方面公式(7.4)表示，带内的变形率只能是 x_2 的函数，而带外的变形率场是均匀的. 鉴于应力率是变形率的确定线性函数，对于均匀介质而言，应力率场在带内也只能是 x_2 的函数. 而在带外应力率场是均匀的. 这样我们有方程

$$\frac{\partial}{\partial x_2}\dot{\tilde{\sigma}}_{2j} = 0 \tag{7.8}$$

注意到在带外没有附加的应力率场，所以导得

$$\dot{\tilde{\sigma}}_{2j} \equiv 0 \tag{7.9}$$

公式(7.3)，(7.9)是对特殊选择的坐标系建立起来的. 剪切带可以出现在某个定向的平面上，用 $\underset{\sim}{n}$表示剪切带平面的单位法向量. 此时方程(7.3)，(7.9)可写为

$$\frac{\partial \tilde{v}_i}{\partial x_j} = g_i n_j \tag{7.10}$$

式中 g_i 只是 S 的函数

$$S = \underset{\sim}{n}\cdot \underset{\sim}{x}$$

$$\dot{\tilde{\sigma}}_{ij} n_i = 0 \tag{7.11}$$

此时有

$$\widetilde{D}_{ij} = \frac{1}{2}(g_i n_j + g_j n_i) \tag{7.12}$$

本构方程通常可写为

$$\overset{\nabla}{\sigma}_{ij} = L_{ijkl}\widetilde{D}_{kl} \tag{7.13}$$

其中应力率的刚体导数$\overset{\nabla}{\sigma}_{ij}$可表示为

$$\overset{\nabla}{\dot{\sigma}}_{ij} = \dot{\tilde{\sigma}}_{ij} + \sigma_{ik}\widetilde{W}_{kj} - \sigma_{jk}W_{ki} \tag{7.14}$$

物体点的旋率 $\widetilde{W}_{ij}$为

$$\widetilde{W}_{ij} = \frac{1}{2}(g_i n_j - g_j n_i) \tag{7.15}$$

利用(7.13),(7.14)和(7.15)式,本构方程又可写为

$$\dot{\tilde{\sigma}}_{ij} = \hat{C}_{ijkl}\tilde{v}_{k,l} \tag{7.16}$$

将方程(7.16)和(7.10)代入(7.11),得

$$(n_i\hat{C}_{ijkl}n_1)g_k = 0,\ j = 1,2,3 \tag{7.17}$$

方程(7.17)有非零解 g_k 的充要条件是

$$\det\ (\underset{\sim}{n}\cdot\hat{\underset{\sim}{C}}\cdot\underset{\sim}{n}) = 0 \tag{7.18}$$

由于弹塑性模量张量 $\underset{\sim}{L}$是不依赖于空间坐标的,因此四阶张量 $\underset{\sim}{C}$ 也是不依赖于空间坐标的. 因此,可以有不依赖于空间坐标的特征向量 $\bar{g}_i$ 满足方程(7.17). 而所有的特征向量可表示为

$$g_i = f'(S)\bar{g}_i \tag{7.19}$$

这样速度场 $\tilde{v}_i$ 可表示为

$$\tilde{v}_i = f(S)\bar{g}_i \tag{7.20}$$

$f''(S) = 0$,意味着剪切带内附加变形率场 $\widetilde{D}_{ij}$ 也是均匀的. $f''(S) \neq 0$意味着剪切带内附加变形率场是非均匀的.

2. 模型晶体的剪切带

晶体的本构方程通常是很复杂的. 即使只有两个滑移系开动,由于它们不在一个平面内或者由于拉伸轴与两个滑移方向并不共面而产生三维几何效应,使得我们难以进行解析处理.

Asaro[9]为了克服三维几何带来的数学困难,提出了一个平面

模型(图 7.4),在这个平面模型内,拉伸轴方向与两个滑移系的滑移方向及两个滑移平面的法线方向共面.晶体的变形是理想的平面变形.同时我们设想晶体只有这两个滑移系(或者设想其他滑移系均不开动).

对于这种简化的平面模型,Asaro[9]进行了晶体剪切带形成的理论分析,揭示了剪切带形成的力学过程.

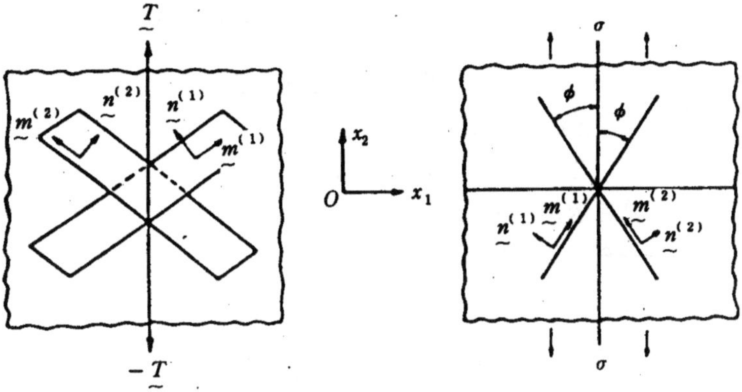

图 7.4 单晶双滑移平面模型

设想拉伸轴处于两个滑移系的对称位置,此时遵循第四章第 4 节的分析,有

$$\begin{cases} \underset{\sim}{m}^{(1)} = (\sin\varphi, \cos\varphi, 0)^T \\ \underset{\sim}{n}^{(1)} = (-\cos\varphi, \sin\varphi, 0)^T \\ \underset{\sim}{m}^{(2)} = (-\sin\varphi, \cos\varphi, 0)^T \\ \underset{\sim}{n}^{(2)} = (\cos\varphi, \sin\varphi, 0)^T \end{cases} \tag{7.21}$$

$$
\begin{cases}
g_{\alpha\beta} = h_{\alpha\beta} - \dfrac{\sigma}{2}\cos 2\varphi + G, \alpha = \beta \\
g_{\alpha\beta} = h_{\alpha\beta} + \dfrac{\sigma}{2}\cos 2\varphi - G\cos 4\varphi, \alpha \neq \beta
\end{cases}
\tag{7.22}
$$

设想

$$
h_{11} = h_{22} = h, \qquad h_{12} = h_{21} = h_1
$$

此时必有

$$
\begin{cases}
g_{11} = g_{22} = h - \dfrac{\sigma}{2}\cos 2\varphi + G \\
g_{12} = g_{21} = h_1 + \dfrac{\sigma}{2}\cos 2\varphi - G\cos 4\varphi
\end{cases}
\tag{7.23}
$$

$$
\begin{cases}
g_{11}^{-1} = g_{11}/\Delta, \qquad g_{22}^{-1} = g_{11}^{-1} \\
g_{12}^{-1} = g_{21}^{-1} = -g_{12}/\Delta \\
\Delta = g_{11}^2 - g_{12}^2 = (g_{11} + g_{12})(g_{11} - g_{12})
\end{cases}
\tag{7.24}
$$

式中 g_{ij}^{-1}表示逆矩阵$[g_{ij}]^{-1}$的元素.

晶体的本构方程可写为

$$
\begin{cases}
\overset{\nabla}{\underset{\sim}{\tau}} = \underset{\sim}{C} : \underset{\sim}{D} \\
\underset{\sim}{C} = \underset{\sim}{L} - \sum\limits_{\substack{\alpha=1\\ \beta=1}}^{2} g_{\alpha\beta}^{-1} \underset{\sim}{\lambda}^{(\alpha)} \otimes \underset{\sim}{\lambda}^{(\beta)}
\end{cases}
\tag{7.25}
$$

其中 $\underset{\sim}{L}$是弹性模量张量.

$$
\begin{cases}
\underset{\sim}{\lambda}^{(\alpha)} = \underset{\sim}{P}^{(\alpha)} : \underset{\sim}{L} + \underset{\sim}{\beta}^{(\alpha)} \\
\underset{\sim}{\beta}^{(\alpha)} = \underset{\sim}{W}^{(\alpha)} \underset{\sim}{\tau} - \underset{\sim}{\tau}\, \underset{\sim}{W}^{(\alpha)}
\end{cases}
\tag{7.26}
$$

对于我们的情况

$$
\begin{aligned}
W_{12}^{(1)} &= \frac{1}{2}(m_1^{(1)} n_2^{(1)} - m_2^{(1)} n_1^{(1)}), \\
&= \frac{1}{2}(\sin^2\varphi + \cos^2\varphi) = \frac{1}{2}
\end{aligned}
$$

$$
W_{21}^{(1)} = -W_{12}^{(1)} = -\frac{1}{2}
$$

$\underset{\sim}{W}^{(1)}$的其他分量均为零,类似地 $\underset{\sim}{W}^{(2)}$的非零分量为

$$W_{12}^{(2)}=-W_{21}^{(2)}=-\frac{1}{2}$$

由此不难推得

$$\underset{\sim}{\beta}^{(1)}=\begin{bmatrix}\sigma_{21} & \frac{1}{2}(\sigma_{22}-\sigma_{11}) & \frac{1}{2}\sigma_{23}\\ \frac{1}{2}(\sigma_{22}-\sigma_{11}) & -\sigma_{12} & -\sigma_{13}\\ \frac{1}{2}\sigma_{23} & -\sigma_{13} & 0\end{bmatrix}=-\underset{\sim}{\beta}^{(2)}$$

我们讨论的单轴拉伸情况，只有应力分量 $\sigma_{22}=\sigma$，其他分量均为零. 因此

$$\underset{\sim}{\beta}^{(1)}=\begin{bmatrix}0 & \frac{1}{2}\sigma & 0\\ \frac{1}{2}\sigma & 0 & 0\\ 0 & 0 & 0\end{bmatrix}=-\underset{\sim}{\beta}^{(2)} \tag{7.27}$$

另外我们有

$$\begin{cases}\underset{\sim}{P}^{(1)}=\frac{1}{2}\begin{bmatrix}-\sin 2\varphi & -\cos 2\varphi & 0\\ -\cos 2\varphi & \sin 2\varphi & 0\\ 0 & 0 & 0\end{bmatrix}=\underset{\sim}{Q}-\underset{\sim}{Q}^{*}\\ \underset{\sim}{P}^{(2)}=\underset{\sim}{Q}+\underset{\sim}{Q}^{*}\end{cases} \tag{7.28}$$

其中

$$\underset{\sim}{Q}=\frac{1}{2}\begin{bmatrix}-\sin 2\varphi & 0 & 0\\ 0 & \sin 2\varphi & 0\\ 0 & 0 & 0\end{bmatrix}$$

$$\underset{\sim}{Q}^{*}=\frac{1}{2}\begin{bmatrix}0 & \cos 2\varphi & 0\\ \cos 2\varphi & 0 & 0\\ 0 & 0 & 0\end{bmatrix}$$

设想晶体是弹向各向同性的，因此

$$L_{ijkl}=\lambda\delta_{ij}\delta_{kl}+G(\delta_{ik}\delta_{jl}+\delta_{il}\delta_{jk})$$

注意到 $P_{kk}{}^{(\alpha)}=0$，因此

$$\underset{\sim}{P}^{(\alpha)} : \underset{\sim}{L} = 2G\underset{\sim}{P}^{(\alpha)}$$
$$\underset{\sim}{\lambda}^{(\alpha)} = 2G \cdot \underset{\sim}{P}^{(\alpha)} + \underset{\sim}{\beta}^{(\alpha)} \tag{7.29}$$

利用(7.28),导得

$$\begin{cases} \underset{\sim}{\lambda}^{(1)} = 2G\underset{\approx}{Q} - (2G - \sigma/\cos 2\varphi)\underset{\approx}{Q}^* \\ \underset{\sim}{\lambda}^{(2)} = 2G\underset{\approx}{Q} + (2G - \sigma/\cos 2\varphi)\underset{\approx}{Q}^* \end{cases} \tag{7.30}$$

又从(7.25)引出

$$\overset{\nabla}{\underset{\sim}{\tau}} = 2G\underset{\sim}{D} + \lambda D_m \underset{\sim}{I} - \sum_{\alpha,\beta=1}^{2} g_{\alpha\beta}^{-1} \underset{\sim}{\lambda}^{(\alpha)} (\underset{\sim}{\lambda}^{(\beta)} : \underset{\sim}{D}) \tag{7.31}$$

我们有

$$\begin{cases} \underset{\sim}{\lambda}^{(1)} : \underset{\sim}{D} = 2G\varepsilon - (2G - \sigma/\cos 2\varphi)\varepsilon^* \\ \underset{\sim}{\lambda}^{(2)} : \underset{\sim}{D} = 2G\varepsilon + (2G - \sigma/\cos 2\varphi)\varepsilon^* \end{cases} \tag{7.32}$$

其中

$$\varepsilon = \underset{\approx}{Q} : \underset{\sim}{D} = \frac{1}{2}(D_{22} - D_{11})\sin 2\varphi$$
$$\varepsilon^* = \underset{\approx}{Q}^* : \underset{\sim}{D} = D_{12}\cos 2\varphi$$

又有:$\beta=1$ 时,

$$\sum_{\alpha=1}^{2} g_{\alpha\beta}^{-1} \lambda^{(\alpha)} = \frac{1}{\Delta}\{g_{11}\underset{\sim}{\lambda}^{(1)} - g_{12}\underset{\sim}{\lambda}^{(2)}\}$$
$$= \frac{1}{\Delta}\Big\{2G(g_{11} - g_{12})\underset{\approx}{Q}$$
$$\left(-2G - \frac{\sigma}{\cos 2\varphi}\right)(g_{11} + g_{22})\underset{\approx}{Q}^*\Big\}$$

$\beta=2$ 时,

$$\sum_{\alpha=1}^{2} g_{\alpha\beta}^{-1} \lambda^{(\alpha)} = \frac{1}{\Delta}\left\{-g_{12}\underset{\sim}{\lambda}^{(1)} + g_{11}\underset{\sim}{\lambda}^{(2)}\right\}$$
$$= \frac{1}{\Delta}\Big\{2G(g_{11} - g_{12})\underset{\approx}{Q}$$
$$+ \left(2G - \frac{\sigma}{\cos 2\varphi}\right)(g_{11} + g_{22})\underset{\approx}{Q}^*\Big\},$$

$$\sum_{\alpha,\beta=1}^{2} g_{\alpha\beta}^{-1} \underset{\sim}{\lambda}^{(\alpha)} (\underset{\sim}{\lambda}^{(\beta)} : \underset{\sim}{D})$$

$$=2\left\{\frac{4G^2\underset{\sim}{Q}\,\varepsilon}{(g_{11}+g_{12})}+\frac{\left(2G-\frac{\sigma}{\cos 2\varphi}\right)^2}{(g_{11}-g_{12})}\underset{\sim}{Q}^*\varepsilon^*\right\}$$

代入(7.31)得

$$\overset{\nabla}{\underset{\sim}{\tau}}=2G\underset{\sim}{D}+\lambda D_m\underset{\sim}{I}$$

$$-2\left\{\frac{4G^2\underset{\sim}{Q}\,\varepsilon}{(g_{11}+g_{12})}+\frac{\left(2G-\frac{\sigma}{\cos 2\varphi}\right)^2}{(g_{11}-g_{12})}\varepsilon^*\underset{\sim}{Q}^*\right\} \tag{7.33}$$

Asaro 发现上述本构方程与 Hill 和 Hutchinson[10] 关于平面应变拉伸试样分叉研究中采用的本构方程相似，他们研究的材料是正交各向异性的不可压缩固体，其本构方程为

$$\begin{cases}\overset{\nabla}{\sigma}_{22}-\overset{\nabla}{\sigma}_{11}=2\mu^*(D_{22}-D_{11})\\ \overset{\nabla}{\sigma}_{12}=2\mu D_{12}\\ D_{11}+D_{22}=0\end{cases} \tag{7.34}$$

方程中的 μ 控制了平行于坐标轴的剪切，而 μ^* 控制了 45°方向的剪切.

在方程(7.33)中，置 $D_m=0$，我们就能推得

$$\begin{cases}2\mu=\dfrac{2G[h-h_1+\sigma\cos 2\varphi]-\sigma^2}{[(h-h_1)+2G\cos^2 2\varphi-\sigma\cos 2\varphi]}\\ 2\mu^*=\dfrac{2G(h+h_1)}{(h+h_1)+2G\sin^2 2\varphi}\end{cases} \tag{7.35}$$

有了本构方程(7.34)和(7.35)，就可以利用 Hill 和 Hutchinson 方法推出剪切带出现的临界条件：

$$(h/\sigma)_{cr}=\frac{\cos 2\theta-\cos^2 2\theta/\cos 2\varphi}{(1-q)\cos^2 2\theta/\cos^2 2\varphi+(1+q)\sin^2 2\theta/\sin^2 2\varphi} \tag{7.36}$$

式中 $q=h_1/h$，θ 角是剪切带与拉伸轴的夹角，如图 7.5 所示.

如果 $q=1$，$(h/\sigma)_{cr}$ 有一个最大值 0.05，相应的 $\theta=37.2°$(φ 取为 30°来计算). 这说明宏观剪切带偏离滑移方向 7.2°；另一方面，如果 $\varphi\to 45°$，那么 $(h/\sigma)_{cr}\to 0$. 这说明要想产生宏观剪切带必有 $h\to 0$.

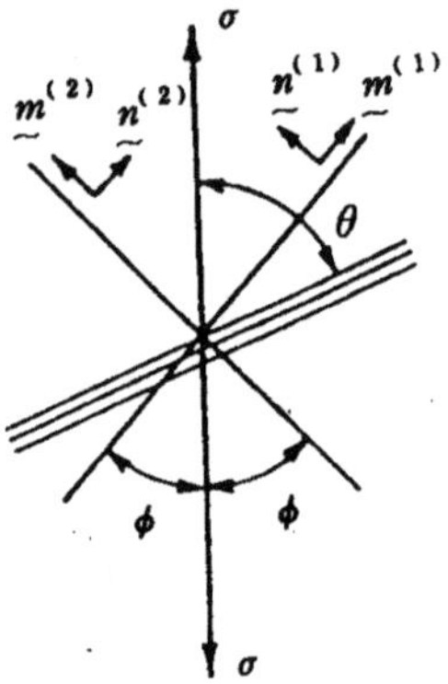

图 7.5

一般地说，随着载荷的增加，硬化系数将会减少，公式(7.36)总会在变形的某个阶段达到. 公式(7.36)表明宏观剪切带不可能在$\theta=\varphi$的方向发生.

公式(7.36)表明，宏观剪切带一般说来可以在$h>0$的情况下发生，也就是说宏观剪切带的产生并不是由于材料丧失了应变硬化能力或材料应变软化.

另外有两个值得注意的特征是晶格的旋转及晶体的滑移剪切率越过剪切带时发生了跳跃.

Peirce 等人[11]指出，在滑移带内附加的滑移剪切率$\Delta\dot{\gamma}^{(1)}$，$\Delta\dot{\gamma}^{(2)}$的比值为

$$\frac{\Delta\dot{\gamma}^{(2)}}{\Delta\dot{\gamma}^{(1)}}=\frac{\cos2\varphi_0\sin2\theta-\sin2\varphi_0\cos2\theta}{\cos2\varphi_0\sin2\theta+\sin2\varphi_0\cos2\theta} \tag{7.37}$$

这里设想剪切带同第 1 个滑移系的滑移方向靠近. 公式(7.37)表明，剪切带内附加的滑移剪切率包括两个滑移系的滑移而以第 1 滑移系滑移为主. 当$\varphi=30°$，$\theta=37.2°$时，这个比值是 0.35.

另一方面，如果$\varphi<\theta<45°$，剪切带内晶格的旋转将是偏离拉伸轴的. 这就使作用在第 1 滑移系上的分解应力增加，从而使滑移系 1 变得几何软化. 这是同实验观察一致的.

3. 数值结果

以上的分析只适用宏观剪切带出现前，全域的应力-应变场是均匀的情况. 但是实验观察表明剪切带的出现之前，试样有可能已经发生颈缩，此时物体内部的应力-应变场是强烈的非均匀. 此时只能用有限元法进行数值模拟.

Peirce 等人[11]采用前面提到的平面双滑移模型进行了计算. 他们严格按照晶体塑性本构方程推导有限元公式. 为了使刚度矩

阵具有对称性，他们假定如下形式的硬化矩阵：

$$\begin{cases} h_{\alpha\beta} = H_{\alpha\beta} + (\underset{\sim}{\beta}^{(\beta)} : \underset{\sim}{P}^{(\alpha)} - \underset{\sim}{\beta}^{(\alpha)} : \underset{\sim}{P}^{(\beta)}) \\ H_{\alpha\beta} = qH + H(1-q)\delta_{\alpha\beta} \end{cases} \tag{7.38}$$

他们的工作表明，如果系数 H，q 取自实验数据，那么方程(7.38)可以较好地描述潜在硬化和超射现象.

他们计算了两种典型情况. 第一种情况，他们调节 $H(\gamma)$ 和 q 值以拟合 Chang 和 Asaro[4] 铝-铜合金单晶体的应力-应变资料. 他们得到如下公式.

$$\begin{aligned} &H(\gamma) = H_0 \mathrm{sech}^2(H_0\gamma/(0.8\tau_0)) \\ &H_0 = 8.9\tau_0,\ q = 1 \end{aligned} \tag{7.39}$$

τ_0 是晶体材料初始屈服强度.

图 7.6 表示了载荷与试样端部位移的关系曲线. 计算值与实验结果拟合得相当好.

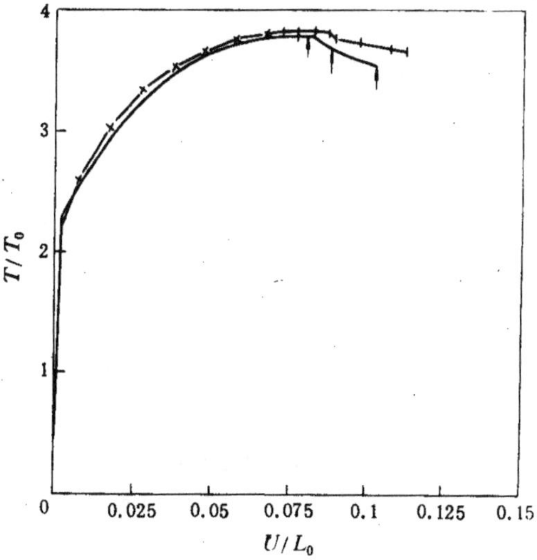

图 7.6　载荷-工程应变曲线

+实验点　　——计算曲线

图 7.7 是模拟计算的结果. 相应的载荷已在图 7.6 上用箭头指出. 从图上不难看出宏观剪切带发生在颈缩之后,在载荷突然有小量下降之后剪切带就初露端倪. 因此可以认为载荷突然下降是剪切带的应变局部化造成的.

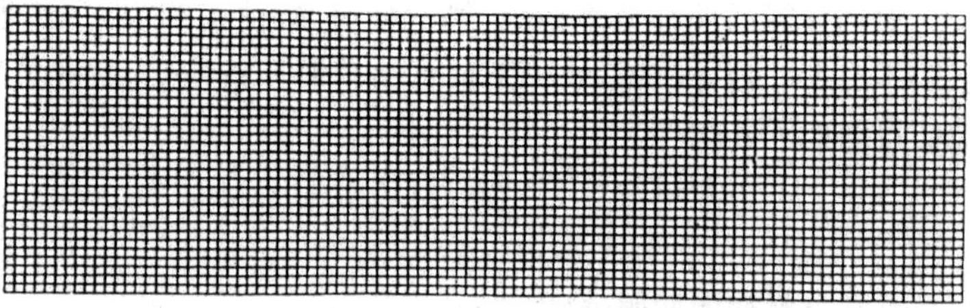

(a)

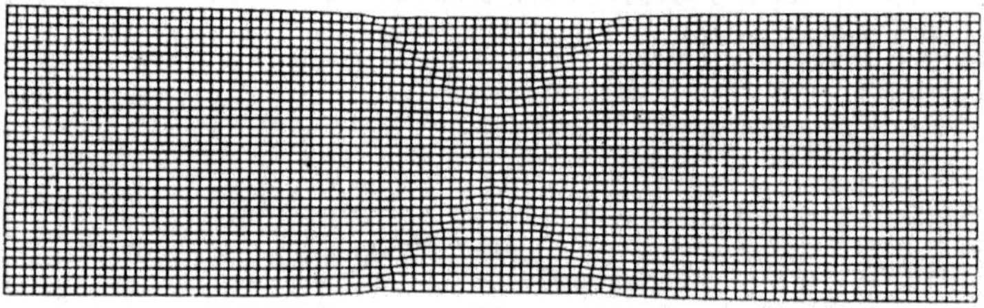

(b)

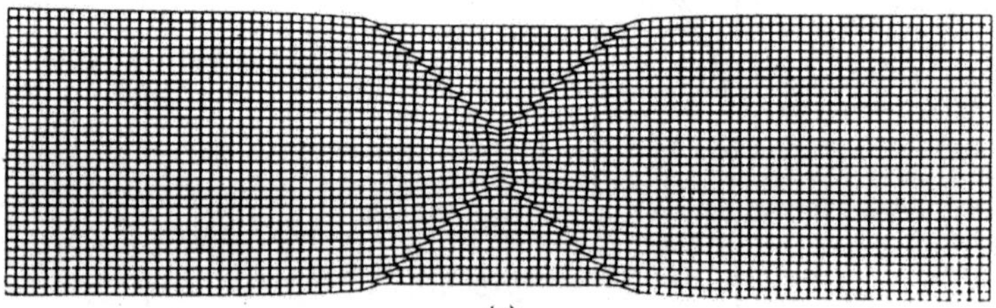

(c)

图 7.7 变形后晶体的网格. 相应的拉伸应变及载荷已在图 7.6 上用箭头指出

在图 7.8 上,画出了变形晶体的四分之一图象(对应于图 7.7 中的(c)). 其中(a)图上的回线是等第一主应变线(自然应变);(b)

图画出的是在主滑移系上的滑移剪切应变的等值线;(c)图画出的是共轭滑移系上滑移剪切应变的等值线. 可以看出,在剪切带内应变是非常强烈的,而且转向更多的主滑移应变. (d)图画出了主滑移方向. 从图上清楚地看出在剪切带内主滑移方向朝着偏离拉伸轴方向旋转而与宏观剪切带方向趋于一致. 以上这些计算结果与 Chang 和 Asaro[4]的实验观察一致.

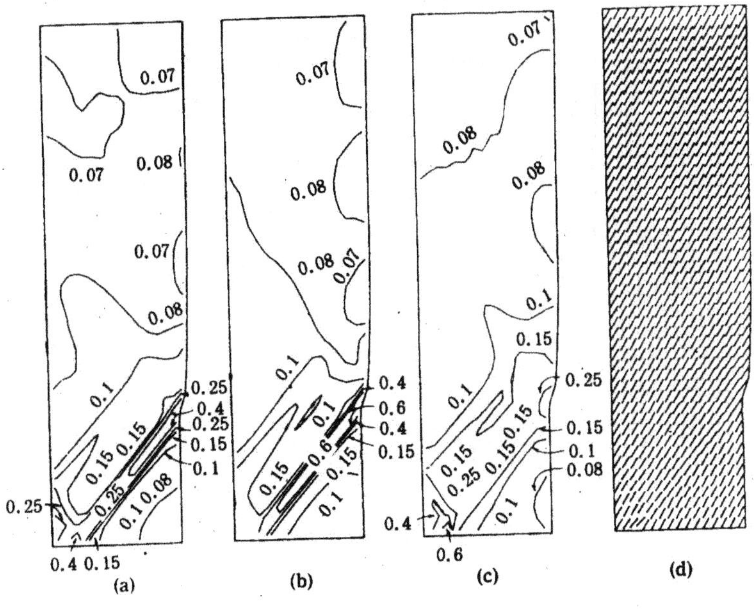

图 7.8 变形晶体的四分之一

(a)等应变线(第一自然应变) (b)等剪应变线(主滑移系)

(c)等剪应变线(共轭滑移系) (d)主滑移方向

他们计算的第二种情况用以模拟"overaged"铝-铜合金晶体[1]. 这种晶体显得更韧些. 硬化规律仍采用(7.38)式. 但$H(\gamma)$为

$$H(\gamma)=H_0\left(\frac{H_0\gamma}{n\tau_0}+1\right)^{n-1} \tag{7.40}$$

这是根据下述单滑移流动规律引入的:

$$\tau_c = \tau_0\left(\frac{H_0\gamma}{n\tau_0} + 1\right)^n \tag{7.41}$$

这个幂硬化规律导出的应变硬化率高于(7.39)式得到的(当应变比较大时),同时我们可以看到相当不同的颈缩和剪切带现象.硬化律(7.41)所对应的载荷-工程应变曲线如图7.9所示.

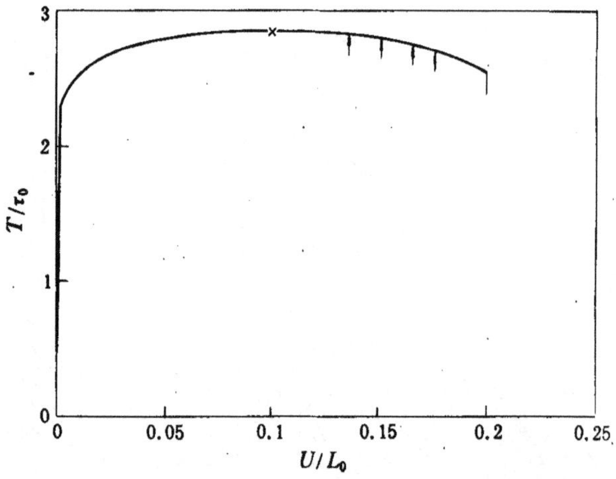

图 7.9 载荷-工程应变曲线(硬化律(7.41))

图7.10给出了各个阶段有限元格子的变形情况.载荷-位移曲线相当光滑通过载荷最大点而未发现任何突然下降.而剪切带的形成是更加缓慢.

比较图7.9与图7.6不难看出,硬化率(7.39)在载荷达到最大载荷前提供了比较高的应变硬化,其屈强比明显低于硬化率(7.40)所提供的.而当滑移剪应变比较大时,硬化率(7.40)所提供的 H 反过来高于前者.

图7.11(a)同样显示了最大主应变(自然应变)的等值线.图

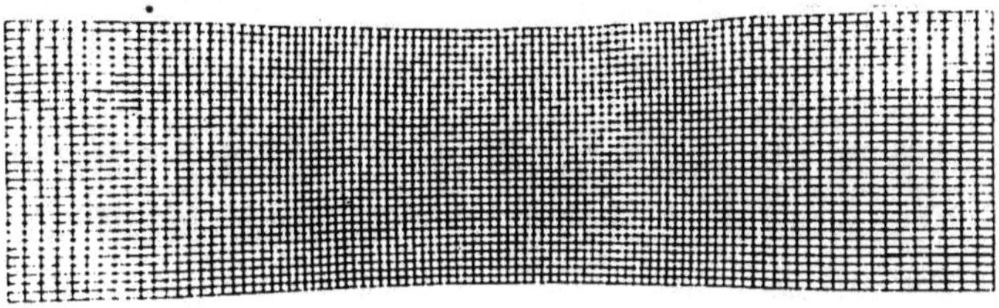

(a)

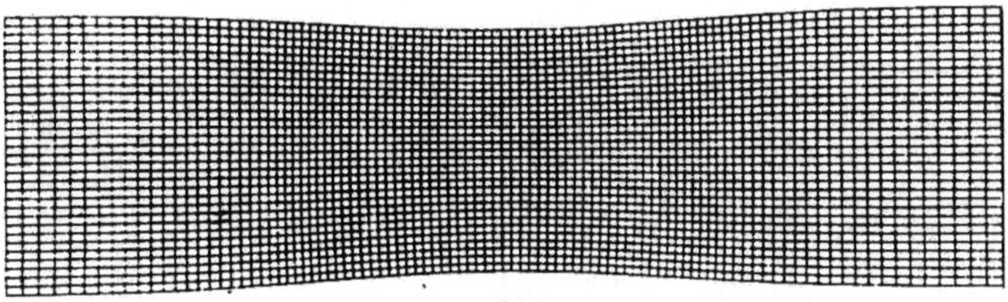

(b)

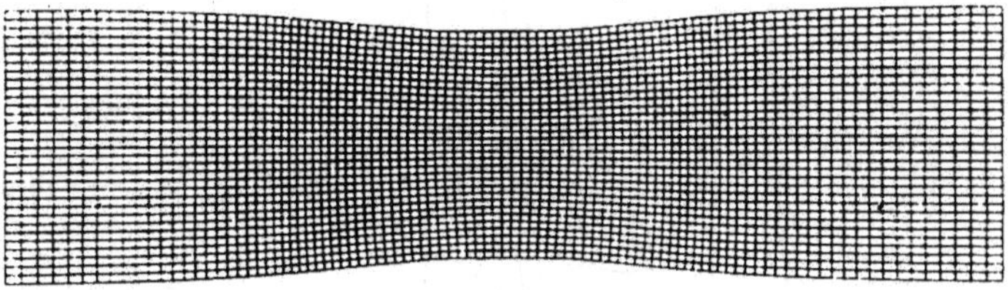

(c)

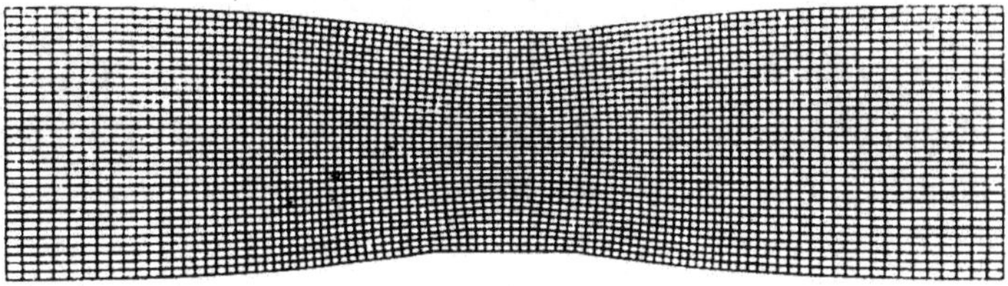

(d)

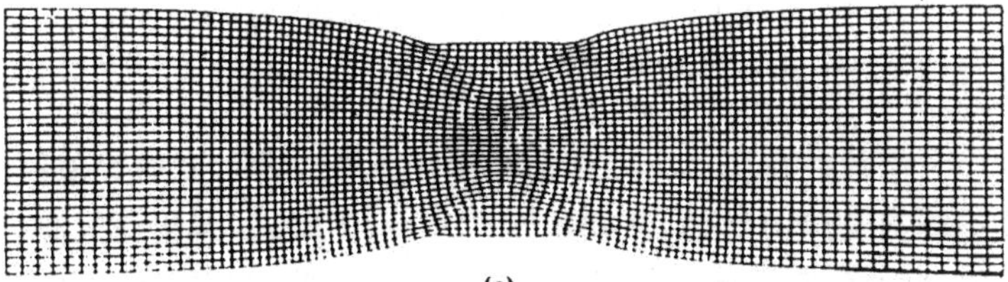

(e)

图 7.10　晶体变形后的网格. 相应的拉伸应变及载荷已在图 7.9 上用箭头指出

7.11(b)和(c)分别给出主滑移剪应变及共轭滑移系滑移剪应变的等值线.从图7.11(b)中注有0.7的等值线上,我们可以看出宏观剪切带的形成.

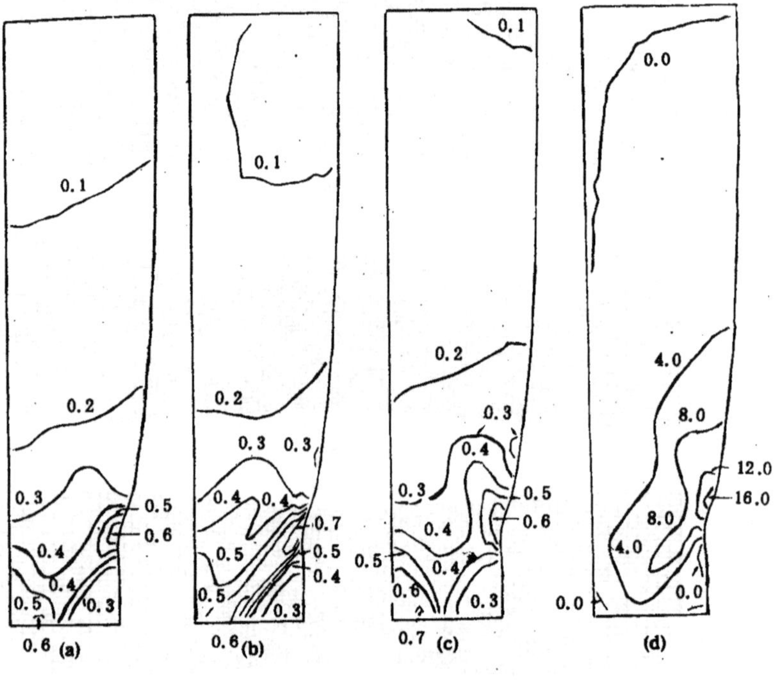

图 7.11　图 7.10 所对应的变形晶体的四分之一

(a)最大主应变的等值线　　(b)主滑移系的等剪应变线

(c)共轭滑移系的等剪应变线　　(d)主滑移滑移方向等旋转线

应该注意图7.11(d)显示的是晶格旋转角度的等值线.角度的测量是顺时针的,从初始定向$\varphi_0=30°$算起,因此是偏离拉伸轴的.而φ趋向于最大剪应力的45°方向.主滑移系明显的几何软化.这种非均匀晶格旋转可以看作是一类变形造成的晶格定向缺陷.晶格旋转随着颈缩和局部剪切的发展而发展(如图7.12).

晶格的旋转已由 Saimoto 等人[12]和 Lisiecki 等人[2]的实验所证实.前者使用的是纯铜晶体,后者则是铝-铜合金晶体.在颈缩区内的不同点采集 X 射线衍射图象,测定晶体定向和 Schmid 因子.证实了在一个滑移系上的几何软化现象.

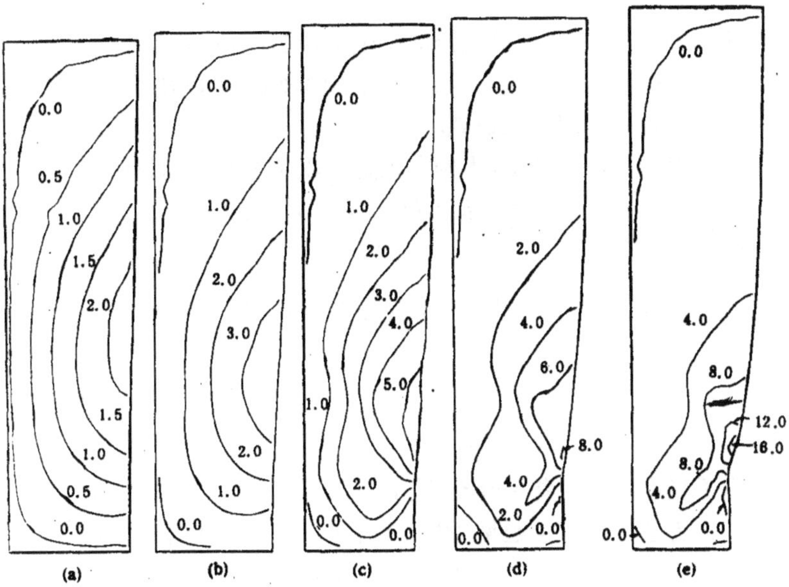

图 7.12　变形各阶段主滑移系滑移方向等旋转角线

§ 7.2　扭折带与粗滑移带[1]

图 7.13 表示了两个变形扭折带的例子,材料是铝单晶.试样受单轴拉伸的作用,在拉伸应变达到 1%—2%时,出现了扭折带.与宏观剪切带不同,扭折带通常是在单滑移占主导的情况下产生.Honeycombe[13]指出,若在塑性应变初始就出现了双滑移,那么扭

折带就难以形成.

形变扭折带的物质平面通常与主滑移方向近似正交. 但是它们的定向随着塑性变形的发展而变化.

如图 7.14 所示,带平面与滑移平面的法线成 θ 角. 由此,带平面的单位法向量 $\underset{\sim}{n}^*$ 可表示为

$$\underset{\sim}{n}^* = \cos\theta\underset{\sim}{m} + \sin\theta\underset{\sim}{n} \tag{7.42}$$

图 7.14 也表明带内晶粒定向发生了弯曲,不同于带外.

变形扭折带也是一种流动局部化现象,可以用均匀的弹塑性场中出现分叉现象来研究.

对于单滑移情况,本构方程是比较简单的. 我们有

$$\overset{\nabla}{\underset{\sim}{\tau}} = \underset{\sim}{L} : \underset{\sim}{D} - (\underset{\sim}{L} : \underset{\sim}{P} + \underset{\sim}{\beta})\dot{\gamma} \tag{7.43}$$

这里

$$\begin{cases} \underset{\sim}{P} = \dfrac{1}{2}(\underset{\sim}{m}\,\underset{\sim}{n}^T + \underset{\sim}{n}\,\underset{\sim}{m}^T) \\ \underset{\sim}{W} = \dfrac{1}{2}(\underset{\sim}{m}\,\underset{\sim}{n}^T - \underset{\sim}{n}\,\underset{\sim}{m}^T) \\ \underset{\sim}{\beta} = \underset{\sim}{W}\,\underset{\sim}{\tau} - \underset{\sim}{\tau}\,\underset{\sim}{W} \end{cases} \tag{7.44}$$

由于只有一个滑移系开动,我们就无需用上标注明滑移系.

为了分析方便起见,我们选瞬时变形状态作为参照状态.

依照公式(4.112)和(4.126),硬化规律可表示为

$$\underset{\sim}{\mu} : \overset{\nabla}{\underset{\sim}{\tau}}{}^* = h\dot{\gamma} \tag{7.45}$$

这个公式并未考虑非 Schmid 效应. 而在本问题中非 Schmid 效应是重要的. 因此,方程(7.45)应代之以下述方程:

$$\dot{\gamma} = \frac{1}{h}(\underset{\sim}{\mu} + \underset{\sim}{\alpha}) : \overset{\nabla}{\underset{\sim}{\tau}}{}^* \tag{7.46}$$

张量 $\underset{\sim}{\alpha}$ 表征非 Schmid 效应,我们有

$$\underset{\sim}{\mu} = \underset{\sim}{P} + \underset{\sim}{\beta} : \underset{\sim}{\mu} \tag{7.47}$$

其中 $\underset{\sim}{\mu}$ 是弹性柔度张量.

由公式(7.43)和(7.46),我们不难推得本构方程:

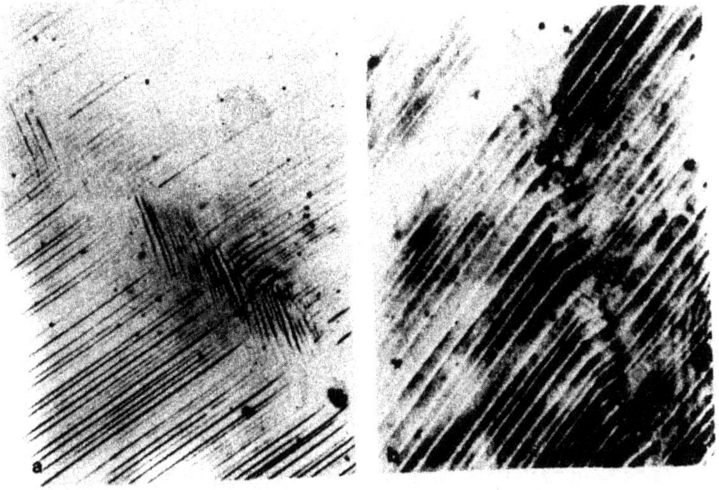

图 7.13　扭折带实例. 铝单晶中的扭折带. 单滑移模式.
带平面近似地垂直于主滑移方向

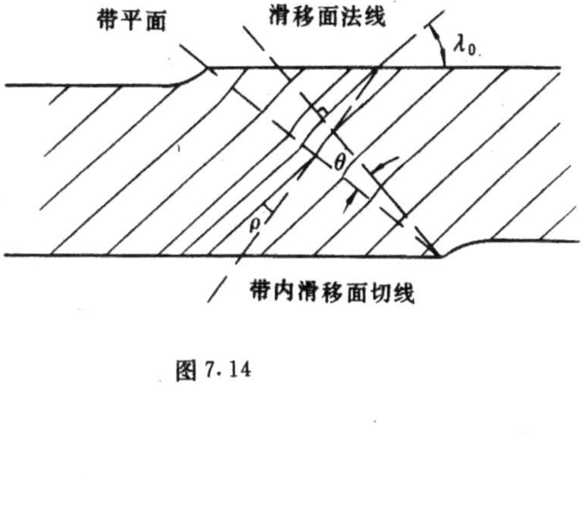

图 7.14

$$\overset{\nabla}{\underset{\sim}{\tau}}=\left(\underset{\sim}{L}-\frac{(\underset{\sim}{L}:\underset{\sim}{P}+\underset{\sim}{\beta})\otimes(\underset{\sim}{Q}:\underset{\sim}{L})}{h+\underset{\sim}{Q}:\underset{\sim}{L}:\underset{\sim}{P}}\right):\underset{\sim}{D} \tag{7.48}$$

式中

$$\underset{\sim}{Q}=\underset{\sim}{\mu}+\underset{\sim}{\alpha}$$

符号⊗表示张量积. 两个二阶张量的张量积表示四阶张量. 我们有分量公式

$$(\underset{\sim}{A}\otimes\underset{\sim}{B})_{ijkl}=A_{ij}B_{kl}$$

方程(7.48)可改写为

$$\begin{aligned}\dot{\underset{\sim}{\sigma}}=&\left(\underset{\sim}{L}-\frac{(\underset{\sim}{L}:\underset{\sim}{P}+\underset{\sim}{\beta})\otimes(\underset{\sim}{Q}:\underset{\sim}{L})}{(h+\underset{\sim}{Q}:\underset{\sim}{L}:\underset{\sim}{P})}\right):\underset{\sim}{D}\\&+\underset{\sim}{\Omega}\,\underset{\sim}{\sigma}-\underset{\sim}{\sigma}\,\underset{\sim}{\Omega}-\underset{\sim}{\sigma}\,\mathrm{tr}(\underset{\sim}{D})\end{aligned} \tag{7.49}$$

其中 $\underset{\sim}{\Omega}$是物质旋率.

设想扭折带中的附加速度场 $\bar{v}_i$ 所对应的速度梯度为

$$\frac{\partial\bar{v}_i}{\partial x_j}=g_i n_j^* \tag{7.50}$$

则有

$$\begin{cases}\underset{\sim}{D}^*=\dfrac{1}{2}(\underset{\sim}{g}\,\underset{\sim}{n}^T+\underset{\sim}{n}\,\underset{\sim}{g}^T)\\[2ex]\underset{\sim}{\Omega}^*=\dfrac{1}{2}(\underset{\sim}{g}\,\underset{\sim}{n}^T+\underset{\sim}{n}\,\underset{\sim}{g}^T)\end{cases} \tag{7.51}$$

出现分叉的静力条件(7.11)可写为

$$\underset{\sim}{n}\cdot\dot{\underset{\sim}{\sigma}}^*=0 \tag{7.52}$$

将(7.49)代入(7.52),整理后得

$$\begin{aligned}&\left\{n_i^*L_{ijkl}^{ep}n_k^*+\frac{1}{2}(n_i^*\sigma_{ik}n_k^*)\delta_{lj}\right.\\&\left.\qquad-\frac{1}{2}\sigma_{lj}-\frac{1}{2}n_i^*\sigma_{il}n_j^*-\frac{1}{2}n_i^*\sigma_{ij}n_l^*\right\}g_l=0\end{aligned} \tag{7.53}$$

式中

$$\underset{\sim}{L}^{ep}=\underset{\sim}{L}-\frac{(\underset{\sim}{L}:\underset{\sim}{P}+\underset{\sim}{\beta})\otimes(\underset{\sim}{Q}:\underset{\sim}{L})}{(h+\underset{\sim}{Q}:\underset{\sim}{L}:\underset{\sim}{P})}$$

方程(7.53)也可写成

$$\underset{\sim}{A}\cdot \underset{\sim}{g}=0 \tag{7.54}$$

其中

$$\underset{\sim}{A}=\underset{\sim}{n}^{*}\cdot \underset{\sim}{L}^{ep}\cdot \underset{\sim}{n}^{*}+\frac{1}{2}[(\underset{\sim}{n}^{*}\cdot \underset{\sim}{\sigma}\cdot \underset{\sim}{n}^{*})\underset{\sim}{I}-\underset{\sim}{\sigma}$$

$$-(\underset{\sim}{n}^{*}\cdot \underset{\sim}{\sigma})\otimes \underset{\sim}{n}^{*}\underset{\sim}{n}^{*}\otimes (\underset{\sim}{\sigma}\cdot \underset{\sim}{n}^{*})] \tag{7.55}$$

我们需要说明的是各种符号的含意.

设想 $\underset{\sim}{a}$，$\underset{\sim}{b}$是任意的一阶张量，$\underset{\sim}{P}$，$\underset{\sim}{Q}$是任意的两阶张量，$\underset{\sim}{L}$是任意的 4 阶张量. 则 $\underset{\sim}{P}\cdot \underset{\sim}{a}$，$\underset{\sim}{b}\cdot \underset{\sim}{P}$是一阶张量；$\underset{\sim}{a}\cdot \underset{\sim}{b}$，$\underset{\sim}{P}:\underset{\sim}{Q}$是标量；$\underset{\sim}{L}:\underset{\sim}{P}$，$\underset{\sim}{P}:\underset{\sim}{L}$，$\underset{\sim}{P}\cdot \underset{\sim}{Q}$是 2 阶张量，$\underset{\sim}{a}\cdot \underset{\sim}{L}$，$\underset{\sim}{L}\cdot \underset{\sim}{b}$是 3 阶张量.

我们约定

$$\underset{\sim}{a}\cdot \underset{\sim}{b}=a_i b_i,\qquad \underset{\sim}{P}:\underset{\sim}{Q}=P_{ij}Q_{ij}$$

$$(\underset{\sim}{P}\cdot \underset{\sim}{a})_i=P_{ij}a_j,\qquad (\underset{\sim}{b}\cdot \underset{\sim}{P})_j=b_iP_{ij}$$

$$(\underset{\sim}{L}:\underset{\sim}{P})_{ij}=L_{ijkl}P_{kl}$$

$$(\underset{\sim}{P}:\underset{\sim}{L})_{kl}=P_{ij}L_{ijkl}$$

$$(\underset{\sim}{a}\cdot \underset{\sim}{L})_{jkl}=a_iL_{ijkl}$$

$$(\underset{\sim}{L}\cdot \underset{\sim}{b})_{ijk}=L_{ijkl}b_l$$

另外张量同标量的张量积⊗相当于该张量乘以标量. 张量积⊗的前后张量次序不能颠倒.

从方程(7.54)看出，为了得到 $\underset{\sim}{g}$的非零解必有下述行列式为零.

$$|A_{ij}|=0 \tag{7.56}$$

Asaro 和 Rice[14]的工作表明，如果忽略非 Schmid 效应，那么临界的硬化系数将是负值或零. 这意味着只对理想塑性状态才有可能考虑扭折带的产生，而这与实验观察并不符合.

当我们把非 Schmid 效应考虑在内，在正的 h_{cr}值下，有可能出现扭折带. 这个扭折带平面与 $\underset{\sim}{m}$或 $\underset{\sim}{n}$相当接近.

Barendreght 和 Sharpe[15]观察到非 Schmid 效应，并建议对于他们研究的锌单晶体，α_{nn}可能近似的为 0.1. Asaro 和 Rice 利用方程(7.56)求得

$$h_{cr} \approx \frac{2}{3} G \alpha_{nn}^2 \approx G/150 \tag{7.57}$$

此时

$$\theta \approx \alpha_{nn}/2 \approx 0.05 \approx 3°$$

$$\underset{\sim}{n}^* \approx \cos\theta \underset{\sim}{m} + \sin\theta \underset{\sim}{n} \approx \underset{\sim}{m} + 0.05 \underset{\sim}{n}$$

公式(7.57)所提供的 h_{cr} 确实落在面心立方金属典型的应变硬化率系数范围之内.

在沉淀强化的铝-铜合金中[1],我们可以看到流动局部化的另外一种例子(图 7.15). 在图 7.15 中,用 CSB 标出的是粗滑移带. 这种粗滑带与扭折带不同,它的方向与激活的滑移系中的一个滑移方向相当接近. 它们可以在单滑移开动或多滑移开动时出现,而且材料依然是应变硬化.

非 Schmid 效应的表征张量 $\underset{\sim}{\alpha}$ 可表示为

$$\underset{\sim}{\alpha} = \begin{bmatrix} \alpha_{mm} & 0 & \alpha_{mz} \\ 0 & \alpha_{nn} & \alpha_{nz} \\ \alpha_{mz} & \alpha_{nz} & \alpha_{zz} \end{bmatrix} \tag{7.58}$$

当屈服面是压力敏感的时候,我们不妨只保留系数 α_{nn}. 而令其他 α_{ij} 为零,此时我们可以发现扭结带.

如果我们只考虑交滑移的影响,估计系数 α_{mz} 的影响,那么我们可以从方程(7.56)求得

$$\underset{\sim}{n}^* \approx \underset{\sim}{n} + \frac{\alpha}{4} \underset{\sim}{z} \tag{7.59}$$

式中 $\alpha = \alpha_{mz}$,$\underset{\sim}{z}$ 是与 $\underset{\sim}{m}$,$\underset{\sim}{n}$ 正交的单位向量.

同时可以推得

$$h_{cr}/G \approx \frac{\alpha^2}{8}$$

若取 $\alpha \approx 0.1$,则有

$$h_{cr}/G \approx 10^{-3}$$

这个估计与实验观察也比较符合.

扭折带与粗滑移带的出现对 Schmid 定律提出了挑战,也说

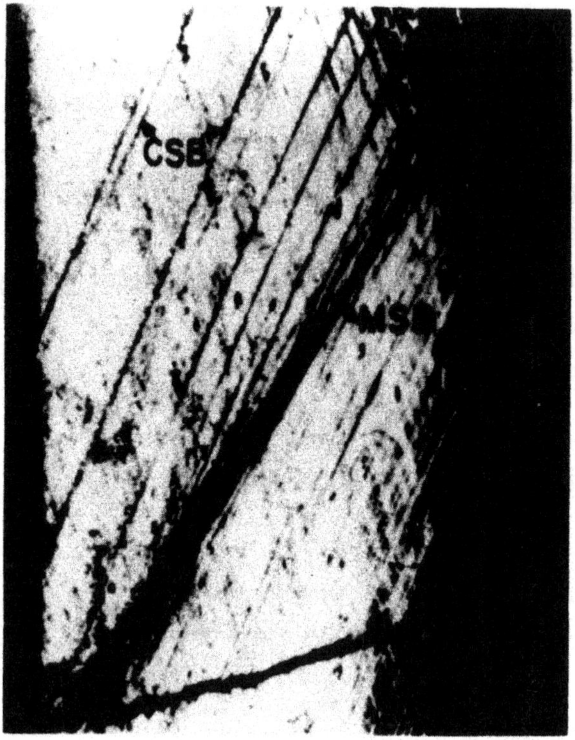

图 7.15 沉淀强化铝-铜合金中粗滑移带[1]

明正交性法则在解释这些局部失稳现象时遇到了困难. 非 Schmid 效应可以对上述现象作出适当解释. 但是为了透彻了解这种现象，还需做一系列精细的实验和大量的分析工作.

§7.3 复杂加载下多晶金属的塑性响应

复杂加载下多晶金属的塑性响应近年来引起广泛注意. 大量的实验表明，复杂的变形路径产生了很多经典塑性理论难以解释的现象.

70 年代以来日本学者对塑性力学的理论与实验进行了大量的研究工作[16-19].

Ohashi 和 Tokuda[16]的工作是一个典型的例子. 实验精细地测量了薄壁圆管试样在拉伸、扭转联合作用下的塑性变形，实验是在控制应变的条件下进行. 应变路径在应变空间中是由一条折线所组成，也就是应变轨迹是由双直线所构成，如图 7.16 所示. e_{ij}是应变偏量. e_{11}，e_{12}分别是轴向应变偏量和剪应变分量.

图 7.16 中带箭头的线段表示相应点处应力偏量向量 $\underset{\sim}{S}$ 的方向.

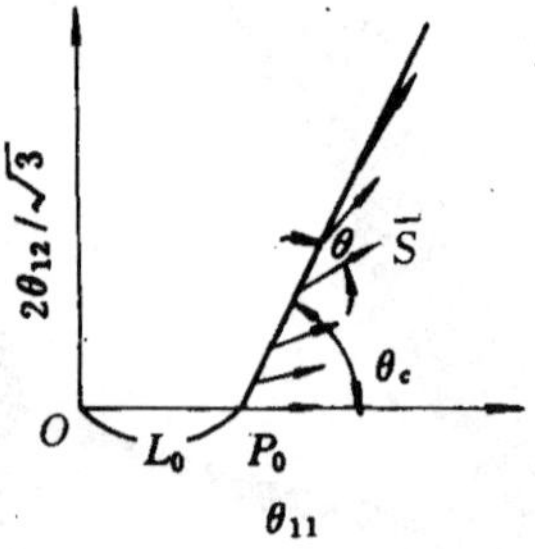

图 7.16

$$\underset{\sim}{S}=\left(\frac{3}{2}S_{11},\sqrt{3}\,S_{12}\right) \tag{7.60}$$

式中 S_{11}，S_{12}分别是轴向应力偏量和剪应力分量. θ 角表示应变偏量增量矢量方向与应力偏量矢量之间的夹角.

他们的实验发现：

(1)应变轨迹方向的突然改变，会产生"迟滞规律". 进一步证实了 Ильюшин[20] 及 Lensky[21] 的实验观察，即应变偏量增量矢量与应力偏量矢量之间并不共轴. 而迟滞角 θ 随着应变的进一步增加而减小.

图 7.17(a)表示了一组双线性应变路径实验所测得的迟滞角. 图中 L 表示等效应变：

$$L = \int [(de_{11})^2 + (2de_{12}/\sqrt{3})^2]^{\frac{1}{2}} \tag{7.61}$$

L_0 表示角点 P_0 处的 L 值. 试样的材料是多晶黄铜.

从图 7.17(a)不难看出，最大迟滞角发生在角点. 随着 L 的增加，θ 角逐步减小而趋于零. 这意味着材料对应变引起的各向异性有记忆力. 但这种记忆力随着塑性变形的增加而逐步衰退.

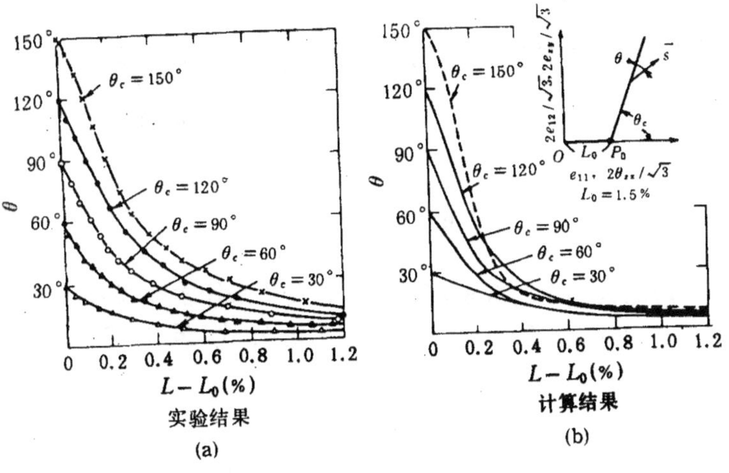

图 7.17[16]

(2)角点后，等效应力 $\overline{S}$ 突然下降. 图 7.18(a)是实验结果. 图中 $\overline{S}$ 等于

$$\overline{S} = \{(3S_{11}/2)^2 + (\sqrt{3}\,S_{12})^2\}^{\frac{1}{2}} \tag{7.62}$$

$\overline{S}_0$ 表示角点 P_0 处的 $\overline{S}$ 值. 图 7.17(a)同样表现出记忆衰退的特性.

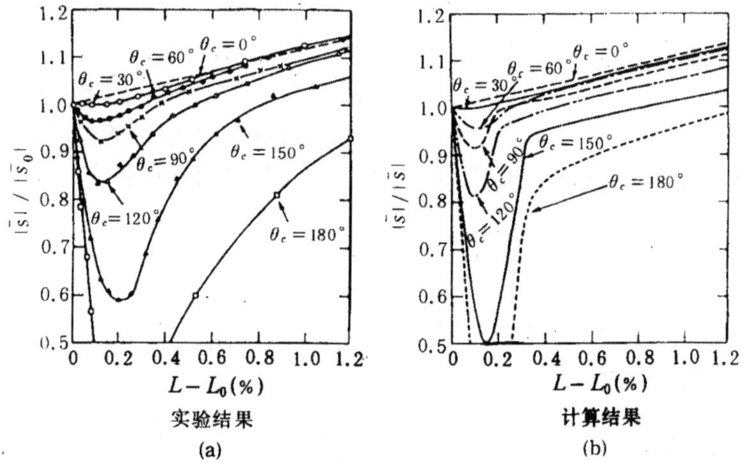

图 7.18[16]

为了解释这些实验现象，Tokuda 等人[22]采用多晶集合体的模型，采用 Lin[23] 的方法和线性硬化公式，同时考虑了 Bauschinger 效应的影响. 具体的公式是

$$\tau_c^{(\alpha)} = \tau_0 + k\sum_{\beta=1}^{n}\gamma^{(\beta)} - k_b\gamma^{(\alpha)} \tag{7.63}$$

其中系数 k 是线性硬化系数，k_b 是 Bauschinger 效应系数. 此项只是当反向滑移系开动时才予以考虑（正向滑移系开动后卸载转而进入反向滑移系开动）.

另一方面，体心立方的晶体结构虽然与面心立方的晶体结构很不相同，但是相应的多晶金属确表现出完全类似的结果. 因此，Tokuda 等人在计算中用一种理想化的晶体代替真实的晶体. 这种理想化的晶体只有三个滑移系（计算时看作 6 个滑移系），这三个滑移系是共面的，三个滑移方向组成等边三角形.

计算结果画在图 7.17(b)和图 7.18(b)上，从图上不难看出理论预示与实验结果是比较吻合的. 这说明晶粒之间的交互作用是说明滞延规律内在机制的有力依据.

附带说明计算时采用的材料常数是

$$\tau_0 = \frac{1}{\sqrt{3}}(140)\ \text{兆帕}, \quad k = 500\ \text{兆帕}, \quad k_b = 500\ \text{兆帕}$$

这些材料参数是从 $\theta_c = 180°$，$L_0 = 1.5\%$ 的 Bauschinger 效应的分析中得到的.

§7.4 多晶体变形特征

多晶体塑性变形的一个主要特征是变形的各向异性和不均匀性. 单晶晶粒塑性变形是结构敏感的. 滑移一般说来只在特定的晶体学平面上发生. 因此，每个单晶晶粒的塑性响应都是各向异性的. 大量的定向各不相同的单晶晶粒所组成的多晶体，当塑性变形比较小时，呈现出宏观各向同性. 随着变形逐步增加，逐渐表现出宏观各向异性. 这是由于各个晶粒发生转动，形成一种“择优取向”现象，产生形变织构. 例如拔丝或径向锻打会形成纤维结构，晶粒取向可能主要沿某个轴向分布. 以体心立方结构为例，⟨110⟩即为常见的纤维轴之一，并且织构度往往正比于变形度.

各个晶粒的定向不同是造成多晶体变形细观不均匀的主要因素. 图 7.19 是 Urie 和 Wain[24]在铝多晶试样中测得的局部伸长. 从这个图上清楚地看出，各个晶粒的平均伸长是各不相同的.

另外在每个晶粒内部变形也是不均匀的. 在晶界处，其伸长量都较平均伸长为小. 横跨晶界两侧伸长的变化是连续的.

晶界对多晶体的塑性变形有很大影响. 这种影响可以归结为以下六种机制：

①晶界对滑移的阻碍作用；②晶界引发多滑移机制；③晶界发射和吸收位错；④晶界滑错；⑤晶界迁移；

这方面详细分析可参看吴希俊的综述性论文[25].

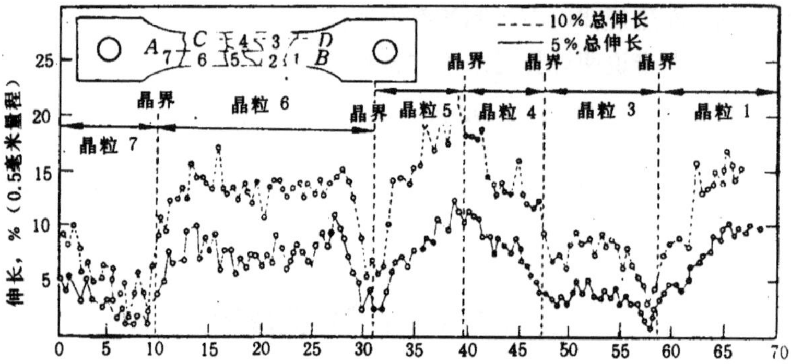

图 7.19　铝多晶的局部伸长

关于多晶塑性变形非均匀性的数值模拟，Asaro 及其合作者做了一系列工作[26,27]. 这里介绍其中的主要部分.

为了简化数值计算，Harren 和 Asaro[26]提出一种二维的平面模型. 图 7.20 画出了二维的晶体几何.

在参考构形中，坐标轴的基向量为 $\boldsymbol{e}_1, \boldsymbol{e}_2$. 二维晶体的晶轴用 $\boldsymbol{a}_1, \boldsymbol{a}_2$ 表示，ψ 为 $\boldsymbol{a}_1$ 与 $\boldsymbol{e}_1$ 之间的夹角. 这个二维晶体有三个滑移系，它们的滑移方向 $\boldsymbol{m}_1, \boldsymbol{m}_2, \boldsymbol{m}_3$ 可组成等边三角形的三个边.

Harren 和 Asaro[26]采用率相关硬化规律：

$$\dot{\gamma}^{(\alpha)} = \dot{a}\,\{\tau^{(\alpha)}/g^{(\alpha)}\}^{1/m} \tag{7.64}$$

式中 $g^{(\alpha)}$ 为滑移剪切应力的瞬时硬化值，$\tau^{(\alpha)}$ 是作用在第 α 滑移系上的分解剪应力. $g^{(\alpha)}$ 服从如下的硬化规律：

$$\dot{g}^{(\alpha)} = \sum_{\beta=1}^{N} h_{\alpha\beta}(\gamma^{(\alpha)})\dot{\gamma}^{(\beta)} \tag{7.65}$$

硬化系数 $h_{\alpha\beta}$ 可用下式表示：

$$h_{\alpha\beta}(\gamma^{(\alpha)}) = g'(\gamma^{(\alpha)})q_{\alpha\beta} \tag{7.66}$$

$$g(\gamma^{(\alpha)}) = g_0 + h_\infty\gamma^{(\alpha)} + (g_\infty - g_0)\mathrm{th}\left\{\left(\frac{h_0 - h_\infty}{g_\infty - g_0}\right)\gamma^{(\alpha)}\right\} \tag{7.67}$$

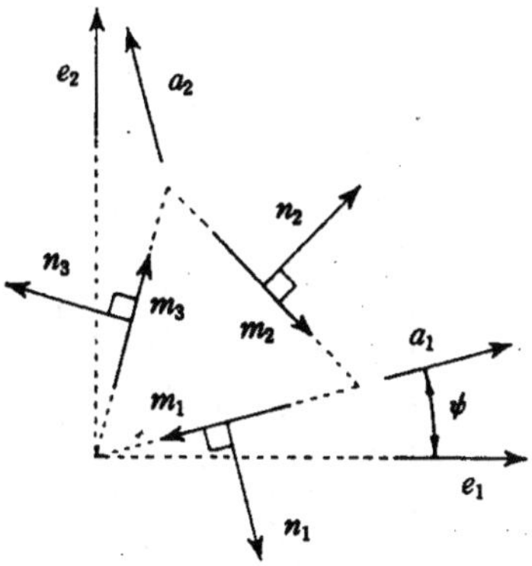

图 7.20　单晶二维模型的几何图像

公式(7.64)中的 m 是率敏感系数. 当 $m\to 0$ 时,必有 $\tau^{(\alpha)}=g^{(\alpha)}$,这就是率无关的硬化规律.

Harren 和 Asaro[26]之所以采用率相关硬化规律(7.64)是为了避开率无关硬化规律中可能出现 的滑移剪切率 $\dot{\gamma}^{(\alpha)}$的解答不唯一的困难.

在参照构形中,二维模型晶体由 27 个单晶晶粒所组成. 每个晶粒的定向如图 7.21 所示. 由于单晶晶粒具有三次对称性,当晶粒绕 e_3旋转 60°时,将得到具有相同滑移系的晶粒. 因此,ψ 只在 $0°<\psi<60°$范围内选取.

图 7.21 画出的是整个多晶体的四分之一. 其中 X_1,X_2 轴是对称轴,因此,第 6,17 晶粒的 ψ 必须是零.

边界条件是

$$\begin{cases}\dot{u}_2(X_1,0)=0, & \dot{t}_1(X_1,\ 0)=0\\ \dot{u}_2(X_1,L_0)=\dot{U}_2, & \dot{t}_1(X_1,\ L_0)=0\\ \dot{u}_1(0,X_2)=0, & \dot{t}_2(0,X_2)=0\\ \dot{u}_1(H_0,X_2)=\dot{U}_1, & \dot{t}_2(H_0,\ X_2)=0\end{cases}\tag{7.68}$$

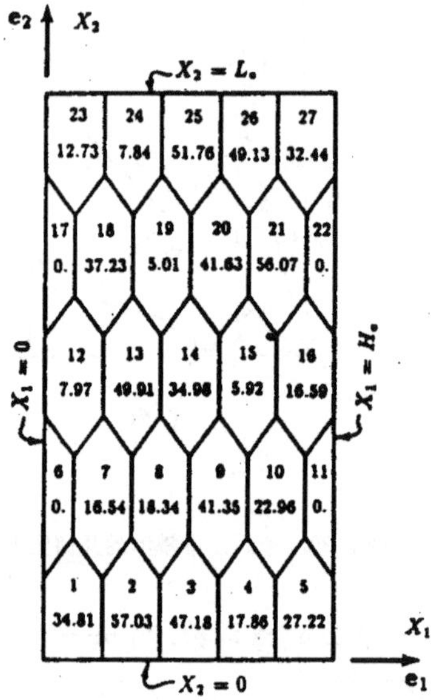

图 7.21　二维模型多晶体参照构形图像.
每个单晶晶粒上标出的是晶粒号码及角度 ψ 的数值.

式中 $\dot{t} = SN$；S 是第一 Piola-Kirchhoff 应力张量. N 是参照构形中边界外法线.

图 7.22 给出了未变形状态有限元网格划分. 宽度方向有 40 个四边形元，而高度方向有 56 个四边形元. 每个四边形元是由 4 个对角线划分出来的三角形元所组成，因此总共由 8960 个等应变三角元所组成.

利用第六章的关于宏观平均性质，不难证实：

$$\dot{\bar{F}}_{11} = \dot{U}_1/H_0,\quad \dot{\bar{F}}_{12} = 0,\quad \dot{\bar{F}}_{21} = 0,\qquad \dot{\bar{F}}_{22} = \dot{U}_2/L_0$$

引入工程应变 $e = (L - L_0)/L_0$. 图 7.23 画出了 4 组变形后的有限元网格. 从这些网格中，我们可以清楚地看到变形的不均匀性是如何发展的.

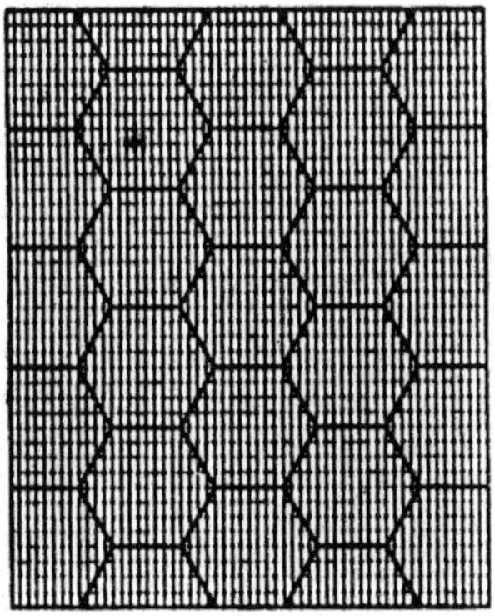

图 7.22 初始构形有限元网格划分

为了更清楚地看出晶粒内部的碎片状变形特征. 在图 7.24 上,画出了第 1 个晶粒主滑移系的滑移方向(滑移剪切量最大). 图中用字母 A,C,E 标出的是主滑移系是 $(m^{(1)},n^{(1)})$ 区域;用字母 B,D 标出的是主滑移是$(m^{(2)},n^{(2)})$区域. 这些区域晶格的旋转分别是 $\triangle\psi=14.0°,-18.2°,14.9°,-12.4°$ 和 $13.9°$,其中 $\triangle\psi>0$ 表明晶格逆时针旋转,而 $\triangle\psi<0$ 表明晶格顺时针旋转.

图中粗虚线表明亚晶界已在晶粒内形成. 在亚晶界两侧,晶格定向有个很大差别.

从图 7.23 也可以清楚地看出宏观滑移带形成过程.

以上的分析表明,有限元法的数值模拟确实可以提供生动丰富的物理图像. 多晶体变形的非均匀性可以很自然地得到反映. 宏观剪切带,亚晶界结构的形成,均可以加以精细预示.

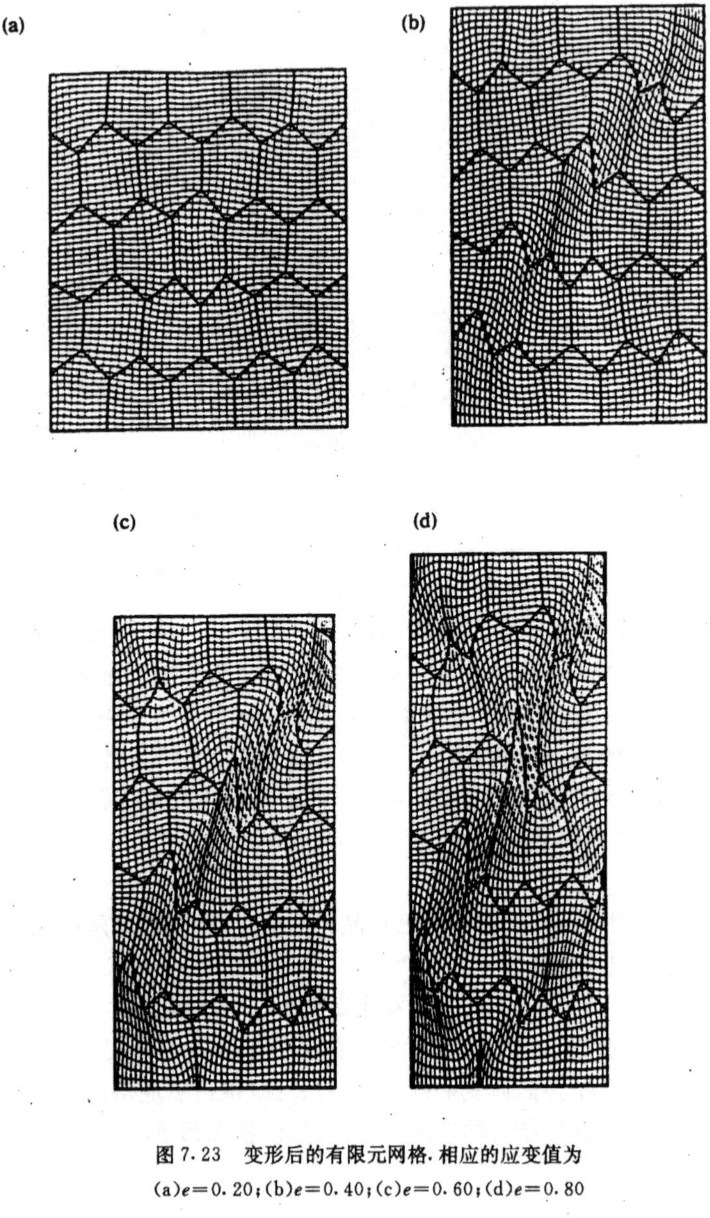

图 7.23　变形后的有限元网格. 相应的应变值为
(a)e=0.20；(b)e=0.40；(c)e=0.60；(d)e=0.80

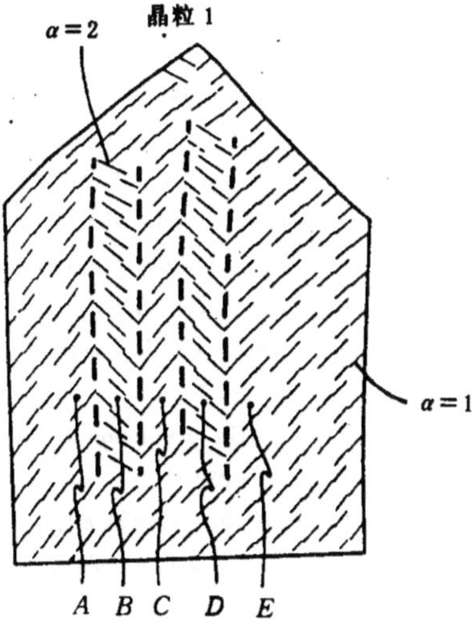

图 7.24　最活跃滑移系轨迹.晶粒 1,当 $e=0.20$ 时.粗虚线是亚晶界

参 考 文 献

[1] Asaro, R. J., Micromechanics of Crystals, Advances in Applied Mechanics, **23**, (1983), Ed. Hutchinson, J. W. and Wu, T. Y., 1—117.

[2] Lisiecki, L. L., Nelson, D. and Asaro, R. J., Lattice rotations, necking and localized deformation in F. C. C. single Crystals, *Scripta Metll.*, **16**(1982), 441—447.

[3] Reid, C. N., Gilbert, A. and Hahn, G. T., Twinning slip and catastrophic flow in niobium, *Acta, Metall.*, **14**(1966), 975—983.

[4] Chang, Y. W., and Asaro, R. J., An experimental study of shear localization in aluminum-copper single crystals, *Acta Metall.*, **29**(1981), 241—257.

[5] Hill, R., Some basic principles in the mechanics of solids without nature time, *J. Mech. Phys. Solids*, **7**(1959), 209—225.

[6] Thomas, T. Y., Plastic Flow and Fracture in Solids, Academic Press, 1961, New York.

[7] Hill, R., Acceleration waves in solids, *J. Mech. Phys. solids*, **10**(1962), 1.

[8] Rice, J. R., Plasticity and Soil Mechanics, Proc. Symp. Role. Plasticity in soil Mechanics, Ed., Palmer, A. C. 1973.

[9] Asaro, R. J., Geometrical effects in the inhomogeneous deformation of ductile single crystals, *Acta Metall.*, **27**(1979), 445—453.

[10] Hill, R. and Hutchinson, J. W., Bifurcation phenomena in the plane strain tension test, *J. Mech. Phys. Solids*, **23**(1975), 239—246.

[11] Peirce, D., Asaro, R. J. and Needleman, A., An analysis of nonuniform and localized deformmation in ductile single crystals, *Acta Metall.*, **30**(1982), 1088.

[12] Saiomoto, S., Hasford, W. F., Jr., and Backofen, W. A., Ductile fracture in copper single crystals, *Philos. Mag.*, **12**(1965), 319—333.

[13] Honeycombe, R. W. K., Inhomogeneities in the plastic deformation of metal crystals, *J. Inst. Metals*, **80**(1950), 45—56.

[14] Asaro, J. R., and Rice, J. R., Strain localization in ductile single crystals, *J. Mech. Phys. Solids*, **25**(1977), 309—338.

[15] Barendreght, J. A., and Sharpe, W. N. Jr., The effect of biaxial loading on the critical resolved shear stress of zinc single crystals, *J. Mech. Phys. Solids*, **21** (1973), 113—123.

[16] Ohashi, Y. and Tokuda, M., Precise measurement of plastic behaviour of mild steel tubular specimens subjected to combined torsion and axial force, *J. Mech. Phys. Solids*, **21**(1973), 241—261.

[17] Ohashi, Y. and Kawashima, K., Plastic deformation of aluminium alloy under abruptly changing loading or strain paths, *J. Mech. Phys. Solids*, **25**(1977), 409—421.

[18] Ohashi, Y., Tokuda, M. and Yamashita, H., Effect of third stress deviator on plastic deformation of mild steel, *J. Mech. Phys. Solids*, **23**(1975), 295—305.

[19] Tokuda, M., Kratochvil, J. and Ohashi, Y., Mechanism of induced plastic anisotropy on polycrystalline metals, *Phys. State. Solids*, (a), **68**(1981), 629—636.

[20] Ильюшин, A. A., Plasticity, Akad. Nauk. USSR, 1963.

[21] 伊留辛,A. A.,连斯基,B. C.,复杂加载时材料的变形规律,力学学报,**3**(1959),3,也见:Proc. 2nd Symp. Naval Structure Mechanics, Brown University, 1960, 259.

[22] Kratochvil, J. and Tokuda, M., Plastic response of polycrystalline metals subjected to complex deformation history, *J. Engi. Materials and Technology*, ASME, **106**(1984), 299—303.

[23] Lin, T. H., Analysis of elastic and plastic strains of a face -centered cubic crys-

tal, *J. Mech. Phys. Solids*, **5**(1957), 143.

[24] Urie, V. M. and Wain, H. L., *J. Ins. Metals*, **81**(1952), 153.

[25] 吴希俊,晶界结构及其对力学性质的影响(Ⅱ),力学进展,**20**(1990), 159—173.

[26] Harren, S. V. and Asaro, R. J., Nonuniform deformations in polycrystals and aspects of the validity of the Taylor model, *J. Mech. Phys. Solids*, **37**(1989), 191—232.

[27] Asaro, R. J. and Needleman, A., Texture development and strain hardening in rate dependent polycrystals, *Acta Metall.*, **33**(1985), 923—954.

第八章　塑性损伤细观力学

材料损伤的类型按其特征尺度大致可以分为微观、细观和宏观三种.在原子、分子尺度上的损伤，如空穴、点缺陷、位错等，需要采用微观点阵模型来研究其物理过程.然后借助于经典或量子统计力学的方法来预测微观损伤对宏观力学行为的影响.这方面的研究通常属于物理力学的范畴.由于理论上比较复杂，计算工作又过于冗长，这种基于点阵模型和统计方法的微观理论，通常只能定性地解释一些最基础的物理现象.

缺口、裂纹可以看作宏观损伤.缺口的应力集中理论和断裂力学就是阐明这类宏观缺陷对材料力学性能影响的分支学科.

细观损伤通常是指空洞、微裂纹、夹杂、脆性相等.这些细观损伤成核机理、演化规律以及它们对材料力学行为的影响乃是最近兴起的损伤力学的热门课题.

就研究方法而论，损伤力学的学派大致分为两大类：

(1)宏观方法.这种方法是一种典型的场论方法，其理论基础是宏观的连续介质力学和连续介质的热力学，因此又称为连续介质的损伤力学.其特点是在物体内部引进连续变化的损伤变量来表征各类细观损伤，利用热力学的公设和定理以及内变量理论，唯象地确定材料的本构方程和损伤演变规律.

目前宏观损伤力学正处于百家争鸣、百花齐放的阶段.

(2)细观方法.这种方法是固体力学向材料科学渗透的有效途径，建立能反映损伤物理本质的细观模型是导致这种方法成功的秘诀.一个巧妙的细观模型必须略去一些次要的细节过程，避免浩繁冗长的计算.

一个成功的细观模型又必须抓住物理本质，使损伤变量能够反映比较真实的几何图象，其损伤演化过程不再只是抽象的方程式而具有清晰的物理内涵.

损伤的细观模型可以考虑各种类型的损伤形态和分布，研究它们的相互作用，预测它们的成核、发展和导致材料破坏过程.

损伤的细观模型只有具备了几何上的直观性，逻辑上的合理性和数学上的可解性才可显示出巨大的吸引力. 一个成功的细观模型不仅可以加深我们对损伤过程的认识，提供一个公式化的完整理论，而且在促进细观力学整个领域的发展上起积极作用.

§8.1 塑性断裂的物理机制[1]

金属材料经过明显的塑性变形而发生的断裂称为塑性断裂，也称为韧性断裂.

塑性断裂的常见形式是拉伸造成典型的杯锥状断裂. 杯锥状断口的底部一般与主应力垂直，断口的细观形态呈鹅毛绒状或纤维状，断口附近的晶粒被拉长得像纤维一样.

杯锥状断口的边缘是切断断口，这种断口的平面与拉伸轴线大致成 45°角. 形成这种断口的原因是某些材料，如镁合金、铝合金和钢材等抗剪强度较低，拉伸时在和轴线成 45°角方向的平面上的最大剪应力的作用下剪切形成.

在电子显微镜下观察杯锥状底部断口，可以观察到许多韧窝. 它是由大小不等的圆形或椭圆形凹坑组成，是由显微空洞长大、聚集造成材料断裂在断口表面上留下的痕迹(图 8.1).

工程材料总是含有很多第二相粒子，粒子可分为三种类型:

(1)可在光学显微镜下看到的大粒子，其尺寸为 1—20 微米. 它们通常是由各种合金元素的复杂化合物组成.

(2)用电子显微镜才能看到的中等粒子，其尺寸量级为 0.05— 0.5 微米. 它们用作为晶粒生长的抑制剂，或用以改善硬度和屈服强度.

(3)小的沉淀粒子，尺寸量级为 0.005—0.05 微米. 它们是有意通过固溶化热处理以及时效产生的，用以提高屈服强度.

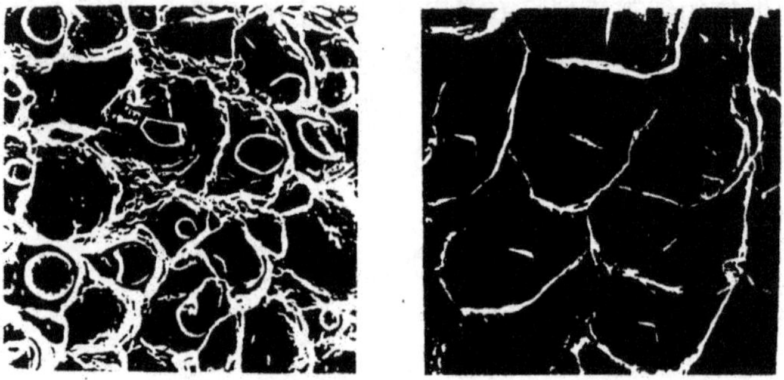

(a) (b)

图 8.1 钢材延性断口的韧窝. 韧窝中的粒子是 MnS 夹杂

大粒子通常都很脆，难以适应周围基体的塑性变形. 在应变只有百分之几量级的时候，在大粒子处就形成了空洞. 空洞的产生或者是由于脆性二相大粒子的自身开裂，或者是由于二相粒子界面与基体粘脱. 可以想象大粒子处形成空洞对于材料的断裂韧性有很大的影响.

随着塑性变形的继续增加，细观空洞不断扩展、长大. 在宏观颈缩的后一阶段，在中等粒子处，二相粒子界面与基体的结合破坏了，由此形成很细的空洞. 这些空洞密集面片状汇合. 形成宏观裂纹. 宏观裂纹的迅速扩展，造成试样的破坏.

应该指出，在常用工程材料中，基体与中等粒子的结合强度是很高的，以至于直到断裂过程的后期，才能观察到少量的细微空洞在中等粒子处成核. 而且一旦形成一定数量的细微空洞，它们必定迅速汇合. 这意味着细微空洞只能在相当高的应力-应变下产生，此时片状汇合的条件已经形成.

总之，韧性金属的破坏机制大致可归结为下述六个步骤：

(1) 在应变只有百分之几的量级时，夹杂物（大粒子）往往自身开裂或与基体脱粘形成空洞；

(2)空洞在应力作用下扩展、长大；

(3)在破坏过程后期，沿中等粒子界面细微空洞成核；

(4)在相邻空洞之间的局部剪切带中，成核细微空洞迅速长大；

(5)剪切带中的细微空洞片状汇合形成宏观裂纹；

(6)宏观裂纹失稳扩展.

图 8.2 显示了粒子开裂形成的空洞在变形过程中的演化. 其中图 a,b,c,d 是铝-铜-镁合金中粒子开裂形成空洞的实物照片. 图 e,f,g 则是空洞成核、扩展和聚集的示意图.

§8.2 体胞模型和 Gurson 方程

经典塑性理论通常不考虑塑性体积变形，认为静水压力对材料的屈服无明显的影响. 这些简化假设对无细观损伤的连续介质是可以接受的. 由于孔洞的成核与扩展，体积不可压缩的假设受到挑战. 尽管基体材料的力学行为可以用经典塑性理论来描写，但空洞的长大却使材料体积膨胀. 因此，我们需要发展考虑宏观体积膨胀的塑性理论.

1. 早期工作

孔洞长大到最后聚集问题早已引起力学家的注意.

McClintock[4]的开创性工作，揭示了三轴张力对孔洞扩展的重要性. 他讨论了基体材料中等距分布的圆柱形孔洞，如图 8.3 所示，其纵轴平行于 z 轴，孔洞的初始半径为 r_0，孔洞的间距为 l_0. 在分析中忽略了孔洞之间的交互作用，而把无穷长圆柱形孔洞深埋在无限大基体之中，受远场径向拉应力 σ_r 和轴向拉应力 σ_z 的作用. 求解轴对称广义平面应变问题. 当基体是理想刚塑性体时，求得的解析公式为

$$\frac{\dot{V}}{\dot{E}V} = \sqrt{3}\ \mathrm{sh}\left(\frac{\sqrt{3}\,\sigma_r}{|\sigma_z - \sigma_r|}\right) \tag{8.1}$$

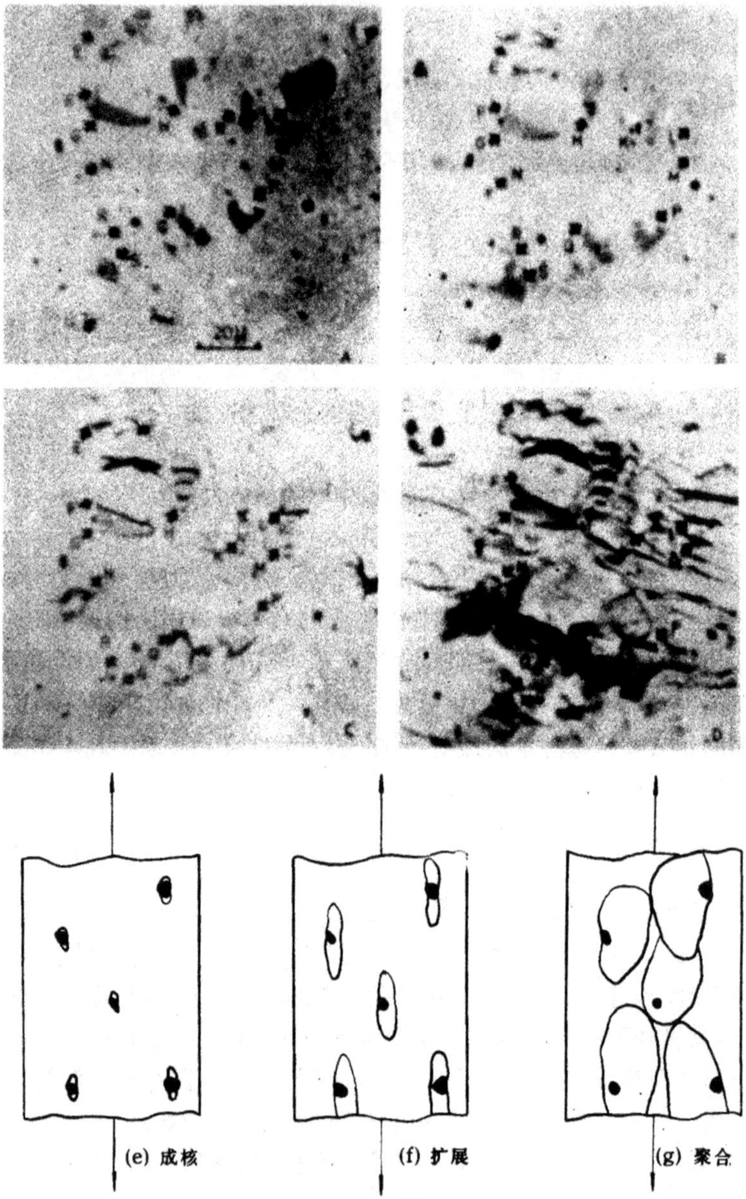

图 8.2　铝-铜-镁合金中大粒子的开裂[1]. a) 3%应变；b) 6%应变；c) 14%应变；d) 25%应变. 注意在NQP之间裂纹的发展. 应变方向为上下方向. e) 空洞成核示意图；f) 空洞扩展；g)空洞合并示意 图.

其中 $\dot{E}$ 是基体的宏观应变率，$\dot{V}$ 是孔洞的体积变化率. 公式(8.1)表明孔洞的体积膨胀率与三轴张力之间存在着指数函数关系. 随着三轴张力 $\sigma = \frac{1}{3}(\sigma_r + \sigma_\theta + \sigma_z) = \sigma_r + \frac{1}{3}(\sigma_z - \sigma_r)$ 的增加，空洞的体积变化率将依照指数函数迅速增加.

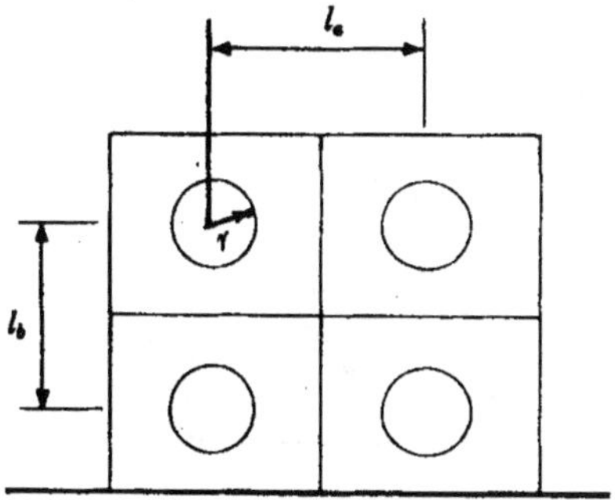

图 8.3 等距分布的圆柱形空洞

McClintock 还利用这个模型分析了孔洞聚集条件. 他认为当孔洞互相接触时，孔洞就聚集在一起. 也就是 $2r = l_a$. 这里 r, l_a 分别是变形后孔洞的半径和 X 方向间距. 由于忽略了空洞之间的交互作用，由于聚集条件提得不很合适，他的理论结果远远高于 Edelson 和 Baldwin[6]的实验结果.

Rice 和 Tracy[5]研究了球形空洞的长大问题. 如图 8.4 所示，孤立的球形空洞深埋在无限大的理想刚塑性基体之中，无穷远处承受均匀的应力场作用. 假设速度场其中包含球对称的体积膨胀和形变分量

$$\dot{u}_i = \dot{\varepsilon}_{ij}^{\infty} X_j + D\dot{u}_i^D + E\dot{u}_i^E \tag{8.2}$$

依照基体体积不可压缩条件和球对称特点，不难得到

$$u_i^D = \dot{\varepsilon}\left(\frac{R_0}{R}\right)^3 X_i \tag{8.3}$$

这样公式(8.2)中的系数 D 即是 $\dot{R}_0/\varepsilon R_0$，也就是球半径的相对变

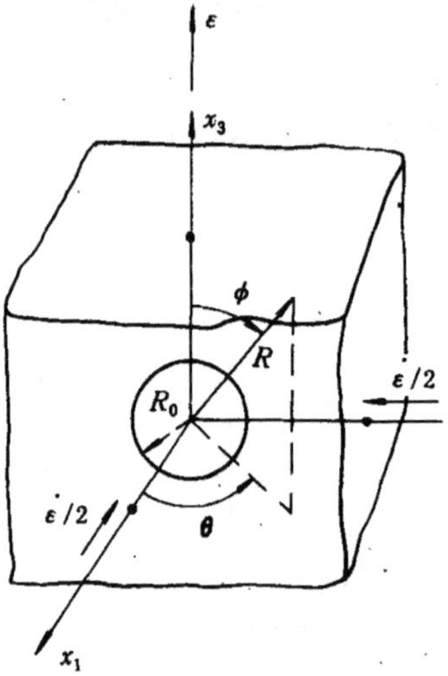

图 8.4 无限大基体中含孤立的球形空洞[6]

化率同无穷远处应变率之比.

Rice 和 Tracey 利用变分原理和 Rayleigh-Ritz 法求解速度场中的两个待定系数 D, E. 他们证实在单轴拉伸的情况下，体积变化较之于形状变化重要得多. 最后得到下述近似公式：

$$D = 0.283\exp(\sqrt{3}\,\sigma_m^\infty/2\tau_0) \tag{8.4}$$

$$\frac{\dot{V}}{\dot{\varepsilon}V} = 1.7\operatorname{sh}\left(\frac{\sqrt{3}\,\sigma_m^\infty}{2\tau_0}\right) \tag{8.5}$$

式中 τ_0 是基体剪切屈服强度. $\dot{\varepsilon}$ 是 z 轴方向的宏观应变率（无穷远处应变率）. 由(8.5)式看出，空洞体积膨胀率随三轴度 $\sigma_m^\infty/3\sigma_0$ 的增大而迅速增大.

2. Gurson 模型

Gurson[7,8] 于 1975 年提出了一套比较完备的本构方程用以描述孔洞对材料塑性行为的影响，这标志着细观损伤力学的重大进展. Gurson 在吸收了 Mc Clintock[4], Rice 和 Tracy[5]工作精华的基础上,出色地提出了体胞模型. 他认为宏观元素是由具有细观结构的元素所表征. 为了研究损伤材料的本构关系,必须建立适当的模型来表征细观结构. McClintock 用无限大基体中含圆柱形空洞来表征细观结构;Rice 和 Tracy 则用无限大基体中含球形空洞来表征细观结构. Gurson 摒弃了无限大基体的设想而用有限大基体来代替,从而创造了一个更加接近真实的理论模式,也为引入几何形象丰富的损伤参量铺平了道路.

Gurson 具体讨论了 4 种细观结构模型,如图 8.5 所示. 其中包括有限体积的圆柱体中含圆柱形空洞,有限体积的球体中含球形空洞,另外两种材料构元分别与上述两种构元相同,但设想划斜线的区域为刚性体.

Gurson 设想基体是理想刚塑性体,空洞的表面是不受边界力作用的自由表面.

对基体材料的塑性变形采用经典的理想塑性流动理论和 Von Mises 屈服条件.

显然分析材料构元的宏观响应相当于讨论一个边值问题. 我们的目的是建立具有细观结构的宏观元素的本构方程,因此,只需讨论下述两种边界条件:

(1)在外边界 S 上

$$v_i = \dot{E}_{ij} X_j \tag{8.6}$$

(2)在外边界 S 上

$$p_i = \sigma_{ij} n_j = \Sigma_{ij} n_j \tag{8.7}$$

其中 Σ_{ij}和 $\dot{E}_{ij}$分别是宏观元素(材料构元)的应力分量和应变率分量.

我们有如下功率互等公式:

$$\int_{V_M} \sigma_{ij} \dot{\varepsilon}_{ij} dV = \Sigma_{ij} \dot{E}_{ij} V \tag{8.8}$$

式中 V_M 是基体所占有的体积;V 是宏观元素的体积,也就是外边界 S 所包围的体积.

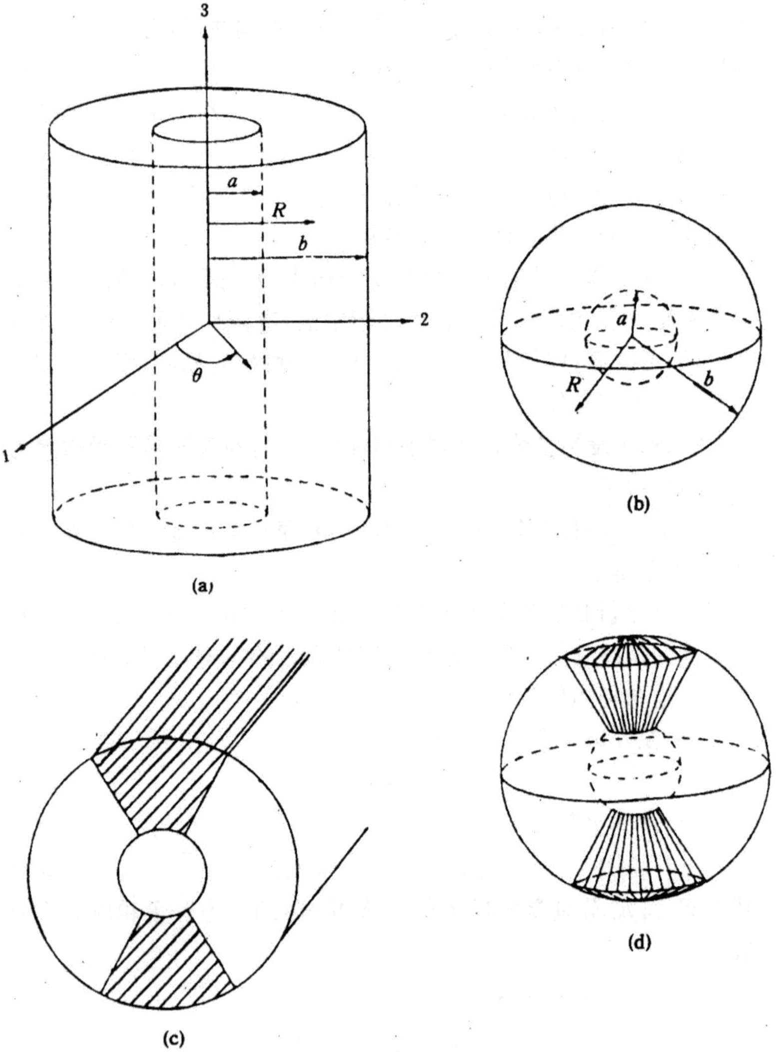

图 8.5　4 种典型的体胞模型[7]

类似于§3.1 的分析，不难证实对于边界条件(8.6)，我们有

$$\dot{E}_{ij} = \frac{1}{V}\int_V \dot{\varepsilon}_{ij} dV \tag{8.9}$$

另外由公式(8.8)，可以推得

$$\Sigma_{ij} = \frac{1}{V}\int_{V_M} \sigma_{ij} dV \tag{8.10}$$

事实上，我们有

$$\begin{aligned}
\int_{V_M} \sigma_{ij}\dot{\varepsilon}_{ij} dV &= \int_S \sigma_{ij} n_j v_i dS - \int_{S_V} \sigma_{ij} n_j v_i dS \\
&= \int_S \sigma_{ij} n_j \dot{E}_{ik} X_k dS \\
&= \dot{E}_{ik}\int_{V_M} \sigma_{ij} X_{k,j} dV \\
&= \dot{E}_{ij}\int_{V_M} \sigma_{ij} dV = \Sigma_{ij}\dot{E}_{ij} V
\end{aligned}$$

注意到对任意的 $\dot{E}_{ij}$，上述公式成立，由此推得公式(8.10).

另一方面，对于边界条件(8.7)，我们可以从公式(8.8)引导出：

$$\dot{E}_{ij} = \frac{1}{V}\int_V \dot{\varepsilon}_{ij} dV \tag{8.11}$$

引入宏观元素单位体积的形变功率 $\dot{W}_*$

$$\dot{W}_* = \Sigma_{ij}\dot{E}_{ij} = \frac{1}{V}\int_{V_M} \sigma_{ij}\dot{\varepsilon}_{ij} dV \tag{8.12}$$

Duva 和 Hutchinson[9]业已证实(证明见下一节)，当基体材料存在着塑性势时，宏观塑性变形也存在着塑性势. 也就是说当基体的应变率可以用势函数

$$\dot{\varepsilon}_{ij} = \frac{\partial \varphi}{\partial \sigma_{ij}} \tag{8.13}$$

来表示时，宏观应变率 $\dot{E}_{ij}$ 也可用宏观势函数来表示：

$$\dot{E}_{ij} = \frac{\partial \Phi}{\partial \Sigma_{ij}} \tag{8.14}$$

$$\Phi = \frac{1}{V}\int_{V_M} \varphi dV \tag{8.15}$$

另一方面，如果微观应力 σ_{ij} 可用下式表示

$$\sigma_{ij} = \frac{\partial \dot{W}_0}{\partial \dot{\varepsilon}_{ij}} \tag{8.16}$$

式中 $\dot{\varepsilon}_{ij}$ 是微观应变率，$\dot{W}_0$ 是微观变形功率

$$\dot{W}_0 = \dot{W}_0(\dot{\underset{\sim}{\varepsilon}}) = \int_0^{\dot{\underset{\sim}{\varepsilon}}} \sigma_{ij} d\dot{\varepsilon}_{ij} \tag{8.17}$$

$$dW_0 = \frac{\partial \dot{W}_0}{\partial \dot{\varepsilon}_{ij}} d\dot{\varepsilon}_{ij} = \sigma_{ij} d\dot{\varepsilon}_{ij} \tag{8.18}$$

那么我们有

$$\begin{aligned} \Sigma_{ij} d\dot{E}_{ij} &= \frac{1}{V}\int_{V_M} \sigma_{ij} dV \cdot d\dot{E}_{ij} \\ &= d\dot{E}_{ij}\ \frac{1}{V}\int_{V_M} (\sigma_{ik} X_j)_{,k} dV \\ &= d\dot{E}_{ij}\ \frac{1}{V}\int_{S} \sigma_{ik} X_j n_k dV \end{aligned}$$

对于第一类边界条件(8.6)，上式可改写为

$$\begin{aligned} \Sigma_{ij} d\dot{E}_{ij} &= \frac{1}{V}\int_{S} \sigma_{ik} dV_i n_k dV \\ &= \frac{1}{V}\int_{V_M} \sigma_{ij} d\dot{\varepsilon}_{ij} dV = \frac{1}{V}\int_{V_M} d\dot{W}_0 dV = d\dot{W} \end{aligned} \tag{8.19}$$

其中

$$\dot{W} = \frac{1}{V}\int_{V_M} \dot{W}_0 dV \tag{8.20}$$

由公式(8.20)，立即推得

$$\Sigma_{ij} = \frac{\partial \dot{W}}{\partial \dot{E}_{ij}} = \frac{1}{V}\int_{\dot{V}_M} \sigma_{kl} \frac{\partial \dot{\varepsilon}_{kl}}{\partial \dot{E}_{ij}} dV \tag{8.21}$$

公式(8.21)即是确定宏观应力场的基本公式.

当基体是不可压缩材料，微观的本构关系(8.16)应改为

$$\sigma_{ij} = \frac{\partial \dot{W}_0}{\partial \dot{\varepsilon}_{ij}} + \sigma_m \delta_{ij} \tag{8.22}$$

此时公式(8.21)对含空洞材料依然成立,但可改写成

$$\Sigma_{ij} = \frac{1}{V}\int_{V_M} S_{kl}\frac{\partial\dot{\varepsilon}_{kl}}{\partial\dot{E}_{ij}}dV \tag{8.23}$$

3. 圆柱体含圆柱形空洞

为了论述简明起见,讨论轴对称变形,我们有

$$\begin{cases} v_r = \dfrac{A}{r} - \dfrac{1}{2}\dot{\varepsilon}_z r \\ v_\theta = 0, \qquad v_z = \dot{\varepsilon}_z \cdot z \end{cases} \tag{8.24}$$

显然该速度场满足轴对称及不可压缩条件.不可压缩条件为

$$\dot{\varepsilon}_r + \dot{\varepsilon}_\theta + \dot{\varepsilon}_z = \frac{\partial v_r}{\partial r} + \frac{v_r}{r} + \dot{\varepsilon}_z = 0$$

宏观应变分量为

$$\dot{E}_{ij} = \frac{1}{V}\int_V \dot{\varepsilon}_{ij}dV = \frac{1}{V}\int_S \frac{1}{2}(v_i n_j + v_j n_i)dS$$

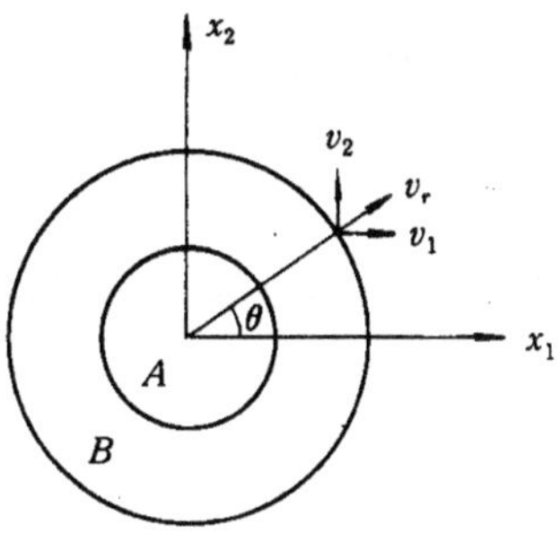

图 8.6

如图 8.6 所示,我们有

$$v_1 = v_r\cos\theta$$

$$v_2 = v_r\sin\theta$$

$$v_3 = v_z$$

我们取一段长度为 L 的圆柱体来讨论，此时有

$$\dot{E}_{11}=\frac{1}{\pi b^2 L}\int_S v_1 n_1 dS$$

$$=\frac{1}{\pi b^2}\int_0^{2\pi} v_r \cos^2\theta b d\theta$$

$$=\frac{1}{b}v_r(b)=\frac{A}{b^2}-\frac{1}{2}\dot{\varepsilon}_z$$

$$\dot{E}_{22}=\dot{E}_{11}=\frac{A}{b^2}-\frac{1}{2}\dot{\varepsilon}_z$$

$$\dot{E}_{33}=\frac{1}{\pi b^2}\int_0^b\int_0^{2\pi}\frac{v_3\left(\frac{L}{2}\right)-v_3\left(-\frac{L}{2}\right)}{L}r dr d\theta$$

$$=\frac{1}{V}\int_V \dot{\varepsilon}_z dV=\dot{\varepsilon}_z$$

由此得到

$$\begin{cases}\dot{\varepsilon}_z=\dot{E}_{33}\\ A/b^2=\dot{E}_{11}+\dot{E}_{33}/2=\dfrac{1}{2}(\dot{E}_{11}+\dot{E}_{22}+\dot{E}_{33})\end{cases}\tag{8.25}$$

设想基体是理想刚塑性体，因此

$$\dot{W}_0=\sigma_e\dot{\varepsilon}_e=\sigma_e\sqrt{\frac{2}{3}\dot{\varepsilon}_{kl}\dot{\varepsilon}_{kl}}$$

式中 σ_e 是基体屈服强度，$\dot{\varepsilon}_e$ 是微观等效应变率.

由公式(8.24)导出微观应变率：

$$\begin{cases}\dot{\varepsilon}_r=-\dfrac{A}{r^2}-\dfrac{1}{2}\dot{\varepsilon}_z\\ \dot{\varepsilon}_\theta=\dfrac{A}{r^2}-\dfrac{1}{2}\dot{\varepsilon}_z\\ \dot{\varepsilon}_z=\dot{E}_z\end{cases}\tag{8.26}$$

依照微观等效应变率的定义，我们有

$$\dot{\varepsilon}_e=\sqrt{\frac{4}{3}\frac{A^2}{r^4}+\dot{E}_z^2}\tag{8.27}$$

将公式(8.25)，(8.27)代入(8.20)，导得

$$\dot{W}=\sigma_e\dot{\varepsilon}_z U^*(\omega,f)=\frac{2\sigma_e}{b^2}\int_a^b\dot{\varepsilon}_e r dr$$

其中

$$U^*(\omega,f)=\omega\int_\omega^{\omega^*}\frac{(1+X^2)^{\frac{1}{2}}}{X^2}dX$$

$$X=\omega\left(\frac{b^2}{r^2}\right),\qquad \omega=\frac{2}{\sqrt{3}}\cdot\frac{A}{\dot{\varepsilon}_z b^2}$$

$$\omega^*=\omega/f,\qquad f=\frac{a^2}{b^2}$$

再将上述公式代入(8.21),得到

$$\frac{\sqrt{3}\,\Sigma_{11}}{\sigma_e}=\int_\omega^{\omega^*}\frac{dX}{\sqrt{1+X^2}}=\mathrm{sh}^{-1}\omega^*-\mathrm{sh}^{-1}\omega$$

$$\frac{\Sigma_{33}-\Sigma_{11}}{\sigma_e}=\left\{\frac{(1+\omega^2)^{\frac{1}{2}}}{\omega}-\frac{(1+\omega^{*2})^{\frac{1}{2}}}{\omega^*}\right\}\omega \tag{8.28}$$

显然无量纲应力 Σ_{11}/σ_e, $(\Sigma_{33}-\Sigma_{11})/\sigma_e$ 只是 ω 的函数. 消去 ω 就得到

$$\mathrm{ch}(\sqrt{3}\,\Sigma_{11}/\sigma_e)=\sqrt{1+\omega^{*2}}\cdot\sqrt{1+\omega^2}-\omega\omega^*$$

$$T_e^2=\frac{(\Sigma_{33}-\Sigma_{11})^2}{\sigma_e^2}$$

$$=\omega^2\left\{1+\frac{1}{\omega^{*2}}+1+\frac{1}{\omega^2}-\frac{2\sqrt{1+\omega^{*2}}\sqrt{1+\omega^2}}{\omega\cdot\omega^*}\right\}$$

$$=f\left\{\left(f+\frac{1}{f}\right)-2\mathrm{ch}(\sqrt{3}\,\Sigma_{11}/\sigma_e)\right\}$$

最后得到

$$\left(\frac{\Sigma_e}{\sigma_e}\right)^2+2f\mathrm{ch}\left(\frac{\sqrt{3}\,\Sigma_{11}}{\sigma_e}\right)-(1+f^2)=0 \tag{8.29}$$

这就是 Gurson[7] 导得的方程,其中 f 表征空洞体积比.

4. 球体含球形空洞

如图 8.7 所示,建立球坐标,应变率的表达式为

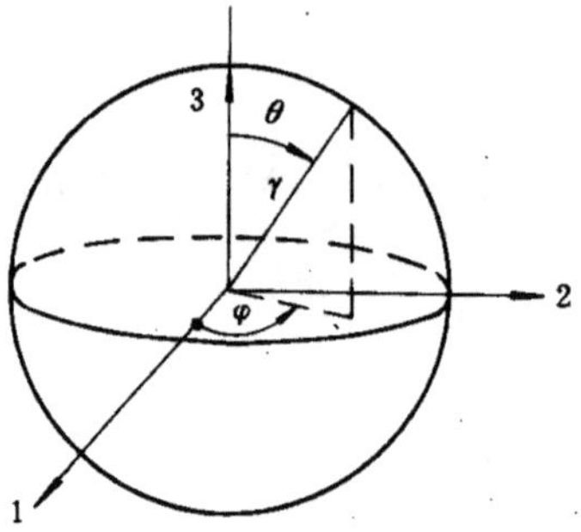

图 8.7

$$\begin{cases}\dot{\varepsilon}_r = \dfrac{\partial v_r}{\partial r} \\ \dot{\varepsilon}_\theta = \dfrac{1}{r}\dfrac{\partial v_\theta}{\partial \theta} + \dfrac{v_r}{r} \\ \dot{\varepsilon}_\varphi = \dfrac{1}{r\sin\theta}\dfrac{\partial v_\varphi}{\partial \varphi} + \dfrac{v_\theta}{r}\mathrm{ctg}\theta + \dfrac{v_r}{r} \\ \dot{\gamma}_{r\theta} = \dfrac{\partial v_\theta}{\partial r} - \dfrac{v_\theta}{r} + \dfrac{1}{r}\dfrac{\partial v_r}{\partial \theta}\end{cases} \tag{8.30}$$

限于讨论轴对称变形，因此有

$$v_\varphi = 0, \qquad \dot{\gamma}_{r\varphi} = \dot{\gamma}_{\theta\varphi} = 0$$

v_r, v_θ 只是 r, θ 的函数

基体体积不可压缩导致方程：

$$\frac{\partial}{\partial r}(r^2 v_r \sin\theta) + \frac{\partial}{\partial \theta}(r v_\theta \sin\theta) = 0 \tag{8.31}$$

由此得到

$$\begin{cases} v_r = -\xi_{,\theta}/(r^2\sin\theta) \\ v_\theta = \xi_{,r}/(r\sin\theta)\end{cases} \tag{8.32}$$

ξ 是任意的 r, θ 函数.

设想在球体外边界曲面上有边界条件(8.6)

$$v_i = \dot{E}_{ij}X_j, \qquad 在\ r = b\ 处 \tag{8.6}$$

对于轴对称变形，我们有

$$\dot{E}_{11}=\dot{E}_{22}, \qquad \dot{E}_{ij}=0, \qquad i\neq j$$

严格地说 $\dot{E}_{13}$，$\dot{E}_{23}$可以不为零，但为了分析简单起见，我们也取为零. 因此，我们得到

$r=b$ 处，

$$\begin{cases} v_1=\dot{E}_{11}X_1=\dot{E}_{11}b\sin\theta\cos\varphi \\ v_2=\dot{E}_{22}X_2=\dot{E}_{11}b\sin\theta\sin\varphi \\ v_3=\dot{E}_{33}X_3=\dot{E}_{33}b\cos\theta \end{cases} \tag{8.33}$$

转向球坐标，可以导出

$$\begin{cases} v_r=b(\dot{E}_{11}\sin^2\theta+\dot{E}_{33}\cos^2\theta) \\ v_\theta=b(\dot{E}_{11}-\dot{E}_{33})\sin\theta\cos\theta \qquad r=b\text{ 处} \\ v_\varphi=0 \end{cases} \tag{8.34}$$

我们假设的速度场必须满足边界条件(8.6). 令

$$\xi=A_0\cos\theta+B_0(r)\sin\theta\sin2\theta+\tilde{\xi}(r,\theta) \tag{8.35}$$

此时有

$$v_r=\frac{A_0}{r^2}-\frac{B_0(r)}{r}(1+3\cos2\theta)+\tilde{v}_r \tag{8.36}$$

$$v_\theta=\frac{B_0'(r)}{r}\sin2\theta+\tilde{v}_\theta \tag{8.37}$$

其中

$$\tilde{v}_r=-\tilde{\xi}_{,\theta}/r^2\sin\theta, \qquad \tilde{v}_\theta=\xi_{,r}/r\sin\theta$$

设想 $\tilde{v}_r$，$\tilde{v}_\theta$ 在 $r=b$ 处满足齐次的边界条件，

$$\tilde{v}_r=\tilde{v}_\theta=0, \qquad \text{在 } r=b \text{ 处}$$

那么为了使边界条件(8.6)得到满足，必有

$$\begin{cases} A_0=\dfrac{b^3}{3}(2\dot{E}_{11}+\dot{E}_{33})=b^3\dot{E}_m, \quad E_m=(\dot{E}_{11}+\dot{E}_{22}+\dot{E}_{33})/3 \\ B_0(b)=-\dfrac{b^3}{6}(\dot{E}_{33}-\dot{E}_{11}), =-\dfrac{b^3}{6}\dot{E}_e, \quad \dot{E}_e=\dot{E}_{33}-\dot{E}_{11} \\ B_0'(b)=\dfrac{b^2}{2}(\dot{E}_{11}-\dot{E}_{33}), \quad =-\dfrac{b^2}{2}\dot{E}_e \end{cases} \tag{8.38}$$

显然最简单的可取

$$B_0(r) = -\frac{r^3}{6}(\dot{E}_{33} - \dot{E}_{11}) \tag{8.39}$$

现在我们讨论初级近似，令 $\tilde{v}_r,\tilde{v}_\theta$ 为零，由此可以得到

$$\begin{cases}\dot{\varepsilon}_r = -\dfrac{2A_0}{r^3} + \dfrac{\dot{E}_e}{6}(1 + 3\cos2\theta) \\ \dot{\varepsilon}_\theta = \dfrac{A_0}{r^3} + \dfrac{\dot{E}_e}{6}(1 - 3\cos2\theta) \\ \dot{\varepsilon}_\varphi = \dfrac{A_0}{r^3} - \dfrac{1}{3}\dot{E}_e \\ \dot{\gamma}_{r\theta} = -\dot{E}_e\sin2\theta\end{cases} \tag{8.40}$$

$$\dot{\varepsilon}_e^2 = \frac{4A_0^2}{r^6} - \dot{\varepsilon}\,A_0h_0(\theta)/r^3 + \dot{\varepsilon}^2 \tag{8.41}$$

式中

$$\dot{\varepsilon} = \frac{2}{3}\dot{E}_e$$
$$h(\theta) = 1 + 3\cos\theta \tag{8.42}$$

宏观粘性势将是

$$\dot{W} = 2\pi\int_a^b r^2dr\int_0^\pi \sin\theta\dot{W}_0d\theta/V \tag{8.43}$$

注意到

$$\dot{W}_0 = \sigma_e\dot{\varepsilon}_e$$

我们有

$$\dot{W} = \frac{3\sigma_e}{2b^3}\int_0^\pi \sin\theta d\theta\int_a^b\left[\frac{4A_0^2}{r^6} - \frac{\dot{\varepsilon}\,A_0}{r^3}h(\theta) + \dot{\varepsilon}^2\right]^{\frac{1}{2}}r^2dr$$

引入辅助变量

$$\omega = \frac{2A_0}{\dot{\varepsilon}\,b^3} = \frac{2\dot{E}_{11} + \dot{E}_{33}}{(\dot{E}_{33} - \dot{E}_{11})} = \frac{\dot{V}}{\dot{E}_eV}$$
$$X = \frac{2A_0}{\dot{\varepsilon}\,r^3} = \omega\left(\frac{b}{r}\right)^3 \tag{8.44}$$

$\dot{W}$可改写为

$$\dot{W}=\sigma_0\dot{\varepsilon}\,\frac{1}{2}U^*(\omega,\ f) \tag{8.45}$$

$$U^*=\omega\int_0^{\pi}\sin\theta d\theta\int_{\omega}^{\omega^*}\frac{\left(1-\frac{h}{2}x+x^2\right)^{\frac{1}{2}}}{x^2}dx \tag{8.46}$$

鉴于

$$-1\leqslant\frac{2x}{1+x^2}\leqslant 1,\qquad -\frac{1}{2}\leqslant\frac{h(\theta)}{4}\leqslant 1$$

因此

$$\begin{aligned}\left(1-\frac{h}{2}x+x^2\right)^{\frac{1}{2}}&=(1+x^2)^{\frac{1}{2}}\left\{1-\frac{h}{4}\cdot\frac{2x}{1+x^2}\right\}^{\frac{1}{2}}\\&=(1+x^2)^{\frac{1}{2}}\left\{1-\frac{h}{4}\cdot\frac{x}{(1+x^2)}\right.\\&\qquad\left.-\frac{1}{8}\frac{h^2}{4}\cdot\frac{x^2}{(1+x^2)^2}+\cdots\right\}\end{aligned}$$

考虑初级近似，上述展开式中只保留前两项，我们得

$$U^*\doteq 2\omega\left\{\frac{\sqrt{1+\omega^2}}{\omega}-\frac{\sqrt{1+\omega^{*2}}}{\omega^*}+\ln\frac{\omega^*+\sqrt{1+\omega^{*2}}}{\omega+\sqrt{1+\omega^2}}\right\} \tag{8.47}$$

依照公式(8.21)，我们有(注意到 $\dot{E}_{11}=\dot{E}_{22}$)

$$\begin{cases}\Sigma_{11}=\dfrac{1}{2}\dfrac{\partial\dot{W}}{\partial\dot{E}_{11}}\\[2ex]\Sigma_{33}=\dfrac{\partial\dot{W}}{\partial\dot{E}_{33}}\end{cases} \tag{8.48}$$

利用公式(8.47)，(8.45)和(8.44)，我们不难求得

$$\begin{cases}T_m=\Sigma_m/\sigma_e=\dfrac{2}{3}\ln\dfrac{\omega^*+\sqrt{1+\omega^{*2}}}{\omega+\sqrt{1+\omega}}\\[2ex]T_e=\omega\left(\dfrac{\sqrt{1+\omega^2}}{\omega}-\dfrac{\sqrt{1+\omega^{*2}}}{\omega^*}\right)\end{cases} \tag{8.49}$$

式中

$$\Sigma_m = \frac{1}{3}(\Sigma_{11} + \Sigma_{22} + \Sigma_{33})$$

$$\Sigma_e = \Sigma_{33} - \Sigma_{11}, \quad T_e = \Sigma_e/\sigma_e$$

利用(8.49)式，消去 ω，便得到

$$T_e^2 + 2f\mathrm{ch}\left(\frac{3}{2}T_m\right) - (1 + f^2) = 0 \tag{8.50}$$

此即 Gurson[7]得到的方程.

将方程(8.50)与(8.29)加以比较，立即看出，若将圆柱壳中的 T_{11} 比作球壳体中的 $\frac{\sqrt{3}}{2}T_m$，那么两种构元所得的屈服面方程完全相同.

以上推导中，我们忽略了平衡方程和球腔内表面边界力自由的条件. Gurson 在速度场中再引进几个待定系数，通过变分法使平衡方程和球腔内表面条件近似地得到满足. Gurson 发现这样所得的屈服面方程与方程(8.50)相当一致. 因此，对于球体内含球形空洞的构元，其宏观屈服面方程就是方程(8.50).

Gurson 方程(8.50)中，包含两个状态变量 f 和 σ_e. 当基体是理想塑性体时，σ_e 是常数. 此时只剩下表征空洞体积比的 f.

方程(8.50)中，$T_e = \Sigma_e/\sigma_e$，$T_m = \dfrac{\Sigma_m}{\sigma_e}$，$\Sigma_e$ 是宏观的等效应力，Σ_m 是宏观的三轴张力. 在一般的三维应力状态下，我们有

$$\Sigma_e = \frac{2}{3}\Sigma'_{ij}\Sigma'_{ij}, \qquad \Sigma'_{ij} = \Sigma_{ij} - \Sigma_m\delta_{ij}$$

$$\Sigma_m = \frac{1}{3}\Sigma_{kk} \tag{8.51}$$

方程(8.50)表征的屈服面是近似屈服面，其形状如图 8.8 所示. 当 f 趋近于零时，方程(8.50)退化为经典的 Mises 屈服面.

5. 塑性势和正交性法则

以上的分析引导出含空洞材料的屈服面方程. 为了分析含空洞材料的塑性响应，Gurson 进一步讨论了宏观塑性势的存在问

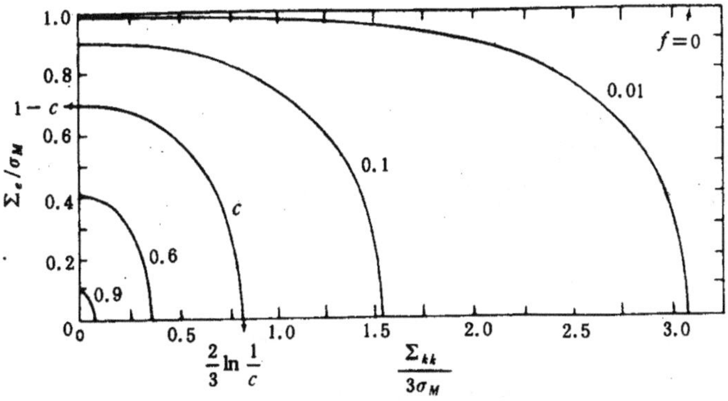

图 8.8　Gurson 屈服面. $\sigma_M=\sigma_e$

题.

类似于经典理论,基于 Drucker 公设,引出相关流动的塑性势. 我们有

$$\Phi = (\Sigma_e/\sigma_e)^2 + 2f\cosh\left(\frac{3\Sigma_m}{2\sigma_e}\right) - (1 + f^2) = 0 \quad (8.52)$$

此时有

$$\dot{E}^p_{ij} = \lambda \frac{\partial \Phi}{\partial \Sigma_{ij}} \quad (8.53)$$

上述公式意味着塑性应变沿着屈服面的法线方向.

Gurson 的原始推导中并未考虑基体材料的应变硬化. Yamamoto[10] 引入基体平均流变应力 $\bar{\sigma}_e$ 代替方程(8.52)中的 σ_e,从而间接地考虑了基体材料应变硬化的影响.

利用塑性功率相等原理来定义基体平均流变应力 $\bar{\sigma}_e$:

$$V_M \cdot \bar{\sigma}_e \dot{\bar{\varepsilon}}_p = V\Sigma_{ij}\dot{E}^p_{ij}$$

式中 V_M 是基体占有的体积. 由此得到

$$\bar{\sigma}_e \dot{\bar{\varepsilon}}_p = (1 - f)^{-1}\Sigma_{ij}\dot{E}^p_{ij} \quad (8.54)$$

其中基体平均等效塑性应变率 $\dot{\bar{\varepsilon}}_p$ 遵循硬化规律

$$\dot{\bar{\sigma}}_e = h\dot{\bar{\varepsilon}}_p \tag{8.55}$$

这里硬化系数可取为基体材料的硬化系数. 这样我们有

$$\dot{\bar{\sigma}}_e = \frac{h}{\bar{\sigma}_e(1-f)}\Sigma_{ij}\dot{E}_{ij}^p \tag{8.56}$$

$$(\text{其中 } \bar{\sigma}_e = A(\bar{\varepsilon}_p), \qquad h = A'(\bar{\varepsilon}_p))$$

公式(8.56)即是基体平均流变应力 $\bar{\sigma}_e$ 的演化方程.

我们设想基体材料是体积不可压缩的,因此,

$$f = \frac{V - V_M}{V}$$

$$\dot{f} = \frac{V_M}{V^2}\dot{V} \doteq (1-f)\dot{E}_{kk}^p \tag{8.57}$$

公式(8.57)即是损伤参量 f 的演变方程.

塑性流动的一致性条件是

$$\dot{\Phi} = \frac{\partial\Phi}{\partial\Sigma_{ij}}\dot{\Sigma}_{ij} + \frac{\partial\Phi}{\partial\bar{\sigma}_e}\dot{\bar{\sigma}}_e + \frac{\partial\Phi}{\partial f}\dot{f} = 0 \tag{8.58}$$

将方程(8.53),(8.56),(8.57)代入上式,整理后得到

$$\lambda = \frac{1}{H}\frac{\partial\Phi}{\partial\Sigma_{kl}}\dot{\Sigma}_{kl} \tag{8.59}$$

其中

$$H = -\left\{\frac{\partial\Phi}{\partial\bar{\sigma}_e}\frac{h}{(1-f)\bar{\sigma}_e}\Sigma_{ij}\frac{\partial\Phi}{\partial\Sigma_{ij}} + \frac{\partial\Phi}{\partial f}(1-f)\frac{\partial\Phi}{\partial\Sigma_{kk}}\right\} \tag{8.60}$$

宏观应变率 $\dot{E}_{ij}$ 可表示为弹性应变率 $\dot{E}_{ij}^e$ 及塑性应变率 $\dot{E}_{ij}^p$ 的叠加:

$$\dot{E}_{ij} = \dot{E}_{ij}^e + \dot{E}_{ij}^p \tag{8.61}$$

而弹性应变率 $\dot{E}_{ij}^e$ 可表示为

$$\dot{E}_{ij}^e = \mu_{ijkl}\dot{\Sigma}_{kl} \tag{8.62}$$

式中 μ_{ijkl} 是宏观弹性模量张量. 忽略孔洞对弹性常数的影响, μ_{ijkl} 即为基体材料的弹性柔度张量. 对各向同性弹性体,我们有

$$\mu_{ijkl} = \frac{1}{2\mu}\left\{\delta_{ik}\delta_{jl} - \frac{\nu}{(1+\nu)}\delta_{ij}\delta_{kl}\right\} \tag{8.63}$$

由此推得

$$\dot{E}_{ij} = \mu_{ijkl}\dot{\Sigma}_{kl} + \frac{1}{H}\frac{\partial\Phi}{\partial\Sigma_{kl}}\dot{\Sigma}_{kl}\frac{\partial\Phi}{\partial\Sigma_{ij}} \tag{8.64}$$

公式(8.64)即是体胞模型的宏观的弹塑性本构方程.

我们可以对 Gurson 模型作出简单的小结:

(1)Gurson 模型提供了一种可供连续介质力学分析的细观物理模型.这种细观体胞模型突破了经典的均匀密实连续介质力学的框框,考虑了材料内部的细观结构.

Gurson 模型的学术思想是新颖的,但数学处理方法并未超出连续介质力学范围,因此颇受力学家赏识.

(2)Gurson 模型中的损伤变量具有清晰的几何形象和明确的物理内涵.空洞体积比表征了一种各向同性的损伤过程.

(3)该模型提供了一套完整的塑性损伤的本构理论.一旦基体材料的力学行为和空洞体积比确定下来,就能将含空洞材料的塑性本构方程建立起来.

(4)该模型也可以考虑空洞成核过程,可以用于局部剪切带分析之中.

§8.3 含空洞粘性材料的本构势[21]

上面一节分析的出发点都是设想基体是理想刚塑性体,应变硬化是通过引入基体平均等效应力 $\bar{\sigma}_e$ 而间接地加以考虑.

本节将直接讨论应变硬化的影响,但设想基体材料遵守经典的塑性形变理论,此时问题也等价于粘性材料的定常蠕变问题.

设想单轴应力作用,基体材料的拉伸应变率 $\dot{\varepsilon}$ 遵循幂硬化规律

$$\dot{\varepsilon} = \dot{\varepsilon}_0(\sigma/\sigma_0)^m \tag{8.65}$$

微观本构关系假设为

$$\dot{\varepsilon}_{ij} = \frac{\partial\varphi}{\partial\sigma_{ij}} = \frac{3}{2}\dot{\varepsilon}_0(\sigma_e/\sigma_0)^{m-1}S_{ij}/\sigma_0 \tag{8.66}$$

式中 m 是幂硬化律指数,σ_0,$\dot{\varepsilon}_0$ 是材料常数,σ_e 是微观(基体)等效

应力，φ是微观本构势

$$\varphi = \frac{\sigma_0 \dot{\varepsilon}_0}{(m+1)} (\sigma_e / \sigma_0)^{m+1} \tag{8.67}$$

讨论在边界条件(8.7)下的材料构元的塑性响应问题，此时有

$$\begin{aligned} \dot{E}_{ij} d\Sigma_{ij} &= d\Sigma_{ij} \cdot \frac{1}{V} \int_V \dot{\varepsilon}_{ij} dV \\ &= d\Sigma_{ij} \frac{1}{V} \int_S V_i n_j dS = \frac{1}{V} \int_S \dot{V}_i d\sigma_{ij} n_j dS \\ &= \frac{1}{V} \int_{V_M} \dot{\varepsilon}_{ij} d\sigma_{ij} dV \\ &= \frac{1}{V} \int_{V_M} d\varphi dV = d\Phi \end{aligned} \tag{8.68}$$

其中

$$\Phi = \frac{1}{V} \int_{V_M} \varphi dV \tag{8.69}$$

鉴于应力增量是可以任意选择的，由此得到

$$\dot{E}_{ij} = \frac{\partial \Phi}{\partial \Sigma_{ij}} \tag{8.70}$$

公式(8.70)表明，当基体材料的粘性应变可以用粘性势来表示的时候，宏观的粘性应变同样也可以用宏观粘性势来表示. 而且宏观粘性势是微观粘性势的体积平均.

再讨论在边界条件(8.6)下的材料构元的粘性问题. 正如第2节所证明的那样，如果基体材料的本构关系可写为

$$\sigma_{ij} = \frac{\partial \dot{W}_0}{\partial \dot{\varepsilon}_{ij}} + \sigma_m \delta_{ij} \tag{8.71}$$

那么宏观应力可表示为

$$\begin{aligned} \Sigma_{ij} &= \frac{\partial \dot{W}}{\partial \dot{E}_{ij}} \\ \dot{W} &= \frac{1}{V} \int_{V_M} \dot{W}_0 dV \end{aligned} \tag{8.72}$$

1. 圆柱体中含圆柱形空洞

讨论轴对称问题，此时公式(8.24)，(8.26)，(8.27)均有效. 基体的本构关系(8.71)又可写为

$$S_{ij}=\frac{2}{3}\sigma_0\left(\frac{\dot{\varepsilon}_e}{\dot{\varepsilon}_0}\right)^{n-1}(\dot{\varepsilon}_{ij}/\dot{\varepsilon}_0) \tag{8.73}$$

$$S_{ij}=\frac{\partial\dot{W}_0}{\partial\dot{\varepsilon}_{ij}} \tag{8.74}$$

$$\begin{cases}\dot{W}_0=\sigma_0\dot{\varepsilon}_0\left(\dfrac{\dot{\varepsilon}_e}{\dot{\varepsilon}_0}\right)^{\left(1+\frac{1}{m}\right)}\dfrac{m}{(1+m)}\\ \dot{W}_0=\sigma_0\dot{\varepsilon}_0\left(\dfrac{\dot{\varepsilon}_e}{\dot{\varepsilon}_0}\right)^{1+n}/(1+n),n=1/m\end{cases} \tag{8.75}$$

由此推得

$$\begin{aligned}\dot{W}&=\frac{L}{V}\int_a^b 2\pi\cdot\dot{W}_0 rdr\\ &=\frac{2}{b^2}\frac{\sigma_0}{(1+n)\dot{\varepsilon}_0^n}\int_a^b\left(\frac{4}{3}\frac{A^2}{r^4}+\dot{\varepsilon}_z^2\right)^{(n+1)/2}rdr\\ &=\frac{\sigma_0\dot{\varepsilon}_0\omega}{(1+n)}\left(\frac{\dot{\varepsilon}_z}{\dot{\varepsilon}_0}\right)^{1+n}\int_\omega^{\omega^*}[1+x^2]^{(n+1)/2}\frac{dx}{x^2}\end{aligned} \tag{8.76}$$

式中

$$\begin{cases}\omega=\dfrac{2A}{\sqrt{3}\,b^2\dot{\varepsilon}_z}=\dfrac{1}{\sqrt{3}}(2\dot{E}_{11}/\dot{\varepsilon}_z+1)=\dfrac{1}{\sqrt{3}}\left(\dfrac{\dot{V}}{\dot{E}_{33}V}\right)\\ x=\omega(b/r)^2,\qquad \omega^*=\omega/f\end{cases} \tag{8.77}$$

对于轴对称变形，我们有

$$d\dot{W}=2\Sigma_{11}d\dot{E}_{11}+\Sigma_{33}d\dot{E}_{33}$$

由此得到

$$\Sigma_{11}=\frac{1}{2}\frac{\partial\dot{W}}{\partial\dot{E}_{11}},\qquad \Sigma_{33}=\frac{\partial\dot{W}}{\partial\dot{E}_{33}} \tag{8.78}$$

将公式(8.76)代入上式，便得

$$\begin{cases}\dot{W}=\xi\dot{\varepsilon}_z^{n+1}U^*(\omega,\ f)\\ U^*(\omega,\ f)=\omega\int_{\omega}^{\omega^*}\dfrac{(1+x^2)^{(n+1)/2}}{x^2}dx\end{cases}\tag{8.79}$$

$$\begin{cases}\omega=\dfrac{1}{\sqrt{3}}(\dot{E}_{11}+\dot{E}_{22}+\dot{E}_{33})/\dot{E}_{33}\\ \dot{E}_{33}=\dot{\varepsilon}_z\\ \xi=\sigma_0\dot{\varepsilon}_0^{-n}/(1+n)\end{cases}$$

$$\begin{cases}\dfrac{\Sigma_{11}}{\xi\dot{\varepsilon}_z^n}=\dfrac{1}{\sqrt{3}}\cdot\dfrac{\partial U^*}{\partial\omega}\\ \dfrac{\Sigma_{33}-\Sigma_{11}}{\xi\dot{\varepsilon}_z^n}=(1+n)U^*-\omega\dfrac{\partial U^*}{\partial\omega}\end{cases}\tag{8.80}$$

$$\begin{cases}\dfrac{\Sigma_{11}}{\xi\dot{\varepsilon}_z^n}=(1+n)V^*\\ \dfrac{\Sigma_{33}-\Sigma_{11}}{\xi\dot{\varepsilon}_z^n}=(1+n)\omega[nV^*-\Gamma]\end{cases}\tag{8.81}$$

其中

$$\begin{cases}\xi=\sigma_0\dot{\varepsilon}_0^{-n}/(1+n)\\ V^*=\int_{\omega}^{\omega^*}(1+x^2)^{\frac{n-1}{2}}dx\\ \Gamma=\dfrac{(1+\omega^{*2})^{\frac{n+1}{2}}}{\omega^*}-\dfrac{(1+\omega^2)^{\frac{n+1}{2}}}{\omega}\end{cases}\tag{8.82}$$

公式表明对于同一种材料，无量纲应力分量只是 ω 与 f 的函数. 对于固定的 f，消去 ω 就得到 $\Sigma_{11}/\xi\dot{\varepsilon}_z^n$ 与 $(\Sigma_{33}-\Sigma_{11})/\xi\dot{\varepsilon}_z^n$ 之间的相关曲线. 因此，公式(8.81)也可看作是这条相关曲线的参数方程.

为了将该方程写成更有效的形式，引入基体平均流变应力 $\bar{\sigma}_e$：

$$\bar{\sigma}_e\dot{\bar{\varepsilon}}_e=\frac{1}{V_M}\int_{V_M}\sigma_e\dot{\varepsilon}_e dV=\frac{1}{(1-f)}\Sigma_{ij}\dot{E}_{ij}\tag{8.83}$$

注意到

$$\dot{\varepsilon}_e = \dot{\varepsilon}_0(\sigma_e/\sigma_0)^m$$

公式(8.83)变为

$$\bar{\sigma}_e\dot{\bar{\varepsilon}}_e = \frac{1}{V_M}\int_{V_M}\dot{\varepsilon}_0\cdot\sigma_0(\dot{\varepsilon}_e/\dot{\varepsilon}_0)^{1+n}dV$$

$$= \frac{\sigma_0\dot{\varepsilon}_z}{(1-f)}\left(\frac{\dot{\varepsilon}_z}{\dot{\varepsilon}_0}\right)^n\cdot U^* \tag{8.84}$$

这里

$$U^* = \omega\int_{\omega}^{\omega^*}\frac{(1+x^2)^{\frac{n+1}{2}}}{x^2}dx$$

注意到等效应变率 $\dot{\bar{\varepsilon}}_e$ 可以由下式给出：

$$\dot{\bar{\varepsilon}}_e = \dot{\varepsilon}_0\left(\frac{\bar{\sigma}_e}{\sigma_0}\right)^{\frac{1}{n}}$$

从公式(8.84)导出

$$\frac{\bar{\sigma}_e}{\sigma_0} = [U^*/(1-f)]^{\frac{n}{1+n}}(\dot{\varepsilon}_z/\dot{\varepsilon}_0)^n$$

$$\xi\dot{\varepsilon}_z^n = \frac{\sigma_0}{(n+1)}(\dot{\varepsilon}_z/\dot{\varepsilon}_0)^n = \frac{1}{(n+1)}\bar{\sigma}_e/[U^*/(1-f)]^{\frac{n}{1+n}}$$

将上式代入(8.81)，得到

$$\begin{cases} T_{11} = \dfrac{\Sigma_{11}}{\bar{\sigma}_e} = V^*/[U^*/(1-f)]^{\frac{n}{1+n}} \\ T_e = \dfrac{\Sigma_{33}-\Sigma_{11}}{\bar{\sigma}_e} = \omega[nV^*-\Gamma]/[U^*/(1-f)]^{\frac{n}{1+n}} \end{cases} \tag{8.85}$$

图 8.9 即是依照方程(8.85)所求得的 T_{11}-T_e相关曲线.

当 $n=0$ 时，相关曲线的方程是

$$T_e^2 + 2f\mathrm{ch}\left(\sqrt{3}\,T_{11}\right) - (1+f^2) = 0$$

当 $n\neq 0$ 时，我们可以用下述"屈服面方程"近似地表示这些曲线方程：

$$T_e^2 + 2fq_1\mathrm{ch}\left(\sqrt{3}\,q_2T_{11}\right) - (1+f^2) = 0 \tag{8.86}$$

应该着重指出，图 8.9 表示的相关曲线，对粘性材料而言表示

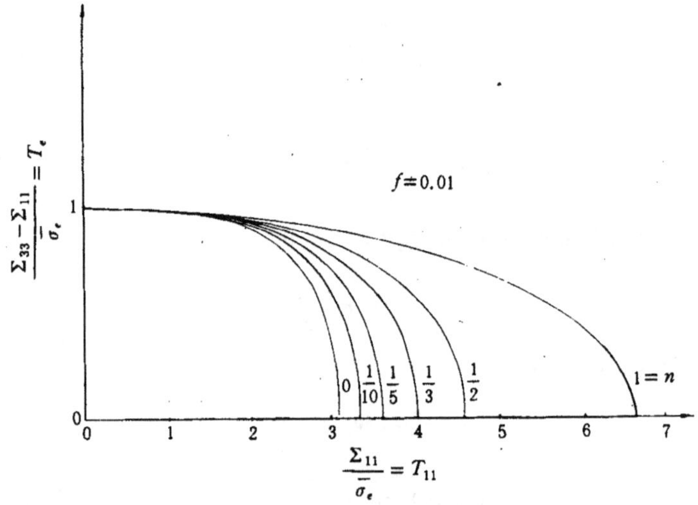

图 8.9 T_e-T_{11}相关曲线

了宏观应力 Σ_e, Σ_{11} 与微观应力 $\bar{\sigma}_e$ 及 f 之间的约束方程. 对遵守形变理论的基体材料而言乃是屈服面方程.

2. 球体含球形空洞

这里的分析与第 2 节有关的内容十分相似. 方程(8.30)—(8.43)依然有效.

对于幂硬化的粘性材料,我们有

$$\dot{W}_0=\sigma_0\dot{\varepsilon}_0(\dot{\varepsilon}_e/\dot{\varepsilon}_0)^{1+n}/(1+n)$$

$$\dot{W}=\frac{3\sigma_0\dot{\varepsilon}_0}{2(1+n)b^3}\left(\frac{\dot{\varepsilon}}{\dot{\varepsilon}_0}\right)^{1+n}\int_0^\pi \sin\theta d\theta$$

$$\cdot\int_a^b\left[\frac{4A_0^2}{\dot{\varepsilon}^2r^6}-\frac{A_0}{\dot{\varepsilon}\,r^3}h(\theta)+1\right]^{\frac{1+n}{2}}r^2dr \qquad (8.87)$$

引入辅助变量

$$\omega = \frac{2A_0}{\dot{\varepsilon} b^3} = \frac{\dot{E}_{11} + \dot{E}_{22} + \dot{E}_{33}}{(\dot{E}_{33} - \dot{E}_{11})} = \frac{\dot{V}}{\dot{E}_e V}$$

$$X = \frac{2A_0}{\dot{\varepsilon} r^3} = \omega\left(\frac{b}{r}\right)^3, \qquad \omega^* = \omega/f \tag{8.88}$$

这里

$$A_0 = \frac{b^3}{3}(\dot{E}_{11} + \dot{E}_{22} + \dot{E}_{33})$$

$$\dot{\varepsilon} = \frac{2}{3}\dot{E}_e, \qquad E_e = \dot{E}_{33} - \dot{E}_{11}$$

公式(8.87)可改写为

$$\begin{cases} \dot{W} = \dfrac{\sigma_0 \dot{\varepsilon}_0}{(1+n)} \cdot \left(\dfrac{\dot{\varepsilon}}{\dot{\varepsilon}_0}\right)^{1+n} U^*(\omega, f) = \xi \dot{\varepsilon}^{1+n} U^*(\omega, f) \\ U^* = \dfrac{1}{2}\omega \displaystyle\int_0^\pi \sin\theta d\theta \int_\omega^{\omega^*} \dfrac{\left[1 - \dfrac{x}{2}h(\theta) + x^2\right]^{\frac{1+n}{2}} dx}{x^2} \end{cases} \tag{8.89}$$

鉴于

$$-1 \leqslant \frac{2x}{1+x^2} \leqslant 1, \qquad \frac{1}{4} \leqslant |h(\theta)| \leqslant 1$$

因此

$$\begin{aligned} \left(1 - \frac{h}{2}x + x^2\right)^{(1+n)/2} &= (1+x^2)^{\frac{1+n}{2}} \left\{1 - \frac{h \cdot x}{2(1+x^2)}\right\}^{\frac{1+n}{2}} \\ &= (1+x^2)^{\frac{1+n}{2}} \left\{1 - \frac{(1+n)}{2} \cdot \frac{h \cdot x}{2(1+x^2)} \right. \\ &\quad + \left(\frac{1+n}{2}\right) \cdot \left(\frac{(n-1)}{2}\right) \\ &\quad \left. \times \frac{1}{2} \cdot \frac{h^2 x^2}{4(1+x^2)^2} + \cdots \right\} \end{aligned}$$

考虑初级近似，上述展开式只保留前两项，代回(8.89)式，得

$$U^* \approx \omega \frac{1}{2} \int_\omega^\pi \sin\theta d\theta \int_w^{\omega^*} \frac{(1+x^2)^{\frac{1+n}{2}}}{x^2} \left\{1 - \frac{(1+n)hx}{4(1+x^2)}\right\} dx$$

$$\approx \omega\int_{\omega}^{\omega^*} \frac{(1+x^2)^{\frac{1+n}{2}}}{x^2}dx \tag{8.90}$$

将上式代入(8.78),(8.89),整理后得

$$\begin{cases} \dfrac{\Sigma_m}{\xi\dot{\varepsilon}^n} = \dfrac{2}{3}\dfrac{\partial U^*}{\partial\omega}, \qquad \xi = \dfrac{1}{(1+n)}\sigma_0\dot{\varepsilon}_0^{-n} \\ \dfrac{\Sigma_{33}-\Sigma_{11}}{\xi\dot{\varepsilon}^n} = (1+n)U^* - \omega\dfrac{\partial U^*}{\partial\omega} \end{cases} \tag{8.91}$$

类似地我们可以引进基体的平均流变应力 $\bar{\sigma}_e$,

$$\begin{aligned} V_M\bar{\sigma}_e\dot{\bar{\varepsilon}}_e &= \int_{V_M}\sigma_{ij}\dot{\varepsilon}_{ij}dV = V\Sigma_{ij}\dot{E}_{ij} \\ &= (1+n)\int_{V_M}\dot{W}_0 dV = (1+n)V\dot{W} \end{aligned} \tag{8.92}$$

由此导得

$$\frac{\bar{\sigma}_e}{\sigma_0} = \left[\frac{U^*}{(1-f)}\right]^{\frac{n}{(1+n)}}\left(\frac{\dot{\varepsilon}}{\dot{\varepsilon}_0}\right)^n \tag{8.93}$$

令

$$\begin{cases} \eta = (1+n)\left[U^*/(1-f)\right]^{n/(1+n)} \\ T_m = \Sigma_m/\bar{\sigma}_e \\ T_e = \Sigma_e/\bar{\sigma}_e \end{cases} \tag{8.94}$$

则方程(8.91)可改写为

$$\begin{cases} T_m = \dfrac{2}{3\eta}\dfrac{\partial U^*}{\partial\omega} \\ T_e = \dfrac{1}{\eta}\left\{(1+n)U^* - \omega\dfrac{\partial U^*}{\partial\omega}\right\} \end{cases} \tag{8.95}$$

值得注意的是,方程(8.91)与(8.80)是完全相似的. 如果我们将含空洞圆柱壳中的 Σ_{11} 比作球壳中的 $\frac{\sqrt{3}}{2}\Sigma_m$,将前者的 $\dot{\varepsilon}_z$ 比作球壳中的 $\dot{\varepsilon}$,那么这两个方程是完全相同的. 注意到关于 U^* 的方程(8.79)和(8.90),我们不难得到如下结论:含空洞圆柱体的 T_{11},T_e之间的相关曲线(粘性约束方程)与含空洞球体的 $\frac{\sqrt{3}}{2}T_m$,

T_e 之间的相关曲线是完全一致的. 这说明在初级近似范围内，两种模型之间存在着一一对应关系.

应该强调指出，方程(8.80)对含圆柱形空洞的圆柱体的轴对称变形来说是严格成立的. 因为基体的平衡方程可以通过调节平均应力而得到满足.

而推导方程(8.91)时，我们既未考虑基体的平衡方程也未考虑空腔内表面的边界力自由条件. 因此，为了得到比较严格的解答，王自强和秦嘉亮[21]发展了球体含球形空洞的精确解.

设想

$$\begin{cases} \tilde{\xi}(r,\theta) = \sum\limits_{m=1,3}^{\infty} \xi_m(r)\sin^2\theta\cos^m\theta \\ \xi_m(r) = a^3 \sum\limits_{k=0,1}^{\infty} a_{mk}\rho^{k/3} \end{cases} \tag{8.96}$$

式中

$$\rho = \left(\frac{a}{r}\right)^3$$

利用公式(8.96)求得总势能，$r=b$ 处的速率场边界条件作为约束条件，用 Rayleigh-Ritz 法求总势能极小以求系数 a_{mk}. 这样基体平衡方程和空腔内表面面力自由条件在变分意义上得到满足，这样就得到比较严格的结果. 他们的计算分析发现严格的解答与初级近似方程(8.95)相当一致. 这说明初级近似所得到的粘性约束方程(8.95)是一个令人满意的近似方程.

当基体材料遵循塑性全量理论时，方程(8.95)提供的是考虑损伤的屈服面方程. 这个方程可以用下述修正的 Gurson 方程来拟合：

$$\left(\frac{\Sigma_e}{\bar{\sigma}_e}\right)^2 + 2f\cdot q_1\cosh\left(\frac{3q_2\Sigma_m}{2\bar{\sigma}_\theta}\right) - (1 + q_1^2 f^2) = 0$$

当 $f=0.01$ 时，王自强和秦嘉亮[21]的分析表明

$$q_1 \approx \exp(2.2n), \qquad q_2 \approx \exp(1.3n)$$

根据方程(8.88)—(8.95)，我们还可求得空洞相对扩展率 $\dot{V}/\dot{E}V$. 这里

$$\dot{E} = \dot{\varepsilon}_0 (\Sigma_e / \sigma_0)^m, \qquad m = 1/n$$

计算结果绘于图 8.10 中，图中点划线表示本文的结果. 实线表示 Duva[19]计算结果. 圆点和方点分别表示厚球壳及厚圆柱壳的数值模拟结果[19]. 从图上不难看出，文献[21]的结果与数值模拟的结果相当一致(除图 8.10(c)之外)，这也说明(8.95)确是一个比较好的粘性约束方程.

§ 8.4　塑性断裂的细观力学分析

§ 8.1 已对塑性断裂的物理机制作了简要的介绍. 利用 § 8.2 提出的塑性损伤本构方程可以对材料与试棒断裂过程进行定量的细观力学数值模拟，生动地描述断裂过程中颈缩、剪切带与显微空洞扩展、聚集之间的交互作用，揭示各种物理图象的本质.

1. 拉伸圆棒的杯锥状断裂

Gurson 方程考虑了空洞扩展对材料塑性行为的影响，但未考虑细观剪切带与空洞扩展的交互作用. 大量的实验证实[22,23]，当两个相邻空洞之间的距离与空洞的直径为同一数量级时，两个空洞之间就会发生片状连接或细观内颈缩而聚集在一起. 此时次级空洞就会迅速发展，大大削弱材料微元的承载能力.

为了描写这种交互作用 Tvergaard 和 Needleman[24]引入等效的空洞体积分数 f^*. 当相邻空洞之间不发生聚集时，$f^* = f$. 也就是说 Gurson 方程可以直接应用于空洞体积分数 f 小于某个临界值 f_c 的情况. 这个临界值 f_c 用来表征空洞聚集初始时刻的空洞体积比.

空洞聚集过程中，等效的空洞体积分数 f^* 可用下式表示：

$$f^* = f_c + \frac{(f_u^* - f_c)}{(f_F - f_c)}(f - f_c), \quad 当 f > f_c$$

这里 f_F 是材料微元断裂时空洞体积分数. f_u^* 是材料微元完全丧失承载能力时(断裂时)等效的空洞体积分数.

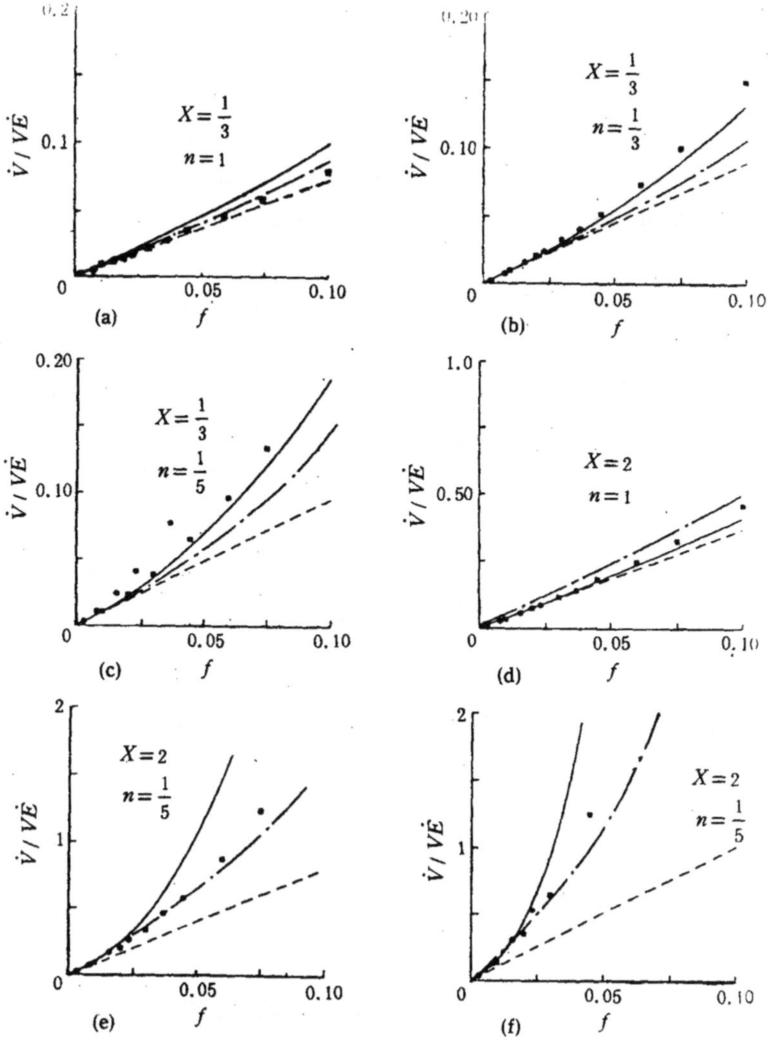

图 8.10 空洞相对扩展率与空洞体积比关系曲线

采用修正的 Gurson 方程描述屈服面

$$\Phi = (\Sigma_e/\bar{\sigma}_e)^2 + 2q_1 f^* \mathrm{ch}\left(\frac{3\Sigma_m}{2\bar{\sigma}_e}\right) - [1 + (q_1 f^*)^2] = 0 \tag{8.97}$$

修正系数 q_1 是 Tvergaard[13] 首先引入的. 他在用数值方法模拟含空洞材料塑性行为时,发现引入修正系数 q_1,将大大改进 Gurson 方程的理论预示能力. 他的数值模拟表明,$q_1=1.5$ 将得到上佳结果.

考虑到空洞成核的影响,空洞体积分数的演化方程将变为

$$\dot{f} = (\dot{f})_{\text{growth}} + (\dot{f})_{\text{nucleation}} \tag{8.98}$$

由公式(8.57)得知

$$(\dot{f})_{\text{growth}} = (1 - f)\dot{E}^p_{kk} \tag{8.99}$$

由于新空洞成核而造成的空洞体积分数的增加为

$$(\dot{f})_{\text{nucleation}} = A\dot{\bar{\sigma}}_e + B\dot{\Sigma}_m \tag{8.100}$$

式中第一项表征基体塑性应变控制的成核机制;第二项则表征宏观三轴应力控制的成核机制. 设想空洞成核过程服从正态分布规律,由此系数 A,B 可用下式表示:

$$A = \left(\frac{1}{E_t} - \frac{1}{E}\right)\frac{f_N}{S_N\sqrt{2\pi}} \cdot \exp\left[-\frac{1}{2}\left(\frac{\bar{\varepsilon}_p - \varepsilon_N}{S_N}\right)^2\right] \tag{8.101}$$

$$B = \frac{f_N}{S'_N\sqrt{2\pi}} \cdot \exp\left[-\frac{1}{2}\left(\frac{\Sigma_m - \sigma_N}{S'_N}\right)^2\right] \tag{8.102}$$

式中 ε_N 是空洞成核的平均应变,S_N 是标准差,A 是随机变量 $\bar{\varepsilon}_p$ 的概率密度函数;f_N 是应变成核的空洞体积分数. 注意到

$$\dot{\bar{\varepsilon}}_p = \left(\frac{1}{E_t} - \frac{1}{E}\right)\dot{\bar{\sigma}}_e \tag{8.103}$$

公式(8.100),(8.101)提供的是一种规范的正则分布规律.

类似地,当空洞的成核由宏观三轴应力控制时,B 是随机变量 Σ_m 的概率密度函数,f_N 是应力成核的空洞体积分数,S'_N 是相应的标准差,σ_N 是空洞成核的平均应力.

利用上述公式不难推得下述公式:

$$\dot{E}_{ij}^{p}=\lambda\frac{\partial\Phi}{\partial\Sigma_{ij}} \tag{8.104}$$

$$\lambda=Q_{kl}\overset{\triangledown}{\Sigma}_{kl}/H \tag{8.105}$$

$$Q_{kl}=\frac{\partial\Phi}{\partial\Sigma_{kl}}+\frac{1}{3}\frac{\partial\Phi}{\partial f}B\delta_{kl} \tag{8.106}$$

$$H=-\left[(1-f)\frac{\partial\Phi}{\partial f}\frac{\partial\Phi}{\partial\Sigma_{kl}}+\frac{h}{(1-f)\bar{\sigma}_e}\cdot\left(A\frac{\partial\Phi}{\partial f}+\frac{\partial\Phi}{\partial\bar{\sigma}_e}\right)\times\left(\Sigma_{kl}\frac{\partial\Phi}{\partial\Sigma_{kl}}\right)\right] \tag{8.107}$$

基体材料单轴拉伸时，真应力-对数应变曲线为

$$\varepsilon=\begin{cases}\dfrac{\sigma}{E}, & \sigma\leqslant\sigma_{ys}\\ \dfrac{\sigma_{ys}}{E}\left(\dfrac{\sigma}{\sigma_{ys}}\right)^{m}, & \sigma>\sigma_{ys}\end{cases} \tag{8.108}$$

式中，σ_{ys} 是单轴拉伸屈服应力，m 是应变硬化指数. $h^{-1}=\left(\dfrac{1}{E_t}-\dfrac{1}{E}\right)=\dfrac{d\bar{\varepsilon}_p}{d\bar{\sigma}_e}$.

Tvergaard 和 Needleman[24]对圆棒试样的轴对称变形进行了有限元计算. 材料参数为

$\sigma_{ys}/E=0.0033$，　$\nu=0.3$，　$m=10$，　$q_1=1.5$

$f_N=0.04$，　$S_N=0.1$，　$\varepsilon_N=0.3$，　$B=0$

$f_c=0.15$，　$f_F=0.25$，　$f_u^*=1/q_1$

试样几何参数为 $L_0/R_0=2.0$，其中 L_0 为试样初始长度，$2R_0$ 为试样初始直径. 初始的空洞体积比 $f_0=0$.

图 8.11 显示了计算所得的载荷-平均轴向应变曲线，图上同时画出了均匀变形状态，考虑空洞成核、扩展影响的计算结果，以及设想空洞并不存在时圆棒试样的载荷-平均轴向应变曲线. 由于试样较短，因此，颈缩发生在最大载荷之后. 另一方面，由于表征应变成核机制的参数 A 只当基体平均流变应变 $\bar{\varepsilon}_p$ 继续增加时才由公式(8.101)表示，否则为零. 因此，在颈缩出现之前，空洞的成核与扩展对试样的宏观塑性影响很小. 试棒发生颈缩后，三条曲线开

始彼此偏离，而承载能力下降最快的是既考虑空洞成核与扩展影响又考虑颈缩的圆棒试样. 这种圆棒试样由于空洞聚集很快丧失承载能力. 空洞的合并起始发生在试样的颈缩区中心，当 $T/T_{max} = 0.727$，$\varepsilon_a \approx 0.260$ 时，颈缩区中心部位的微元空洞体积比达到临界值 $f_c = 0.15$，嗣后这些微元很快完全丧失承载能力，形成了钱币状裂纹.

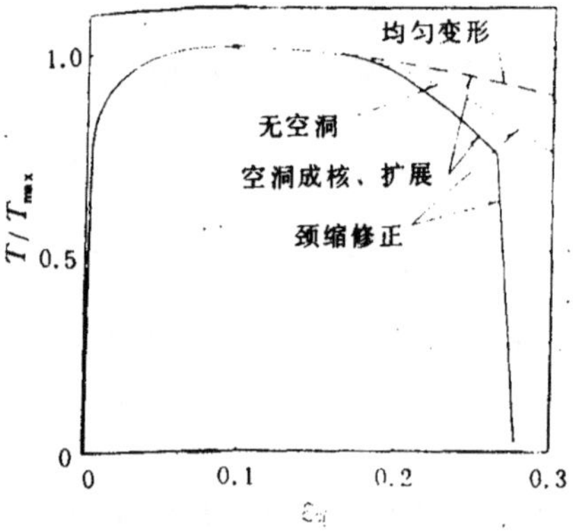

图 8.11　载荷-平均应变曲线

图 8.12 描述了裂纹扩展的数值模拟图象. 在变形的 6 个阶段，变形后有限元网格中，完全丧失承载能力的三角形元用黑色涂之，从而清晰地显示出裂纹扩展图象. 有限元网格是熟知的四边形元，每个四边形元是由 4 个等应变元组成(由四边形的两条对角线划分而成). 在裂纹起裂的初始时刻，四边形元总有一个三角形元未丧失承载能力，从而使得裂纹尽可能地窄. 这些未开裂的三角形元使得裂纹扩展呈现"之"字型形状，这与实验观察一致. 另外圆棒最终破坏确实呈现杯锥状形态，这一点可以从图 8.12 的(e)，(f)清晰地看出.

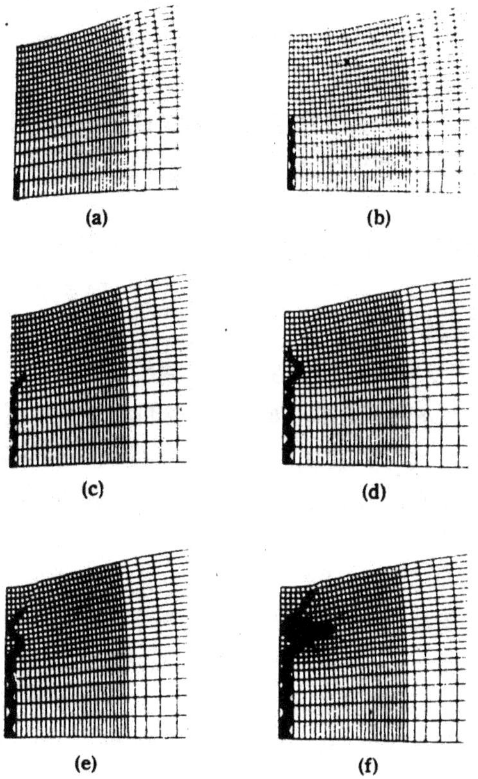

图 8.12　裂纹扩展图象，完全丧失承载能力的三角形元涂以黑色. (a) $T/T_{max}=0.683$, (b) $T/T_{max}=0.565$, (c) $T/T_{max}=0.438$, (d) $T/T_{max}=0.249$, (e) $T/T_{max}=0.165$, (f) $T/T_{max}=0.032$

2. 缺口试棒的塑性断裂

以上的分析同样可以用于缺口试棒的断裂分析之中. 由于缺

口的存在，缺口根部出现应力、应变集中. 众所周知，三轴张力对材料的断裂韧性有很大的影响. 含有不同曲率半径的缺口试样的断裂韧性测试，可以提供三轴张力与材料断裂韧性之间的关系曲线.

Needleman 和 Tvergaard[25]分析了两种几何形状的缺口试样及两种变形状态：轴对称变形及平面应变变形. 试样的几何图象如图 8.13 及图 8.14 所示.

对于完全基体等效塑性应变控制的成核机制，材料参数与上面关于光滑圆棒试样的完全相同，还附加分析了 $\varepsilon_N = 0.8$ 的情况.

对于完全细观三轴应力控制的成核机制，$A\equiv 0$，

$$f_N = 0.04, \qquad S_N' = 0.1\sigma_{ys}, \qquad \sigma_N = 2.2\sigma_{ys}$$

其他材料参数保持不变.

图 8.15 表示载荷-平均轴向应变曲线，计算是对平面应变的 A 缺口试样进行的. 由此图不难看出，空洞成核平均应变 ε_N 对试样所承受的最大载荷影响甚小，而对试样的断裂韧性影响很大. 而应力控制的成核机制造成空洞提前成核，使试样的承载能力下降，断裂韧性大大减小.

平面应变 D 缺口试样的计算结果与上面的类似.

Hancock 及其合作者[13, 26]的实验观察表明，光滑试样及缺口试样的载荷迅速下跌，通常与宏观裂纹成核有关. 一旦宏观裂纹成核，试样内宏观裂纹迅速扩展，造成试样完全丧失承载能力. 而宏观裂纹往往是由于次级空洞片状连接形成的.

利用修正的 Gurson 方程(8.97)，在 $\Sigma_m/\bar{\sigma}_e$ 保持常数的前提下，分析均匀变形状态的断裂应变. 以 $f=f_c$ 作为损伤材料的断裂准则，从而可以建立起直三轴张力与断裂应变之间的关系曲线. 图 8.16 表示了一个典型的计算结果，材料参数与前面的相同，$\varepsilon_N=0.3$. 图上的实线即是均匀变形状态下三轴张力参数 $\Sigma_m/\bar{\sigma}_e$ 保持常数所得的结果. 图上的小圆圈"◦"则表示前面分析过的缺口试样最先开裂的微元，其三轴张力参数与等效应变之间的关系. 这里开裂指 f 达到临界值 f_c. 显然这些微元的变形历史与 $\Sigma_m/\bar{\sigma}_e$ 保持常

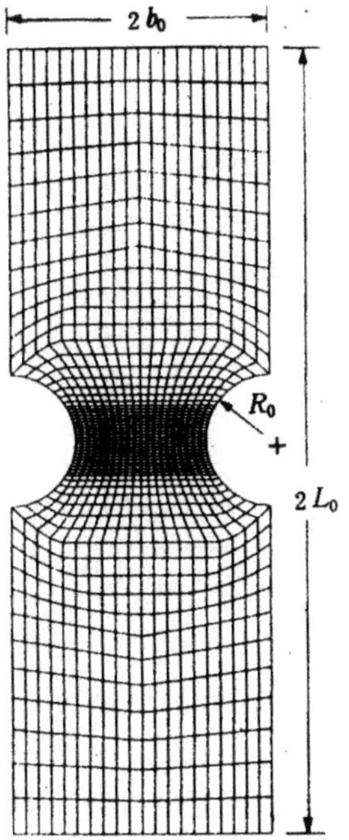

图 8.13 A 缺口几何及有限元网格.
$b_0/L_0=0.333$， $R_0/b_0=0.5$

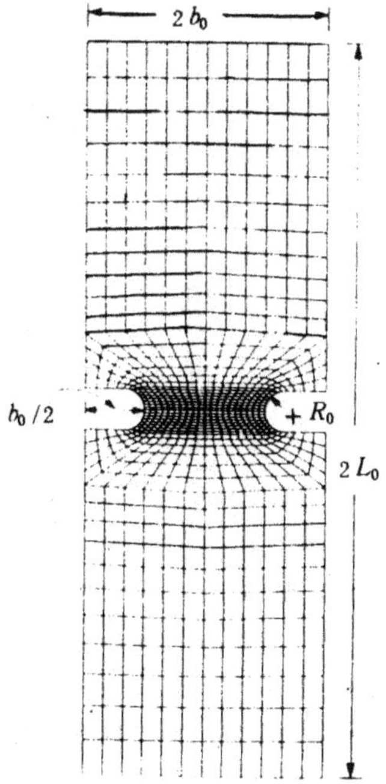

图 8.14 D 缺口几何及有限元网格.
$b_0/L_0=0.333$， $R_0/b_0=0.167$

数的变形历史不同，因此，所得的结果与实线的结果有所不同，这是应变历史的影响所致. 但总的说来，两者差别不大.

3. 裂纹顶端塑性断裂模型

在裂纹顶端附近存在着一个断裂过程区，在这个断裂过程区内，应力、应变变化异常剧烈. 这个断裂过程区的尺寸通常可与大的二相粒子(夹杂物)之间的平均距离相比较. 因此，为了考虑主裂纹与显微空洞的交互作用，有必要考虑两种粒子的不同特征.

大的二相粒子(夹杂物)其尺寸为 1—20 微米. 这类粒子通常

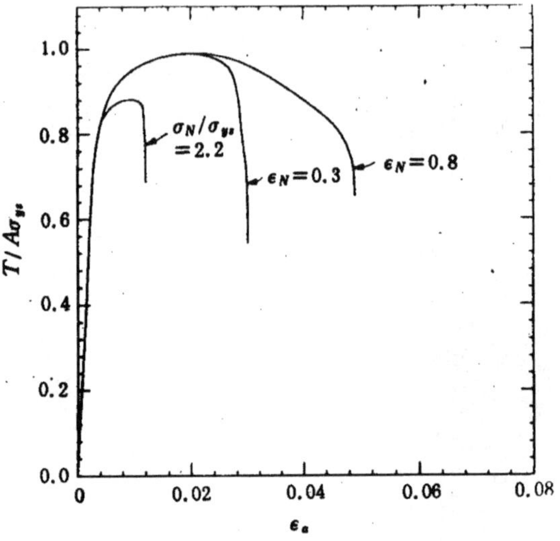

图 8.15 平面应变 A 缺口试样载荷-平均轴向应变曲线

很脆，在应变只有百分之几量级时，就会形成空洞. 而且一般说来是应力控制成核. 较小的粒子，其尺寸为 0.5—0.05 微米，这类粒子与基体结合得相当好，只当塑性变形很大时才会与基体脱开，形成空洞. 因此，这类空洞的成核是应变控制的. 我们可以将这类小粒子看作是均匀地分布在基体内部，用连续变化的场量来表征. 而大粒子则用“岛状”分布幅值函数来描述. 对于平面应变问题，设想大粒子是柱状的，其变形平面内的分布服从以岛心为原点的指数分布规律：

$$f_N = \bar{f}_N \exp\{-[(x-x_0)^2+(y-y_0)^2]/r_0^2\}$$

式中(x_0, y_0)是岛心的坐标位置；r_0 是岛的尺寸大小；$\bar{f}_N$ 是在岛心的大粒子体积分数. 岛心位置分布看作是双周期排列，岛心之间的间距 D_0 取为材料内部夹杂物之间的平均距离.

Needleman 和 Tvergaard[27]对这个问题进行细观力学分析.

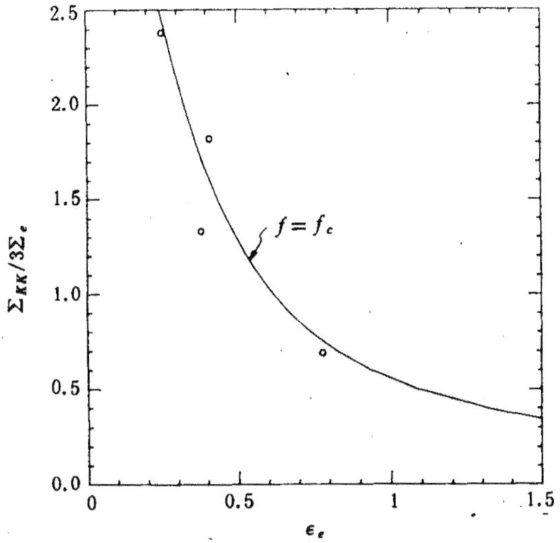

图 8.16　三轴张力与有效断裂应变曲线($\epsilon_N=0.3$)

分析中他们把公式(8.102)中的平均应力 Σ_m 代之以($\Sigma_m+\bar{\sigma}_e$)；公式(8.100)中的 $\dot{\Sigma}_m$ 代之以($\dot{\Sigma}_m+\dot{\bar{\sigma}}_e$)，由此得到

$$(\dot{f})_{\text{nucleation}} = A\dot{\bar{\sigma}}_e + B(\dot{\Sigma}_m + \dot{\bar{\sigma}}_e) \tag{8.109}$$

$$B = \frac{f_N}{S_N'\sqrt{2\pi}}\exp\left[-\frac{1}{2}\left(\frac{(\Sigma_m + \bar{\sigma}_e - \sigma_N)}{S_N'}\right)^2\right] \tag{8.110}$$

参数 A 仍由公式(8.101)确定.

在计算中，对基体材料行为考虑了粘塑性，但由于粘性指数 $m'=0.01$ 非常小，因此粘性影响可以忽略，可以认为，所得结果与弹塑性分析一致. 材料参数为 $\sigma_{ys}/E = 0.002$，$\nu = 1/3$，

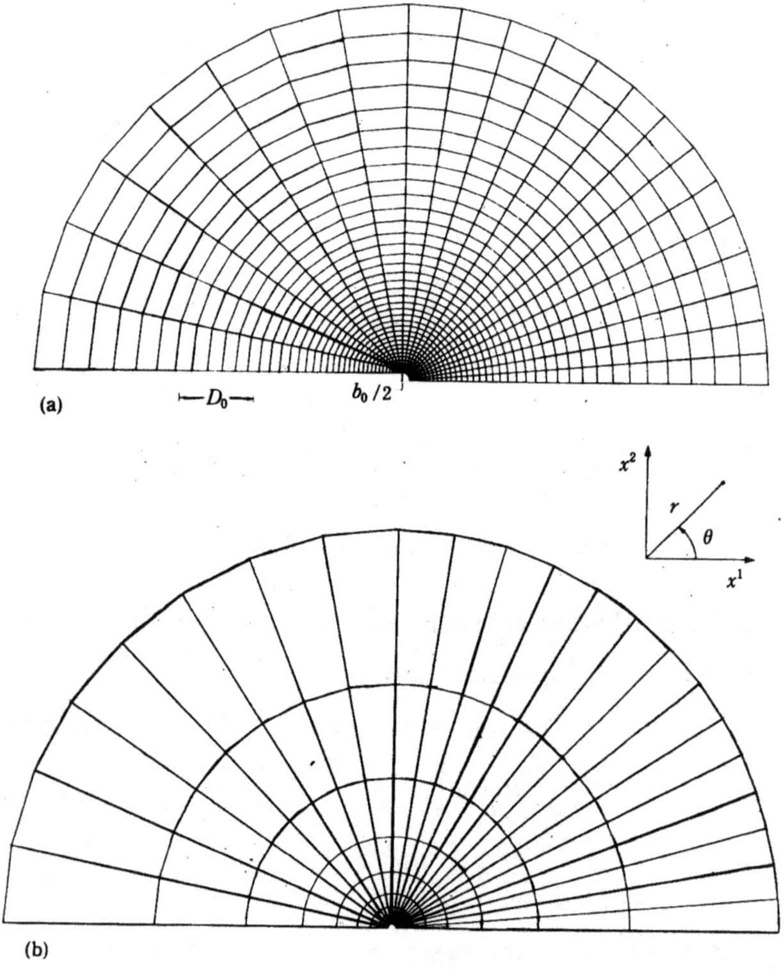

图 8.17　有限元网格

(a)内部网格；　(b)外部网格

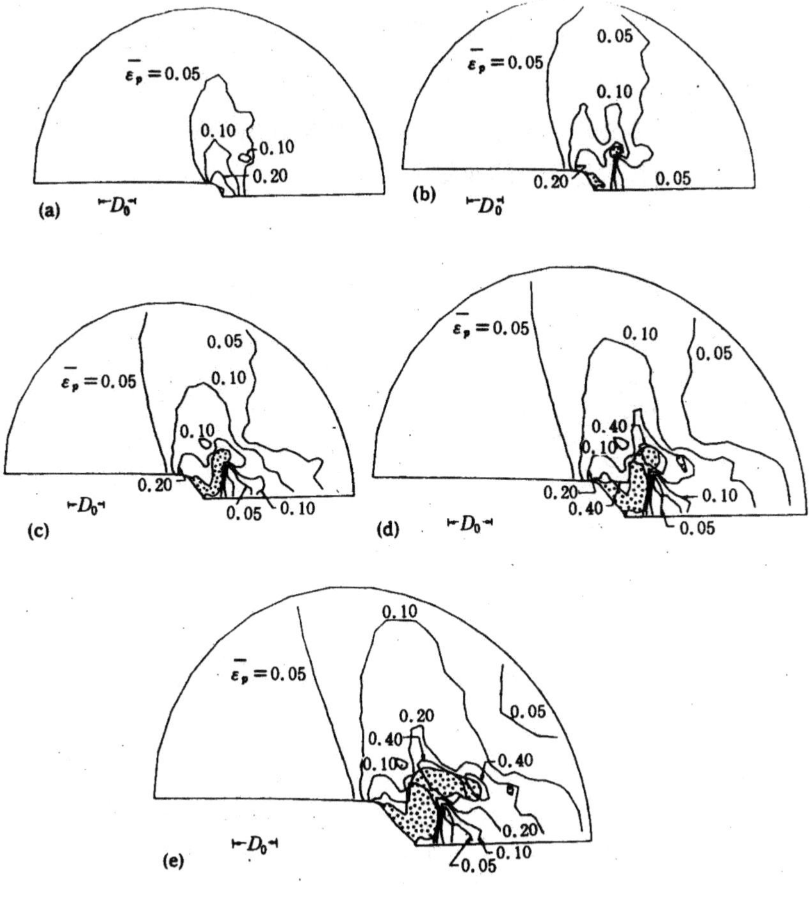

图 8.18　基体等效塑性应变 $\bar{\varepsilon}_p$ 分布图. 画有"。"的区域是空洞体积比超过 0.10 的区域. (a) $J/\sigma_{ys}D_0 = 1.15$, (b) $J/\sigma_{ys}D_0 = 1.89$, (c) $J/\sigma_{ys}D_0 = 2.37$, (d) $J/\sigma_{ys}D_0 = 2.91$, (e) $J/\sigma_{ys}D_0 = 3.89$

$n=0.1$, $\varepsilon_N=0.3$, $S_N=0.1$, $\sigma_N=2.2\sigma_{ys}$,

$S_N'=0.1\sigma_{ys}$, $q_1=1.5$, $f_c=0.15$, $f_F=0.25$,

$f_u^*=1/q_1$,

图 8.17 画出的是裂纹顶端区域的有限元网格. 裂纹端部用一个半径为 $b_0/2$ 的圆形缺口来代替. $b_0/D_0=1/5$.

基体平均等效塑性应变 $\bar{\varepsilon}_p$ 分布图绘在图 8.18 中.

三轴张力的分布图如图 8.19 所示.

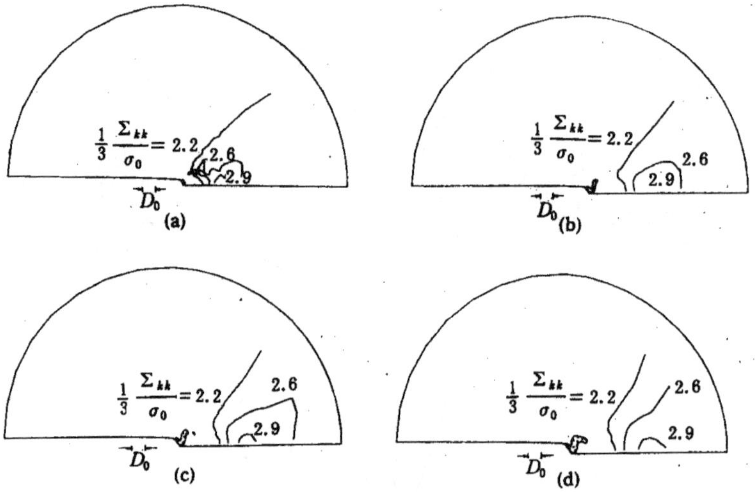

图 8.19 三轴张力 $\Sigma_{kk}/3\sigma_{ys}$ 分布图. 绘有"。"的区域是空洞体积比 $f>0.1$ 区域. (a) $J/\sigma_{ys}D_0=1.89$, (b) $J/\sigma_{ys}D_0=2.37$, (c) $J/\sigma_{ys}D_0=2.91$, (d) $J/\sigma_{ys}D_0=3.89$

从图 8.19 不难看出三轴张力最高区域, 位于裂纹前方, 在离裂纹顶端大约为 3 倍张开位移距离处, 最大三轴张力大约是屈服应力的 2.95—3.04 倍.

即使裂纹扩展偏离原有的裂纹延伸线, 三轴张力最高区域依然在原有的裂纹延伸线上, 且随着裂纹向前扩展, 三轴张力的峰值

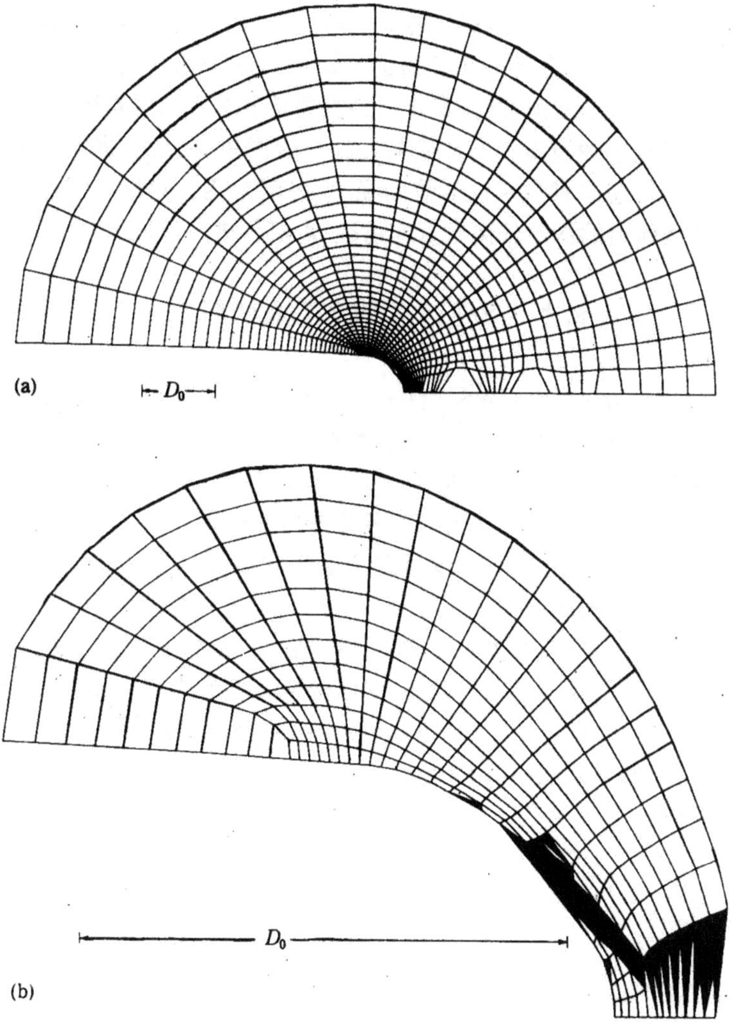

图 8.20　当 $J/\sigma_{ys}D=1.66$ 时，靠近裂纹顶端变形后的网格. $\varepsilon_N=0.8$.
(a)主裂纹与二相粒子附近的空洞，(b)非常靠近裂端的细节图.

点也向前移动.

依照本文的计算模型，裂纹扩展过程可以自然地得以模拟. 裂纹前方的三角形单元，逐个丧失承载能力，意味着裂纹向前逐步扩展. 裂纹扩展图象的一个典型的数值模拟例子画在图 8.20 上. 图上涂以黑色的三角形元，即是已经丧失承载能力的三角形元.

当然这种模拟尚与真实的裂纹扩展图象有距离. 真实的裂纹扩展包含着非常狭窄的裂纹路径. 这说明采用三角形单元逐个丧失承载能力的图象偏离了真实情况，需要作进一步的改进.

§8.5 损伤对剪切带形成的影响[10,11]

Yamamoto[10]首先利用 Gurson 方程，就显微空洞对剪切带形成的影响进行了分析. 他设想材料初始含有空洞，其体积比为 f_0，而在剪切带内含有更多的空洞，其体积比为 $f_b > f_0$. 他的分析证实，f_0，f_b 的确会使产生剪切带的临界应变降低.

Saje 等人[11]又进一步考虑了空洞成核及颈缩区的三轴张力对剪切带形成的影响.

他们分析了两种均匀的变形状态. 一种是平面应变变形状态；另一种是轴对称变形状态；为了分析颈缩区内高三轴张力对剪切带形成的影响，他们采用 Bridgman 的公式. 我们用 $\sigma_{\rm I}^0$，$\sigma_{\rm II}^0$，$\sigma_{\rm III}^0$ 表示剪切带形成前均匀变形状态的三个主应力. 在颈缩区，对平面应变试样有 $\sigma_{\rm II}^0 = \xi\sigma_{\rm I}^0$；对轴对称变形，有 $\sigma_{\rm II}^0 = \sigma_{\rm III}^0 = \xi\sigma_{\rm I}^0$. 这里

$$\xi = \frac{\ln\left(1 + \dfrac{a}{2\rho}\right)}{1 + \ln\left(1 + \dfrac{a}{\rho}\right)} \tag{8.111}$$

式中 a 为最小截面的宽度或直径，ρ 为最小截面表面曲率半径. 根据实验测量，Bridgman[31]发现 a/ρ 可用下式表示：

$$\frac{a}{\rho} = 0.833(\varepsilon - n) \tag{8.112}$$

其中 $\varepsilon = \ln(A_0/A)$，A_0 是变形前试件横截面积，A 是颈缩区最小

截面处的横截面积；n 是材料应变硬化指数.

设想固体含有一个片状的初始缺陷面，这个片状平面的法线 $\underset{\sim}{n}^{\circ}$ 在空间固定直角坐标系中的方位可用方位角 ϕ_0,θ_0 来表示(如图 8.21 所示).

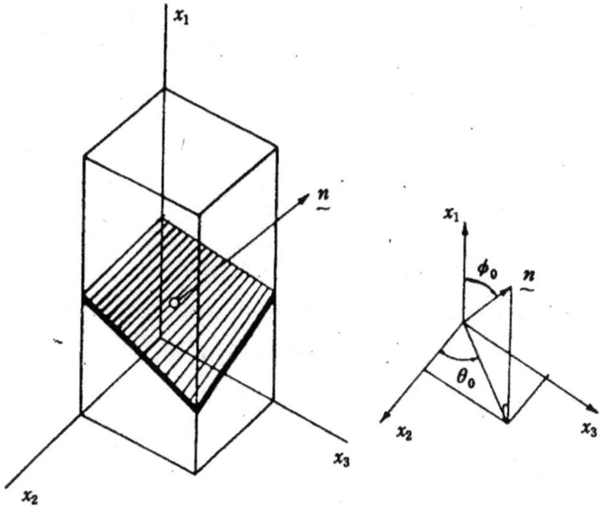

图 8.21 含有缺陷平面的固体. 变形前缺陷平面的法线 $\underset{\sim}{n}$ 的方位角为 ϕ_0,θ_0

在初始缺陷面内，材料含有更多的初始空洞及尚未脱粘的二相粒子，因此带内的材料本构方程将不同于带外.

用 D_{ij}^0 表示带外均匀变形率场，相应的速率场为 v_i^0. σ_{ij}^0 则表示带外均匀应力场. 带内的均匀变形率场，速率场及应力场分别用 $D_{ij}^b, v_i^b, \sigma_{ij}^b$ 来表示. 带内与带外交界处的速率场的连续条件要求为

$$\frac{\partial v_i^b}{\partial x_j} - \frac{\partial v_i^0}{\partial x_j} = \dot{g}_i n_j \tag{8.113}$$

另外带内与带外交界处面力连续条件及带内应力平衡条件导致

$$(\dot{\sigma}_{ij}^b - \dot{\sigma}_{ij}^0) n_j = 0 \tag{8.114}$$

利用修正的 Gurson 方程(8.97)及空洞体积分数 f 的演化方程(8.98)—(8.102),不难导得如下本构方程:[11]

$$\overset{\nabla}{\sigma}_{ij}=C_{ijkl}D_{kl} \tag{8.115}$$

$$C_{ijkl}=\mathscr{L}_{ijkl}-\frac{(\mathscr{L}_{ijmn}P_{mn}Q_{pq}\mathscr{L}_{pqkl})}{(H+Q_{pq}\mathscr{L}_{pqmn}P_{mn})} \tag{8.116}$$

式中 $\mathscr{L}_{ijkl}$是基体材料弹性模量张量. 对各向同性基体材料,我们有

$$\mathscr{L}_{ijkl}=2\mu\left[(\delta_{ik}\delta_{jl}+\delta_{il}\delta_{jk})+\frac{2\nu}{(1-2\nu)}\delta_{ij}\delta_{kl}\right] \tag{8.117}$$

另外

$$P_{ij}=\frac{\partial\Phi}{\partial\sigma_{ij}} \tag{8.118}$$

Q_{ij}及 H 分别由公式(8.106)及(8.107)给出.

众所周知,Cauchy 应力张量的 Jaumann 导数可表示为

$$\overset{\nabla}{\sigma}_{ij}=\dot{\sigma}_{ij}-W_{ik}\sigma_{kj}+\sigma_{ik}W_{kj} \tag{8.119}$$

式中 W_{ij}是物质旋率. 由公式(8.115)及(8.119)不难导得

$$\dot{\sigma}_{ij}=K_{ijkl}v_{k,l} \tag{8.120}$$

式中

$$K_{ijkl}=C_{ijkl}+\frac{1}{2}(\sigma_{il}\delta_{jk}+\sigma_{jl}\delta_{ik})$$
$$-\frac{1}{2}(\sigma_{ik}\delta_{jl}+\sigma_{jk}\delta_{il}) \tag{8.121}$$

注意到带内、带外材料损伤程度不同,因此,刚度系数 K_{ijkl}也不相同. 将方程(8.121)代入方程(8.114),并利用方程(8.115),就得到

$$(n_iK^b_{ijkl}n_l)\dot{g}_k=(K^0_{ijkl}-K^b_{ijkl})n_iv^0_{k,l} \tag{8.117}$$

方程(8.117)给出了关于三个未知量 $\dot{g}_k$ 的线性代数方程组. 对于给定的带外变形历史 $v^0_{k,l}$,我们总可以从方程(8.117)求得 $\dot{g}_k$,进而求得 $v^b_{k,l}$.

这一过程可以持续到方程(8.117)左端的行列式为零:

$$\det(\underset{\sim}{n}\cdot\underset{\sim}{K}^b\cdot\underset{\sim}{n})=0 \tag{8.118}$$

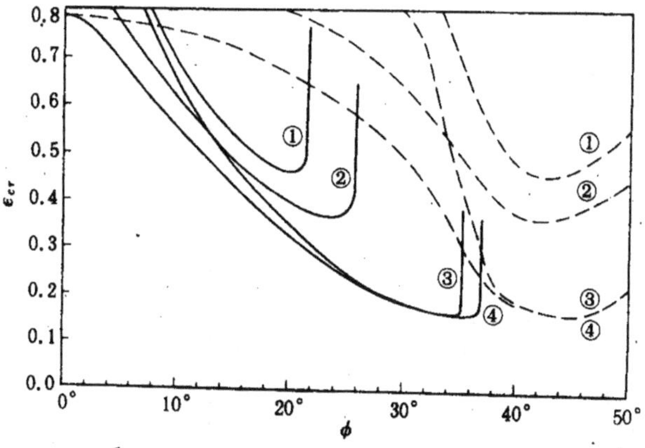

图 8.22 局部化形成时，轴向对数应变 ε_{cr}. 平面应变；$(f_0)_i=0$，$(f_b)_i=0.01$. $f_N=0.04$，$s=0.1$. $n=0.1$. —— 初始角度，---- 变形后角度. ①无成核，无颈缩修正；②无成核，颈缩修正；③$\varepsilon_N=0.3$，$s=0.1$，无颈缩修正；④$\varepsilon_N=0.3$，$s=0.1$，颈缩修正.

此时变形的局部化就开始了.

计算结果如图 8.22 和 8.23 所示. 设想空洞成核是由应变控制. 纵坐标给出的是变形局部化开始时刻的轴向对数应变，横坐标给出的是初始缺陷平面的方位角 ϕ. 方位角 θ 取为零. 图上虚线代表变形后缺陷平面方位角，实线代表初始时刻缺陷平面方位角.

从图 8.22 不难看出，对平面应变试样，考虑空洞成核的因素会大大降低临界应变 ε_{cr} 的数值. 而单独考虑颈缩的影响，也会降低 ε_{cr} 的数值. 在考虑空洞成核因素之后，颈缩的影响似乎不甚重要.

对于轴对称变形，情况稍有不同，空洞成核与颈缩的耦合作用给出最低的 ε_{cr} 值.

以上的分析中，关于颈缩的影响是通过近似的方法来加以考虑，并未进行直接的数值模拟. 这是由于直接的数值模拟将会大大

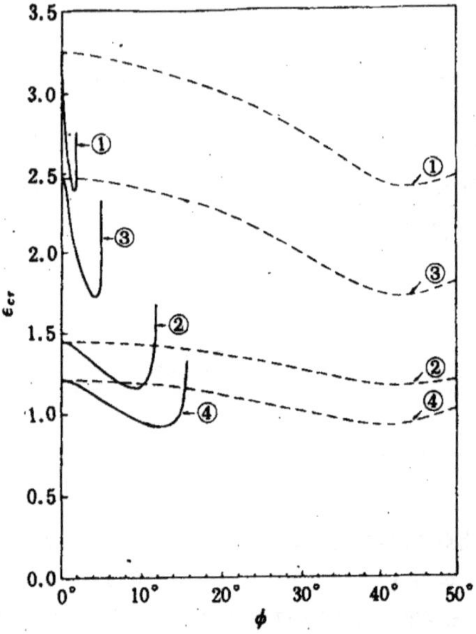

图 8.23　变形局部化起始时刻，轴向对数应变 ε_{cr}. 轴对称应变；材料参数及说明见上图

增加计算的工作量. 而且理论上判别变形局部化的起始时刻也相当复杂.

参　考　文　献

[1] Broek, D., Elementary Engineering Fracture Mechanics, Noordhoff International Publishing, Leyden, 1974.（中译本：D. 布洛克著，王克仁等译，工程断裂力学，科学出版社，1980）.

[2] Dodd, B. and Bai, Y. L., Ductile Fracture and Ductility, Harcourt Brace Jovanovich, Publishers, 1987.

[3] Knott, J. F., Fundamentals of Fracture Mechanics, Butterworths, 1973.

[4] McClintock, F. M., A criterion for ductile fracture by the growth of voids, *J. Appl. Mech.*, **35**(1968), 363.

[5] Rice, J. R. and Tracey, D. M., On the ductile enlargement of voids in triaxial

stress fields, *J. Mech. Phys. Solids*, **17**(1969), 201.

[6] Edelson, B. I. and Baldwin, W. M., Plastic deformation of coarse-grained aluminium, Trans. ASM, **55**(1962), 230—240.

[7] Gurson, A. L., Continum theory of ductile rupture by the void nucleation and growth, *J. Engng. Mater. Technology*, **99**(1977), 2.

[8] Gurson, A. L., Porous rigid-Plastic materials containing rigid inclusions-yield function, plastic potential and void necleasions, *ICF*4, **2**A(1977), 357.

[9] Duva, J. M. and Hutchinson, J. W., Constitutive potential for dilutely voided nonlinear materials, *Mechanics of materials*, **3**(1984), 1.

[10] Yamamoto, H., Conditions for shear localization in the ductile fracture of void-containing materials, *Int. J. Fract.*, **14**(1978), 347—365.

[11] Saje, M., Pan, J. and Needleman, A., Void nucleation effects on shear localization in porous plastic solids, *Int. J. Fract.*, **19**(1982), 163—182.

[12] Budiansky, B. Hutchinson, J. W. and Slutsky, S., Void growth and collapse in viscous solids, *Mechanics of solids*, the Rodney Hill 60th Anniversary Volume, eds. Hopkins, H. G. & Sewell, M. J., 1982.

[13] Tvergaard, V., On localization in ductile materials containing spherical voids, *Int. Jofur. Fract.*, **18**(1982), 237—252.

[14] Tvergaard, V., Ductile fracture by cavity nucleation between large voids, *J. Mech. Phys. Solids*, **30**(1982), 265—285.

[15] Hancock, J. W. and Brown, D. K., On the role of strain and stress state in ductile failure, *J. Mech. Phys. Solids*, **31**(1983), 1—24.

[16] Ohno, N. and Hutchinson, J. W., Plastic flow localization due to non-uniform distribution, *J. Mech. Phys. Solids*, **32**(1984), 63—85.

[17] Xia, X. X., Yang, G. Y., Hong, Y. S. and Li, G. C., Test and analysis on the ductile fracture of axisymmetric specimens, Mechanical Behavior of Materials-V, Proc. 5th Int. Conf. Beijing, China, 1987, Eds. Yan M. G. et al, **1**, 199.

[18] 郑长卿,裂纹体与无裂纹体统一损伤断裂理论研究文集,西北工业大学,1991.

[19] Duva, J. M., A constitutive description of nonlinear materials containing voids, *J. Mater.*, **5**(1986), 137—144.

[20] Mackenzie, A. C., Hancock, J. W. and Brown, D. K., On the influence of state of stress on ductile failure initiation in high strength steels, *Eng. Fract. Mech.*, **9**(1977), 167—188.

[21] 王自强、秦嘉亮,含空洞非线性材料的本构势和空洞扩展率,固体力学学报,**2**(1989), 127—141.

[22] Goods, S. H. and Brown, L. M., The nucleation of cavities by plastic deformation, *Acta Metall.*, **27**(1979), 1.

[23] Urie, V. M. and Wain, H. L., The effect of second phase on the mechanical properties of alloys, *J. Institute of Metals*, **81**(1952), 153.

[24] Tvergaard, V. and Needleman, A., Analysis of the cup-cone fracture in round tensile bar. *Acta Metall.*, **32**(1984), 157—169.

[25] Needleman, A. and Tvergaard, V., An analysis of ductile rupture in notched bars, *J. Mech. Phys. Solids*, **32**(1984), 461—490.

[26] Hancock, J. W. and MacKenzie, A. C., On the mechanisms of ductile failure in high strength steel subject to multiaxial states of stress, *J. Mech. Phys. Solids*, **24**(1976), 147.

[27] Needleman, A. and Tvergaard, V., An analysis of ductile rupture modes at a crack tip, *J. Mech. Phys. Solids*, **35**(1987), 151—183.

第九章　缺陷连续统的线性理论

本章在微小变形的范围内，讨论缺陷连续统的一般理论．缺陷连续统理论，也就是把缺陷看作是连续分布的场量，在连续介质的每一个物体点上均有确定的值．这样就可以用场论的方法统一地加以处理．

众所周知，在晶体内部位错是大量存在的，每平方厘米位错线的数目达 10^6— 10^{12}之多．在这种情况下用连续分布的场量来描述位错是有物理基础的．

§9.1　张量场的微分运算

在三维欧氏空间中引入右手笛氏坐标系$\{0,x_i\}$，相应的基向量为 $\boldsymbol{e}_i$，二阶单位张量是

$$\boldsymbol{I} = \delta_{ij}\boldsymbol{e}_i \otimes \boldsymbol{e}_j \tag{9.1}$$

式中 δ_{ij}为 Kronecker 符号：

$$\delta_{ij} = \begin{cases} 1, & \text{当}\ i = j \\ 0, & \text{当}\ i \neq j \end{cases} \tag{9.2}$$

引入三阶置换张量 e_{ijk}

$$e_{ijk} = \begin{cases} 1, & \text{当}\ i,j,k\ \text{是}(1,2,3)\ \text{的偶数次置换} \\ -1, & \text{当}\ i,j,k\ \text{是}(1,2,3)\ \text{的奇数次置换} \\ 0, & \text{其它情况} \end{cases} \tag{9.3}$$

引进 Hamilton 算子，

$$\nabla = \boldsymbol{e}_i\partial_i \tag{9.4}$$

对于任意的标量场 φ，我们有梯度

$$\mathrm{grad}\varphi = \partial_i\varphi\, \boldsymbol{e}_i = \varphi_{,i}\boldsymbol{e}_i \tag{9.5}$$

对于任意的向量场 $\boldsymbol{a}$，我们可以定义其散度及旋度：

$$\operatorname{div}\boldsymbol{a} = \partial_i a_i \tag{9.6}$$

$$\begin{aligned}\operatorname{rot}\boldsymbol{a} &= \nabla \times \boldsymbol{a} = \boldsymbol{e}_j\partial_j \times a_k\boldsymbol{e}_k \\ &= e_{ijk}\partial_j a_k \boldsymbol{e}_i\end{aligned} \tag{9.7}$$

也可以定义向量场 $\boldsymbol{a}$ 的梯度，

$$\operatorname{grad}\boldsymbol{a} = \partial_i a_j \boldsymbol{e}_i \otimes \boldsymbol{e}_j \tag{9.8}$$

由此看 $\boldsymbol{a}$ 的梯度是二阶张量，$\boldsymbol{a}$ 的散度是标量场，而它的旋度仍然是向量场.

对于任意的二阶张量 $\boldsymbol{A}$，类似地我们可以定义它的梯度、散度和旋度：

$$\operatorname{grad}\boldsymbol{A} = \nabla \otimes \boldsymbol{A} = \partial_i A_{jk}\boldsymbol{e}_i \otimes \boldsymbol{e}_j \otimes \boldsymbol{e}_k \tag{9.9}$$

$$\operatorname{div}\boldsymbol{A} = \nabla A = \partial_i A_{ij}\boldsymbol{e}_j \tag{9.10}$$

$$\operatorname{rot}\boldsymbol{A} = e_{ijk}\partial_i A_{jl}\boldsymbol{e}_k \otimes \boldsymbol{e}_l \tag{9.11}$$

对于任意的向量场 $\boldsymbol{a}$，我们有如下的散度定理：

$$\int_V \operatorname{div}\boldsymbol{a}dV = \int_S \boldsymbol{a}\cdot\boldsymbol{n}dS = \int_S a_i n_i dS \tag{9.12}$$

式中 S 是包围体积 V 的封闭曲面，$\boldsymbol{n}$ 是曲面 S 的单位外法向量.

还有 Stokes 定理：

$$\int_S \boldsymbol{n}\cdot\operatorname{rot}\boldsymbol{a}dS = \oint_l \boldsymbol{t}\cdot\boldsymbol{a}dl \tag{9.13}$$

式中 S 是任意张在封闭曲线 l 上的开口曲面，$\boldsymbol{t}$ 是指向曲线正方向的单位切向量. 从法线 $\boldsymbol{n}$ 看下来，曲线 l 的正方向是逆时针方向，如图 9.1 所示.

对于任意的二阶张量 $\boldsymbol{A}$，散度定理及 Stokes 定理分别为

$$\int_V \operatorname{div}\boldsymbol{A}dV = \int_S \boldsymbol{n}\cdot\boldsymbol{A}dS \tag{9.14}$$

$$\int_S \boldsymbol{n}\cdot\operatorname{rot}\boldsymbol{A}dS = \int_l \boldsymbol{t}\cdot\boldsymbol{A}dl \tag{9.15}$$

§9.2　协调条件

经典理论设想物体是均匀致密的连续介质，内部不含有任何

微观缺陷.因此,物体变形后,每个点在三维欧氏空间中都有唯一确定的位置.

位移向量 $\boldsymbol{u}$ 是坐标 x 的单值连续函数:

$$\boldsymbol{u} = u_i \boldsymbol{e}_i \tag{9.16}$$

引入弹性畸变张量 $\boldsymbol{\beta}$

$$\begin{cases} \boldsymbol{\beta} = \mathrm{grad}\boldsymbol{u} \\ \beta_{ij} = \partial_i u_j \end{cases} \tag{9.17}$$

考察一个"宏观无限小但微观无限大"的微元体 $\triangle V = \triangle x_1 \triangle x_2 \triangle x_3$.它的初始未变形状态表示在图 9.2 上.图中的格子示意简单立方晶体的晶格.

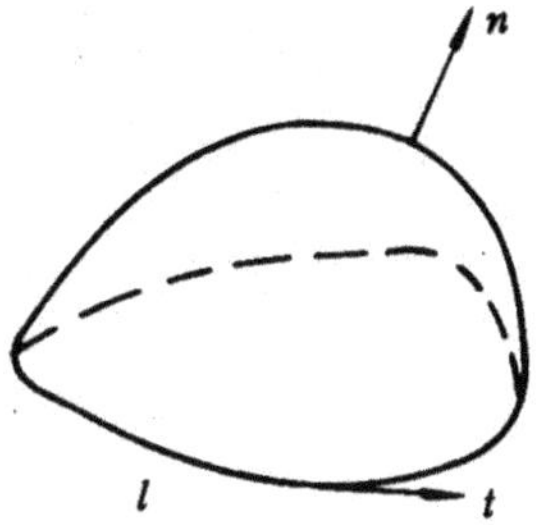

图 9.1

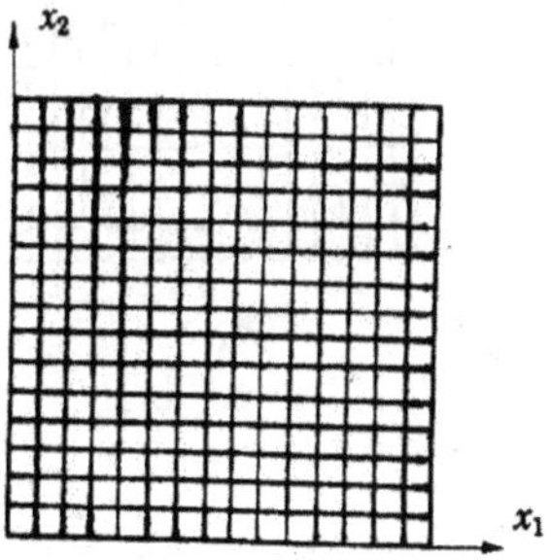

图 9.2

弹性畸变张量 $\boldsymbol{\beta}$ 是非对称张量,它可以分解为对称的弹性应变张量 $\boldsymbol{\varepsilon}$ 和反对称的弹性旋转张量 $\boldsymbol{W}$,

$$\boldsymbol{\beta} = \boldsymbol{\varepsilon} - \boldsymbol{W} \tag{9.18}$$

$$\varepsilon_{ij} = \frac{1}{2}(u_{i,j} + u_{j,i}) \tag{9.19}$$

$$W_{ij} = \frac{1}{2}(u_{i,j} - u_{j,i}) \tag{9.20}$$

$\boldsymbol{W}$ 的对偶是转动向量 $\boldsymbol{\omega}$:

$$\omega = -\frac{1}{2}\boldsymbol{e} : \boldsymbol{W} = \frac{1}{2}\boldsymbol{e} : \boldsymbol{\beta} \tag{9.21}$$

将(9.17)式代入上式得

$$\omega = \frac{1}{2}\mathrm{rot}\boldsymbol{u} \tag{9.22}$$

图 9.3 表示了均匀弹性畸变的变形图像.

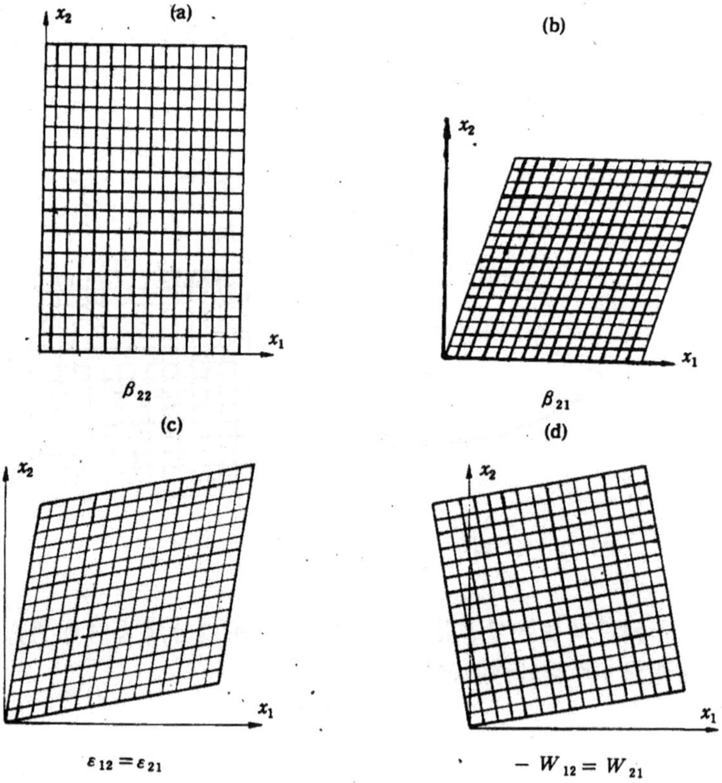

图 9.3　均匀弹性畸变实例

引入弯扭张量 $\boldsymbol{\chi}$

$$\boldsymbol{\chi} = \mathrm{grad}\boldsymbol{\omega} \tag{9.23}$$

利用下述恒等式:

$$e_{ijk}e_{kpq} = \delta_{ip}\delta_{jq} - \delta_{iq}\delta_{jp} \tag{9.24}$$

不难证实

$$\boldsymbol{\beta}=\boldsymbol{\varepsilon}+\boldsymbol{e}\cdot\boldsymbol{\omega}, \qquad \boldsymbol{W}=-e\cdot\omega \tag{9.25}$$

式中 $\boldsymbol{e}$ 是三阶置换张量.

由于位移向量 $\boldsymbol{u}$ 是坐标 x 的单值可微函数,因此必有

$$\oint_c d\boldsymbol{u} = 0 \tag{9.26}$$

式中 c 是物体中的任意封闭回路. 公式(9.26)即是变形协调条件的积分形式.

由公式(9.17)及(9.23)立即推得

$$\mathrm{rot}\boldsymbol{\beta} = 0 \tag{9.27}$$

$$\mathrm{rot}\boldsymbol{\chi} = 0 \tag{9.28}$$

公式(9.27)和(9.28)即是一阶微分形式的协调条件.

对于任意的二阶张量 $\boldsymbol{A}$,引入非协调张量

$$\mathrm{inc}\boldsymbol{A} = \mathrm{rot}(\mathrm{rot}\boldsymbol{A})^T = -e_{ikl}e_{jmn}A_{ln,km}\boldsymbol{e}_i\otimes\boldsymbol{e}_j \tag{9.29}$$

由公式(9.19)通过直接计算不难证实

$$\mathrm{inc}\boldsymbol{\varepsilon} = 0 \tag{9.30}$$

公式(9.30)即是众所周知的二阶微分形式的变形协调条件. 由于 $\boldsymbol{\varepsilon}$ 是对称的二阶张量,经过分析不难证实(9.30)只有 3 个独立的协调方程.

以上根据单值位移场 $\boldsymbol{u}(x)$ 推出了协调条件(9.27). 现在反过来证明,给定任何满足协调方程(9.27)的畸变场 $\boldsymbol{\beta}(\boldsymbol{x})$ 必定能找到唯一确定的位移场 $\boldsymbol{u}(\boldsymbol{x})$(准确到刚性平移).

由 Stocks 定理(9.15)推得

$$\oint_l \beta_{ij}dx_i = \int_S (\boldsymbol{n}\cdot\mathrm{rot}\boldsymbol{\beta})_j dS = 0$$

式中 l 是任意的封闭曲线. 因而下述公式中的积分将与路径无关,

只依赖于积分端点 x.

$$u_j(x) = u_j^0 + \int_{x^0}^{x} \beta_{ij} dx_i \tag{9.31}$$

由此唯一地确定了一个以 u^0 为精度的位移场.

由此我们得到如下定理：

定理 A. 如果畸变场 $\beta(x)$ 是单连通区域 V 上的单值连续可微场，满足协调方程(9.27)，那么一定可以找到一个唯一确定的二次可微的位移场 $u(x)$（精确到刚性平移），满足(9.17)式.

我们还可以证明下述定理.

定理 B. 如果应变场 $\varepsilon(x)$ 是单连通区域 V 上的单值连续二次可微场，满足应变协调方程(9.30). 那么在 V 内，一定能找到一个唯一确定的三次连续可微的位移场 $u(x)$（准确到一个刚性平移）及一个唯一确定的二次连续可微的转动向量场 $\omega(x)$（准确到一个刚性转动）.

考察下述积分：

$$\begin{aligned}\int_{x^0}^{x} \beta_{ij} dx_i' &= \int_{x^0}^{x} (\varepsilon_{ij} - W_{ij}) dx_i' \\ &= W_{ij}^0 x_i^0 - W_{ij} x_i + \int_{x^0}^{x} (\varepsilon_{kj} + x_i' W_{ij,k}) dx_k' \\ &= W_{ij}^0 (x_i^0 - x_i) + \int_{x^0}^{x} [\varepsilon_{kj} + (x_i' - x_i) W_{ij,k}] dx_k' \\ &= W_{ij}^0 (x_i^0 - x_i) + \int_{x^0}^{x} P_{kj} dx_k' \end{aligned} \tag{9.32}$$

式中

$$P_{kj} = \varepsilon_{kj} + (x_i' - x_i) W_{ij,k} \tag{9.33}$$

注意到

$$\begin{aligned} W_{ij,k} &= \frac{1}{2}(u_{i,j} - u_{j,i})_{,k} \\ &= \frac{1}{2}(u_{i,k} + u_{k,i})_{,j} - \frac{1}{2}(u_{j,k} + u_{k,j})_{,i} \\ &= \varepsilon_{ki,j} - \varepsilon_{kj,i} \end{aligned} \tag{9.34}$$

由此

$$P_{kj} = \varepsilon_{kj} + (x_i' - x_i)(\varepsilon_{ki,j} - \varepsilon_{kj,i}) \tag{9.35}$$

公式(9.32)中x'是积分变量.该式最后一个积分与积分路径无关的充分条件是

$$\frac{\partial P_{kj}}{\partial x_l'} = \frac{\partial P_{lj}}{\partial x_k'}$$

我们有

$$\begin{aligned} P_{kj,l} - P_{lj,k} &= \varepsilon_{kj,l} + (x_i' - x_i)(\varepsilon_{ki,jl} - \varepsilon_{kj,il}) + (\varepsilon_{kl,j} - \varepsilon_{kj,l}) \\ &\quad - \{\varepsilon_{lj,k} + (x_i' - x_i)(\varepsilon_{li,jk} - \varepsilon_{lj,ik}) + (\varepsilon_{lk,j} - \varepsilon_{lj,k})\} \\ &= (x_i' - x_i)[\varepsilon_{ki,jl} - \varepsilon_{kj,il} + \varepsilon_{lj,ik} - \varepsilon_{li,jk}] \end{aligned} \tag{9.36}$$

由于应变ε满足协调方程(9.30),因此(9.36)式的方括号恒等于零.所以下述公式提供了唯一确定的位移场u_j:

$$\begin{aligned} u_j &= u_j^0 + W_{ij}^0(x_i^0 - x_i) \\ &\quad + \int_{x^0}^{x} \{\varepsilon_{kj} + (x_i' - x_i)(\varepsilon_{ki,j} - \varepsilon_{kj,i})\} dx_k' \end{aligned} \tag{9.37}$$

我们来证明该位移场满足(9.19)式,我们有

$$\begin{aligned} \partial_i u_j &= - W_{ij}^0 + \{\varepsilon_{ij} + (x_m' - x_m)[\varepsilon_{im,j} - \varepsilon_{ij,m}]|^{x'=x} \\ &\quad - \int_{x^0}^{x} [\varepsilon_{ki,j} - \varepsilon_{kj,i}] dx_k'\} \\ &= - W_{ij}^0 + \varepsilon_{ij} - \int_{x^0}^{x} (\varepsilon_{ki,j} - \varepsilon_{kj,i}) dx_k' \end{aligned}$$

类似地我们有

$$\partial_j u_i = - W_{ji}^0 + \varepsilon_{ji} - \int_{x^0}^{x} (\varepsilon_{kj,i} - \varepsilon_{ki,j}) dx_k'$$

由此得到

$$\frac{1}{2}(u_{i,j} + u_{j,i}) = \varepsilon_{ij}$$

进一步,我们有

$$\frac{1}{2}(u_{i,j} - u_{j,i}) = W_{ij}^0 + \int_{x^0}^{x} (\varepsilon_{ki,j} - \varepsilon_{kj,i}) dx_k' \tag{9.38}$$

现在来考察转动向量ω.由(9.22)式得

$$\omega_i = \frac{1}{2} e_{ijk} \partial_j u_k \tag{9.39}$$

$$\omega_{i,m} = \frac{1}{2}e_{ijk}u_{k,jm} = \frac{1}{2}e_{ijk}(\varepsilon_{km} + W_{km})_{,j}$$

$$= \frac{1}{2}e_{ijk}[\varepsilon_{km,j} + \varepsilon_{jk,m} - \varepsilon_{jm,k}]$$

$$= e_{ijk}\varepsilon_{km,j} = e_{ilk}\varepsilon_{mk,l} \tag{9.40}$$

考察下述积分

$$\omega_i = \omega_i^0 + \int_{x^0}^{x} e_{ilk}\varepsilon_{mk,l}dx'_m \tag{9.41}$$

该积分与路径无关的充分条件是

$$e_{ilk}(\varepsilon_{mk,ln} - \varepsilon_{nk,lm}) = 0 \tag{9.42}$$

鉴于应变满足协调方程(9.30)，上式自然成立. 这说明(9.41)式确实提供了唯一确定的转动向量.

§9.3 缺陷的几何意义

前面我们讨论了物体内部无任何微观缺陷时变形应该满足的协调条件. 当物体内部含有缺陷时，变形就会出现某种程度的非协调.

首先考察协调方程(9.26)不满足的情况. 此时，du_i 不再是一个全微分. 物体内部存在位错. 我们有位错向量(Burgers 向量)

$$b_i = \oint_c du_i \tag{9.43}$$

式中 c 是 Burgers 回路.

晶体中出现单个位错线时，Burgers 向量 $\boldsymbol{b}$ 的定义是很清楚的. 此时 Burgers 回路将是包围位错线的任何封闭回路(只在"好"区域内通过)，其正方向与位错线正方向成右螺旋.

对于连续分布位错，(9.43)式定义的是穿过曲面 S 的位错线的 Burgers 向量的总和. 此时 Burgers 回路是开口曲面 S 的边界线.

现在来考察畸变张量 β，我们有

$$du_j = \beta_{ij}dx_i \tag{9.44}$$

$$\oint_c d\boldsymbol{u} = \oint_c \beta_{ij}\boldsymbol{e}_j dx_i = \oint_c \boldsymbol{t}\cdot\boldsymbol{\beta}\, ds \tag{9.45}$$

式中 $\boldsymbol{t}$ 是曲线 c 的单位切向量，ds 是弧元长度. 利用 Stokes 定理，(9.45)式转化为

$$\oint d\boldsymbol{u} = \int_S \boldsymbol{n}\cdot \mathrm{rot}\boldsymbol{\beta}\, dS \tag{9.46}$$

引入位错密度张量 $\boldsymbol{\alpha}$，

$$\boldsymbol{\alpha} = \mathrm{rot}\boldsymbol{\beta}, \quad \alpha_{kl} = e_{mnk}\partial_m\beta_{nl} \tag{9.47}$$

我们得到

$$\boldsymbol{b} = \oint_c d\boldsymbol{u} = \int_S \boldsymbol{n}\cdot\boldsymbol{\alpha} dS \tag{9.48}$$

畸变张量 $\boldsymbol{\beta}$ 可以分解为应变张量 $\boldsymbol{\varepsilon}$ 及旋转张量 $\boldsymbol{W}$：

$$\boldsymbol{\beta} = \boldsymbol{\varepsilon} - \boldsymbol{W} \tag{9.49}$$

$$\varepsilon_{ij} = \frac{1}{2}(\beta_{ij} + \beta_{ji}) \tag{9.50}$$

$$W_{ij} = \frac{1}{2}(\beta_{ji} - \beta_{ij}) \tag{9.51}$$

应该强调指出，由于单值的位移场已不再存在，所以公式(9.19)，(9.20)不再成立，而代之以公式(9.50)，(9.51).

由公式(9.47)，立即推得

$$\mathrm{div}\boldsymbol{\alpha} = \mathrm{div}\ \mathrm{rot}\boldsymbol{\beta} = 0 \tag{9.52}$$

(9.52)式的物理含意是位错不能起始或终结于物体内部，这说明位错是无源的. (9.47)可改写为

$$\alpha_{jl} = e_{jmn}\partial_m\beta_{nl}$$

对上式施以算子 $e_{ikl}\partial_k$，并取对称部分，得到非协调张量 η：

$$\begin{aligned}\eta_{ij} &= -\frac{1}{2}(e_{ikl}\alpha_{jl,k} + e_{jkl}\alpha_{il,k}) \\ &= -e_{ikl}e_{jmn}\varepsilon_{ln,km} \end{aligned} \tag{9.53}$$

比较(9.30)得

$$\boldsymbol{\eta} = \mathrm{inc}\boldsymbol{\varepsilon} \tag{9.54}$$

以上讨论了位移多值、协调方程(9.27)，(9.30)不能满足的情

况. 现在讨论转动向量多值、协调方程(9.28)不满足的情况. 引入向错密度张量:

$$\kappa = \mathrm{rot}\chi \tag{9.55}$$

向错密度张量也称为旋错密度张量,相应地可以定义旋错向量 Ω:

$$\Omega = \oint_c d\omega = \int_S \boldsymbol{n} \cdot \mathrm{rot}\chi dS \tag{9.56}$$

$$\Omega = \int_S \boldsymbol{n} \cdot \kappa dS \tag{9.57}$$

我们有

$$d\omega_j = \chi_{ij} dx_i \tag{9.58}$$

由公式(9.49),(9.51)及(9.21),我们可以看出,如果畸变张量 β 已经唯一确定,(即使它并不满足协调方程(9.27))旋转张量 W 及转动向量 ω 也就唯一确定. 所以旋错密度张量 κ 及旋错向量 Ω 恒为零.

这样旋错的存在意味着畸变张量 β 不再是唯一确定的.

我们来考察物体含有位错但不含旋错时,弯扭张量 χ 及转动向量 ω 与位错密度张量的关系. 我们有

$$\omega_k = -\frac{1}{2} e_{kmn} W_{mn}, \qquad W_{ij} = -e_{ijk}\omega_k \tag{9.59}$$

由公式(9.47)得

$$\begin{aligned} \alpha_{ij} &= e_{ikl}\partial_k \beta_{lj} = e_{ikl}(\partial_k \varepsilon_{lj} - \partial_k W_{lj}) \\ e_{ikl}\partial_k \varepsilon_{lj} - \alpha_{ij} &= -e_{ikl} e_{ljm} \partial_k \omega_m \\ &= -(\delta_{ij}\delta_{km} - \delta_{im}\delta_{jk})\partial_k \omega_m \\ &= \delta_{ij}\partial_k \omega_k + \partial_j \omega_i \end{aligned} \tag{9.60}$$

由此导得

$$\partial_k \omega_k = \frac{1}{2}\alpha_{kk} \tag{9.61}$$

$$-\partial_j \omega_i = \alpha_{ij} - \frac{1}{2}\alpha_{kk}\delta_{ij} - e_{ikl}\partial_k \varepsilon_{lj} \tag{9.62}$$

$$-\chi_{ij} = \alpha_{ji} - \frac{1}{2}\alpha_{kk}\delta_{ji} - e_{jkl}\partial_k \varepsilon_{li} \tag{9.63}$$

§ 9.4 位错弹性理论

考虑一个宏观的弹性体，它内部含有大量的微观缺陷，如位错和旋错等线缺陷. 它的每一个物体点的运动仍然设想可以用一个欧氏空间到欧氏空间的连续变换来描述：

$$x^i = x^i(\boldsymbol{X}, t) \tag{9.64}$$

式中 x^i, X^K 分别表示物体点在初始构形及现时构形中的坐标. 这里初始构形是指物体不受外载时，在空间所占的位置. 当物体受外载作用时，物体发生变形，在空间占有现时构形的位置. 在图 9.4 中，又引入了第三种构形，自然构形(n).

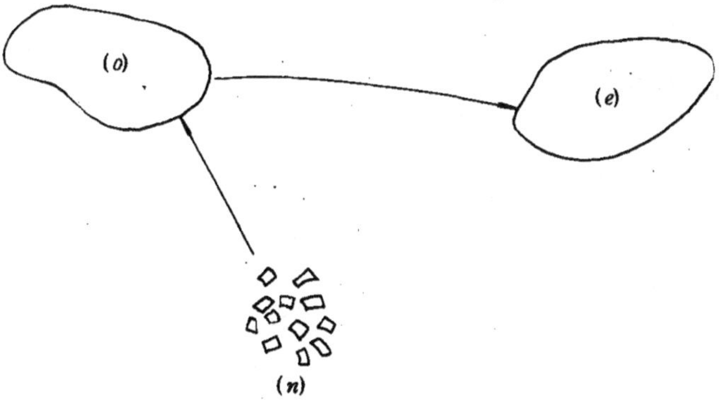

图 9.4　三构形几何图像. 初始构形(o)；现时构形(e)；自然构形(n)

由于物体内含有大量微观缺陷，因此，初始状态并不是一个无应力的状态. 但是我们设想一步骤，将物体分割成许多微元，剔除全部缺陷，并让它不受约束地释放成应力为零的自然状态. 这些处于自然状态的微元不能拼凑成一个无缺陷的三维欧氏空间中的物体.

这个"释放及剔除"变换是通过一种由欧氏空间到非欧空间的非完整变换来实现的.

由初始构形到现时构形之间的变形过程,可以通过经典的弹性理论来解决,此时我们无需考虑缺陷的存在.能这样处理的原因是我们假定了总的变形是微小的,因此,线性叠加原理可以成立.其次我们讨论的是线弹性体,缺陷在变形过程中,既不运动,也不增殖或湮没.也就是设想应力不大,不足以开动位错之类的微观缺陷.

由自然构形到初始构形的变形过程是我们本节要讨论的,这个过程所产生的应力场通常称为内应力场.

如果位错密度张量 α 已经给定而旋错为零,那么内应力场所对应的边值问题归之为

平衡方程:

$$\sigma_{ij,i}=0,\qquad \text{在}V\text{内} \tag{9.65}$$

虎克定律:

$$\sigma_{ij}=\mathscr{L}_{ijkl}\varepsilon_{kl},\qquad \text{在}V\text{内} \tag{9.66}$$

非协调方程:

$$\alpha_{ij}=e_{ikl}\partial_k\beta_{lj}\qquad \text{在}V\text{内} \tag{9.67}$$

边界条件:

$$p_i=\sigma_{ij}n_j=0,\qquad \text{在}S\text{上} \tag{9.68}$$

通过求解边值问题,我们可以得到畸变张量 β_{ij} 及内应力张量 σ_{ij}.

一个更加简捷的方法,用应变非协调方程(9.54)代替方程(9.67).我们有

$$-e_{ikl}e_{jmn}\varepsilon_{ln,km}=\eta_{ij} \tag{9.69}$$

式中

$$\eta_{ij}=-\frac{1}{2}(e_{ikl}\alpha_{jl,k}+e_{jkl}\alpha_{il,k}) \tag{9.70}$$

这样方程(9.65),(9.66)和(9.69)以及边界条件(9.68)组成一个以 σ_{ij},ε_{ij} 为未知量的边值问题.求解该边值问题,可以得到应变场

ϵ_{ij}及内应力场σ_{ij}. 该边值问题的解可分解为特解和齐次解. 通常是将原有的有限大小的物体看作是无限大物体以求得特解. 齐次解则根据边界条件(9.68)来求解，以抵消特解产生的边界力. 显然齐次解的求解是经典弹性理论的范畴，这里我们不再细述.

下面介绍二种求特解的方法.

Eshelby 方法

这种方法来源于广义相对论[1]，可以直接写出.

$$\boldsymbol{\varepsilon}(\boldsymbol{x}) = \frac{1}{4\pi}\int_V \frac{\boldsymbol{\eta}(\boldsymbol{x}') - [\mathrm{tr}\boldsymbol{\eta}(\boldsymbol{x}')]\boldsymbol{I}}{\|\boldsymbol{x} - \boldsymbol{x}'\|} dV' \tag{9.71}$$

式中V即是物体占有的体积. (9.71)式适用于$\boldsymbol{\eta}(\boldsymbol{x})$在物体边界$S$处为零的情况. 若$\boldsymbol{\eta}(\boldsymbol{x})$在$S$上不为零. 可将$\boldsymbol{\eta}(\boldsymbol{x})$连续开拓到体积$V^*$上，而$V\cup S\subset V^*$. 在体积$V^*$的边界$S^*$上，开拓后的$\boldsymbol{\eta}(\boldsymbol{x})=0$. 这样下述解即是特解：

$$\boldsymbol{\varepsilon}(x) = \frac{1}{4\pi}\int_{V*} \frac{\boldsymbol{\eta}(\boldsymbol{x}') - [\mathrm{tr}\,\boldsymbol{\eta}(\boldsymbol{x}')]\boldsymbol{I}}{\|\boldsymbol{x} - \boldsymbol{x}'\|} dV' \tag{9.72}$$

Kröner 方法

考虑各向同性弹性体，我们有

$$\varepsilon_{kl} = \frac{1}{2\mu}\left(\sigma_{kl} - \frac{\nu}{1+\nu}\sigma_{mm}\delta_{kl}\right) \tag{9.73}$$

非协调方程(9.69)可改写为

$$\triangle\varepsilon_{kl} - \varepsilon_{km,lm} - \varepsilon_{lm,km} + (\varepsilon_{mn,mn} - \triangle\varepsilon_{mm})\delta_{kl} + \varepsilon_{mm,kl} = \eta_{kl} \tag{9.74}$$

将(9.73)代入(9.74)得

$$\triangle\sigma_{kl} + \frac{1}{1+\nu}(\sigma_{mm,kl} - \triangle\sigma_{mm}\delta_{kl}) - \sigma_{km,lm} - \sigma_{lm,km} + \sigma_{mn,mn}\delta_{kl} = 2\mu\cdot\eta_{kl} \tag{9.75}$$

引入应力函数ϕ(ϕ是对称的二阶张量)：

$$\boldsymbol{\sigma} = \mathrm{inc}\boldsymbol{\phi}, \quad \sigma_{ij} = -e_{ikl}e_{jmn}\varphi_{ln,km} \tag{9.76}$$

平衡方程将自动得到满足.

设想 φ 用 ψ 来替换：

$$\psi_{kl}=2\mu\left(\psi_{kl}+\frac{\nu}{1-\nu}\psi_{mm}\delta_{kl}\right) \tag{9.77}$$

并且设想 ψ 满足附加条件：

$$\psi_{km,m}=0 \tag{9.78}$$

Kröner[2]证明了这些附加条件并不限制应力函数 ψ 的普适性. 比较方程组(9.65),(9.73),(9.69)与方程组(9.78),(9.77),(9.76),我们可以看出,如果将前者的 $\sigma,\varepsilon,\eta,\nu,2\mu$ 与后者的 $\psi,\varphi,\sigma,-\nu,1/2\mu$ 作替换,两者是完全相似的. 由此,我们可以推出

$$\frac{1}{2\mu}\sigma_{kl}=\triangle\psi_{kl}+\frac{1}{1-\nu}(\psi_{mm,kl}-\triangle\psi_{mm}\delta_{kl}) \tag{9.79}$$

将上式代入(9.74)得

$$\triangle\triangle\psi_{kl}=\eta_{kl} \tag{9.80}$$

这是一个非耦合的双调和方程. 相应的特解为

$$\psi=-\frac{1}{8\pi}\int_{\mathscr{E}}\eta(x')\parallel x-x'\parallel dV' \tag{9.81}$$

式中 $\mathscr{E}$ 是整个空间. 鉴于 $\eta(x)$ 的性质,不难证实附加条件(9.78)成立.

§9.5 位错塑性理论

上一节的分析,适用于旋错为零、位错在变形过程不发生运动、不增殖、不湮没,并且位错、密度不发生变化的情况. 位错运动必然产生塑性变形. 因此,当我们分析塑性变形的时候,就需要引进反映位错运动、增殖、湮没等微观机制影响的塑性畸变、塑性应变及塑性转动等力学量.

考察图 9.5 所示的变形三构形图. 初始构形、现时构形及中间构形分别用(o),(e)及(κ)来表示.

我们特别要强调的是(κ)构形作为中间构形是随着变形的发展而不断变化的. 也就是说存在着无数个中间构形,分别表征不同时刻的塑性应变状态. 这是因为塑性变形是历史相关,每个时刻所

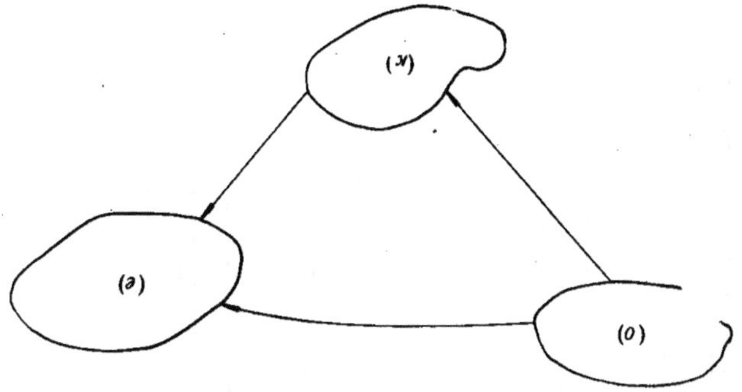

图 9.5　三构形几何图像. 初始构形(O)，现时构形(e)，中间构形(κ)

对应的位错密度、位错组态、位错流密度张量都是不同的.

总而言之，从初始构形(o)到现时构形(e)的变形过程是弹塑性变形过程. 总的畸变张量β 可以表示为弹性畸变张量 β 及塑性畸变张量β^p之和：

$$\beta^t_{ij} = \beta_{ij} + \beta^p_{ij} \tag{9.82}$$

图 9.6 表征了几种典型的塑性畸变，其中图 9.6(a)描述了攀移产生的塑性畸变分量 β^p_{22}，而图 9.6(b)则是滑移产生的塑性畸变 β^p_{21}. 应该指出，塑性畸变分量 β^p_{22}也可以通过两个滑移系上的双滑移来产生. 另一方面，无论是滑移，还是攀移，晶体的晶格点阵结构并不改变.

位错塑性理论的基本出发点是塑性变形是不协调的，它是位错运动、增殖或湮没的产物. 但是，物体由初始构形到现时构形的总的变形过程，是从一个欧氏空间到另一个欧氏空间的连续完整的变换过程，因此是一个协调的变形过程. 这是因为我们设想真实的物体只能存在于欧氏空间之中，弹塑性变形过程并不产生微观的裂隙[1]，真实的物体是一个致密的连续介质.

---

1)　本节只讨论不产生裂隙的变形过程.

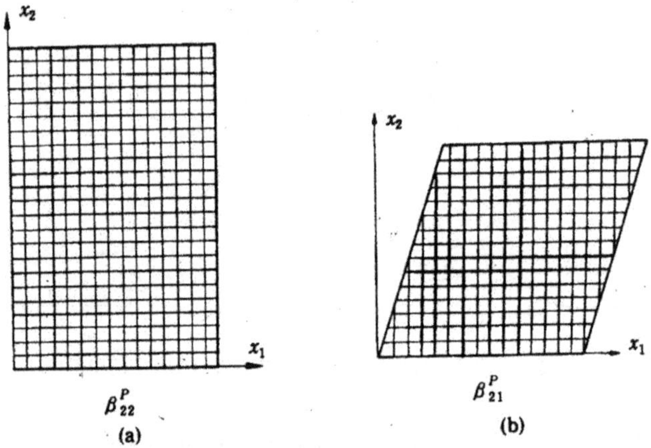

图 9.6　均匀塑性畸变实例

从初始构形到中间构形的纯塑性变形是非协调的，而从中间构形到现时构形的弹性变形也是非协调的，这两种变形的合成依然是一个协调变形过程，这就是 Kröner[4]位错塑性理论的基本思想. 这种思想与经典塑性理论及晶体塑性理论一致. 迄今为止的宏观或细观塑性理论都假定存在着唯一确定的单值位移场.

Kröner[4]位错塑性理论的更深层次的物理内涵是塑性变形是由于位错的运动，位错的增殖或湮没造成的. 而对塑性变形作出主要贡献的是位错运动. 大量的位错滑出物体产生很大的塑性变形，在物体表面产生滑移台阶，而在物体内部并不留下微观缺陷. 造成物体内部出现微观缺陷的根本原因是未滑出物体的位错，这种位错密度虽然相当高，但对塑性变形的贡献是次要的. 我们设想用非协调的弹性变形来抵消它的非协调性，并不会改变塑性变形的主要特征.

由于总的变形是协调的，所以我们有如下的协调方程：

$$\oint du^t = 0 \tag{9.83}$$

$$\text{rot}\,\boldsymbol{\beta}^t = 0 \tag{9.84}$$

$$\text{inc}\,\boldsymbol{\varepsilon}^t = 0 \tag{9.85}$$

$$\text{rot}\,\boldsymbol{\chi}^t = 0 \tag{9.86}$$

以及下述公式：

$$\boldsymbol{\beta}^t = \text{grad}\,\boldsymbol{u}^t, \qquad \beta^t_{ij} = \partial_i u^t_j \tag{9.87}$$

$$\boldsymbol{\beta}^t = \boldsymbol{\varepsilon}^t - \boldsymbol{W}^t \tag{9.88}$$

$$\begin{cases} \varepsilon^t_{ij} = \dfrac{1}{2}(\beta^t_{ij} + \beta^t_{ji}) \\ W^t_{ij} = \dfrac{1}{2}(\beta^t_{ji} - \beta^t \beta^t_{ij}) \end{cases} \tag{9.89}$$

$$\boldsymbol{\omega}^t = \frac{1}{2}\boldsymbol{e} : \boldsymbol{\beta}^t = \frac{1}{2}\text{rot}\,\boldsymbol{u}^t \tag{9.90}$$

$$\boldsymbol{\chi}^t = \text{grad}\,\boldsymbol{\omega}^t \tag{9.91}$$

仿照(9.47)式，引入位错密度张量 $\boldsymbol{\alpha}$，

$$\boldsymbol{\alpha} = \text{rot}\,\boldsymbol{\beta}, \qquad \alpha_{kl} = e_{mnk}\partial_m\beta_{nl} \tag{9.92}$$

其物理意义是从中间构形向现时构形的变形过程所产生的位错密度. 注意到协调方程(9.84)，我们得

$$\text{rot}\,\boldsymbol{\beta}^p = -\boldsymbol{\alpha} \tag{9.93}$$

这说明从初始构形变形到中间构形时，产生的位错密度是 $-\boldsymbol{\alpha}$.

类似地引入变形非协调张量 $\boldsymbol{\eta}$ 及旋错密度张量 $\boldsymbol{\kappa}$(当 $\boldsymbol{\kappa} \neq 0$ 时，$\boldsymbol{\beta}$ 及 $\boldsymbol{\beta}^p$ 不再是单值的)，

$$\boldsymbol{\eta} = \text{inc}\,\boldsymbol{\varepsilon}, \qquad \eta_{ij} = -e_{ikl}e_{jmn}\varepsilon_{ln,km} \tag{9.94}$$

$$\boldsymbol{\kappa} = \text{rot}\,\boldsymbol{\chi}, \qquad \kappa_{ij} = e_{ikl}\partial_k\chi_{lj} \tag{9.95}$$

特别要强调的是(9.94)，(9.95)式中的 $\boldsymbol{\varepsilon}$ 是弹性应变，而 $\boldsymbol{\chi}$ 是弹性弯扭张量. 因此有

$$\varepsilon_{ij} = \frac{1}{2}(\beta_{ij} + \beta_{ji})$$

$$d\omega_j = \chi_{ij}d\chi_i$$

如果旋错密度张量不为零，那么弹性转动向量是多值的. 鉴于

协调方程(9.85)及(9.86). 公式(9.94),(9.95)又可改写为

$$\eta = - \mathrm{inc}\boldsymbol{\varepsilon}^{p} \tag{9.96}$$

$$\boldsymbol{\kappa} = - \mathrm{rot}\boldsymbol{\chi}^{p} \tag{9.97}$$

Kröner[4]的位错理论假定塑性畸变 $\boldsymbol{\beta}^p$是已知的,因而弹性畸变张量 $\boldsymbol{\beta}$ 是单值确定的,且旋错密度张量为零. 在这种情况下,利用公式(9.93)求得位错密度张量 α,就可以直接求解从中间构形到现时构形的弹性变形过程. 其方法已在前一节中作了详细介绍,这里不再细述.

也可以更为简捷地假定塑性应变是已知的,从方程(9.96)得到非协调张量 η. 这样非协调方程(9.94)的左端为已知. 对于从中间构形(κ)到现时构形(e)的非协调弹性变形过程可以用前节推出的内应力理论加以解决. 我们不妨将相应的边值问题罗列如下:

$$\begin{cases} \sigma_{ij,j} = 0 \\ \sigma_{ij} = \mathscr{L}_{ijkl}\varepsilon_{kl} \qquad \text{在} V \text{内} \\ - e_{ikl}e_{jmn}\varepsilon_{ln,km} = e_{ikl}e_{jmn}\varepsilon^{p}_{ln,km} \end{cases} \tag{9.98}$$

$$\sigma_{ij}n_j = \bar{p}_i \qquad \text{在} S \text{上} \tag{9.99}$$

(9.98)式中,$\mathscr{L}_{ijkl}$是弹性模量张量.

Kröner 的位错塑性理论设想初始构形(o)是一个无缺陷、无应力的状态. 由此,从初始构形(o)到中间构形(κ)的塑性变形 $\boldsymbol{\varepsilon}^p$ 不引起应力. 应力 $\boldsymbol{\sigma}$ 纯粹由弹性应变引起. 这样边值问题(9.98)-(9.99)提供了求解应力场 $\boldsymbol{\sigma}$ 及弹性应变 $\boldsymbol{\varepsilon}$ 的有效途径.

Kröner 的位错塑性理论设想塑性应变 $\boldsymbol{\varepsilon}^p$是已知的,这一点是回避了位错塑性理论的最棘手的问题,说明 Kröner 的理论并不构成完整的力学理论.

另一方面,我们从边值问题(9.98)-(9.99)清楚地看出,塑性畸变 $\boldsymbol{\beta}^p$的反对称部分,也就是($-\boldsymbol{W}^p$)对应力场 $\boldsymbol{\sigma}$ 及弹性应变场 $\boldsymbol{\varepsilon}$ 无直接的影响.

§9.6 一般缺陷塑性理论

现在我们讨论旋错密度张量 κ 不为零的情况，此时不存在唯一确定的塑性畸变张量，但可以设想塑性应变张量 ε^p 及塑性弯扭张量 χ^p 都是单值确定的. 一般说来它们都是不协调的. 已知 ε^p 就可通过边值问题(9.98)-(9.99)求得应力张量 σ 及弹性应变张量 ε.

从已知的 χ^p 就可以得到旋错密度张量 κ，

$$\kappa = \mathrm{rot}\chi = - \mathrm{rot}\chi^p \tag{9.100}$$

从公式(9.100)不难推断旋错密度张量 κ 也是无源的：

$$\mathrm{div}\kappa = 0 \tag{9.101}$$

这表明旋错不能起始，也不能终止于塑性区内.

下面我们来分析如何从已知的 ε^p 及 χ^p 来推导位错密度张量 α. 我们先分析旋错密度张量 κ 为零的情况. 此时弹性畸变张量 β 是单值的确定的. 由公式(9.63)得

$$\alpha_{ij} = e_{ikl}\partial_k\varepsilon_{lj} + \frac{1}{2}\alpha_{kk}\delta_{ij} + \chi_{ji} \tag{9.102}$$

进一步导出

$$\frac{1}{2}\alpha_{kk} = \chi_{kk}$$

由此看出，

$$\alpha_{ij} = e_{ikl}\partial_k\varepsilon_{lj} + \chi_{kk}\delta_{ij} - \chi_{ji} \tag{9.103}$$

$$\boldsymbol{\alpha} = \mathrm{rot}\boldsymbol{\varepsilon} + (\mathrm{tr}\boldsymbol{\chi})\boldsymbol{I} - \boldsymbol{\chi}^T \tag{9.104}$$

用塑性应变 ε^p 及塑性弯扭张量 χ^p 来表示，

$$\boldsymbol{\alpha} = - \mathrm{rot}\boldsymbol{\varepsilon}^p - (\mathrm{tr}\boldsymbol{\chi}^p)\boldsymbol{I} + (\boldsymbol{\chi}^p)^T \tag{9.105}$$

公式(9.104)，(9.105)被看成是位错密度张量 α 的更一般的定义，在旋错密度张量 κ 不为零的情况下，它们也适用. 现在来计算位错密度张量 α 的散度. 我们有

$$\alpha_{ij,i} = \partial_j\chi_{kk} - \partial_i\chi_{ji} \tag{9.106}$$

我们来考察旋错密度张量 κ 反对称部分的对偶 θ：

$$\theta = -\frac{1}{2}e : (\kappa - \kappa^T)\frac{1}{2} = -\frac{1}{2}e : \kappa$$

$$\theta_j = -\frac{1}{2}e_{jkl}\kappa_{kl} = -\frac{1}{2}e_{jkl}e_{kmn}\partial_m\chi_{nl}$$

$$= \frac{1}{2}[\delta_{jm}\delta_{ln} - \delta_{jn}\delta_{lm}]\partial_m\chi_{nl}$$

$$= \frac{1}{2}[\partial_j\chi_{ll} - \partial_l\chi_{jl}] \tag{9.107}$$

比较(9.106)与(9.107)得知

$$\mathrm{div}\alpha = 2\theta \tag{9.108}$$

公式(9.108)说明，当旋错密度张量 κ 不为零时位错是有源的. 这个源来自于向错的反对称部分.

一般缺陷理论设想塑性弯扭张量 χ^p 是不可积的，因此不存在单值确定的塑性转动向量 ω^p，也不存在单值确定的塑性旋转张量 W^p. 此时，既存在着位错，也存在着旋转，而位错是有源的，旋错是无源的.

另一方面，从上面的分析可以看出，应力场 σ 只依赖于塑性应变张量 ε^p 而不依赖于旋错密度张量 κ. 一旦 ε^p 确定下来，σ 也就确定下来.

§ 9.7 晶体塑性位错理论

前面第 9.6 节中我们讨论 Kröner 位错塑性理论时，预先假定塑性应变张量 ε^p 或塑性畸变张量 β^p 是已知的. 至于塑性畸变从何得知，依然是个令人费解的谜.

第四章提出的晶体塑性理论可以为克服这一困难提供一种有效的途径. 在微小变形范围内，我们有

$$\dot{\beta}^p = \sum_{\alpha=1}^{N} n^{(\alpha)} \otimes m^{(\alpha)}\dot{\gamma}^{(\alpha)} \tag{9.109}$$

式中 $m^{(\alpha)}$，$n^{(\alpha)}$ 分别表示第 α 滑移系滑移方向及滑移面法线方向的

单位向量. 进而得

$$\boldsymbol{\beta}^{p}=\sum_{\alpha=1}^{N}\boldsymbol{n}^{(\alpha)}\otimes\boldsymbol{m}^{(\alpha)}\gamma^{(\alpha)} \tag{9.110}$$

为了计算塑性畸变张量的旋度，建立局部坐标系 $O^{*}x_1^{*}x_2^{*}x_3^{*}$（如图 9.7 所示）. x_1^{*} 轴与 $\boldsymbol{m}^{(\alpha)}$平行，$x_2^{*}$ 轴与 $\boldsymbol{n}^{(\alpha)}$平行. 我们先考察第 α 滑移系对 $\boldsymbol{\beta}^{p}$的贡献，撇开其它滑移系的贡献.

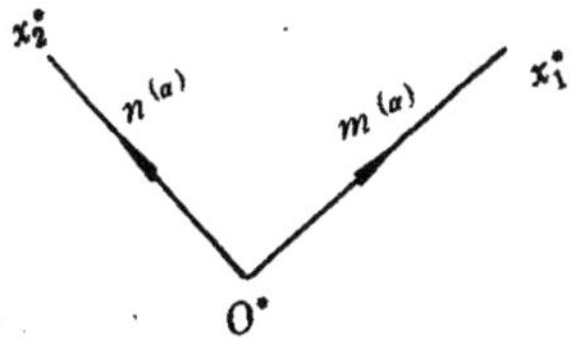

图 9.7

在这个局部坐标系内，$\boldsymbol{\beta}^{p}$只有一个分量

$$(\beta_{21}^{p})_{*}=\gamma^{(\alpha)}$$

不难证实位错密度张量 $\boldsymbol{\alpha}$

$$\begin{aligned}\boldsymbol{\alpha}&=-\operatorname{rot}\boldsymbol{\beta}^{p}=-e_{ikl}\partial_k\beta_{lj}^{p}\boldsymbol{e}_i^{*}\otimes\boldsymbol{e}_j^{*}\\&=-e_{ik2}\partial_k\beta_{21}^{p}\boldsymbol{e}_i^{*}\otimes\boldsymbol{e}_1^{*}\\&=\partial_3\gamma^{(\alpha)}\boldsymbol{e}_1^{*}\otimes\boldsymbol{e}_1^{*}-\partial_1\gamma^{(\alpha)}\boldsymbol{e}_3^{*}\otimes\boldsymbol{e}_1^{*}\\&=\frac{\partial\gamma^{(\alpha)}}{\partial x_3^{*}}\boldsymbol{m}^{(\alpha)}\otimes\boldsymbol{m}^{(\alpha)}-\frac{\partial\gamma^{(\alpha)}}{\partial x_1^{*}}\boldsymbol{t}^{(\alpha)}\otimes\boldsymbol{m}^{(\alpha)}\end{aligned}$$

现在考虑各个滑移系贡献的总和，得

$$\boldsymbol{\alpha}=\sum_{\alpha=1}^{N}\left(\frac{\partial\gamma^{(\alpha)}}{\partial x_3^{(\alpha)}}\boldsymbol{m}^{(\alpha)}-\frac{\partial\gamma^{(\alpha)}}{\partial x_1^{(\alpha)}}\boldsymbol{t}^{(\alpha)}\right)\otimes\boldsymbol{m}^{(\alpha)} \tag{9.111}$$

式中 $\boldsymbol{t}^{(\alpha)}$是与 $\boldsymbol{m}^{(\alpha)},\boldsymbol{n}^{(\alpha)}$正交的单位向量，并且$\{\boldsymbol{m}^{(\alpha)},\boldsymbol{n}^{(\alpha)},\boldsymbol{t}^{(\alpha)}\}$构成右手笛氏正交标架，$\{O^{*}x_1^{(\alpha)}x_2^{(\alpha)}x_3^{(\alpha)}\}$即是与该标架同轴的直角坐标系.

现在分析如何将公式(9.111)中的导数 $\dfrac{\partial\gamma^{(\alpha)}}{\partial x_i^{(\alpha)}}$ 转换成对 $\boldsymbol{x}$ 的导

数. 考察笛氏坐标系$\{Ox_1x_2x_3\}$中的矢径 X 的微分：

$$\boldsymbol{m}^{(\alpha)}=\frac{\partial \boldsymbol{x}}{\partial x_1^{(\alpha)}}=\frac{\partial \boldsymbol{x}}{\partial x_i}\frac{\partial x_i}{\partial x_1^{(\alpha)}}=\boldsymbol{e}_i\frac{\partial x_i}{\partial x_1^{(\alpha)}}$$

由此推出

$$m_i^{(\alpha)}=\frac{\partial x_i}{\partial x_1^{(\alpha)}}$$

类似地得到

$$n_i^{(\alpha)}=\frac{\partial x_i}{\partial x_2^{(\alpha)}},\qquad t_i^{(\alpha)}=\frac{\partial x_i}{\partial x_3^{(\alpha)}} \tag{9.112}$$

这里 $\boldsymbol{m}_i^{(\alpha)},\boldsymbol{n}_i^{(\alpha)},t_i^{(\alpha)}$ 分别是向量 $m^{(\alpha)},n^{(\alpha)},t^{(\alpha)}$ 在直角坐标系$\{Ox_1x_2x_3\}$中的分量，所以有

$$\begin{cases}\dfrac{\partial \gamma^{(\alpha)}}{\partial x_1^{(\alpha)}}=\dfrac{\partial \gamma^{(\alpha)}}{\partial x_i}m_i^{(\alpha)}\\[2ex]\dfrac{\partial \gamma^{(\alpha)}}{\partial x_3^{(\alpha)}}=\dfrac{\partial \gamma^{(\alpha)}}{\partial x_i}t_i^{(\alpha)}\end{cases} \tag{9.113}$$

将上式代入(9.111)，便有

$$\begin{aligned}\boldsymbol{\alpha}&=\sum_{\alpha=1}^{N}\frac{\partial \gamma^{(\alpha)}}{\partial x_i}[t_i^{(\alpha)}m_j^{(\alpha)}-m_i^{(\alpha)}t_j^{(\alpha)}]\boldsymbol{e}_j\otimes\boldsymbol{m}^{(\alpha)}\\&=\sum_{\alpha=1}^{N}\frac{\partial \gamma^{(\alpha)}}{\partial x_i}[t_i^{(\alpha)}\boldsymbol{m}^{(\alpha)}-m_i^{(\alpha)}\boldsymbol{t}^{(\alpha)}]\otimes\boldsymbol{m}^{(\alpha)}\\&=\sum_{\alpha=1}^{N}(\mathrm{grad}\gamma^{(\alpha)})\cdot[\boldsymbol{t}^{(\alpha)}\otimes\boldsymbol{m}^{(\alpha)}-\boldsymbol{m}^{(\alpha)}\otimes\boldsymbol{t}^{(\alpha)}]\otimes\boldsymbol{m}^{(\alpha)}\end{aligned} \tag{9.114}$$

第四章的晶体塑性理论，建立了一套完整的力学理论. 用晶体塑性理论求解有关的边值问题，不仅提供了塑性应变张量 $\boldsymbol{\varepsilon}^p$，而且提供了塑性旋转张量 $\boldsymbol{W}^p$ 及各个滑移系的滑移剪切应变 $\gamma^{(\alpha)}$. 这样由公式(9.113)直接求得位错密度张量. 由于晶体塑性理论提供了唯一确定的塑性畸变张量 $\boldsymbol{\beta}^p$，因此，按照晶体塑性理论，旋错密度张量恒为零.

§ 9.8 *Nye* 张量及缺陷塑性理论小结

在位错塑性理论中，经常用到 Nye 张量

$$K_{ij} = \frac{1}{2}\alpha_{kk}\delta_{ij} - \alpha_{ji} \tag{9.115}$$

由公式(9.102)推得

$$-\chi_{ij} = e_{jkl}\partial_k\varepsilon_{li} + K_{ij} \tag{9.116}$$

注意到

$$d\omega_j = \chi_{ij}dx_i$$

立即得到

$$-d\omega_j = e_{jkl}\partial_k\varepsilon_{li}dx_i + K_{ij}dx_i \tag{9.117}$$

如此,我们看到全微分$-\mathrm{d}\omega_j$是由两部分组成.一部分反映应变旋度的贡献,另一部分则是 Nye 张量的贡献,也就是位错密度的贡献.这样一个全微分存在的条件是(9.117)式右边的旋度为零.这就导致

$$-e_{ikm}e_{jln}\partial_k\partial_l\varepsilon_{mn} - e_{ikm}\partial_k K_{mj} = 0 \tag{9.118}$$

也就是

$$\mathrm{inc}\boldsymbol{\varepsilon} = \mathrm{rot}\boldsymbol{K} \tag{9.119}$$

比较(9.119)及(9.94)式,我们得

$$\boldsymbol{\eta} = \mathrm{rot}\boldsymbol{K} \tag{9.120}$$

也就是说当旋错密度张量为零时(此时 dω 是全微分).弹性应变非协调张量 $\boldsymbol{\eta}$ 等于 *Nye* 张量 $\boldsymbol{K}$ 的旋度.

非协调方程(9.120)也可以直接用位错密度张量来表示:

$$\mathrm{inc}\boldsymbol{\varepsilon} = -(\mathrm{rot}\boldsymbol{\alpha}^T)_{sym} \tag{9.121}$$

$$-e_{ikm}e_{jln}\partial_k\partial_l\varepsilon_{mn} = \frac{1}{2}(e_{iln}\partial_l\alpha_{jn} + e_{jln}\partial_l\alpha_{il}) \tag{9.122}$$

现在我们对位错塑性理论作一个小结:

$$\begin{cases} \boldsymbol{\beta}^t = \mathrm{grad}\boldsymbol{u}^t \\ \boldsymbol{\beta}^t = \boldsymbol{\varepsilon}^t - \boldsymbol{W}^t = \boldsymbol{\varepsilon}^t + \boldsymbol{e}\cdot\boldsymbol{\omega}^t \\ \boldsymbol{\omega}^t = \frac{1}{2}\boldsymbol{e} : \boldsymbol{\beta}^t = \frac{1}{2}\mathrm{rot}\boldsymbol{u}^t \\ \boldsymbol{\chi}^t = \mathrm{grad}\boldsymbol{\omega}^t \end{cases} \tag{9.123}$$

$$
\begin{cases}
\alpha = \mathrm{rot}\boldsymbol{\beta} = -\ \mathrm{rot}\boldsymbol{\beta}^{p} \\
\eta = \mathrm{inc}\varepsilon = -\ \mathrm{inc}\varepsilon^{p} \\
\kappa = 0
\end{cases}
\tag{9.124}
$$

按照 Kröner 的位错塑性理论，假定塑性应变 ε^{p}(或塑性畸变张量 β^{p})是已知，从而可以求得应力张量 σ 及弹性应变张量 ε.

对于一般缺陷的塑性理论，方程(9.123)依然成立，但方程(9.124)应改为

$$
\begin{cases}
\alpha = -\ \mathrm{rot}\varepsilon^{p} - (\mathrm{tr}\chi^{p})I + (\chi^{p})^{T} \\
\eta = \mathrm{inc}\varepsilon = -\ \mathrm{inc}\varepsilon^{p} \\
\kappa = \mathrm{rot}\chi = -\ \mathrm{rot}\chi^{p}
\end{cases}
\tag{9.125}
$$

当我们已知塑性应变张量 ε^{p} 及塑性弯扭张量 χ^{p} 时，我们可以由公式(9.125)求得位错密度张量 α，应变非协调张量 η 及旋错密度张量 κ. 进一步通过求解边值问题(9.98)-(9.99)得到应力张量 σ 及弹性应变张量 ε.

边值问题是在边界给定面力的第二类边值问题. 如果边界给定的是位移，那么我们得到第一类边值问题：

$$
\begin{cases}
\sigma_{ij,j} = 0 \\
\sigma_{ij} = \mathscr{L}_{ijkl}(\varepsilon^{t}_{kl} - \varepsilon^{p}_{kl}) \\
\varepsilon^{t}_{ij} = \dfrac{1}{2}(u^{t}_{i,j} + u^{t}_{j,i})
\end{cases}
\quad \text{在} V \text{内}
\tag{9.126}
$$

$$
u^{t}_{i} = \bar{u}_{i} \qquad \text{在} S \text{上} \tag{9.127}
$$

由(9.126)式，得

$$
\sigma_{ij} = \mathscr{L}_{ijkl}u^{t}_{k,l} - \mathscr{L}_{ijkl}\varepsilon^{p}_{kl} \tag{9.128}
$$

代入平衡方程得

$$
\mathscr{L}_{ijkl}u^{t}_{k,lj} = \mathscr{L}_{ijkl}\varepsilon^{p}_{kl,j} \tag{9.129}
$$

方程(9.129)的特解，可用 Green 函数的方法得到. 设想方程(9.129)对应于无限大物体的 Green 函数是 $G_{im}(x-x')$. 它满足方程：

$$
\mathscr{L}_{ijkl}G_{km,lj}(x - x') + \delta_{im}\delta(x - x') = 0 \tag{9.130}
$$

这样我们有特解：

$$u_i^*(x) = -\int_V G_{im}(x - x') \cdot \mathscr{L}_{mjkl}\varepsilon_{kl,j}^p(x')dx' \quad (9.131)$$

有了特解 u_i^*，再寻找齐次解乃是经典的弹性力学问题，这里不再细述.

§9.9 位错塑性理论二维公式及算例

考察二维平面应变问题，总的畸变分量为

$$\begin{cases} \beta_{11}^t = \partial_1 u_1^t, & \beta_{12}^t = \partial_1 u_2^t \\ \beta_{21}^t = \partial_2 u_1^t, & \beta_{22}^t = \partial_2 u_2^t \end{cases} \quad (9.132)$$

其他分量为零.

总应变张量的非零分量为

$$\begin{cases} \varepsilon_{11}^t = \partial_1 u_1^t, & \varepsilon_{12}^t = \partial_2 u_2^t \\ \varepsilon_{12}^t = \varepsilon_{21}^t = \dfrac{1}{2}(\partial_1 u_2^t + \partial_2 u_1^t) \end{cases} \quad (9.133)$$

总的转动向量只有一个不为零的分量:

$$\omega_3^t = \frac{1}{2}(\beta_{12}^t - \beta_{21}^t) = \frac{1}{2}(\partial_1 u_2^t - \partial_2 u_1^t) \quad (9.134)$$

总弯扭张量只有二个不为零的分量:

$$\chi_{13}^t = \partial_1 \omega_3^t, \qquad \chi_{31}^t = \partial_2 \omega_3^t \quad (9.135)$$

位错密度张量不为零的分量为

$$\begin{cases} \alpha_{31} = \dfrac{\partial \beta_{11}^p}{\partial x_2} - \dfrac{\partial \beta_{21}^p}{\partial x_1} \\ \alpha_{32} = \dfrac{\partial \beta_{12}^p}{\partial x_2} - \dfrac{\partial \beta_{22}^p}{\partial x_1} \end{cases} \quad (9.136)$$

非协调张量只有一个分量:

$$\eta_{33} = \varepsilon_{11,22}^p + \varepsilon_{22,11}^p - 2\varepsilon_{12,12}^p \quad (9.137)$$

平衡方程为

$$\sigma_{ij,j} = 0$$

各向同性弹性虎克定律:

$$\sigma_{\alpha\beta} = 2\mu(\varepsilon_{\alpha\beta} + \frac{\nu}{1-2\nu}\varepsilon_{\rho\rho}\delta_{\alpha\beta}) \tag{9.138}$$

式中 μ,ν 分别是剪切模量及泊松比，希腊字母取值 1，2. $\varepsilon_{\alpha\beta}$ 为平面内弹性应变.

例 1. 具有常位错密度的简单弯曲

图 9.8 中的矩形晶体承受纯弯的作用，坐标系 Ox_1x_2 的原点选在矩形的中点，x_1，x_2 轴分别与矩形的边界平行. 图(a)是未变形晶体，图中标出了晶格图形，缺陷连续统适合于晶格常数趋于零的极限情况，而图 9.8 中的晶格常数是有限的，但其尺度很小，比晶体尺寸小 5—6 个数量级. 晶体中的位错是离散的，连续分布的位错只是一种理想化的描述.

由于位错密度是常数，因此，塑性畸变张量 β^p 可以只是坐标的线性函数. 不妨设

$$\begin{cases} \beta_{11}^p = Ax_2, & \beta_{12}^p = Bx_2 \\ \beta_{21}^p = Cx_1, & \beta_{22}^p = Dx_1 \end{cases} \tag{9.139}$$

这样有

$$\alpha_{31} = -C + A, \qquad \alpha_{32} = B - D$$

将(9.139)代入(9.137)得 $\eta_{33}=0$，这说明塑性应变 $\varepsilon_{\alpha\beta}^p$ 及弹性应变 $\varepsilon_{\alpha\beta}$ 都是协调的.

由于是纯弯，应力场是

$$\sigma_{11} = -\frac{\sigma_{\max}}{h}x_2, \quad \sigma_{22} = 0, \quad \sigma_{12} = 0 \tag{9.140}$$

弹性应变是

$$\varepsilon_{11} = -A^* x_2, \qquad \varepsilon_{22} = \frac{\nu}{1-\nu}A^* x_2 \tag{9.141}$$

将(9.141)代入虎克定律(9.138)，得

$$\begin{aligned} \sigma_{22} &= \sigma_{21} = 0 \\ \sigma_{11} &= 2\mu\left\{-A^* x_2 - \frac{\nu}{1-\nu}A^* x_2\right\} \\ &= -\frac{(2\mu)}{1-\nu}A^* x_2 \end{aligned} \tag{9.142}$$

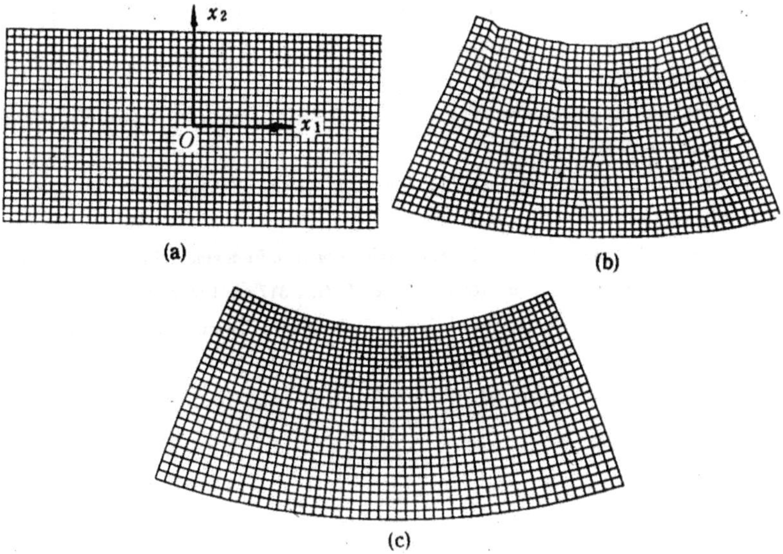

图 9.8 (a)未变形晶体;(b)具有常位错密度的弹塑性晶体;(c)纯弹性变形晶体

将(9.142)与(9.140)加以比较,导出

$$A^* = \frac{(1-\nu)}{2\mu}\cdot\frac{\sigma_{\max}}{h} = \frac{(1-\nu^2)}{E}\frac{\sigma_{\max}}{h} \qquad (9.143)$$

式中 h 是矩形晶体半高,E 是晶体杨氏模量.

弹性位移为

$$\begin{cases} u_1 = -A^* x_1 x_2 \\ u_2 = \dfrac{1}{2}A^* x_1^2 + \dfrac{\nu}{2(1-\nu)}A^* x_2^2 \end{cases} \qquad (9.144)$$

弹性畸变张量为

$$\beta_{11} = -A^* x_2, \qquad \beta_{21} = -A^* x_1$$

$$\beta_{12} = A^{*} x_1, \qquad \beta_{22} = \frac{\nu}{1-\nu} A^{*} x_2$$

参 考 文 献

[1] Esheby, J. D., The continuum theory of lattice defects, in Solid State Physics, Eds. F. Seitz and D. Turnbull, Academic Press, **3**, 79—144.

[2] Kröner, E. Z., *Phys.*, **139**(1954), 175.

[3] Teodosiu, C., Elastic Models of Crystal Defects, Editura Academiei Republicii Socialiste România, 1982.

[4] Kröner, E., Continuum theory of defects, in Physics of Defects, Eds, R. Balian, et al., 1981.

[5] de Wit, R., Linear theory of static disclinations, in Fundamental aspects of dislocation, *Nat. Bur. Stand. (U.S.) Spec. Publ.*, 317, **1**(1970), 651.

[6] Nabarro, F. R. N., Theory of Crystal Dislocotion, Clarendon Press, 1967.

[7] Nye, J. F., *Acta Met.*, **1**(1953), 153.

[8] Mura, T., *Phil. Mag.*, **42**(1951), 269.

第十章　非黎曼几何及流形简介

在前一章，我们分析了微小变形时，缺陷连续统的线性问题．在建立场方程时，并没有区分初始构形与现时构形，下一章将要分析缺陷连续统的非线性理论，需要用到近代微分几何的一些知识，为此，作一简要介绍．关于非黎曼几何及流形的一般理论可参看文献[1—4]．

§10.1　欧氏空间张量场的绝对微分

在三维的欧氏空间 R^3 内，坐标系 $\{O, X_i\}$ 是单一固定的笛氏(右手)坐标系．基向量为 $\boldsymbol{e}_i$．空间中任何点 X 的位置向量 $\boldsymbol{R}$ 都可以表示为

$$\boldsymbol{R} = \boldsymbol{X} = X_i \boldsymbol{e}_i \tag{10.1}$$

点 X 也可以用曲线坐标 x^i 来表示：

$$X_i = \hat{X}_i(x^1, x^2, x^3) \tag{10.2}$$

设想函数 $\hat{X}_i(\boldsymbol{x})$ 在单连通区域 D 内是 $\boldsymbol{x}$ 的 N 阶连续可微单值可逆函数，即在整个 X_i 的变化范围内，反函数

$$x^i = \hat{x}^i(\boldsymbol{X}) \tag{10.3}$$

也是 N 阶连续可微单值函数．

对曲线坐标 x^i，我们可以引入随动的局部标架 $(X, \boldsymbol{g}_i)$；其中 $\boldsymbol{g}_i$ 为局部基向量：

$$\boldsymbol{g}_i = \frac{\partial \boldsymbol{R}}{\partial x^i} = \frac{\partial X_k}{\partial x^i} \boldsymbol{e}_k \tag{10.4}$$

这样，X 点位置向量 $\boldsymbol{X}$ 的微分可表示为

$$d\boldsymbol{R} = d\boldsymbol{X} = dx^i \boldsymbol{g}_i \tag{10.5}$$

在局部标架 $(X, \boldsymbol{g}_i)$ 内，$d\boldsymbol{X}$ 具有逆变分量 dx^i．因此，局部标架 $(X, \boldsymbol{g}_i)$ 也是仿射标架．

若在欧氏空间 R^3 中的某区域内，每个点上都定义有同类型的张量. 也就是建立了张量场. 为了讨论张量场随空间的变化规律，我们不仅需要知道其分量的变化规律，而且需要知道基向量的变化规律，不妨分析最简单的向量场 $\boldsymbol{u}(X)$：

$$\boldsymbol{u}(X) = u^i(X)\boldsymbol{g}_i \tag{10.6}$$

在无限邻近点 $X+dX$ 处，我们有

$$\begin{aligned}\boldsymbol{u}(X+dX) &= \boldsymbol{u}(X) + (\partial_j u^i \boldsymbol{g}_i + u^i \partial_j \boldsymbol{g}_i)dx^j \\ &= \boldsymbol{u}(X) + (\partial_j u^k + \Gamma^k_{ij} u^i)\boldsymbol{g}_k dx^j \\ &= \boldsymbol{u}(X) + Du^k \boldsymbol{g}_k \end{aligned}\tag{10.7}$$

式中

$$\partial_j \boldsymbol{g}_i = \Gamma^k_{ij} \boldsymbol{g}_k \tag{10.8}$$

$$Du^k = (\partial_j u^k + \Gamma^k_{ij} u^i)dx^j = u^k_{;j} dx^j \tag{10.9}$$

Γ^k_{ij}叫做联络，它带有三个指标，也是点的函数. 它用来表征基向量随空间的变化规律.

在欧氏空间中，我们有

$$\partial_j \boldsymbol{g}_i = \boldsymbol{X}_{,ij} = \partial_i \boldsymbol{g}_j$$

因此

$$\Gamma^k_{ij}\boldsymbol{g}_k = \Gamma^k_{ji}\boldsymbol{g}_k$$

$$\Gamma^k_{ij} = \Gamma^k_{ji} \tag{10.10}$$

式(10.9)的右端，Du^k 叫做逆变分量 u^k 的协变微分，或绝对微分，而协变导数 $u^k_{;j}$为

$$u^k_{;j} = \partial_j u^k + \Gamma^k_{ij} u^i \tag{10.11}$$

对空间固定的点 X 及 $X+dX$，向量 $\boldsymbol{u}(X)$及 $\boldsymbol{u}(X+dX)$不随坐标变换而变化，而协变基向量 $\boldsymbol{g}_k$ 遵循协变分量的变换规律. 因此，由公式(10.7)，(10.9)不难看出，$u^k_{;j}$是一阶逆变、一阶协变的二阶混合张量.

考察协变基向量 $\boldsymbol{g}_i$之间的标量积：

$$g_{ij} = \boldsymbol{g}_i \cdot \boldsymbol{g}_j \tag{10.12}$$

g_{ij}是二阶协变张量，称为协变度量张量.

有了 g_{ij}，就可以求得任意向量 $\boldsymbol{u}$ 的长度：

$$|\boldsymbol{u}|^2=(u^i\boldsymbol{g}_i)\cdot(u^j\boldsymbol{g}_j)=g_{ij}u^iu^j$$

$$|\boldsymbol{u}|=\sqrt{g_{ij}u^iu^j} \tag{10.13}$$

由于对任意 $\boldsymbol{u}\neq 0$，恒有 $|u|^2>0$，由此看出矩阵 $[g_{ij}]$ 是对称正定矩阵. 它的逆矩阵必存在，记为 $[g^{ij}]$. 我们有

$$g^{ik}g_{kj}=\delta^i_j \tag{10.14}$$

不难证实 g^{ij} 是二阶逆变张量，称为 R^3 的逆变度量张量.

利用 g^{ij} 可以构造逆变基向量 $\boldsymbol{g}^i$：

$$\boldsymbol{g}^i=g^{ij}\boldsymbol{g}_j \tag{10.15}$$

由此导出

$$\boldsymbol{g}^i\cdot\boldsymbol{g}_j=g^{ik}\boldsymbol{g}_k\cdot\boldsymbol{g}_j=\delta^i_j \tag{10.16}$$

我们将 $(X,\boldsymbol{g}_i)$ 称为协变基，而 $(X,\boldsymbol{g}^i)$ 称为逆变基，任何向量也可以在 $\{\boldsymbol{g}^i\}$ 上分解：

$$\boldsymbol{u}=u_i\boldsymbol{g}^i \tag{10.17}$$

u_i 即是 $\boldsymbol{u}$ 在基 $\boldsymbol{g}^i$ 的分量，它是一阶协变张量. 我们分析二阶张量的微分规律，任意二阶张量 $\boldsymbol{T}$ 可表示为

$$\boldsymbol{T}=T^{ij}\boldsymbol{g}_i\otimes\boldsymbol{g}_j \tag{10.18}$$

求导得

$$\begin{aligned}\partial_k\boldsymbol{T}&=\partial_kT^{ij}\boldsymbol{g}_i\otimes\boldsymbol{g}_j+T^{ij}\partial_k\boldsymbol{g}_i\otimes\boldsymbol{g}_j+T^{ij}\boldsymbol{g}_i\otimes\partial_k\boldsymbol{g}_j\\&=\partial_kT^{ij}\boldsymbol{g}_i\otimes\boldsymbol{g}_j+T^{ij}\Gamma^l_{ik}\boldsymbol{g}_l\otimes\boldsymbol{g}_j+T^{ij}\boldsymbol{g}_i\otimes\Gamma^l_{jk}\boldsymbol{g}_l\\&=(\partial_kT^{ij}+T^{lj}\Gamma^i_{lk}+T^{il}\Gamma^j_{lk})\boldsymbol{g}_i\otimes\boldsymbol{g}_j\\&=T^{ij}_{\ \ ,k}\boldsymbol{g}_i\otimes\boldsymbol{g}_j\end{aligned} \tag{10.19}$$

公式(10.19)又可改写为：

$$\frac{\partial}{\partial x^k}(T^{ij}\boldsymbol{g}_i\otimes\boldsymbol{g}_j)=T^{ij}_{\ \ ,k}\boldsymbol{g}_i\otimes\boldsymbol{g}_j \tag{10.20}$$

由此看出二阶逆变张量 T^{ij} 的协变导数 $T^{ij}_{\ \ ,k}$ 为

$$T^{ij}_{\ \ ,k}=\frac{\partial T^{ij}}{\partial x^k}+T^{lj}\Gamma^i_{lk}+T^{il}\Gamma^j_{lk} \tag{10.21}$$

另外由公式(10.20)不难看出，$T^{ij}_{\ \ ,k}$ 是二阶逆变、一阶协变混合张

量.

在公式(10.8)的两边点乘 g_k

$$(\partial_j \boldsymbol{g}_i)\cdot \boldsymbol{g}_k = \Gamma^l_{ij}\boldsymbol{g}_l \boldsymbol{g}_k = \Gamma_{ijk} \tag{10.22}$$

对(10.12)式求导,得

$$\partial_k \boldsymbol{g}_i \cdot \boldsymbol{g}_j + \boldsymbol{g}_i \cdot \partial_k \boldsymbol{g}_j = g_{ij,k} \tag{10.23}$$

即有

$$\Gamma_{ikj} + \Gamma_{jki} = g_{ij,k} \tag{10.24}$$

指标轮换后得到

$$\Gamma_{jik} + \Gamma_{kij} = g_{jk,i} \tag{10.25}$$

$$\Gamma_{kji} + \Gamma_{ijk} = g_{ki,j} \tag{10.26}$$

将式(10.25)与(10.26)相加,并减去(10.24),并利用 Γ_{ijk} 关于下标 ij 的对称性,得到

$$\Gamma_{ijk} = \frac{1}{2}(g_{jk,i} + g_{ki,j} - g_{ij,k}) \tag{10.27}$$

进一步有

$$\Gamma^k_{ij} = \frac{1}{2}g^{kl}(g_{jl,i} + g_{li,j} - g_{ij,l}) \tag{10.28}$$

Γ_{ijk} 和 Γ^k_{ij} 分别称为第一类和第二类 Christoffel 符号. 以上的分析表明,在欧氏空间 R^n 中,Γ_{ijk},Γ^k_{ij} 完全由度量张量决定.

利用公式(10.27)进一步得到

$$\Gamma_{ikj} + \Gamma_{jki} = g_{ij,k} \tag{10.29}$$

另由公式(10.8)得知:

$$\begin{aligned}\Gamma^k_{ij} &= \boldsymbol{g}_{i,j}\cdot \boldsymbol{g}^k = \partial_j(\boldsymbol{g}_i \cdot \boldsymbol{g}^k) - \boldsymbol{g}_i \cdot \partial_j \boldsymbol{g}^k \\ &= -\boldsymbol{g}_i \cdot \partial_j \boldsymbol{g}^k\end{aligned}$$

由此可见

$$\partial_j \boldsymbol{g}^k = -\Gamma^k_{ij}\boldsymbol{g}^i \tag{10.30}$$

现在来讨论协变张量的协变导数. 公式(10.17)对 x^j 求导数,

$$\begin{aligned}\partial_j \boldsymbol{u} &= \partial_j(u_i \boldsymbol{g}^i) = \partial_j u_i \boldsymbol{g}^i - \Gamma^k_{ij}\boldsymbol{g}^i u_k \\ &= u_{i;j}\boldsymbol{g}^i\end{aligned} \tag{10.31}$$

由此可见一阶协变张量 u_i 的协变导数 $u_{i;j}$ 为

$$u_{i;j} = u_{i,j} - \Gamma^k_{ij} u_k \tag{10.32}$$

类似地考察二阶协变张量 T_{ij} 的协变导数，我们有

$$\begin{aligned}\partial_k \boldsymbol{T} &= \partial_k (T_{ij} \boldsymbol{g}^i \otimes \boldsymbol{g}^j) \\ &= (\partial_k T_{ij} - \Gamma^l_{ik} T_{lj} - \Gamma^l_{jk} T_{il}) \boldsymbol{g}^i \otimes \boldsymbol{g}^j \\ &= T_{ij;k} \boldsymbol{g}^i \otimes \boldsymbol{g}^j\end{aligned}$$

由此

$$T_{ij;k} = \frac{\partial T_{ij}}{\partial x^k} - T_{lj} \Gamma^l_{ik} - T_{il} \Gamma^l_{jk} \tag{10.33}$$

利用公式(10.33)，(10.28)，不难证实

$$g_{ij;k} = 0 \tag{10.34}$$

公式(10.34)表明，协变度量张量的协变导数恒为零. 这是欧氏空间的一个重要性质，这个性质很容易在笛氏坐标系 $\{0, X_i\}$ 中得到证明. 考虑到 $g_{ij;k}$ 是三阶协变张量，因此，很自然地有(10.34)式.

类似地我们可以得到二阶混合张量的协变导数

$$T^i_{j;k} = T^i_{j,k} + \Gamma^i_{lk} T^l_j - \Gamma^l_{jk} T^i_l \tag{10.35}$$

向量的平移

设欧氏空间中的任意曲线 $C(t)$，它的参数方程是

$$C: \quad x^i = \hat{x}^i(t), \qquad t_0 \leqslant t \leqslant t_1 \tag{10.36}$$

考察其上向量场 $\boldsymbol{u}(x)$ 沿曲线的变化. 我们有

$$\frac{Du^k}{Dt} = u^k_{;l} \frac{dx^l}{dt}, \qquad \frac{Du_k}{Dt} = u_{k;l} \frac{dx^l}{dt} \tag{10.37}$$

称 $\frac{Du^k}{Dt}$，$\frac{Du_k}{Dt}$ 分别为逆变张量 u^k 及协变张量 u_k 的内禀导数.

若 u^k 或 u_k 沿 C 的内禀导数处处为零，则称向量场 $\boldsymbol{u}$ 是平行向量场. 对于平行向量场 $\boldsymbol{u}$，它在 X 点的分量为 u^i，则平行移动至无限邻近的点 $X+dX$，其分量的增量应为

$$du^i = -\Gamma^i_{jk} u^j dx^k \tag{10.38}$$

这说明 u^i 从 X 点平行移动到 $X+dX$ 点的值并不等于 u^i 在点 X 处的值.

§ 10.2 曲率张量

任意协变向量 v_i，其协变导数 $v_{i,j}$是一个二阶协变张量，所以可求它的协变导数. 也就是对 v_i求二阶协变导数，为了便于区分二阶协变导数的先后次序，这里用""∇_i"代表"ji".

利用(10.33)，可以导出：

$$
\begin{aligned}
\nabla_k(\nabla_j v_i) &= \partial_k(\nabla_j v_i) - \nabla_j v_l \Gamma^l_{ik} - \nabla_l V_i \Gamma^l_{jk} \\
&= \partial_k(v_{i,j} - \Gamma^l_{ij} v_l) - (v_{l,j} - \Gamma^m_{lj} v_m)\Gamma^l_{ik} - (v_{i,l} - \Gamma^m_{il} v_m)\Gamma^l_j \\
&= v_{i,jk} - \partial_k \Gamma^l_{ij} v_l - \Gamma^l_{ij} v_{l,k} - \Gamma^l_{ik} v_{l,j} - \Gamma^l_{jk} v_{i,l} \\
&\quad + \Gamma^l_{ik}\Gamma^m_{lj} v_m + \Gamma^l_{jk}\Gamma^m_{il} v_m
\end{aligned} \tag{10.39}
$$

$$
\begin{aligned}
\nabla_j(\nabla_k v_i) &= v_{i,kj} - \partial_j \Gamma^l_{ik} v_l - \Gamma^l_{ij} v_{l,k} - \Gamma^l_{ik} v_{l,j} - \Gamma^l_{kj} v_{i,l} \\
&\quad + \Gamma^l_{ij}\Gamma^m_{lk} v_m + \Gamma^l_{kj}\Gamma^m_{il} v_m
\end{aligned} \tag{10.40}
$$

上述两式相减，并适当改变求和指标，得

$$
\begin{aligned}
\nabla_k(\nabla_j v_i) - \nabla_j(\nabla_k v_i) &= \{\partial_j \Gamma^l_{ik} - \partial_k \Gamma^l_{ij} \\
&\quad + \Gamma^m_{ik}\Gamma^l_{mj} - \Gamma^m_{ij}\Gamma^l_{mk}\} v_l + (\Gamma^l_{kj} - \Gamma^l_{jk})\, v_{i,l} \\
&\quad + (\Gamma^m_{jk} - \Gamma^m_{kj})\Gamma^l_{im} v_l
\end{aligned} \tag{10.41}
$$

注意到在欧氏空间中，联络 Γ^l_{jk}关于指标 j,k 的对称性，(10.41)简化为

$$\nabla_k \nabla_j v_i - \nabla_j \nabla_k v_i = R_{ijk}{}^l v_l \tag{10.42}$$

式中 $R_{ijk}{}^l$ 为

$$R_{ijk}{}^l = \partial_j \Gamma^l_{ik} - \partial_k \Gamma^l_{ij} + \Gamma^m_{ik}\Gamma^l_{mj} - \Gamma^m_{ij}\Gamma^l_{mk} \tag{10.43}$$

(10.42)式左边是三阶协变张量，由此可知

$R_{ijk}{}^l$ 是三阶协变、一阶逆变混合张量，称为曲率张量或第二类型的 Riemann 张量. $R_{ijk}{}^l$ 的上标下降后，得到 4 阶协变张量

$$R_{ijkl} = g_{lm} R_{ijk}{}^m \tag{10.44}$$

称为第一类型的 Riemann 张量.

Riemann 张量的性质

不难验证，对第二类 Riemann 张量有

(1)对下标 j,k 的反对称性

$$R_{ijk}{}^{l} = -R_{ikj}{}^{l} \tag{10.45}$$

(2)Ricci 恒等式

$$R_{ijk}{}^{l} + R_{jki}{}^{l} + R_{kij}{}^{l} = 0 \tag{10.46}$$

(3)Bianchi-Padova 恒等式

$$\nabla_i R_{njk}{}^{m} + \nabla_j R_{nki}{}^{m} + \nabla_k R_{nij}{}^{m} = 0 \tag{10.47}$$

类似地对第一点 Riemann 张量有

(1) $$R_{ijkl} = -R_{ikjl} \tag{10.48}$$

$$R_{ijkl} = -R_{ljki}, \qquad R_{ijkl} = R_{klij}$$

(2) $$R_{ijkl} = \frac{1}{2}\left(\frac{\partial^2 g_{kl}}{\partial x^i \partial x^j} + \frac{\partial^2 g_{ij}}{\partial x^k \partial x^l} - \frac{\partial^2 g_{ik}}{\partial x^j \partial x^l} - \frac{\partial^2 g_{jl}}{\partial x^i \partial x^k}\right) + g^{pq}(\Gamma_{ij,p}\Gamma_{kl,q} - \Gamma_{ik,p}\Gamma_{jl,q}) \tag{10.49}$$

(3) $$R_{ijkl} + R_{jkil} + R_{kijl} = 0 \tag{10.50}$$

曲率张量的缩并

引入体积曲率张量 P_{jk}

$$P_{jk} = R_{ijk}{}^{i} \tag{10.51}$$

引入 Ricci 张量 R_{ij}

$$R_{ij} = R_{ijk}{}^{k} = g^{kl}R_{ijkl} \tag{10.52}$$

由(10.48)可知

$$R_{ij} = g^{kl}R_{ijkl} = g^{kl}R_{klij} = g^{kl}R_{jilk} = R_{ji}$$

这表明张量 R_{ij}是对称的.

R_{ij}可与 g^{ij}缩并,

$$R = g^{ij}R_{ij} = g^{ij}g^{pq}R_{ijpq}$$

R 称为数量曲率或标量曲率.

§ 10.3 线性空间

设 E 为一个非空集合,它的元素 $X,Y,Z\cdots$称为点. 对集合 E 引进加法及数乘两种代数运算:

加法运算

对 E 中任何两个元素 X,Y,恒有

$$X+Y\in E$$

且这种加法运算满足

(1)交换律: $X+Y=Y+X$

(2)结合律: $X+(Y+Z)=(X+Y)+Z$

(3)存在着一个零元素$\varnothing$,使得

$$X+\varnothing=X,\quad \forall X\in E$$

(4)存在着一个逆元素$(-X)$,使得

$$X+(-X)=\varnothing,\quad \forall X\in E$$

数乘运算

若对任何实数 α,恒有

$$\alpha\cdot X\in E,\quad \forall X\in E$$

且这种数乘运算满足

(1)$1.X=X$, $0\cdot X=\varnothing$

(2)结合律:$\alpha\cdot(\beta\cdot X)=(\alpha\cdot\beta)\cdot X$

(3)分配律:$\alpha\cdot(X+Y)=\alpha\cdot X+\alpha Y$

$(\alpha+\beta)\cdot X=\alpha\cdot X+\beta\cdot X$,$\alpha,\beta$ 是任意实数,Y 是 E 中任意元素.

具有以上代数结构的集合 E 称为线性空间或向量空间,它的元素叫做向量或空间中的点.

设元素组 $X_i\in E,i=1,2,\cdots m$ 及实数组 $\alpha_i\in R$, $i=1,2\cdots m$.

若找不到不全为零的实数 α_i使得

$$\alpha_1X_1+\alpha_2X_2+\cdots+\alpha_mX_m=\varnothing$$

则称元素组 $\{X_i,i=1,2\cdots m\}$ 是线性无关的.

若线性空间 E 中线性无关的元素的最多个数是 n 的话,就称它为 n 维线性空间,记为 E_n.

E_n 中的一组 n 个线性无关的向量 e_i叫做 E_n 的一个基底. 由

于 E_n 是 n 维线性空间，因此，E_n 中的任意一个非零元素 X 与 $\{\boldsymbol{e}_i\}$ 必然线性相关. 这意味着必能找到 $n+1$ 个不全为零的实数 $\alpha_0,\alpha_1,\alpha_2\cdots\cdots\alpha_n$ 使下式成立，

$$\alpha_0 X + \alpha_1 \boldsymbol{e}_1 + \alpha_2 \boldsymbol{e}_2 + \cdots + \alpha_n \boldsymbol{e}_n = \varnothing$$

显然 α_0 不能为零. 由此可见总有

$$X = x^1 \boldsymbol{e}_1 + x^2 \boldsymbol{e}_2 + \cdots + x^n \boldsymbol{e}_n,\ \forall\, X \in E$$

我们称实数组 $x^i \in R$，$i=1,2\cdots n$，为向量 X 关于基底 $\{\boldsymbol{e}_i\}$ 的坐标，记作 $(x^1,x^{2\cdots}x^n)$.

这样线性空间 E_n 与 n 维实数空间存在着一个对应的映射.

$$X \in E_n \leftrightarrow (x^1,x^2,\cdots x^n) \in R^n \tag{10.53}$$

其中零元素 $\varnothing$ 的坐标为原点 $(0,0,\cdots,0)$.

E_n 点的坐标允许下述变换：

$$y^i = A^i_k x^k + a^i \tag{10.54}$$

式中 A^i_k,a^i 是常数. 这样就得到另外 n 个数. 一旦 A^i_k,a^i 给定，变换就唯一确定了，现在来考察这新的坐标 $(y^1,y^2\cdots y^n)\in R^n$ 的意义.

考察图 10.1. 图中坐标原点 O 对应着 E_n 中的零元素. $P(x^1_p,x^2_p,\cdots x^n_p)$ 对应着 E_n 中的 P 元素. E_n 中的任意一个元素 X 可以用 X_* 与 P 之和来表示，

$$X = P + X^* \tag{10.55}$$

在 P 点建立新的基底 $\{e^*_i\}$，设想

$$\boldsymbol{e}^*_i = B^k_i \boldsymbol{e}_k \tag{10.56}$$

B^k_i 满足

$$\det B^k_i \neq 0$$

由此 $\boldsymbol{e}_i$ 可用 $\{\boldsymbol{e}^*_i\}$ 来表示，

$$\boldsymbol{e}_i = A^k_i \boldsymbol{e}^*_k \tag{10.57}$$

将(10.55)进行坐标分解，

$$X = (x^i_p + \overset{*}{x}{}^i)\boldsymbol{e}_i \tag{10.58}$$

式中 $\{\overset{*}{x}{}^i\}$ 是 X^* 的坐标，将(10.57)代入上式得

$$X = (x^i_p + \overset{*}{x}{}^i)A^k_i \boldsymbol{e}^*_k = (a^i + A^i_k \overset{*}{x}{}^k)\boldsymbol{e}^*_i$$

$$= y^i \boldsymbol{e}_i^*, \quad y^i = A_k^i \overset{*}{x}^k + a^i \tag{10.59}$$

式中

$$a^i = A_k^i x_p^k$$

这样$(y^1, y^2, \cdots y^n)$成为向量 X 在基底$\{\boldsymbol{e}_i^*\}$中的坐标.

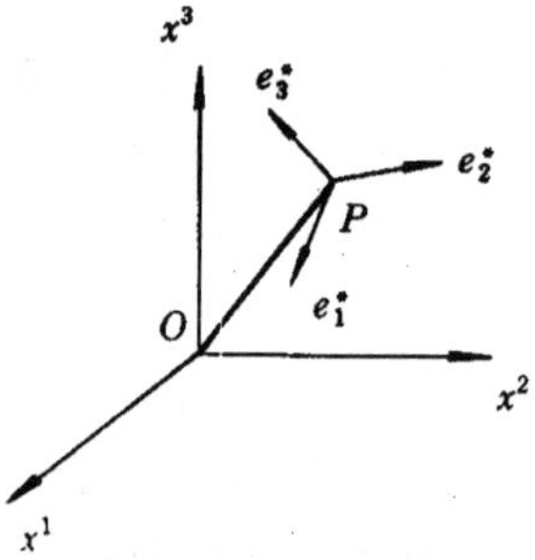

图 10.1　坐标转换

从以上分析不难看出,我们可以在空间 R^n的任何点上建立基底,从而线性空间 E_n中的任何元素都可以用新的坐标来表示.

§ 10.4　仿射联络空间

在 § 10.1 中,我们在欧氏空间中引入联络,使得我们能顺利地计算张量场的微分. 在欧氏空间中,联络完全由度量张量所决定,而度量张量又由基向量之间的点乘所确定,基向量又是欧氏空间 X 点的位置向量对坐标的偏导数. 也就是由坐标曲线的切向量自然派生的基.

现在我们撇开基向量 $\boldsymbol{g}_i$与曲线坐标 x^i之间的关系式(10.4),而设想基底$\{\boldsymbol{x}, \boldsymbol{g}_i\}$是按照某种物理或数学规律建立起来的. 在欧氏空间 R^3中的每一个点 x 上,我们建立了与三维向量空间 E^3相对应的基底$(\boldsymbol{x},\boldsymbol{g}_i)$. 这里基向量$\boldsymbol{g}_i(i=1,2,3)$是$E^3$中一组线性无关的向量. 基底$(\boldsymbol{x},\boldsymbol{g}_i)$是逐点变化的.

现在设想在每个点$\boldsymbol{x}$上给定了联络Γ^k_{ij},它有27个分量,对下标i,j不一定对称. 这样装配有几何量Γ^k_{ij}的线性空间E_3称为仿射联络空间,或表象空间,记为$\mathscr{L}_3$. 在仿射联络空间$\mathscr{L}_3$中,公式(10.8)依然成立

$$\partial_j\boldsymbol{g}_i=\Gamma^k_{ij}\boldsymbol{g}_k$$

公式(10.8)提供了确定基向量$\boldsymbol{g}_i$的一阶偏微分方程,若在某个点P上给了$\boldsymbol{g}_i$的初值,那么利用(10.8)就可求得$\boldsymbol{g}_i$.

这样,对任意在仿射联络空间$\mathscr{L}_3$上给定的张量场,可以求该张量场沿空间的微分,

$$du(x)=u(x+dx)-u(x)=Du^k\boldsymbol{g}_k \tag{10.60}$$

$$Du^k=(\partial_ju^k+\Gamma^k_{ij}u^i)dx^j=u^k_{;j}dx^j \tag{10.61}$$

应该强调指出,公式(10.60),(10.61)与公式(10.7),(10.9)形式上完全一致,但内容上有重大差别. 公式(10.7),(10.9)中的联络Γ^k_{ij}是欧氏空间的联络,它由基向量$\boldsymbol{g}_i=\partial_i\boldsymbol{R}$所确定,而公式(10.60),(10.61)中的联络Γ^k_{ij}是预先给定的,而基向量$\boldsymbol{g}_i$是反过来依照方程(10.8)来确定的.

这样对任意的向量$\boldsymbol{u}$,有协变导数,

$$u^k_{;j}=\partial_ju^k+\Gamma^k_{ij}u^i \tag{10.62}$$

$$u_{k;j}=\partial_ju_k-\Gamma^i_{kj}u_i \tag{10.63}$$

对任意的二阶张量$\boldsymbol{T}$,有协变导数,

$$T^{ij}_{;k}=\partial_kT^{ij}+T^{lj}\Gamma^i_{lk}+T^{il}\Gamma^j_{lk} \tag{10.64}$$

$$T_{ij;k}=\partial_kT_{ij}-T_{lj}\Gamma^l_{ik}-T_{il}\Gamma^l_{jk} \tag{10.65}$$

联络的转换

设想坐标系发生了转换

$$\begin{cases}x^i=x^i(X^\alpha)\\X^\alpha=X^\alpha(x^i)\end{cases} \tag{10.66}$$

微分之间的转换关系为

$$\begin{cases} dx^i = x^i_{\alpha} dX^{\alpha} = \dfrac{\partial x^i}{\partial X^{\alpha}} dX^{\alpha} \\ dX^{\alpha} = \dfrac{\partial X^{\alpha}}{\partial x^i} dx^i \end{cases} \tag{10.67}$$

此时一阶逆变张量 u^i 与 $\overset{*}{u}^{\alpha}$ 之间存在下列转换关系：

$$u^i = \frac{\partial x^i}{\partial X^{\alpha}} \overset{*}{u}^{\alpha}, \qquad \overset{*}{u}^{\alpha} = \frac{\partial X^{\alpha}}{\partial x^i} u^i \tag{10.68}$$

基向量 $\boldsymbol{g}_i$ 与 $\boldsymbol{g}_{\alpha}^*$ 之间的转换关系为

$$\boldsymbol{g}_{\alpha}^* = \frac{\partial x^i}{\partial X^{\alpha}} \boldsymbol{g}_i, \qquad \boldsymbol{g}_i = \frac{\partial X^{\alpha}}{\partial x^i} \boldsymbol{g}_{\alpha}^* \tag{10.69}$$

$$\begin{aligned} \partial_{\beta} \boldsymbol{g}_{\alpha}^* = \overset{*}{\Gamma}{}^{\gamma}_{\alpha\beta} \boldsymbol{g}_{\gamma}^* &= \frac{\partial}{\partial X^{\beta}} \left(\frac{\partial x^i}{\partial X^{\alpha}} \right) \boldsymbol{g}_i + \frac{\partial x^i}{\partial X^{\alpha}} \frac{\partial x^j}{\partial X^{\beta}} \boldsymbol{g}_{i,j} \\ &= \frac{\partial^2 x^i}{\partial X^{\alpha} \partial X^{\beta}} \boldsymbol{g}_i + \frac{\partial x^i}{\partial X^{\alpha}} \frac{\partial x^j}{\partial X^{\beta}} \cdot \Gamma^k_{ij} \boldsymbol{g}_k \end{aligned} \tag{10.70}$$

(10.70)可改写为

$$\overset{*}{\Gamma}{}^{\gamma}_{\alpha\beta} \cdot \frac{\partial x^k}{\partial X^{\gamma}} \cdot \boldsymbol{g}_k = \left(\frac{\partial^2 x^k}{\partial X^{\alpha} \partial X^{\beta}} + \frac{\partial x^i}{\partial X^{\alpha}} \frac{\partial x^j}{\partial X^{\beta}} \Gamma^k_{ij} \right) \boldsymbol{g}_k$$

由此推得

$$\overset{*}{\Gamma}{}^{\gamma}_{\alpha\beta} \frac{\partial x^k}{\partial X^{\gamma}} = \partial_{\alpha} \partial_{\beta} x^k + \frac{\partial x^i}{\partial X^{\alpha}} \cdot \frac{\partial x^j}{\partial X^{\beta}} \Gamma^k_{ij}$$

$$\overset{*}{\Gamma}{}^{\gamma}_{\alpha\beta} = \frac{\partial X^{\gamma}}{\partial x^k} \left\{ \frac{\partial x^i}{\partial X^{\alpha}} \cdot \frac{\partial x^j}{\partial X^{\beta}} \Gamma^k_{ij} + \partial_{\alpha} \partial_{\beta} x^k \right\} \tag{10.71}$$

该公式提供了不同坐标系之间仿射联络间的联系. 从(10.71)式看出联络 Γ^k_{ij} 不是张量，当坐标发生变换时，它不服从张量变换公式. (10.71)式中的第二项使张量变换规则失效，但是从该式不难看出，下面引入的挠率张量 S^k_{ij} 满足张量变换公式：

$$S_{ij}{}^k = \frac{1}{2} (\Gamma^k_{ij} - \Gamma^k_{ji}) = \Gamma^k_{[ij]} \tag{10.72}$$

挠率张量 $S_{ij}{}^k$ 有着明确的几何意义. 它决定了仿射联络空间 $\mathscr{L}_3$ 中是否存在封口的平行四边形.

如图 10.2 所示，考察两个无限邻近于 X 点的点 X_1, X_2. 将向量$\overrightarrow{CD}=(dx^i)_1 g_i$平行移动到$\overrightarrow{BA}$，而将向量$\overrightarrow{CB}=(dx^i)_2 g_i$平行移动到$\overrightarrow{DE}$，这样得到

$$\overrightarrow{BA}=\overrightarrow{CD}-\Gamma_{ij}^k(dx^j)_2(dx^i)_1 g_k$$

$$\overrightarrow{DE}=\overrightarrow{CB}-\Gamma_{ij}^k(dx^j)_1(dx^i)_2 g_k$$

现在考察平行四边形$\overrightarrow{ABCDE}$缺口矢量$\overrightarrow{EA}$

$$\begin{aligned}\overrightarrow{EA}&=-(\overrightarrow{AB}+\overrightarrow{BC}+\overrightarrow{CD}+\overrightarrow{DE})\\&=\{\Gamma_{ij}^k(dx^j)_1(dx^i)_2-\Gamma_{ij}^k(dx^j)_2(dx^i)_1\}g_k\\&=(\Gamma_{ij}^k-\Gamma_{ji}^k)(dx^i)_2(dx^j)_1\cdot g_k\end{aligned}$$

$$db^k=2S_{ij}{}^k(dx^i)_2(dx^j)_1=S_{ij}{}^k df^{ij} \tag{10.73}$$

由此看出，如果$S_{ij}{}^k$不为零，则$db^k\neq 0$，缺口向量$\overrightarrow{EA}$来源于挠率张量. 因此挠率张量$S_{ij}{}^k$是表征空间扭曲程度的几何量.

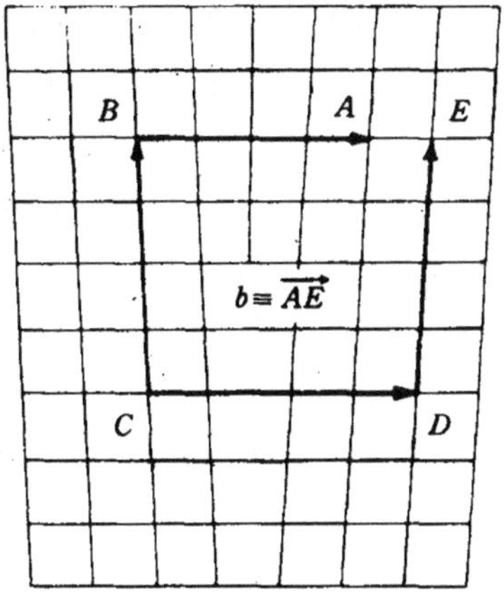

图 10.2

公式(10.73)中的df^{ij}是d_1x^k与d_2x^k所张成的有向面积.

$$df^{ij}=e^{ijk}n_k df$$

式中df是四边形的面积，n_k是面元法向量分量.

在$\mathscr{L}_3$中，一阶逆变张量u^i沿曲线C

$$C: \qquad x^i = x^i(t) \tag{10.74}$$

从X点平行移动至$X+dX$时，u^i的微分为

$$du^i = -\Gamma^i_{jk} u^j dx^k \tag{10.75}$$

由此得到

$$\frac{du^i}{dt} = -\Gamma^i_{jk} u_j \frac{dx^k}{dt} \tag{10.76}$$

式中Γ^i_{jk}，$\frac{dx^k}{dt}$都是曲线C上参变量t的给定函数. 方程(10.76)即是关于u^i的变系数常微分方程. 如果给定了初值$u^i(X_0)$，那么(10.76)的解$u^i(t)$是唯一确定的. 但是一般说来，这样得到$u^i(t)$依赖于曲线的形状.

曲率张量

下面讨论仿射联络空间中的曲率张量：由公式(10.41)得知

$$\begin{aligned} \nabla_k(\nabla_j v_i) - \nabla_j(\nabla_k v_i) &= \{\partial_j \Gamma^l_{ik} - \partial_k \Gamma^l_{ij} + \Gamma^m_{ik}\Gamma^l_{mj} - \Gamma^m_{ij}\Gamma^l_{mk}\} v_l \\ &\quad - 2S_{jk}{}^l (v_{i,l} - \Gamma^m_{il} v_m) \\ &= R_{ijk}{}^l v_l - 2S_{jk}{}^l \nabla_l v_i \end{aligned} \tag{10.77}$$

式中曲率张量$R_{ijk}{}^l$依然由(10.43)确定，

$$R_{ijk}{}^l = \partial_j \Gamma^l_{ik} - \partial_k \Gamma^l_{ij} + \Gamma^m_{ik}\Gamma^l_{mj} - \Gamma^m_{ij}\Gamma^l_{mk} \tag{10.78}$$

公式(10.77)表明，在仿射空间$\mathscr{L}_3$中，协变导数是否可以变换次序，不仅依赖于曲率张量$R_{ijk}{}^l$，而且依赖于挠率张量$S_{jk}{}^l$.

度量空间

在仿射联络空间$\mathscr{L}_3(x, \Gamma^k_{ij})$中，引入任意对称非退化的度量张量$g_{ij}$及其逆$g^{ij}$，并由$\Gamma^k_{ij}$来定义$g_{ij}$的协变导数

$$\nabla_k g_{ij} = \partial_k g_{ij} - \Gamma^l_{ik} g_{lj} - \Gamma^l_{jk} g_{il} \tag{10.79}$$

记

$$\nabla_k g_{ij} = -Q_{ijk} \tag{10.80}$$

称为Q张量.

引进度量张量 g_{ij} 的仿射联络空间，称为度量空间 M_3，它是引进 g_{ij} 后的最一般空间.

黎曼空间

若度量空间 $M_3(x,\Gamma_{ij}^k,g_{ij})$ 的联络 Γ_{ij}^k 对下标 i,j 有对称性，也就是挠率张量为零，而且 Q 张量也为零，此时就得到黎曼空间 V_3.

在黎曼空间 V_3 中，联络对象也由 g_{ij} 唯一确定，公式(10.24)，(10.27)，(10.28)均成立.

本节在论述仿射联络空间时，引入了基向量 g_i，这是为了使读者易于理解，从整个分析过程看出，完全可以撇开基向量的概念来论述仿射联络空间，此时必须附加地引入平移规则或协变导数规则.

§10.5 非完整变换

在缺陷连续统理论中，非完整变换是一个很重要的概念. 在仿射联络空间 $L_n(x,\Gamma_{ij}^k)$ 中，讨论坐标之间的变换，

$$\begin{cases} X^\alpha = X^\alpha(x^i) \\ x^i = x^i(X^\alpha) \end{cases} \tag{10.81}$$

微分关系为

$$dX^\alpha = A_i^\alpha \cdot dx^i \tag{10.82}$$

式中

$$A_i^\alpha = \frac{\partial X^\alpha}{\partial x^i} \tag{10.83}$$

上式只有在 dX^α 是全微分的情况下成立，也就是 Pfaff 形式(10.82)是可积时，曲线坐标 X^α 才存在.

Pfaff 形式(10.82)可积的充要条件是

$$\partial_j A_i^\alpha = \partial_i A_j^\alpha \tag{10.84}$$

如果(10.84)不满足，那么 dX^α 与 dx^i 之间的变换就称为非完整变换，并称 A_i^α 是非完整变换算子，由于不存在曲线坐标系 $\{X^\alpha\}$，因此

无法对 X^α 直接求导数，但可以引进 Pfaff 导数：

$$\partial_\alpha(\quad) = B^i_\alpha \partial_i \tag{10.85}$$

上式中 B^i_α 是 A^α_i 的逆算子，

$$A^\alpha_i B^j_\alpha = \delta^j_i, \qquad A^\alpha_i B^i_\beta = \delta^\alpha_\beta \tag{10.86}$$

由此

$$\partial_i(A^\alpha_j B^k_\alpha) = \partial_i A^\alpha_j B^k_\alpha + A^\alpha_j \partial_i B^k_\alpha = 0 \tag{10.87}$$

$$\partial_i B^j_\beta = - B^k_\beta B^j_\alpha \partial_i A^\alpha_k \tag{10.88}$$

我们有

$$\begin{aligned}\partial_\alpha \partial_\beta &= B^i_\alpha \partial_i (B^j_\beta \partial_j) = B^i_\alpha B^j_\beta \partial_i \partial_j + B^i_\alpha \partial_i B^j_\beta \partial_j \\ &= B^i_\alpha B^j_\beta \partial_i \partial_j - B^i_\alpha B^k_\beta B^j_\rho \partial_i A^\rho_k \partial_j \\ &= B^i_\alpha B^j_\beta \partial_i \partial_j - B^i_\alpha B^j_\beta \partial_i A^\rho_j \partial_\rho\end{aligned}$$

类似地可得

$$\partial_\beta \partial_\alpha = B^i_\alpha B^j_\beta \partial_j \partial_i - B^i_\alpha B^j_\beta \partial_j A^\rho_i \partial_\rho$$

两者之差为

$$\begin{aligned}\partial_\alpha \partial_\beta - \partial_\beta \partial_\alpha &= - B^i_\alpha B^j_\beta (\partial_i A^\rho_j - \partial_j A^\rho_i) \partial_\rho \\ &= - 2 B^i_\alpha B^j_\beta \partial_{[i} A^\rho_{j]} \partial_\rho\end{aligned} \tag{10.89}$$

由上式不难看出，对非完整变换，Pfaff 导数的次序是不可交换的.

引入 Ricci 系数 $\Omega_{\alpha\beta}{}^\rho$

$$\Omega_{\alpha\beta}{}^\rho = - B^i_\alpha B^j_\beta \partial_{[i} A^\rho_{j]} \tag{10.90}$$

它表征了非完整变换的重要性质.

对于完整的坐标变换，公式(10.71)给出了联络的变换公式.我们按照此规律引进非完整变换的联络

$$\begin{aligned}\Gamma^\gamma_{\alpha\beta} &= B^i_\alpha B^j_\beta A^\gamma_k \Gamma^k_{ij} + A^\gamma_k (\partial_\beta B^k_\alpha) \\ &= B^i_\alpha B^j_\beta A^\gamma_k \Gamma^k_{ij} + A^\gamma_k B^j_\beta \partial_j B^k_\alpha \\ &= B^i_\alpha B^j_\beta A^\gamma_k \Gamma^k_{ij} - B^i_\alpha B^j_\beta \partial_j A^\gamma_i\end{aligned} \tag{10.91}$$

进一步推得

$$\begin{aligned}\Gamma^\gamma_{[\alpha\beta]} &= B^i_\alpha B^j_\beta A^\gamma_k \Gamma^k_{[ij]} + B^i_\alpha B^j_\beta \partial_{[i} A^\gamma_{j]} \\ &= B^i_\alpha B^j_\beta A^\gamma_k \Gamma^k_{[ij]} - \Omega_{\alpha\beta}{}^\gamma\end{aligned} \tag{10.92}$$

上式表明，即使仿射联络空间 $\mathscr{L}_n(x, \Gamma^k_{ij})$ 是挠率张量为零的空间，

一般说来，在非完整系中，联络 $\Gamma^{\gamma}_{\alpha\beta}$关于下标 α,β 是非对称的.

对于非完整系，也可以引进协变导数和绝对微分. 首先考察非完整系内的基向量. 显然我们有

$$\boldsymbol{g}_\alpha = B^i_\alpha \boldsymbol{g}_i, \qquad \boldsymbol{g}_i = A^\alpha_i \boldsymbol{g}_\alpha$$

由此

$$\begin{aligned}\partial_\beta \boldsymbol{g}_\alpha &= \partial_\beta B^i_\alpha \boldsymbol{g}_i + B^i_\alpha \partial_\beta \boldsymbol{g}_i \\ &= B^i_\alpha B^j_\beta \partial_j \boldsymbol{g}_i - B^j_\beta B^k_\alpha B^i_\gamma \partial_j A^\gamma_k \boldsymbol{g}_i \\ &= B^i_\alpha B^j_\beta \Gamma^k_{ij} \boldsymbol{g}_k - B^i_\alpha B^j_\beta \partial_j A^\gamma_i \boldsymbol{g}_\gamma \\ &= \Gamma^\gamma_{\alpha\beta} \boldsymbol{g}_\gamma \end{aligned} \tag{10.93}$$

公式(10.93)表明，依照公式(10.91)引入的联络 $\Gamma^{\gamma}_{\alpha\beta}$是合适的，它使得关于基向量 $\boldsymbol{g}_\alpha$的协变导数公式(10.8)依然成立. 因此，对非完整系$\{\boldsymbol{g}_\alpha\}$仿射联络空间 $\mathscr{L}^*_n(\Gamma^\gamma_{\alpha\beta},\boldsymbol{g}_\alpha)$依然存在.

利用公式(10.93)很容易得到

$$u^\alpha_{;\beta} = u^\alpha_{,\beta} + \Gamma^\alpha_{\gamma\beta} u^\gamma \tag{10.94}$$

现在来分析仿射联络空间 $\mathscr{L}^*_n(\Gamma^\gamma_{\alpha\beta},g_\alpha)$中的曲率张量. 我们有

$$\begin{aligned}\nabla_\beta \nabla_\alpha u^\gamma &= \partial_\beta(\nabla_\alpha u^\gamma) + \Gamma^\gamma_{\rho\beta}\nabla_\alpha u^\rho - \Gamma^\rho_{\alpha\beta}\nabla_\rho u^\gamma \\ &= \partial_\beta(\partial_\alpha u^\gamma + \Gamma^\gamma_{\rho\alpha}u^\rho) + \Gamma^\gamma_{\rho\beta}(\partial_\alpha u^\rho + \Gamma^\rho_{\nu\alpha}u^\nu) \\ &\quad - \Gamma^\rho_{\alpha\beta}(\partial_\rho u^\gamma + \Gamma^\gamma_{\nu\rho}u^\nu) \\ &= \partial_\beta\partial_\alpha u^\gamma + \partial_\beta\Gamma^\gamma_{\rho\alpha}u^\rho + \Gamma^\gamma_{\rho\alpha}\partial_\beta u^\rho \\ &\quad + \Gamma^\gamma_{\rho\beta}(\partial_\alpha u^\rho + \Gamma^\rho_{\nu\alpha}u^\nu) \\ &\quad - \Gamma^\rho_{\alpha\beta}(\partial_\rho u^\gamma + \Gamma^\gamma_{\nu\rho}u^\nu) \end{aligned} \tag{10.95}$$

$$\begin{aligned}\nabla_\alpha \nabla_\beta u^\gamma &= \partial_\alpha\partial_\beta u^\gamma + \partial_\alpha\Gamma^\gamma_{\rho\beta}u^\rho + \Gamma^\gamma_{\rho\beta}\partial_\alpha u^\rho \\ &\quad + \Gamma^\gamma_{\rho\alpha}(\partial_\beta u^\rho + \Gamma^\rho_{\nu\beta}u^\nu) \\ &\quad - \Gamma^\rho_{\beta\alpha}(\partial_\rho u^\gamma + \Gamma^\gamma_{\nu\rho}u^\nu) \end{aligned} \tag{10.96}$$

$$\begin{aligned}\nabla_\beta \nabla_\alpha u^\gamma - \nabla_\alpha \nabla_\beta u^\gamma &= -2\Omega_{\alpha\beta}{}^\rho\partial_\rho u^\gamma + (\partial_\beta\Gamma^\gamma_{\nu\alpha} - \partial_\alpha\Gamma^\gamma_{\nu\beta})u^\gamma \\ &\quad + (\Gamma^\gamma_{\rho\beta}\Gamma^\rho_{\nu\alpha} - \Gamma^\gamma_{\rho\alpha}\Gamma^\rho_{\nu\beta})u^\nu + (\Gamma^\rho_{\beta\alpha} - \Gamma^\rho_{\alpha\beta})\nabla_\rho u^\gamma \\ &= [(\partial_\beta\Gamma^\gamma_{\nu\alpha} - \partial_\alpha\Gamma^\gamma_{\nu\beta}) + (\Gamma^\gamma_{\rho\beta}\Gamma^\rho_{\nu\alpha} - \Gamma^\gamma_{\rho\alpha}\Gamma^\rho_{\nu\beta}) \\ &\quad + (2\Omega_{\alpha\beta}{}^\rho\Gamma^\gamma_{\nu\rho}) \cdot u^\nu + 2(\Gamma^\rho_{[\beta\alpha]} - \Omega_{\alpha\beta}{}^\rho)\nabla_\rho u^\gamma \\ &= -R_{\nu\alpha\beta}{}^\gamma u^\nu - 2S_{\alpha\beta}{}^\rho\nabla_\rho u^\gamma \end{aligned} \tag{10.97}$$

式中曲率张量为

$$-R_{\nu\alpha\beta}{}^{\gamma}=\partial_{\beta}\Gamma^{\gamma}_{\nu\alpha}-\partial_{\alpha}\Gamma^{\gamma}_{\nu\beta}+\Gamma^{\gamma}_{\rho\beta}\Gamma^{\rho}_{\nu\alpha}-\Gamma^{\gamma}_{\rho\alpha}\Gamma^{\rho}_{\nu\beta}+2\Omega^{\rho}_{\alpha\beta}\Gamma^{\gamma}_{\nu\rho} \quad (10.98)$$

$$S_{\alpha\beta}{}^{\rho}=\Gamma^{\rho}_{[\alpha\beta]}+\Omega_{\alpha\beta}{}^{\rho} \quad (10.99)$$

§10.6 拓扑空间

众所周知,欧氏空间中的点 x 可以用 n 个有序的实数组(x^1, x^2,…x^n)来表示.欧氏空间因为有欧氏度量,就有了不同点之间的距离.从而引出开集、闭集、收敛、连续等一系列重要的概念.

在欧氏空间中收敛、连续都是用距离来刻划,这就离不开度量.想要撇开度量来描述收敛、连续,需要换一个方式用开集来表达.例如 $x_n \to x$,就是指对任意一个含有 x 的开集 U,当 n 充分大时 $x_n \in U$.

在欧氏空间中,用含有点 x 的球形邻域作为出发点,来建立整个数学分析.而我们把开集作为出发点.因此,先考察一下欧氏空间中的开集,我们不难发现欧氏空间中的开集具有下述三个基本性质:

(1)任意个开集的并集仍是开集;

(2)有限个开集的交集仍是开集;

(3)整个 R^n 是开集,空集 $\varnothing$ 是开集;

当我们分析一个一般空间时,这三条性质应该保留下来.

拓扑空间

设 E 是一个非空集.τ 是 E 的一个子集族,并且满足下述三个条件:

(1)τ 内任意多个集合的并集仍属于 τ;

(2)τ 内任意两个集合的交集仍属于 τ;

(3)$E \in \tau$,空集 $\varnothing \in \tau$,

就称 τ 是集合 E 上的一个拓扑,又称 τ 中的集是 E 中的开集.序对(E,τ)称为一个拓扑空间.建立了开集,意味着给出邻域的概念. E 内两个元素，或称两个点 a,b 同在某个开集内，表明 a,b 之间有一定程度的靠近.

作为一个例子，考察实数集 R 上的如下拓扑 τ：它由所有开区间、任意个开区间的并以及空集 $\varnothing$ 组成. 称 τ 是通常的拓扑.

收敛

拓扑空间 (E,τ) 的收敛概念与欧氏空间中的收敛概念十分相似. 设点列 $\{x_n\}\subset E$，点 $x\in E$，如果对任何一个含有 x 的开集 O，存在 N，当 $n>N$ 时，有 $x_n\in o$，则称 $\{x_n\}$ 收敛，且收敛于 x，记为 $x_n\to x$.

应该注意的是，拓扑空间是非常一般的，它不像欧氏空间那么细腻. 因此，收敛的概念也是相当粗线条的，含有很多奇怪的收敛现象.

设 E 是实数集，且 τ 是由所有包含 $(0,1)$ 的开区间以及空集 $\varnothing$ 组成. 考察数列

$$x_n=\frac{1}{n},\qquad y_n=\frac{1}{n}-c(c>0)$$

在拓扑空间 (E,τ) 内，$\{x_n\}$ 收敛于任何实数，而 $\{y_n\}$ 收敛于任何小于 $-c$ 的实数.

若干概念

我们来讨论内点、外点、闭集、紧集等一系列概念.

设 (E,τ) 是一个拓扑空间. X 是 E 的一个子集. $x\in X$，如果在 τ 中能找到一个含有 x 的开集 $O\subset X$，就称 x 是集 X 的一个内点.

设 $x\in E$，如果在 τ 中能找到一个含有 x 的开集 O，使得 $O\cap X=\varnothing$，则称 x 是集 X 的外点. 如果对任意一个含有 x 的开集 O，均有 $O\cap X\neq\varnothing$，$(E-X)\cap O\neq 0$，就称 x 是 X 的边界点.

设 X 是 E 的子集，如果 $E-X$ 是 E 中的开集，就称 X 是闭集.

设 $x\in E$，如果对含有 x 的任何开集 O，总能找到另一个属于

X 又不同于 x 的点 y，则称 x 是集 X 的聚点，即 $(O-\{x\})\cap X\neq\varnothing$.

设 X 是 E 的子集，则 X 的闭包 $\overline{X}$ 是 X 与所有 X 的聚点的和.

关于闭集还可以采用如下的定义：设 X 是 E 的一个子集，如果 X 的所有聚点都属于 X，就称 X 是闭集.

连续映射与同胚

设 X 和 Y 是两个集合，如果对 X 中的每一点 x 存在着 Y 中的唯一的点 $y=f(x)$ 与之对应，则称 f 是 X 到 Y 的一个映射. 记作

$$f: X\to Y$$

X 称为 f 的定义域，而 Y 称为 f 的值域.

设 $x\in X$，则 $y=f(x)\in Y$ 称为 x 的象.

设 A 是 X 的子集，B 是 Y 的子集，则称集合 $f(A)=\{f(x)\mid x\in A\}$ 为 A 在映射 f 下的象.

称集合 $f^{-1}(B)=\{x\mid f(x)\in B\}$ 为 B 在映射 f 下的原象.

设 (X,τ_x) 和 (Y,τ_y) 是两个拓扑空间. $f:X\to Y$ 是一个映射. 如果对 Y 中的任意一个开集 V，它的原象

$$U=f^{-1}(V)=\{x\in X\mid f(x)\in Y\}$$

是 X 中的开集，就称 f 是 X 到 Y 的一个连续映射.

当 X,Y 都是欧几里德空间并带有通常的拓扑结构，那么上述的定义是与欧几里德空间上连续性概念是一致的. 但有两点值得注意，一是拓扑学中的连续性概念是用开集来刻划的，因此，映射的连续性是与空间的拓扑结构有关. 二是这里讨论的连续性概念是整体的概念. 自然，也可以讨论映射 f 在某个点 x_0 处的连续性问题.

如果对含有 $f(x_0)$ 的任意一个邻域 V 都存在一个 x_0 的邻域 U，使得 $f(U)\subset V$，则称映射 f 在 $x_0\in X$ 点是连续的. 这里 x_0 的一个邻域是指含有 x_0 的开集.

如果 $f: X \to Y$ 是连续映射，且是一个双射，它的逆映射 $f^{-1}: Y \to X$ 也连续，就称 f 是同胚映射. 当两个拓扑空间 (X, τ_x) 和 (Y, τ_y) 之间存在一个同胚映射时，就称这两个空间同胚.

如果两个空间同胚，那么不仅点与点之间一一对应，而且开集与开集一一对应，因此，它们有相同的拓扑结构.

从直观上看，拓扑空间好比是一块有弹性的橡皮薄膜，那么同胚映射就是将这块薄膜作拉伸、弯曲、撑开、压缩变形，但不准撕开或粘贴。这样薄膜经同胚映射后，形状可能改变了，但两者点与点之间及开集与开集之间依然是一一对应的.

可数公理与分离公理

拓扑空间是一种非常一般的空间，它是满足三条性质的开集族. 为了构造比较细致的拓扑空间，必须引入两套公理.

第一可数公理　如果拓扑空间 (X, τ) 内的每一点 x，存在着可列个开集 $O_n (n=1,2\cdots)$，使对任何一个含有 x 的开集 V，总能找到 $\{O_n\}$ 中的一个 $O_m \subset V$，就称 (X, τ) 满足第一可数公理.

第二可数公理　设 (X, τ) 是拓扑空间，如果存在可列个开集 $O_n (n=1,2,\cdots)$，使得任何一个开集都可以用 $\{O_n\}$ 中某些开集的并来表示，就称 (X, τ) 满足第二可数公理.

豪斯道夫(Hausdorff)公理

设 (X, τ) 是拓扑空间，如果对 X 内的任何两个不同的点 x, y，总存在两个开集 O_x 和 O_y，$O_x \cap O_y = \varnothing$，并且 $x \in O_x$，$y \in O_y$，就称 (X, τ) 满足豪斯道夫公理，又称 (X, τ) 是一个豪斯道夫空间.

豪斯道夫公理描述的是点与点之间的隔离性质，是一个最具代表性的隔离公理.

第一可数公理将 x 的邻域简化为相当的可列个开集. 第二可数公理又将 τ 中的全部开集简化为相当的可列个开集.

拓扑子空间

设 (X, τ) 是一个拓扑空间，Y 是 X 的一个子集，对 X 内的任

意一个开集 O，我们有子集 $O_y=O\cap Y$，则子集族 τ_y

$$\tau_y=\{O\cap Y|O\in\tau\}$$

满足三条基本性质，因此 (Y,τ_y) 是一个拓扑空间，称为 (X,τ) 的拓扑子空间.

§10.7 微分流形

欧氏空间 R^n 具有很好的几何及代数性质，但是在缺陷连续统理论里，我们要碰到的空间比欧氏空间复杂得多. 因此有必要引进流形的概念.

流形是一种拓扑空间，在流形的每一点近旁都有一个近似的欧氏空间结构，可以引进局部坐标系，流形就是由一块块"欧氏空间"粘起来的.

设 M 是一个豪斯道夫空间，$\{U_\lambda\}$ 是 M 的开覆盖. 如果对每一个开集 U_λ 都有一个映射 $\varphi_\lambda: U_\lambda\to V_\lambda$，$V_\lambda$ 是 n 维欧氏空间内的开集，并且 φ_λ 是同胚映射，则称 M 是一个 n 维流形.

M 不是欧氏空间，但 M 的每一局部 U_λ 都与 R^n 中的一个开集 V_λ 同胚. 由于 U_λ 与 V_λ 同胚，因此，它们的点与点一一对应. 设点 $P\in U_\lambda$，通过同胚映射 φ_λ，点 P 映射到 V_λ 中的点 x，$x=(x_1,\cdots x_n)$，我们就可以把 $(x_1,x_2\cdots x_n)$ 看成是 P 的局部坐标.

微分流形

设 M 是一个 n 维流形，这表明 M 有一个开覆盖 $\{U_\lambda\}$，以及与每一个 U_λ 相应的同胚映射 φ_λ.

我们称 U_λ 是坐标邻域，φ_λ 是坐标映射，$(U_\lambda,\varphi_\lambda)$ 是坐标图，$\{(U_\lambda,\varphi_\lambda)\}$ 是 M 的坐标图册. 这好比地图册充分表现了地球表面的地理图象.

如果对一切 $U_\alpha\cap U_\beta\neq\varnothing$ 且 $U_\alpha\in\{U_\lambda\}$，$U_\beta\in\{U_\lambda\}$，复合映射 $\varphi_\beta\circ\varphi_\alpha^{-1}$ 是从 $\varphi_\alpha(U_\alpha\cap U_\beta)$ 到 $\varphi_\beta(U_\alpha\cap U_\beta)$ 的双射，又是欧氏空间内的映射. 如果它可微且它的逆映射 $\varphi_\alpha\circ\varphi_\beta^{-1}$ 也可微，就称 M 是微分流

形.

图 10.3 是复合映射 $\varphi_\beta \circ \varphi_\alpha^{-1}$ 的几何图注.

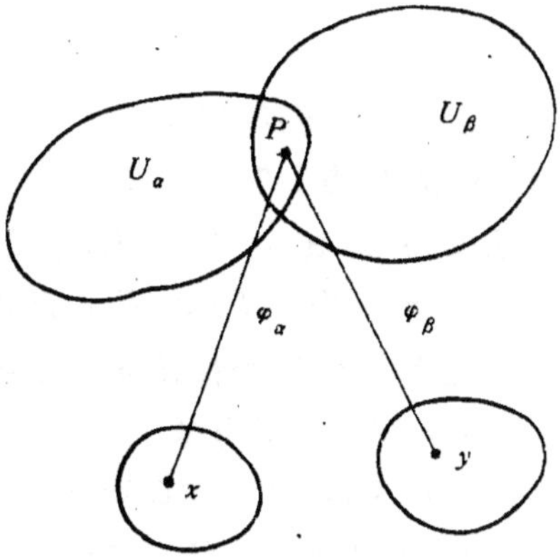

图 10.3 复合映射 $\varphi_\beta \circ \varphi_\alpha^{-1}$

同一个点 $P \in U_\alpha \cap U_\beta$，在邻域 U_α 内有坐标 $(x_1, x_2 \cdots x_n)$，在邻域 U_β 内有坐标 $(y_1, y_2 \cdots y_n)$，于是 $(y_1, y_2 \cdots y_n)$ 与 $(x_1, x_2 \cdots x_n)$ 之间有一个坐标变换式

$$\begin{cases} \varphi_\beta \circ \varphi_\alpha^{-1}: \varphi_\alpha(U_\alpha \cap U_\beta) \to \varphi_\beta(U_\alpha \cap U_\beta) \\ x = (x_1, x_2 \cdots x_n) \mapsto y = (y_1, y_2 \cdots y_n) \end{cases} \tag{10.100}$$

如果 $\varphi_\beta \circ \varphi_\alpha^{-1} \in c^k (1 \leqslant k \leqslant \infty)$，就称 M 是 n 维 c^k 流形.

如果用坐标表示，则 $\varphi_\beta \circ \varphi_\alpha^{-1}$ 表示 n 维欧氏空间中的 n 个实函数，

$$\begin{cases} y_i = f_i(x_1, x_2 \cdots x_n), \qquad i = 1, 2 \cdots n \\ (x_1, x_2 \cdots x_n) \in \varphi_\alpha(U_\alpha \cap U_\beta) \end{cases} \tag{10.101}$$

类似地 $\varphi_\alpha \circ \varphi_\beta^{-1}$ 表示 n 个实函数，

$$\begin{cases} x_i = g_i(y_1, y_2 \cdots y_n) \\ (y_1, y_2 \cdots y_n) \in \varphi_\beta(U_\alpha \cap U_\beta) \end{cases} \tag{10.102}$$

我们称两个坐标图册$(U_\alpha, \varphi_\alpha)$和$(U_\beta, \varphi_\beta)$是$c^k$相容的，如果$U_\alpha \cap U_\beta = \varnothing$，或者$U_\alpha \cap U_\beta \neq \varnothing$，但坐标变换函数$f^i(x)$，$g^i(y)$都是$c^k$的.

流形上的可微函数

设M是n维C^∞流形，坐标图册是$\{(U_\lambda, \varphi_\lambda)\}$. G是M中的一个开集，它不一定是坐标邻域. 点$P \in G$. 又设$f: G \to R$.

考察$f \circ \varphi_\alpha^{-1}$，它是定义在$\varphi_\alpha(G \cap U_\alpha)$上的实函数. 而$\varphi_\alpha(G \cap U_\alpha)$是$R^n$内的一个开集，因此$f \circ \varphi_\alpha^{-1}$是$n$元实值函数. 记$x = \varphi_\alpha(P) = (x_1, x_2 \cdots x_n)$是点$P$在$U_\alpha$坐标邻域中的局部坐标. 如果$f \circ \varphi_\alpha^{-1}$在点$x$可微，就称$f$在点$P$处可微.

如果f在每一点$P \in G$可微，称f在G可微.

自然会产生一个问题：如果$P \in U_\alpha \cap G$，同时$P \in U_\beta \cap G$，由坐标图$(U_\alpha, \varphi_\alpha)$定义了$f$在$P$点可微，即$f \circ \varphi_\alpha^{-1}$在$x$可微，那么在坐标图$(U_\beta, \varphi_\beta)$内，设$y = \varphi_\beta(P)$，复合函数$f \circ \varphi_\beta^{-1}$是否也在点$y$可微？由

$$f \circ \varphi_\beta^{-1} = (f \circ \varphi_\alpha^{-1}) \circ (\varphi_\alpha \circ \varphi_\beta^{-1})$$

可知，当$f \circ \varphi_\alpha^{-1}$在点$x$可微时，$f \circ \varphi_\beta^{-1}$也在点$y$可微，所以可微性与局部坐标选取无关.

切向量和切空间

在三维欧氏空间中，光滑曲线有切线，光滑曲面有切平面，这些都是重要的几何对象. 同样，在给定微分结构的流形上，可以引进切向量和切空间.

设l是平面上的一条光滑曲线，它的方程是$y = f(x)$，$P = (x_0, y_0)$是l上的一个点. 求该曲线在P点的切线，就是求f在点x_0的导数. 通过(x_0, y_0)点的曲线族有无穷多条，产生无穷多个切

向量.在这种情况下,撇开经典的切向量概念.代之以线性算子,或线性映射 $\frac{d}{dx}$ 似乎更方便.当这个线性映射作用到任何一个可微函数上,就得到一个曲线的切向量.

设 M 是 n 维 C^∞ 流形,$P\in M$.又设 F_P 是所有在 P 点的可微函数集合.设映射

$$\varphi: F_p \to R \tag{10.103}$$

满足

(1)线性:

$$\begin{gathered}\varphi(f+g)=\varphi(f)+\varphi(g)\\ \varphi(\alpha f)=\alpha\varphi(f)\end{gathered} \tag{10.104}$$

(2)莱布尼茨法则:

$$\varphi(fg)=f(P)\varphi(g)+g(P)\varphi(f) \tag{10.105}$$

就称 φ 是 M 在点 P 的一个切向量.所有这种 φ 组成的空间称为 M 在点 P 的切空间,记为 T_p.

在 T_P 内引入加法与数乘

$$\begin{cases}(\varphi_1+\varphi_2)(f)=\varphi_1(f)+\varphi_2(f)\\ \alpha\varphi_1(f)=\varphi_1(\alpha f)\end{cases} \tag{10.106}$$

我们就得到一个线性空间.

切空间 T_P 是 n 维线性空间,它的基是

$$\left.\frac{\partial}{\partial x_1}\right|_{x_0},\cdots\left.\frac{\partial}{\partial x_h}\right|_{x_0}$$

其中 $x_0=(x_1^0,\cdots x_n^0)$ 是 P 点的局部坐标.

每一个切向量 φ 都可以用 $\left.\frac{\partial}{\partial x_i}\right|_{x_0}$,$i=1,2,\cdots n$ 的线性组合来表示.

$$\varphi=\alpha_i\left.\frac{\partial}{\partial x_i}\right|_{x_0} \tag{10.107}$$

参 考 文 献

[1] 陈省身、陈维桓,微分几何讲义,北京大学出版社,1983.

[2] 郭仲衡、梁浩云，变形体非协调理论，重庆出版社，1989.
[3] Westenholz, C. V., Differential Form in Mathematical Physics, Amsterdam, North-Holland, 1978.（中译本：威斯顿霍尔兹，C. V. 着，叶以同译，数学物理中的微分形式，北京大学出版社，1990.）
[4] 欧阳光中，流形上的微积分，上海科学技术出版社，1988.
[5] 王则柯、凌志英，拓扑理论及其应用，国防工业出版社，1991.

第十一章　缺陷连续统的非线性理论

第九章在微小变形范围内，分析了缺陷连续统的线性理论，引进了畸变张量和弯扭张量，建立了含有位错、旋错变形体的非协调理论.

对于有限变形的缺陷连续统理论的严格描述，离不开微分几何的工具. 本章我们将要讨论，非黎曼空间上各种几何量与缺陷的内在联系，建立有限变形缺陷连续统的理论框架.

§11.1　非黎曼物质流形的构造

考虑一个单连通的变形体. 它在未变形时的初始状态是一个理想的无缺陷连续体，内部的应力处处为零. 晶体和金属多晶体，在充分退火之后，就可以近似地看作无缺陷的物体.

它的每一个物体点 P 在初始构形中的位置矢量，可用在空间中固定的欧氏笛卡儿坐标系 $\{O, X^i\}$ 来表示. 相应的基向量为 $\boldsymbol{I}_i$.

当物体发生变形后，由于缺陷萌生、增殖与运动，使得物体的变形不协调，因此，现时构形中的物体，已经不能用欧氏空间来刻划.

但是我们可以设想，现时构形中的物体可以用非黎曼的物质流形 M_3 来刻划，也就是设想通过"切割、剔除、释放"的变换，将应力释放至零、缺陷全部剔除[1]，返回到初始的自然状态. 这些无缺陷的理想的晶体的一个个小碎片拼粘起来形成欧氏空间中的连续体.

这样初始构形的未变形体是与现时构形中非黎曼物质流形 M_3 通过非完整变换联系起来.

1）　剔除缺陷的过程可以用非完整变换来描述.

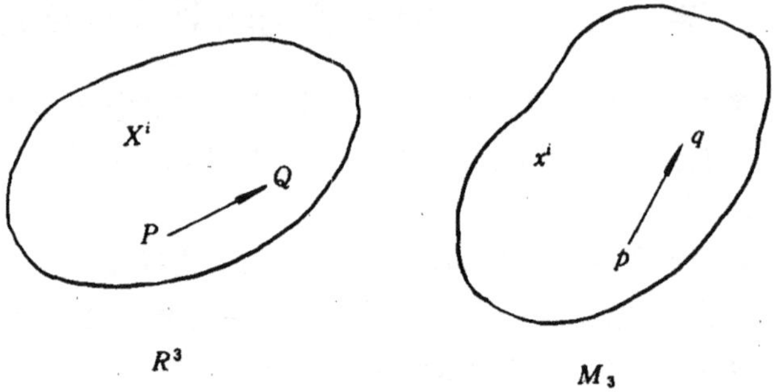

初始构形　　　　　　现时构形

图 11.1　变形体的两种构形

我们可以把初始构形物质点 P 的坐标 X^i 作为物质流形 M_3 的坐标，构造仿射联络空间 $\mathscr{L}_3(X^i,\boldsymbol{g}_i,\Gamma^k_{ij})$.

在非黎曼物质流形 M_3 点 $P(X^i)$ 附近引进切空间局部欧氏标架 $\{\boldsymbol{e}_\alpha\}$，不同点的局部欧氏标架是不相同的.

微分几何理论已经证明，3 维黎曼空间 V_3 总可以浸入到 6 维的欧氏空间中去. 同样我们可以设想，我们的非黎曼物质流形 M_3 可以浸入到 N 维($N\geqslant 6$)欧氏空间中去. 这种设想，可以有助于我们对问题的直观理解.

考察 M_3 上 $\overrightarrow{pq}$ 向量，它是与变形前的物体线元素 $\overrightarrow{PQ}$ 相对应的. 我们有

$$\overrightarrow{pq} = dx^\alpha \boldsymbol{e}_\alpha \tag{11.1}$$

$$\overrightarrow{PQ} = dX^i \boldsymbol{I}_i \tag{11.2}$$

$\{\boldsymbol{e}_\alpha\}$ 是非完整系，dx^α 与 dX^i 之间，由非完整变换 A^α_i 联系起来，

$$dx^\alpha = A^\alpha_i dX^i \tag{11.3}$$

将(11.3)代入(11.1)得

$$\overrightarrow{pq} = A^\alpha_i \boldsymbol{e}_\alpha dX^i = \boldsymbol{g}_i dX^i \tag{11.4}$$

式中基向量 $\boldsymbol{g}_i$ 为

$$\boldsymbol{g}_i = A_i^\alpha \boldsymbol{e}_\alpha, \qquad \boldsymbol{e}_\alpha = B_\alpha^i \boldsymbol{g}_i \tag{11.5}$$

基向量 $\boldsymbol{g}_i$ 的协变微分为

$$\partial_i \boldsymbol{g}_i = \Gamma_{ij}^k \boldsymbol{g}_k \tag{11.6}$$

这样建立了在物体点 $P(X^1, X^2, \cdots X^n)$ 上的仿射联络空间 $\mathscr{L}_3$ $(X^i, \boldsymbol{g}_i, \Gamma_{ij}{}^k)$，又称为表象空间，以区别初始构形物体所占有的欧氏空间 R^3. 在 R^3 中点 $\{X^i\}$ 是物体点 P 占有的位置向量在笛氏坐标系 $\{O, \boldsymbol{I}_i\}$ 中的坐标. 而在 $\mathscr{L}_3$ 中，$\{X^i\}$ 仅仅是一个记号，为简单起见，我们也称它为表象空间 $\mathscr{L}_3$ 中的点 P 的坐标.

联络 $\Gamma_{ij}{}^k$，一般说来不具有对称性，我们引入挠率张量 $S_{ij}{}^k$

$$S_{ij}{}^k = \Gamma_{[ij]}^k \tag{11.7}$$

在仿射联络空间 $\mathscr{L}_3$ 中，直接引入对称的非奇异的度量张量 g_{ij}. 考察 g_{ij} 的协变导数

$$\nabla_k g_{ij} = \partial_k g_{ij} - g_{lj} \Gamma_{ik}{}^l - g_{il} \Gamma_{jk}{}^l \tag{11.8}$$

一般说来 $\nabla_k g_{ij} \neq 0$，记 $\boldsymbol{Q}$ 张量为

$$\nabla_k g_{ij} = -Q_{ijk} \tag{11.9}$$

指标轮换 $i \to j \to k \to i$ 得

$$-Q_{jki} = \partial_i g_{jk} - g_{lk} \Gamma_{ji}{}^l - g_{jl} \Gamma_{ki}{}^l$$

$$-Q_{kij} = \partial_j g_{ki} - g_{li} \Gamma_{kj}{}^l - g_{kl} \Gamma_{ij}{}^l$$

上述公式又可改写为

$$g_{ij,k} - \Gamma_{ikj} - \Gamma_{jki} = -Q_{ijk}$$

$$g_{jk,i} - \Gamma_{jik} - \Gamma_{kij} = -Q_{jki}$$

$$g_{ki,j} - \Gamma_{kji} - \Gamma_{ijk} = -Q_{kij}$$

将上边的第一式减去后两式得

$$-\{g_{jk,i} + g_{ki,j} - g_{ij,k}\} + \Gamma_{ijk} + \Gamma_{jik} - 2\Gamma_{[jk]i} - 2\Gamma_{[ik]j}$$
$$= Q_{jki} + Q_{kij} - Q_{ijk} \tag{11.10}$$

引入 Schouten 记号

$$\psi_{\{ijk\}} = \psi_{ikj} + \psi_{jki} - \psi_{jik} \tag{11.11}$$

注意到 Q_{ijk} 张量关于下标 i，j 的对称性及 g_{ij} 的对称性，公式

(11.10)变为

$$\Gamma_{jik}=\frac{1}{2}g_{\{ij,k\}}+S_{\{jik\}}+\frac{1}{2}Q_{\{ijk\}} \tag{11.12}$$

类似地可以推得

$$\Gamma_{ijk}=\frac{1}{2}g_{\{ij,k\}}+S_{\{ijk\}}+\frac{1}{2}Q_{\{ijk\}} \tag{11.13}$$

$$\Gamma_{ij}^{k}=g^{kl}\left\{\frac{1}{2}g_{\{ij,l\}}+S_{\{ijl\}}+\frac{1}{2}Q_{\{ijl\}}\right\} \tag{11.14}$$

公式(11.3),(11.4)表示联络的分解,是表象空间中的重要关系式.

引入第一类、第二类Christoffel 符号

$$[ij\,k]=\frac{1}{2}g_{\{ij,k\}} \tag{11.15}$$

$$\left\{\begin{matrix}k\\ ij\end{matrix}\right\}=g^{kl}[ij\,l] \tag{11.16}$$

公式(11.13),(11.14)又可表示成

$$\Gamma_{ijk}=[ij\,k]+S_{\{ijk\}}+\frac{1}{2}Q_{\{ijk\}} \tag{11.17}$$

$$\Gamma_{ij}^{k}=g^{kl}\left\{[ij\,l]+S_{\{ijl\}}+\frac{1}{2}Q_{\{ijl\}}\right\} \tag{11.18}$$

仿射联络空间 $\mathscr{L}_3(X^i,g_i,\Gamma_{ij}^k)$ 中,最重要几何量是度量张量 g_{ij} 及联络 Γ_{ij}^k. 前者定义了空间中距离的含义,后者确定了向量场及张量场的绝对微分及平移规则. 与联络相联系的有两个重要的张量:曲率张量 $R_{ijk}{}^{l}$ 及挠率张量 $S_{ij}{}^{k}$,这两个张量都是由联络系数所决定. Q_{ijk} 是第三个重要的张量.

所有这三个张量都不为零的空间是最一般的度量空间. 如果 Q 张量为零,就得到 Cartan 空间;如果曲率张量为零,空间是平坦的可积的;如果挠率张量为零,空间的联络是对称的;如果挠率和 Q 张量同时为零,就有著名的黎曼空间. 欧氏空间就是曲率、挠率、Q 三个张量都为零. 在欧氏空间中,可以有向量、内积等运算.

当 $Q_{ijk}=0$,也就是说度量张量的协变导数恒为零. $\nabla_k g_{ij}=0$,

我们就得到 Cartan 空间. 记为 C_n. C_n的联络表达式为

$$\Gamma_{ijk} = [ij\,k] + S_{\{ijk\}} \tag{11.19}$$

$$\Gamma^k_{ij} = g^{kl}([ij\,l] + S_{\{ijl\}}) \tag{11.20}$$

Cartan 空间中曲率张量及挠率张量均不为零,用它们可以刻划位错与旋错两类缺陷,这是我们从物理角度讲最有兴趣的两类缺陷.

联络空间

表象空间 $\mathscr{L}_3(X^i, \boldsymbol{g}_i, \Gamma^k_{ij})$是依附于初始构形理想晶体上的仿射联络空间,我们也可以建立依附于缺陷晶体的仿射联络空间 $\mathscr{L}_3^*(\boldsymbol{e}_\alpha, \Gamma_{\alpha\beta}{}^\gamma)$来表征缺陷. 简称 $\mathscr{L}_3^*$ 为联络空间.

在非黎曼物质流形 M_3切空间内的一个小邻域,有局部欧氏标架 $\{\boldsymbol{e}_\alpha\}$, 我们有非完整变换 A^α_i

$$\begin{cases} dx^\alpha = A^\alpha_i dX^i \\ \boldsymbol{e}_\alpha = B^i_\alpha \boldsymbol{g}_i \end{cases} \tag{11.21}$$

及 Pfaff 导数

$$\partial_\alpha(\quad) = B^i_\alpha \partial_i \tag{11.22}$$

由此得到

$$\begin{aligned} \partial_\beta \boldsymbol{e}_\alpha &= B^j_\beta \partial_j (B^i_\alpha \boldsymbol{g}_i) = B^i_\alpha B^j_\beta \Gamma_{ij}{}^k \boldsymbol{g}_k + B^j_\beta \boldsymbol{g}_i \partial_j B^i_\alpha \\ &= (B^i_\alpha B^j_\beta A^\gamma_k \Gamma_{ij}{}^k + B^j_\beta A^\gamma_i \partial_j B^i_\alpha) \boldsymbol{e}_\gamma \end{aligned}$$

由此推断

$$\Gamma_{\alpha\beta}{}^\gamma = B^i_\alpha B^j_\beta A^\gamma_k \Gamma_{ij}{}^k + B^j_\beta A^\gamma_k \partial_j B^k_\alpha \tag{11.23}$$

类似地依照公式 (10.92), 有

$$\Gamma_{[\alpha\beta]}{}^\gamma + \Omega_{\alpha\beta}{}^\gamma = B^i_\alpha B^j_\beta A^\gamma_k \Gamma_{[ij]}{}^k$$

由此推得联络空间 $\mathscr{L}_3^*$ $(\boldsymbol{e}_\alpha, \Gamma_{\alpha\beta}{}^\gamma)$ 中的挠率张量

$$S_{\alpha\beta}{}^\gamma = \Gamma^\gamma_{[\alpha\beta]} + \Omega_{\alpha\beta}{}^\gamma = B^i_\alpha B^j_\beta A^\gamma_k S_{ij}{}^k \tag{11.24}$$

相应的曲率张量为

$$-R_{\nu\alpha\beta}{}^\gamma = \partial_\beta \Gamma^\gamma_{\nu\alpha} - \partial_\alpha \Gamma_{\nu\beta}{}^\gamma + \Gamma_{\nu\alpha}{}^\rho \Gamma_{\rho\beta}{}^\gamma - \Gamma_{\nu\beta}{}^\rho \Gamma_{\rho\alpha}{}^\gamma + 2\Omega_{\alpha\beta}{}^\rho \Gamma_{\nu\rho}{}^\gamma \tag{11.25}$$

§ 11.2 缺陷的几何意义

正如图 11.1 所示. 变形前的物质线元素$\overline{PQ}$,变形后变为三维流形 M_3上的线元素 pq.

现在物质流形 M_3上取一个封闭回路C，相应地在理想晶体上将得到一个开口的回路. 我们来计算由起点指向终点的开口量. 我们有

$$dX^i = B^i_\alpha dx^\alpha$$

$$\triangle b^i = \int_c B^i_\alpha dx^\alpha = \iint_{\triangle S} n_\gamma e^{\alpha\beta\gamma} \partial_\beta B^i_\alpha dS \qquad (11.26)$$

式中 n_γ是封闭曲线 C 所围曲面$\triangle S$ 的单位法向量分量. 公式 (11.26) 又可改写为

$$\triangle b^i = \frac{1}{2}\iint_{\triangle S} e^{\alpha\beta\gamma}[\partial_\beta B^i_\alpha - \partial_\alpha B^i_\beta] n_\gamma dS \qquad (11.27)$$

式 (11.27) 中 $e^{\alpha\beta\gamma}$是三阶逆变置换张量，通过张量变换规律，可以转换成完整系 $\{X^i\}$ 中的三阶置换张量

$$e^{\alpha\beta\gamma} = A^\alpha_j A^\beta_k A^\gamma_l e^{jkl}$$

将上式代入 (11.27)，得

$$\triangle b^i = \frac{1}{2}\iint_{\triangle S} e^{jkl} A^\alpha_j A^\beta_k n_l [\partial_\beta B^i_\alpha - \partial_\alpha B^i_\beta] dS$$

式中 n_l是单位法向量 $\boldsymbol{n}$ 在曲线坐标 $\{X^i\}$ 中的分量.

当$\triangle S$ 充分时，我们得到

$$\triangle b^i = \frac{1}{2} e^{jkl} A^\alpha_j A^\beta_k n_l [\partial_\beta B^i_\alpha - \partial_\alpha B^i_\beta] \triangle S$$

$$\triangle b^i = \frac{1}{2} e^{jkl} A^\alpha_j A^\beta_k n_l [\partial_\beta B^i_\alpha - \partial_\alpha B^i_\beta] \triangle S \qquad (11.28)$$

经过一些换算，导出

$$\triangle b^i = e^{kjl} B^i_\alpha \partial_{[k} A^\alpha_{j]} n_l \triangle S \qquad (11.29)$$

将公式 (11.29) 与 (9.48) 比较，不难得出

$$\alpha^{li} = e^{kjl} B^i_\alpha \partial_{[k} A^\alpha_{j]} \qquad (11.30)$$

为了进一步说明位错密度张量的含意. 考察图11.2所示的Burgers回路，我们约定，锥体的Burgers回路的正向与面元成右手系. 由于在轴上的回路段彼此相消，各坐标面上的总和效果等于相应斜面上的Burgers回路.

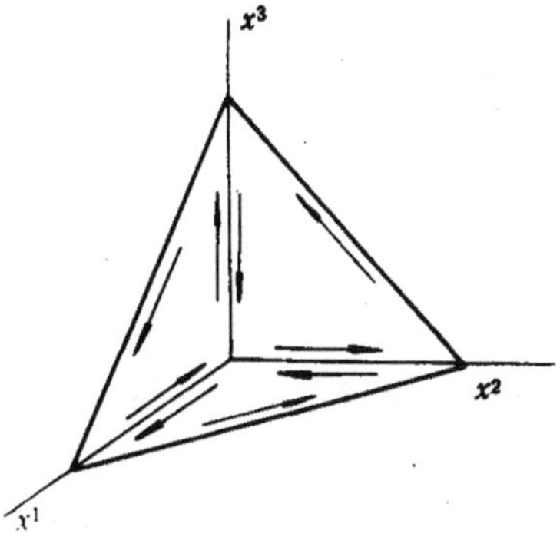

图 11.2

用 $\vec{B}$ 表示单位面元布氏回路所界定的总Burgers矢量. 斜面 ABC 的面积为 $\triangle S$，则各个相应的坐标面的面积为 $n_i\triangle S$，这里 n_i 是斜面 ABC 单位法向量 $\boldsymbol{n}$ 的方向余弦. 各个坐标面单位面元所界定的总Burgers矢量为

$$\vec{B}^i = B^{ij}\boldsymbol{I}_j \tag{11.31}$$

由此得到

$$\vec{B}^n\triangle S = \vec{B}^i\triangle S_i = B^{ij}n_i\boldsymbol{I}_j\triangle S \tag{11.32}$$

式中 $\vec{B}^n$ 是斜面 ABC 单位面元所界定的布氏矢量. 公式(11.32)可改写为

$$\vec{B}^n = \boldsymbol{n}\cdot\boldsymbol{B} \tag{11.33}$$

式中 $\boldsymbol{B}$ 即为位错密度张量，$\boldsymbol{B}=\alpha$.

比较（11.33）与（11.29），导出

$$B^{li} = \alpha^{li} = e^{kjl}B^i_\alpha\partial_{[k}A^\alpha_{j]} \tag{11.34}$$

另一方面，由公式（10.73）得知[1)]

$$\triangle b^i = -\Gamma^i_{[kj]}e^{kjl}\cdot n_l\triangle S$$

对照公式（11.29）与上式，我们有

$$\Gamma^i_{[kj]} = S_{kj}{}^i = -B^i_\alpha\partial_{[k}A^\alpha_{j]} \tag{11.35}$$

---

1) 这里关于切口量的计算，由起点指向终点，与图10.2差一个负号.

上式表明，空间$\mathscr{L}_3$的挠率张量$S_{kj}{}^i$是由非完整变换算子A_i^α所决定. 而公式（11.34）又清楚地表明位错密度张量$\boldsymbol{B}$与$\boldsymbol{A}_i^\alpha$之间的依赖关系. 公式（11.34），（11.35）又导致

$$\begin{cases} B^{li} = \alpha^{li} = -e^{kjl}S_{kj}{}^i = -e^{kjl}\Gamma_{[kj]}{}^i \\ S_{kj}{}^i = \dfrac{1}{2}e_{kjl}B^{li} = -\dfrac{1}{2}e_{kjl}\alpha^{li} \end{cases} \tag{11.36}$$

现在进一步讨论曲率张量的几何意义. 在第十章中，我们已经指出，曲率张量$R_{ijk}{}^l$可以用来表征协变导数的次序能否交换. 我们现在来讨论基向量$\boldsymbol{g}_i$的微分次序能否交换？若有

$$\frac{\partial^2 \boldsymbol{g}_i}{\partial x^j \partial x^k} = \frac{\partial^2 \boldsymbol{g}_i}{\partial x^k \partial x^j} \tag{11.37}$$

我们称$\mathscr{L}_3$空间满足第二可积条件，我们有

$$\frac{\partial^2 \boldsymbol{g}_i}{\partial x^j \partial x^k} = \frac{\partial}{\partial x^j}[\Gamma^l_{ik}\boldsymbol{g}_l] = \Gamma^l_{ik,j}\boldsymbol{g}_l + \Gamma^l_{ik}\boldsymbol{g}_{l,j}$$
$$= (\Gamma^l_{ik,j} + \Gamma^\rho_{ik}\Gamma^l_{\rho j})\boldsymbol{g}_l$$
$$\frac{\partial^2 \boldsymbol{g}_i}{\partial x^k \partial x^j} = (\Gamma^l_{ij,k} + \Gamma^\rho_{ij}\Gamma^l_{\rho k})\boldsymbol{g}_l$$

由此得到

$$\partial_k(\partial_j \boldsymbol{g}_i) - \partial_j(\partial_k \boldsymbol{g}_i) = [\Gamma^l_{ij,k} - \Gamma^l_{ik,j} + \Gamma^\rho_{ij}\Gamma^l_{\rho k} - \Gamma^\rho_{ik}\Gamma^l_{\rho j}]\boldsymbol{g}_l$$
$$= -R_{ijk}{}^l\boldsymbol{g}_l \tag{11.38}$$

由此看出，满足第二可积条件(11.37)的充要条件是曲率张量$R_{ijk}{}^l$为零，此时$\mathscr{L}_3$空间将是平坦空间.

为了分析曲率张量与缺陷之间的联系，在理想晶体上选取一个封闭回路C，如图 11.3 所示. 考察下述量

$$\triangle \boldsymbol{g}_i = \oint_C d\boldsymbol{g}_i \tag{11.39}$$

我们有

$$d\boldsymbol{g}_i = \partial_j \boldsymbol{g}_i dX^j \tag{11.40}$$

设想回路C的起点为P_0，在P_0点附近，将$\partial_j g_i$依台劳级数展开，并只保留前二项，得

$$\partial_j \boldsymbol{g}_i \doteq (\partial_j \boldsymbol{g}_i)_0 + \partial_k(\partial_j \boldsymbol{g}_i)_0(X^k - X^k_0) \tag{11.41}$$

式中（ ）。表示在 P_0 点取值. 将上式代入（11.40），（11.39），得

$$\triangle \boldsymbol{g}_i \doteq \oint_c [(\partial_j \boldsymbol{g}_i)_0 + (\partial_k \partial_j \boldsymbol{g}_i)_0 (X^k - X_0^k)] dX^j$$

$$= \oint_c (\partial_k \partial_j \boldsymbol{g}_i)_0 X^k dX^j \tag{11.42}$$

利用 Stokes 定理将上式回路积分转化为面积分

$$\triangle \boldsymbol{g}_i \doteq \iint_{\triangle S} e^{mjl} n_l \partial_m [(\partial_k \partial_j g_i)_0 X^k] dS$$

$$= \iint_{\triangle S} e^{kjl} (\partial_k \partial_j g_i)_0 n_l dS$$

$$= \iint_{\triangle S} e^{kjl} (\partial_{[k} \partial_{j]} g_i)_0 n_l dS$$

当回路 C 充分小时，有

$$\triangle \boldsymbol{g}_i = e^{kjl} (\partial_{[k} \partial_{j]} \boldsymbol{g}_i)_0 n_l \triangle S$$

$$= -\frac{1}{2} e^{jkr} n_r R_{ijk}{}^l \boldsymbol{g}_l \triangle S$$

$$\triangle \boldsymbol{g}_i = -\frac{1}{2} R_{ijk}{}^l \boldsymbol{g}_l \triangle S^{jk} \tag{11.43}$$

图 11.3 提供了公式（11.43）的清晰解释. 在理想晶体中的封闭回路 C 通过点 P_0，P_1，$P_2 \cdots P_n = P_0$. 相应地在 $\mathscr{L}_3^*$ 空间上有不封口的回路 p_0，$p_1 \cdots p_n$. [1]

理想晶体中的晶格矢量 $\boldsymbol{l}_i$ 已在回路 C 上标出. 相应地在 $\mathscr{L}_3^*$ 空间中，我们得到基矢量 $\boldsymbol{g}_i$。显然在 p_n 点的基矢量 $\boldsymbol{g}_i$（p_n）与在 p_0 点的基矢量 $\boldsymbol{g}_i$（p_0）一般说来是不相同，这就产生了缺口向量 $\triangle \boldsymbol{g}_i$。

类似地，我们将任意常向量 $\boldsymbol{u} = \boldsymbol{a}$ 在回路 C 上平移，那么逆变分量 u^i 也会产生缺口量 $\triangle u^i$. 事实上，平移向量 u 意味着

1） 在物质流形 M_3 的每个点上存在着无穷多叶切空间，从中取出一个切空间，可以找出与 P_i 相应的点 p_i.

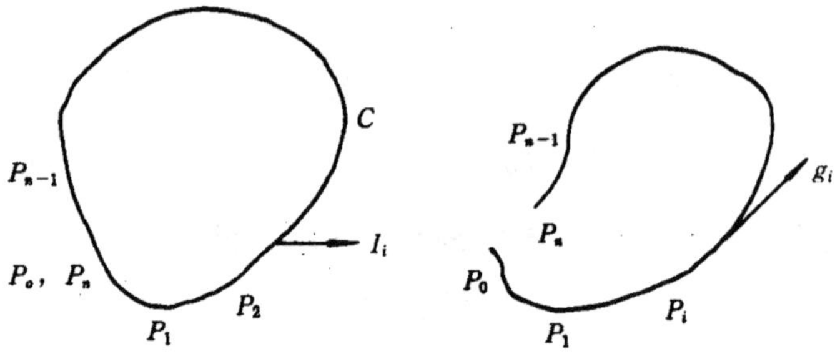

$$O = d(u^i \boldsymbol{g}_i) = du^i \cdot \boldsymbol{g}_i + u^i d\boldsymbol{g}_i \tag{11.44}$$

$$\partial_j u^i = -\Gamma^i_{kj} u^k \tag{11.45}$$

将 $\partial_j u_i$ 在 P_0 点附近台劳展开，得

$$(\partial_j u^i) \doteq -\{(\Gamma^i_{kj} u^k)_0 + \partial_l (\Gamma^i_{kj} u^k)_0 (X^l - X^l_0)\}$$

代入下述积分

$$\triangle u^i = \oint_C \partial_j u^i dX^j = -\oint_C \partial_k (\Gamma^i_{lj} u^l)_0 X^k dX^j$$

$$= -\iint_{\triangle S} e^{kjr} \partial_k (\Gamma^i_{lj} u^l)_0 n_r dS \tag{11.46}$$

$$\triangle u^i \doteq -\partial_k (\Gamma_{lj}{}^i u^l)_0 \triangle S^{kj} \tag{11.47}$$

进一步得

$$\partial_k (\Gamma_{lj}{}^i u^l) = \Gamma_{lj,k}{}^i u^l - \Gamma^i_{lj} \Gamma_{mk}{}^l u^m$$

$$= (\Gamma_{lj,k}{}^i - \Gamma^\rho_{lk} \Gamma_{\rho j}{}^i) u^l \tag{11.48}$$

将上式代入 (11.47)，得

$$\triangle u^i = \frac{1}{2} [\Gamma_{lk,j}{}^i - \Gamma_{lj,k}{}^i + \Gamma^\rho_{lk} \Gamma^i_{\rho j} - \Gamma^\rho_{lj} \Gamma^i_{\rho k}] u^l \triangle S^{kj}$$

$$= -\frac{1}{2} R_{lkj}{}^i u^l \triangle S^{kj} \tag{11.49}$$

式中

$$\triangle S^{kj} = e^{kjl} n_l dS$$

§ 11.3 缺陷连续统的弹性理论

本节要讨论的物体是纯弹性体，在初始未变形状态，物体是理想的无缺陷的，它的每一个物质点 P 都可以用欧氏空间中点 (X^1, X^2, X^3) 来表示.

物体变形后，由于某种物理因素伴随有大量微观缺陷，如位错和旋错等线缺陷. 因此变形后的物体是非黎曼物质流形 M_3，而不是欧氏空间中的连续体. 我们设想这些缺陷并不运动，因此，并无塑性变形产生.

由于几何非线性的因素，叠加原理已不再适用. 因此，我们只能直接讨论，初始构形到现时构形之间的非协调弹性变形过程.

初始构形中的线元素$\overline{PQ}$的长度平方为

$$ds^2 = \delta_{ij} dX^i dX^j \tag{11.50}$$

变形后物质流形 M_3上的线元素$\overline{pq}$的长度平方为

$$ds^2 = g_{ij} dX^i dX^j = g_{\alpha\beta} dx^\alpha dx^\beta \tag{11.51}$$

我们特别强调度量张量 $g_{\alpha\beta}$是非黎曼物质流形 M_3的度量张量，而不是它的切空间内的 欧氏度量张量. 因此一般说来，$g_{\alpha\beta} \neq e_\alpha \cdot e_\beta = \delta_{\alpha\beta}$. 由公式 (11.50)，(11.51)，立刻得到应变张量

$$\varepsilon_{ij} = \frac{1}{2}(g_{ij} - \delta_{ij}) \tag{11.52}$$

$$ds^2 - dS^2 = 2\varepsilon_{ij} dX^i dX^j \tag{11.53}$$

在微小变形范围内，已证实应变非协调张量为

$$\eta^{ij} = - e^{ikl} e^{jmn} \varepsilon_{ln,km} \tag{11.54}$$

现在来考察，应变非协调张量 η^{ij}与度量张量及曲率张量 $R_{ijk}{}^{l}$之间的关系.

为了简单起见，我们不妨先采用微小变形的假定. 此时（设想 Q 张量及 $S_{ij}{}^{k}$张量均为零）

$$g_{ij} = \delta_{ij} + 2\varepsilon_{ij}$$

$$g^{ij} = \delta_{ij} - 2\varepsilon_{ij}$$

$$\Gamma_{ij}^{k} \doteq \delta^{kl}\{\varepsilon_{il,j} + \varepsilon_{jR,i} - \varepsilon_{ij,l}\}$$
$$\Gamma_{ijk} \doteq \varepsilon_{ik,j} + \varepsilon_{jk,i} - \varepsilon_{ij,k}$$
$$R_{ijkl} \doteq \varepsilon_{ij,kl} + \varepsilon_{kl,ij} - \varepsilon_{ik,jl} - \varepsilon_{jl,ik}$$
$$= 4\varepsilon_{[i[j,k]l]} = 4\varepsilon_{[i[j;k];l]}$$

应该说明，上述公式右端为零就是线弹性理论协调方程

$$\varepsilon_{[i[j;k];l]} = 0 \tag{11.55}$$

因此，用微分几何的语言来表示协调方程，有

$$R_{ijkl} = 0 \tag{11.56}$$

考虑到曲率张量的性质，不难证实

$$\eta^{ij} = -\frac{1}{2}e^{ikl}e^{jmn}R_{lnkm} \tag{11.57}$$

公式（11.57）表明应变非协调张量 η^{ij} 与黎曼曲率张量 R_{ijkl} 之间的直接联系.

在公式（11.57）两端乘以 $e_{iqr}e_{jst}$，并对指标 i，j 由 1 到 3 求和，得

$$R_{qrst} = -e_{iqr}e_{jst}\eta^{ij} \tag{11.58}$$

众所周知，协调变形是初始未变形物体占有的欧氏空间到变形后物体在现时构形中占有的欧氏空间之间的变形. 因此，协调方程（11.56）对有限变形依然有效，而方程（11.55）只适用于微小变形. 同样（11.54）也只适用于微小变形，而（11.57）对有限变形的情况也适用. 因此，当 $\boldsymbol{Q}$ 及 $\boldsymbol{S}$ 张量为零时，非协调张量 η^{ij} 的一般定义可以由（11.57）给出.

倘若物质流形 M_3 的 $\boldsymbol{Q}$ 张量及 $\boldsymbol{S}$ 张量均为零，此时 $\mathscr{L}_3$ 是黎曼空间. 物质流形 M_3 只含有度量缺陷 η_{ij}，它可以用曲率张量 R_{ijkl} 来表示. 微观上度量缺陷引起应变非协调，造成曲率张量不为零. 变形后物体变为曲率不为零的黎曼空间.

挠率张量 $\boldsymbol{S}$ 为零，表明联络 $\Gamma_{ij}^{\;\;k}$ 关于指标 i，j 是对称的. 由公式（11.35）看出，第一可积条件成立.

$$\partial_{[k}A_{j]}^{a} = 0 \tag{11.59}$$

这说明 $\{x^a\}$ 也是完整坐标系，$\{x^a\}$ 与 $\{X^i\}$ 之间一一对应. 位

错密度张量 α^{ij} 为零.

Q 张量为零表明协变基张量的绝对微分为零，此时仿射联络 Γ_{ijk}，$\Gamma_{ij}{}^{k}$ 可用度量张量表示

$$\Gamma_{ijk}=\frac{1}{2}\{g_{ik,j}+g_{jk,i}-g_{ij,k}\} \tag{11.60}$$

$$\Gamma_{ij}{}^{k}=g^{kl}\Gamma_{ijl} \tag{11.61}$$

此时曲率张量 R_{ijkl} 也只依赖于度量张量

$$R_{iklj}=\Gamma_{ilj,k}-\Gamma_{ikj,l}+\Gamma_{ik}^{\rho}\Gamma_{jl\rho}-\Gamma_{il}^{\rho}\Gamma_{jk\rho} \tag{11.62}$$

$$-R_{ijk}{}^{l}=\Gamma_{ij,k}^{l}-\Gamma_{ik,j}{}^{l}+\Gamma_{ij}{}^{\rho}\Gamma_{\rho k}^{l}-\Gamma_{ik}^{\rho}\Gamma_{\rho i}{}^{l} \tag{11.63}$$

另一方面

$$g_{ij}=\delta_{ij}+2\varepsilon_{ij} \tag{11.64}$$

当度量缺陷 η^{ij} 已知时，公式（11.58)，(11.60) — (11.64) 提供了应变张量 ε_{ij} 所应该满足的非协调方程.

对有限变形，由（11.60)，(11.64) 得

$$\Gamma_{ijk}=\frac{1}{2}g_{\{ij,k\}}=\varepsilon_{\{ij,k\}} \tag{11.65}$$

协变度量张量 g_{ij}，联络 Γ_{ijk} 都是应变张量的线性函数，但度量张量 g^{ij}，联络 $\Gamma_{ij}{}^{k}$，曲率张量 R_{ijkl} 都是 ε_{ij} 的非线性函数. 因此，方程（11.58）是一个复杂的非线性方程.

另一方面方程（11.58）只有 3 个是独立的，因此，单靠方程（11.58）尚不足以求得应变 ε_{ij}. 结合弹性本构关系及应力平衡方程，就可以求得含度量缺陷的弹性体的应力、应变场.

这种方法原则上可以求解边界上给定面力的边值问题. 由于方程的高度非线性，迄今尚未看到有效的解答.

第九章在微小变形的前提下将方程线性化，此时非协调方程变为（11.54). 借助于 Knröner 方法、Eshelby 方法或其它类似手段，可以求得内应力场. 再利用公式（11.58）可求得曲率张量.

我们不妨把有限变形的含度量缺陷的连续统理论更加详细地论述如下：

设想未变形的物体是理想的晶体，不含任何缺陷，在欧氏空间 R^3 占有个单连通区域 D. 每一个物体点 P 可用笛氏坐标 X^i 来表示.

变形后的物体，只含度量缺陷，可用 3 维黎曼空间 V_3 来表示，众所周知，V_3 空间可以浸入 6 维欧氏空间 R^6 中. 我们先将原先初始构形的 3 维欧氏空间 R^3 扩充成 6 维欧氏空间 R^6.

建立相应的笛氏坐标 $\{0, X^i, i=1, 2, \cdots 6\}$，其基向量为 $\boldsymbol{I}_i$，初始构形的欧氏空间 R^3 是 R^6 的子空间.

$$X^i = 0, \qquad i = 4,5,6 \tag{11.66}$$

变形后物体占有 6 维欧氏空间 R 的一个单连通区域，其上的物质点 p 可用坐标 $\{y^m, m=1, 2, \cdots 6\}$ 来表示.

我们约定初始构形及现时构形用同一个固定的 6 维笛氏标架 $\{0, \boldsymbol{I}_i, i=1, 2\cdots 6\}$ 来描述.

由于变形后物体不含位错，因此，变形前物体点 P (X^i) 与变形后物体点 p (y^m) 之间有一一对应关系，

$$y^m = \hat{y}^m(X^i), \qquad m = 1,2,\cdots 6 \tag{11.67}$$

用 $\boldsymbol{M}$ 表示点 p (y^m) 在 R^6 中的位置向量，我们有

$$\boldsymbol{I}_m = \frac{\partial \boldsymbol{M}}{\partial y^m}, \qquad m = 1,2\cdots 6 \tag{11.68}$$

我们将黎曼空间 V_3 在点 P (y^m) 的切空间扩展成 6 维欧氏空间，相应的欧氏标架为 $\{\boldsymbol{e}_\alpha\}$. 该空间中点的坐标用 x^α 表示，坐标原点取在 p (y^m) 点. 则在 V_3 的切空间内，有

$$x^\alpha = 0, \qquad \alpha = 4,5,6 \tag{11.69}$$

另有

$$x^\alpha = Q^\alpha_m y^m + C^\alpha \tag{11.70}$$

Q^α_m 是 6 维欧氏空间中的正交张量. 将上式代入 (11.68) 得

$$\boldsymbol{I}_m = Q^\alpha_m \boldsymbol{e}_\alpha, \qquad \alpha = 1,2\cdots 6 \tag{11.71}$$

公式 (11.71) 又可改写为

$$\boldsymbol{e}_\alpha = R_\alpha^m \boldsymbol{I}_m \tag{11.72}$$

R_α^m是 Q_m^α的逆，$R_\alpha^m = Q_m^\alpha$.

$$\sum_{\beta=1}^{6} Q_m^\beta Q_n^\beta = \delta_{mn} \tag{11.73}$$

我们可以将 X^i看作是现时构形中的曲线坐标. 由此，

$$\boldsymbol{g}_i = \frac{\partial \boldsymbol{M}}{\partial X^i} = \frac{\partial \boldsymbol{M}}{\partial y^m} \cdot \frac{\partial y^m}{\partial X^i} = F_i^m \boldsymbol{I}_m \quad i = 1,2,3 \tag{11.74}$$

式中 m 是从 1 到 6，重复指标是求和的缩写，F_i^m是两点张量，

$$F_i^m = \frac{\partial y^m}{\partial X^i}, \quad m = 1,2,\cdots 6 \quad i = 1,2,3 \tag{11.75}$$

用抽象表示，有

$$\boldsymbol{F} = F_i^m \boldsymbol{I}_m \otimes \boldsymbol{I}^i \tag{11.76}$$

另一方面，我们有

$$\boldsymbol{g}_i = A_i^\alpha \boldsymbol{e}_\alpha = A_i^\alpha R_\alpha^m \boldsymbol{I}_m, \alpha = 1,2,3 \tag{11.77}$$

比较（11.74），（11.77），导出

$$F_i^m = A_i^\beta R_\beta^m, \qquad i,\beta = 1,2,3 \tag{11.78}$$

在 R^6中，有向量内积运算，由此

$$\begin{aligned} g_{ij} &= \boldsymbol{g}_i \cdot \boldsymbol{g}_j = F_i^m F_j^n \delta_{mn} = F_i^m F_j^m \\ &= \sum_{n=1}^{6} \frac{\partial y^m}{\partial X^i} \frac{\partial y^m}{\partial X^j}, \qquad i,j = 1,2,3 \end{aligned} \tag{11.79}$$

（11.79）式清楚地表明，度量张量 g_{ij}必须用 6 维欧氏度量来表示，而不能用 3 维欧氏度量来表示. 将（11.77）代入（11.79），得

$$g_{ij} = \delta_{\alpha\beta} A_i^\alpha A_j^\beta = A_i^\alpha A_j^\alpha, \quad \alpha = 1,2,3 \tag{11.80}$$

引入位移向量 u^m，

$$y^m = \delta_i^m X^i + u^m \qquad m = 1,2,\cdots 6 \tag{11.81}$$

我们有

$$F_i^m = \frac{\partial y^m}{\partial X^i} = \delta_i^m + \frac{\partial u^m}{\partial X^i}$$

$$\epsilon_{ij} = \frac{1}{2}(g_{ij} - \delta_{ij})$$

$$= \frac{1}{2}\left\{\left(\delta_i^m + \frac{\partial u^m}{\partial X^i}\right)\left(\delta_j^m + \frac{\partial u^m}{\partial X^j}\right) - \delta_{ij}\right\}$$

$$= \frac{1}{2}\left[\frac{\partial u^i}{\partial X^j} + \frac{\partial u^j}{\partial X^i} + \frac{\partial u^m}{\partial X^i}\frac{\partial u^m}{\partial X^j}\right] \tag{11.82}$$

式中重复指标 m 由 1 到 6 求和.

平衡方程

$$\frac{\partial S^{ij}}{\partial X^j} = 0 \qquad i = 1,2,3 \tag{11.83}$$

式中 S^{ij}是第一 Piola-Kirchhoff 应力张量.

弹性本构关系

$$T^{ij} = \frac{\partial W}{\partial \varepsilon_{ij}} \tag{11.84}$$

式中 W 是储能函数，T^{ij}是第二 Piola-Kirchhoff 应力张量. 我们有

$$S^{ij} = F_k^i T^{kj}, \qquad i,j = 1,2,3 \tag{11.85}$$

式中 k 取值为 1 到 3.

面力边界条件

$$S^{ij} N_j = \overline{P}^i, \qquad i = 1,2,3 \tag{11.86}$$

将仿射联络、曲率张量用度量张量表示

$$\Gamma_{ijk} = \frac{1}{2}\{g_{ik,j} + g_{jk,i} - g_{ij,k}\} \tag{11.87}$$

$$\Gamma_{ij}{}^k = g^{kl}\Gamma_{ijl} \tag{11.88}$$

$$R_{iklj} = \Gamma_{ilj,k} - \Gamma_{ikj,l} + \Gamma_{ik}^{\rho}\Gamma_{jl\rho} - \Gamma_{il}^{\rho}\Gamma_{jk\rho}{}^{l} \tag{11.89}$$

应变非协调方程

$$R_{ijkl} = - e_{ijq} e_{kls} \eta^{qs} \tag{11.90}$$

我们可以 6 个位移分量 u_m 作为基本未知量求解上述边值问题.

位错理论

现在我们讨论变形后的物体只含有位错而不含有其他缺陷的情况. 此时 Q 张量及曲率张量均为零. $\mathscr{L}_3^*$ 是一个有绝对平行性的平坦空间，也就是说非黎曼物质流形 M_3 的切空间内，基向量 $\boldsymbol{e}_\alpha$ 在 $\mathscr{L}_3^*$ 内是处处平行的. 由此

$$\partial_\beta \boldsymbol{e}_\alpha = \Gamma_{\alpha\beta}{}^\gamma \boldsymbol{e}_\gamma = 0 \tag{11.91}$$

$$\Gamma_{\alpha\beta}{}^\gamma = 0 \tag{11.92}$$

将公式 (11.92) 代入 (11.23)，立即得到

$$\Gamma_{ij}{}^k = B_\alpha^k \partial_j A_i^\alpha \tag{11.93}$$

又由公式 (11.35)，(11.36) 得挠率张量

$$S_{ij}{}^k = \Gamma_{[ij]}^k = B_\alpha^k \partial_{[j} A_{i]}^\alpha \tag{11.94}$$

而挠率张量可以用位错密度张量表示，

$$\Gamma_{[ij]}^k = S_{ij}{}^k = -\frac{1}{2} e_{ijl} \alpha^{lk} \tag{11.95}$$

当位错密度张量 α^{ij} 已知时，上述方程提供了仿联联络应该满足的 3 个独立的方程.

由于物质流形 M_3 含有位错，因此，p 点切空间内的欧氏标架 $\{\boldsymbol{e}_\alpha\}$ 不是完整的标架. 上节公式 (11.67) — (11.82) 失去意义. 但公式 (11.83) — (11.90) 依然有效.

另外由于 Q 张量及曲率张量均为零. 物质流形 M_3 上 p 点切空间内欧氏度量为 $\delta_{\alpha\beta}$.

$$\boldsymbol{e}_\alpha \boldsymbol{e}_\beta = \delta_{\alpha\beta}, \qquad \alpha, \beta = 1,2,3 \tag{11.96}$$

这个度量也就成为 $\mathscr{L}_3^*$ 空间的度量，所以下述公式依然成立

$$g_{ij} = \boldsymbol{g}_i \cdot \boldsymbol{g}_j = \delta_{\alpha\beta} A_i^\alpha A_j^\beta \tag{11.97}$$

由于在 M_3 上基向量 $\boldsymbol{e}_\alpha$ 处处平行，所以我们可以选择固定直角坐标系的基矢量 $\boldsymbol{I}_i$ 也与 $\boldsymbol{e}_\alpha$ 平行. 进而得到

$$F_i^\alpha = A_i^\alpha \qquad i, \alpha = 1,2,3 \tag{11.98}$$

这样我们可以 A_i^α 作为基本未知量建立如下边值问题.

应变公式

$$\varepsilon_{ij} = \frac{1}{2}(A_i^\alpha A_j^\alpha - \delta_{\alpha j}) \tag{11.99}$$

平衡方程

$$S^{\alpha j}_{,j} = 0 \tag{11.100}$$

弹性本构关系

$$S^{\alpha j} = A_k^\alpha \frac{\partial W}{\partial \varepsilon_{kj}} \tag{11.101}$$

面力边界条件

$$S^{\alpha j} N_j = \overline{P}^\alpha \tag{11.102}$$

位错密度方程

$$\Gamma_{[ij]}{}^k = -\frac{1}{2} e_{ijl}\alpha^{lk} = B_\alpha \partial_{[j} A_{i]}^\alpha \tag{11.103}$$

也可以引入畸变张量 β_i^α 代替 A_i^α

$$\beta_i^\alpha = A_i^\alpha - \delta_i^\alpha \tag{11.104}$$

此时应变分量 ε_{ij} 可表示为

$$\varepsilon_{ij} = \frac{1}{2} \cdot \{\delta_i^\alpha \beta_j^\alpha + \delta_j^\alpha \beta_i^\alpha + \beta_i^\alpha \beta_j^\alpha\} \tag{11.105}$$

对于微小变形的情况，我们忽略初始构形与现时构形的差别，对含位错的线弹性体，我们有

$$\beta_j^i = A_j^i - \delta_j^i \tag{11.106}$$

$$\begin{cases} \varepsilon_{ij} = \frac{1}{2}(\beta_j^i + \beta_i^j) \\ \Gamma_{[kl]}{}^i = S_{kl}{}^i = -\partial_{[k}\beta_{l]}^i \\ \alpha^{ij} = e^{ikl}\partial_{[k}\beta_{l]}^j \\ \sigma^{ij}_{,j} = 0 \end{cases} \tag{11.107}$$

$$\sigma^{ij} = \mathscr{L}^{ijkl}\varepsilon_{kl}$$

这些都是与第九章中的公式完全一致的.

缺陷的一般理论

现在我们讨论变形后物体既含有度量缺陷又含有位错的情况. 此时 $\mathscr{L}_3$ 仿射联络空间的曲率张量及挠率张量均不为零.

挠率张量可以用位错密度表示，

$$S_{ij}{}^{k}=\Gamma_{[ij]}{}^{k}=-\frac{1}{2}e_{ijl}\alpha^{lk} \tag{11.108}$$

引入爱因斯坦张量 E^{ij}

$$E^{ij}=-\frac{1}{2}e^{ikl}e^{jmn}R_{lnkm} \tag{11.109}$$

则参照（11.58），恒有

$$R_{ijkl}=-e_{ijm}e_{kln}E^{ij} \tag{11.110}$$

其它有关的公式为

$$R_{iklj}=\Gamma_{ilj,k}-\Gamma_{ikj,l}+\Gamma_{ik}{}^{\rho}\Gamma_{jl\rho}-\Gamma_{il}{}^{\rho}\Gamma_{jk\rho} \tag{11.111}$$

$$\Gamma_{ijk}=\frac{1}{2}g_{\langle ij,k\rangle}+S_{\langle ijk\rangle} \tag{11.112}$$

$$S_{ijk}=g_{kl}S_{ij}{}^{l} \tag{11.113}$$

$$\Gamma_{ij}{}^{k}=g^{kl}\Gamma_{ijl} \tag{11.114}$$

$$\varepsilon_{ij}=\frac{1}{2}(g_{ij}-\delta_{ij}) \tag{11.115}$$

我们在列出公式（11.112）时，已假定 Q 张量为零. 也就是说我们不考虑异物缺陷. 因此

$$g_{ij,k}=\Gamma_{ikj}+\Gamma_{jki} \tag{11.116}$$

公式（11.116）可改写为

$$\Gamma_{ijk}=\frac{1}{2}\partial_j g_{ik}+\frac{1}{2}(\Gamma_{ijk}-\Gamma_{kji}) \tag{11.117}$$

引入三阶弯扭张量 χ_{jik}

$$\chi_{jik}=\frac{1}{2}[\Gamma_{ijk}-\Gamma_{kji}] \tag{11.118}$$

代入（11.117），得

$$\Gamma_{ijk}=\partial_j\varepsilon_{ik}+\chi_{jik} \tag{11.119}$$

显然 χ_{jik} 关于下标 i, k 是反对称的，因此只有 9 个独立分量. 由此得到

$$-S_{ijk}=-\Gamma_{[ij]k}=\partial_{[i}\varepsilon_{j]k}+\chi_{[ij]k} \tag{11.120}$$

另一方面，由（11.108）得

$$\partial_{[i}\varepsilon_{j]k} + \chi_{[ij]k} = \frac{1}{2}e_{ijm}g_{kl}\alpha^{ml} \tag{11.121}$$

$$\partial_{[i}\varepsilon_{j]k} = \frac{1}{2}e_{ijm}g_{kl}\alpha^{ml} - \chi_{[ij]k} \tag{11.122}$$

当 α^{ij}，χ_{ijk} 已知时，我们可以应变张量 ε_{ij}，及非完整变换 A_i^a 为基本未知量. 方程（11.123）作为场方程，结合平衡方程、弹性本构关系、面力边界条件、位错密度方程（11.100）—（11.103），即可求得 ε_{ij}，A_i^a. 然后代入（11.119），求得联络系数 Γ_{ijk}，进而求得曲率张量 R_{ijkl} 及爱因斯坦张量 E^{ij}.

对有限变形的情况，曲率张量、爱因斯坦张量、非协调张量与应变张量、弯扭张量、位错、旋错密度张量之间的关系很复杂，难以用显式表达.

为了考察它们之间的关系，设想变形是微小的. 因此，我们可以忽略初始构形与现时构形的差别. 注意到 $\{0, X^i\}$ 是初始构形中的笛氏坐标系，这样方程（11.122）变为

$$\partial_{[i}\varepsilon_{j]k} = \frac{1}{2}e_{ijm}\alpha_{mk} - \chi_{[ij]k} \tag{11.123}$$

将上式乘以 e_{ijl}，并对 i，j 从 1 到 3 求和，得

$$\alpha_{lk} = e_{lij}\partial_{[i}\varepsilon_{j]k} + e_{lij}\chi_{[ij]k} \tag{11.124}$$

或

$$\alpha_{ij} = e_{ikl}\partial_{[k}\varepsilon_{l]j} + e_{ikl}\chi_{[kl]j} \tag{11.125}$$

引入二阶弯扭张量 χ_{ij}

$$\chi_{ij} = \frac{1}{2}e_{jkl}\chi_{ikl}, \quad \chi_{ijk} = e_{jkl}\chi_{il} \tag{11.126}$$

公式（11.125）可改写为

$$\alpha_{ij} = e_{ikl}\varepsilon_{kl,j} + \chi^*_{ji} \tag{11.127}$$

式中 χ^*_{ij} 为

$$\chi^*_{ij} = e_{jkl}\chi_{kli} = e_{jkl}e_{lim}\chi_{km} = \delta_{ij}\chi_{kk} - \chi_{ij}$$

将上式代入（11.127）得[1)]

1）公式（11.129）与公式（9.104）完全一致.

$$\alpha_{ij} = e_{ikl}\varepsilon_{kl,j} + \delta_{ij}\chi_{kk} - \chi_{ji} \tag{11.128}$$

对公式（11.123）求导得

$$\varepsilon_{ln,km} - \varepsilon_{kn,lm} = e_{kls}\alpha_{sn,m} - 2\chi_{[kl]n,m}$$

将上式乘以$-e_{ikl}e_{jmn}$并对 i，j 从 1 到 3 求和，得应变非协调张量

$$2\cdot\eta_{ij} = -e_{ikl}e_{jmn}[e_{kls}\alpha_{sn,m} - 2\chi_{[kl]n,m}]$$

$$\begin{aligned}\eta_{ij} &= -e_{ikl}e_{jmn}\varepsilon_{ln,km}\\ &= -e_{jmn}\alpha_{in,m} + e_{jmn}e_{ikl}\chi_{kln,m}\\ &= -e_{jmn}\alpha_{in,m} + e_{jmn}\chi^*_{ni,m}\\ &= -e_{jmn}\alpha_{in,m} + \kappa^*_{ij}\end{aligned} \tag{11.129}$$

鉴于张量η_{ij}是对称张量，由（11.130）导得

$$\eta_{ij} = -\frac{1}{2}(e_{imn}\alpha_{jn,m} + e_{jmn}e_{in,m}) - \frac{1}{2}(\kappa_{ij} + \kappa_{ji}) \tag{11.130}$$

式中κ_{ij}是旋错密度张量，κ^*_{ij}为

$$\kappa^*_{ij} = e_{ikl}\partial_k\chi^*_{lj} = -e_{ijk}\partial_k\chi_{mm} - \kappa_{ij} \tag{11.131}$$

公式（11.130）显然与公式（9.70）相一致．当旋错密度张量κ_{ij}为零时，公式（11.130）与（9.70）完全相同．

在公式（11.111）中，略去二次项，得到

$$R_{ijkl} = 2\partial_{[j}\chi_{k]il} \tag{11.132}$$

当位错密度张量α_{ij}及旋错密度张量κ_{ij}已知时，从公式（11.131）可以求得应变非协调张量η_{ij}．然后结合平衡方程、弹性本构关系、面力边界条件（11.100），（11.101），（11.102），即可求得应变张量ε_{ij}[1)]及应力张量S_{ij}．再由公式（11.119），（11.132）求得曲率张量R_{ijkl}及联络Γ_{ijk}，其中的弯扭张量χ_{ij}由公式（11.127）给出．

倘若旋错密度张量κ_{ij}为零，那么由公式（11.131）立即推得

$$\partial_{[k}\chi_{l]j} = \frac{1}{2}e_{jkl}\kappa_{ij} = 0 \tag{11.133}$$

又由公式（11.126）得到

---

1)　对微小变形，公式（11.101）中，$A^k_\beta \approx \delta^k_\beta$.

$$\chi_{ijk} = e_{jkl}\chi_{il} \tag{11.134}$$

将上式代入（11.132）

$$\begin{aligned} R_{ijkl} &= \partial_j(e_{ilm}\chi_{km}) - \partial_k(e_{ilm}\chi_{jm}) \\ &= 2e_{ilm}\partial_{[j}\chi_{k]m} = 0 \end{aligned} \tag{11.135}$$

反过来，不难证实，倘若 $R_{ijkl}=0$，则必有

$$\partial_{[j}\chi_{k]il} = 0 \tag{11.136}$$

这说明三阶弯扭张量 χ_{kij} 可表示为

$$\chi_{kij} = \partial_k\omega_{ij} \tag{11.137}$$

将上式代入（11.126），（11.131），得

$$\kappa_{ij} = \frac{1}{2}e_{ikl}e_{jmn}\partial_k\partial_l\chi_{mn} = 0 \tag{11.138}$$

这说明，曲率张量 R_{ijkl} 为零的充要条件是旋错密度张量 κ_{ij} 为零.

将（11.138）代入（11.128），得

$$\begin{aligned} \alpha_{ij} &= e_{ikl}(\partial_j\varepsilon_{kl} + \partial_j\omega_{kl}) \\ &= e_{ikl}\beta_{kl,j} \end{aligned} \tag{11.139}$$

这就是熟知的公式（9.47）

$$\boldsymbol{\alpha} = \mathrm{rot}\boldsymbol{\beta} \tag{11.140}$$

§11.4 缺陷连续统的塑性理论

本节要讨论的物体是弹塑性体，位错、旋错等微观缺陷，随着变形而发展. 缺陷不仅萌生，而且还要运动与增殖. 缺陷的运动必然产生塑性变形.

对于弹塑性体，我们需要分析三种构形. 在初始构形中，物体未发生变形，内部不含任何微观缺陷，它的每个物体点 P 都可以用欧氏空间中的点（X^1，X^2，X^3）表示.

变形后的物体，经受了大量的塑性变形. 但是按照 Kröner 的设想，变形后物体是欧氏空间中现实的物体，不可能出现微观裂隙. 因此，变形后物体上每个物体点 p 都可以用欧氏空间中的点（x^1，x^2，x^3）表示.

我们约定变形前初始构形与变形后的现时构形采用相同的空间固定的笛氏标架 $\{O, \boldsymbol{I}_i\}$.

除此之外，我们还需引入中间构形. 中间构形是假想的由初始构形经过纯塑性变形而得到，也可设想由现时构形经过弹性卸载而得到.

这里分析的三种构形几何图象与第四章的图 4.7 十分相似. 所不同的是这里的中间构形是非黎曼物质流形，内部含有大量的微观缺陷，我们要对这些缺陷与塑性变形的关系进行深入分析.

从初始构形到现时构形的总的变形是协调的. 我们可以用变形梯度张量 $\boldsymbol{F}$ 来描述

$$d\boldsymbol{x}=\boldsymbol{F}d\boldsymbol{X} \tag{11.141}$$

$$\boldsymbol{F}=\frac{\partial x^i}{\partial X^k}\boldsymbol{I}_i\otimes\boldsymbol{I}_k \tag{11.142}$$

物体点 $\boldsymbol{X}$，在当前构形（现时构形）的位置矢量 $\boldsymbol{x}$，是 $\boldsymbol{X}$ 和时间 τ 的函数

$$\boldsymbol{x}=\hat{\boldsymbol{x}}(\boldsymbol{X},\tau) \tag{11.143}$$

变形梯度张量 $\boldsymbol{F}$ 可以分解为

$$\boldsymbol{F}=\boldsymbol{F}^e\boldsymbol{F}^p \tag{11.144}$$

我们称 $\boldsymbol{X}$ 为物体点的物质坐标，而 $\boldsymbol{x}$ 为物体点的欧氏空间坐标. 这样，$\boldsymbol{X}$ 也被看作当前构形的曲线坐标，与随体的 Lagrangian 向量坐标系 $\{X^i, \tau\}$ 相对应的协变基向量为 $\boldsymbol{g}_i{}^t$. 这里上标“t”指明是对当前构形的随体坐标系 $\{X^i, \tau\}$ 而言的.

我们有

$$\partial_j\boldsymbol{g}_i{}^t=(\Gamma_{ij}^k)^t\boldsymbol{g}_k{}^t \tag{11.145}$$

相应地有曲率张量 $(R_{ijk}{}^l)^t$

$$-(R_{ijk}{}^l)^t=\partial_k(\Gamma_{ij}{}^l)^t-\partial_j(\Gamma_{ik}{}^l)^t+(\Gamma_{ij}^\rho\Gamma_{\rho k}{}^l-\Gamma_{ik}{}^\rho\Gamma_{\rho j}{}^l)^t \tag{11.146}$$

鉴于总的变形是协调的，所以必有协调方程

$$(R_{ijk}{}^l)^t=0 \tag{11.147}$$

现在让我们来考察由初始构形到中间构形的纯塑性变形. 我

们用仿射联络空间 $\mathscr{L}_3(X^i, \Gamma^k_{ij})$ 来刻划中间构形的非黎曼物质流形 M_3.

在流形 M_3 的切空间内，建立局部欧氏标架 $\{e_\alpha\}$. 流形 M_3 上的线元素 $\overline{pq}$ 可表示为

$$dx^\alpha \boldsymbol{e}_\alpha = \boldsymbol{g}_i dX^i$$

dx^α 与 dX^i 之间由非完整变换联系起来，

$$dx^\alpha = A^\alpha_i dX^i \tag{11.148}$$

另有

$$\boldsymbol{g}_i = A^\alpha_i \boldsymbol{e}_\alpha, \quad \boldsymbol{e}_\alpha = B^i_\alpha \boldsymbol{g}_i \tag{11.149}$$

度量缺陷的塑性理论

讨论物质流形 M_3 只含有度量缺陷的情况. 此时 M_3 是一个黎曼空间 V_3，它可以浸入到 6 维欧氏空间中去.

采用上一节相同的分析方法，建立 6 维欧氏空间. 初始构形所在的三维欧氏空间 R^3 只是该 6 维欧氏空间的子空间.

$$X^i = 0, \qquad i = 4,5,6$$

变形前物体点 $P(X^i)$ 对应于中间构形的物体点 $p(y^m)$，

$$y^m = \hat{y}^m(\boldsymbol{X}, \tau), \quad m = 1,2,\cdots 6 \tag{11.150}$$

物质流形 V_3 在点 $p(y^m)$ 的局部切空间中的坐标 x^α 为

$$x^\alpha = Q^\alpha_m y^m + c^\alpha \tag{11.151}$$

Q^α_m 是 6 维欧氏空间中的正交张量. 我们有

$$\boldsymbol{g}_i = (F^p)^m_i \boldsymbol{I}_m, \quad i = 1,2,3 \tag{11.152}$$

$$(F^p)^m_i = \frac{\partial y^m}{\partial X^i}, \qquad i = 1,2,3 \tag{11.153}$$

式中 $\boldsymbol{F}^p$ 是塑性变形梯度张量，它有 18 个分量，是初始构形及中间黎曼构形之间的两点张量.

$$g_{ij} = \sum_{m=1}^{6} \frac{\partial y^m}{\partial X^i} \cdot \frac{\partial y^m}{\partial X^j} \tag{11.154}$$

引入位移向量 u^m

$$y^m = X^m + u^m, \qquad i = 1,2,\cdots 6 \tag{11.155}$$

塑性应变张量 ε_{ij}^{p} 为

$$\varepsilon_{ij}^{p} = \frac{1}{2}\left[\frac{\partial u^i}{\partial X^j} + \frac{\partial u^j}{\partial X^i} + \sum_{m=1}^{6} \frac{\partial u^m}{\partial X^i}\frac{\partial u^m}{\partial X^j}\right] \qquad (11.156)$$

$$i,j = 1,2,3$$

还有

$$\Gamma_{ijk} = \frac{1}{2}\{g_{ik,j} + g_{jk,i} - g_{ij,k}\} \qquad (11.157)$$

$$R_{iklj} = \Gamma_{ilj,k} - \Gamma_{ikj,l} + \Gamma_{ik}^{\rho}\Gamma_{jl\rho} - \Gamma_{il}^{\rho}\Gamma_{jk\rho} \qquad (11.158)$$

$$-R_{ijk}{}^{l} = \Gamma_{ij,k}^{l} - \Gamma_{ik,j}^{l} + \Gamma_{ij}^{m}\Gamma_{mk}^{l} - \Gamma_{ik}^{m}\Gamma_{mj}^{l} \qquad (11.159)$$

当塑性应变 ε_{ij}^{p} 已知时，度量张量 g_{ij} 为

$$g_{ij} = \delta_{ij} + 2\varepsilon_{ij}^{p} \qquad (11.160)$$

代入（11.157）—（11.159）即可求得仿射联络空间 $\mathscr{L}_3$ 的联络 Γ_{ijk} 及曲率张量 R_{ijkl}.

现在再从（11.156）式求塑性畸变张量

$$(\beta^{p})_{j}^{i} = \frac{\partial u^i}{\partial X^j} \qquad (11.161)$$

我们可以 u^m 作为基本未知量，求解 6 个独立方程（11.157）. 适当引入位移边界条件，就可以将位移完全确定下来.

进一步考察由初始构形到当前构形的总的变形，我们有总的度量张量

$$g_{ij}^{t} = \sum_{k=1}^{3} \frac{\partial x^k}{\partial X^i}\frac{\partial x^k}{\partial X^j} \qquad (11.162)$$

另一方面由中间构形到当前构形的变形过程可用下述运动方程来描述

$$x^i = \hat{x}^i(y^m, \tau), \qquad m = 1,2\cdots 6$$

相应的度量张量 g_{ij}^{e} 为

$$g_{mn}^{e} = \sum_{k=1}^{3} \frac{\partial x^k}{\partial y^m}\cdot\frac{\partial x^k}{\partial y^n} \qquad (11.163)$$

弹性应变张量 ε_{mn}^{e} 为

$$\varepsilon_{mn}^{e} = \frac{1}{2} = (g_{mn}^{e} - \delta_{mn}) \qquad (11.164)$$

注意到运动方程（11.150），公式（11.162）可改写为

$$g_{ij}^{t}=\sum_{k=1}^{3}\frac{\partial x^k}{\partial y^m}\frac{\partial y^m}{\partial X^i}\frac{\partial x^k}{\partial y^n}\cdot\frac{\partial y^n}{\partial X^j}$$

$$=g_{mn}^{e}\frac{\partial y^m}{\partial X^{-i}}\cdot\frac{\partial y^n}{\partial X^j}\tag{11.165}$$

进而得到

$$g_{ij}^{t}=g_{ij}+2\frac{\partial y^m}{\partial X^i}\cdot\frac{\partial y^n}{\partial X^j}\varepsilon_{mn}^{e}\tag{11.166}$$

式中 g_{ij} 为表象空间 $\mathscr{L}_3\ (X^i,\ \Gamma_{ij}^{k})$ 的度量张量. 重复指标 m，n 表示从 1 到 6 求和. 由此，得到总的应变张量 ε_{ij}^{t} 为

$$\varepsilon_{ij}^{t}=\varepsilon_{ij}^{p}+\frac{\partial y^m}{\partial X^i}\cdot\frac{\partial y^n}{X^j}\varepsilon_{mn}^{e}\tag{11.167}$$

公式（11.168）清楚地表明，总的应变张量不再是塑性应变与弹性应变之和.

由于当前构形所在的空间是 3 维欧氏空间，因此，曲线坐标 $\{X^i,\ \tau\}$ 所对应的欧氏联络 $(\Gamma_{ij}^{k})^t$ 及曲率张量 $(R_{ijk}{}^{l})^t$ 均由总的度量张量给出：

$$(\Gamma_{ijk})^t=\frac{1}{2}(g_{ik,j}^{t}+g_{jk,i}^{t}-g_{ij,k}^{t})\tag{11.168}$$

$$(\Gamma_{ij}^{k})^t=(g^{kl})^t(\Gamma_{ijl})^t\tag{11.169}$$

$$-(R_{ijk}{}^{l})^t=(\Gamma_{ij,k}^{l})^t-(\Gamma_{ik,j}^{l})^t+(\Gamma_{ij}^{\rho}\Gamma_{\rho k}^{l}-\Gamma_{ik}^{\rho}\Gamma_{\rho j}^{l})^t\tag{11.170}$$

协调方程为

$$(R_{ijk}{}^{l})^t=0\tag{11.171}$$

该方程即为弹性应变张量 ε_{mn}^{e} 应该满足的补充方程.

我们以中间构形为基准状态，以 y^m 作为自变量，以 x^i 作为未知函数，建立边值问题：

平衡方程

$$\overset{*}{S}{}^{ij}_{,j}=0,\qquad i,j=1,2,3\tag{11.172}$$

弹性本构关系

$$S^{*ij}=\frac{\partial x^i}{\partial y^k}\cdot\frac{\partial W}{\partial\varepsilon_{kj}^{e}},\qquad k=1,2,3\tag{11.173}$$

式中 W 是弹性储能函数，S^{*ij}是关于中间构形的第一 Piola-Kirchhoff 应力张量.

面力边界条件

$$\overset{*}{S}{}^{ij}N_j = \overline{P}^{*i} \tag{11.174}$$

上述边值问题是以中间构形为基准状态的前提下建立的，而中间构形的确定依赖于位移场 u^m（$m=1$，$2\cdots6$），也就是依赖于 u^m的边界条件. 这个边界条件只能假定为已知，也就是说我们是在假定塑性应变 ε_{ij}^p 为已知场量，u^m的边界条件也是已知的情况下，建立相应的边值问题. 至于 ε_{ij}^p 如何得知，u^m边界条件如何给定，Kr öner 理论未作交代.

位错塑性理论

现在讨论中间构形的物体只含有位错而不含其他缺陷的情况. 此时 $\mathscr{L}_3$表象空间的联络完全由非完整变换确定，

$$\Gamma_{ij}^k = B_\alpha^k A_{i,j}^\alpha \tag{11.175}$$

挠率张量为

$$S_{ij}^k = \Gamma_{[ij]}^k = B_\alpha^k \partial_{[j} A_{i]}^\alpha \tag{11.176}$$

它与位错密度张量 α^{ij}的关系为

$$S_{ij}^k = -\frac{1}{2}e_{ijl}\alpha^{lk} \tag{11.177}$$

度量张量 g_{ij}为

$$g_{ij} = A_i^\alpha A_j^\alpha = \delta_{ij} + 2\varepsilon_{ij}^p \tag{11.178}$$

由于仿射联络空间是绝对平行空间，因此在物质流形 M_3上，基向量 $\boldsymbol{e}_\alpha$处处平行，所以我们可以赋予中间构形物质流形一个刚性转动，使 $\boldsymbol{e}_\alpha$与空间固定的笛氏标架的基向量 $\boldsymbol{I}_i$平行. 我们可以用 y^i替代 x^α，希腊字母指标也就可以用拉丁字母替代. 所以塑性变形梯度张量 $\boldsymbol{F}^p$与非完整变换相同，

$$\boldsymbol{F}^p = \boldsymbol{A}, \quad (F^p)_j^i = A_j^i \tag{11.179}$$

当塑性变形梯度张量 $\boldsymbol{F}^p$给定时，公式（11.179），（11.175），（11.177）分别给出了非完整变换 $\boldsymbol{A}$，仿射联络 Γ_{ij}^k及位错密度张量

α^{ji}.

剩下的问题是确定弹性变形梯度张量 $\boldsymbol{F}^e$. 公式（11.144）可改写为

$$\boldsymbol{F}^e = \boldsymbol{F}(\boldsymbol{F}^p)^{-1} \tag{11.180}$$

弹性应变张量 ε_{ij}^e 为

$$\begin{aligned}\boldsymbol{\varepsilon}^e &= \frac{1}{2}((\boldsymbol{F}^e)^T\boldsymbol{F}^e - \boldsymbol{I}) \\ &= \frac{1}{2}[(\boldsymbol{F}^p)^{-1T}\boldsymbol{F}^T\boldsymbol{F}(\boldsymbol{F}^p)^{-1} - \boldsymbol{I}]\end{aligned} \tag{11.181}$$

总的变形梯度张量 $\boldsymbol{F}$ 直接由总的位移 $\boldsymbol{u}^t$ 所决定：

$$\boldsymbol{F} = \boldsymbol{I} + \frac{\partial \boldsymbol{u}^t}{\partial \boldsymbol{X}} \tag{11.182}$$

我们有如下边值问题：

应变公式：（11.181）

平衡方程

$$S^{ij}_{;j} = 0, \quad 在 D 内 \tag{11.183}$$

弹性本构关系

$$\begin{cases}\boldsymbol{\sigma} = \dfrac{1}{J_e}\boldsymbol{F}^e\dfrac{\partial W}{\partial \boldsymbol{\varepsilon}^e}(\boldsymbol{F}^e)^T \\ \boldsymbol{S} = J\boldsymbol{\sigma}(\boldsymbol{F}^{-1})^T\end{cases} \tag{11.184}$$

式中 J_e，J 分别是 $\boldsymbol{F}^e$，$\boldsymbol{F}$ 的第三不变量.

面力边界条件

$$S^{ij}N_j = \overline{P}^i, \quad 在 \partial D 上 \tag{11.185}$$

以上边值问题是以未变形状态为基准状态.

以总的位移 $\boldsymbol{u}^t$ 作为基本未知量，上述边值问题提供了一套完整自洽的方程组和边界条件.

将边界条件（11.185）改为位移边界条件或混合边界条件也可以得到相应的边值问题.

上述边值问题是以初始构形为基准状态. 如果变形是微小的，

我们就可以把三种构形看作是相同的．这样我们有[1)]

$$\varepsilon_{ij}^{e}=\frac{1}{2}(u_{i,j}^{t}+u_{j,i}^{t})-\varepsilon_{ij}^{p} \tag{11.186}$$

$$\sigma_{ij,j}=0, \qquad \text{在 } D \text{ 内} \tag{11.187}$$

$$\sigma_{ij}=\mathscr{L}_{ijkl}\varepsilon_{ij}^{e} \tag{11.188}$$

$$\sigma_{ij}n_j=\overline{P}_i \qquad \text{在 } \partial D \text{ 上} \tag{11.189}$$

位错密度张量 α_{ij} 为

$$\alpha_{ij}=e_{ikl}\,\partial_{[k}\beta_{l]j}^{e}=-e_{ikl}\partial_k\beta_{ij}^{p}$$

而塑性畸变张量 $\boldsymbol{\beta}^p$ 为

$$\boldsymbol{\beta}^p=\left(\frac{\partial\boldsymbol{u}}{\partial\boldsymbol{X}}\right)^T-\boldsymbol{\beta}^e=(\boldsymbol{F}^p)^T \tag{11.190}$$

再由公式（11.179），（11.175），（11.176）得

$$\begin{cases}\Gamma_{ij}^{k}=((F^p)^{-1})_m^k(F^p)_{i,j}^k\\ S_{ij}^k=\Gamma_{[ij]}^k\end{cases} \tag{11.191}$$

由公式（11.186）—（11.189）看出，只有塑性应变 ε_{ij}^p 可以影响物体的应力及应变场，塑性弯扭张量 χ_{ij}^p 对物体的应力场无影响．

而在有限变形的情况，塑性弯扭张量 χ_{ij}^p 对物体的应力场是有影响的．

一般缺陷塑性理论

我们不考虑异物缺陷，只讨论位错与旋错．中间构形非黎曼物质流形 M_3 所对应的表象空间 $\mathscr{L}_3$ 的挠率张量及曲率张量均不为零，但是 $\boldsymbol{Q}$ 张量为零．

公式（11.108）—（11.114）依然有效．公式（11.115），（11.122）应改为

$$\varepsilon_{ij}^p=\frac{1}{2}(g_{ij}-\delta_{ij}) \tag{11.192}$$

1） 假定物体的弹性性质是线性的．

$$\partial_{[i}\varepsilon^{p}_{j]k}=\frac{1}{2}e_{ijm}g_{kl}\alpha^{ml}-\chi^{p}_{[ij]k} \tag{11.193}$$

进一步推得

$$g_{jl}\alpha^{il}=e^{ikl}\varepsilon^{p}_{kl,j}+\delta^{i}_{j}(\chi^{p})^{k}_{k}-(\chi^{p})^{i}_{j} \tag{11.194}$$

当塑性应变张量 ε^{p}_{ij} 及弯扭张量 χ^{p}_{ij} 已知时，(11.192) 式给出了度量张量 g_{ij}，(11.194) 给出了位错密度张量 α_{ij}. 再由公式 (11.108) — (11.114) 就可以得到挠率张量 S^{k}_{ij}、仿射联络 Γ_{ijk}及曲率张量 R_{ijkl}. 至此表象空间 $\mathscr{L}_3$的内禀结构就完全确定下来了.

但是由于中间构形是一个复杂的非黎曼物质流形，要想建立从中间构形到现时构形弹性应变公式绝非易事. 也就是说，在 Kröner 理论框架下，试图建立位错与旋错同时存在的缺陷连续统的有限塑性理论是相当困难的.

那么有没有可能放弃 Kröner 理论框架，用一种新的观点建立位错与旋错同时存在的缺陷连续统的有限塑性理论呢? 答案应该是肯定的.

Kröner 理论的基本设想是未变形状态的初始构形与变形后的现时构形都是欧氏空间.

设想未变形状态的物体是理想的无缺陷的连续体是比较合适的. 因为金属单晶与多晶体经过充分退火之后，可以近似地看作无缺陷的物体. 但是物体经历了有限塑性变形之后，体内的位错密度大大增加，此时再设想物体内部无缺陷确与大量的实验观测相矛盾.

因此，我们不妨设想现时构形中的物体存在大量缺陷，已经不能用欧氏空间来刻划，必须用非黎曼物质流形 M_3来描写. 显然这样的设想是与实验观察相一致的. 也就是说从物理机制来考察，§11.1 中论述的模型是比较合理的.

现在我们来构造中间构形. 设想将加在现时构形中物体上的外载卸载至零，同时剔除物体内部的全部缺陷，这样得到的物体是理想的无缺陷的连续体，不受外载的作用. 它占有的构形即是欧氏空间中的构形.

这种构形也可以看作是由初始构形的物体经历纯塑形变形后到达的中间构形. 这里我们提出了一种新观点，也就是认为变形的非协调是由留存在体内的位错与旋错造成的. 这一点从位错密度方程及旋错的几何意义中也可以看出. 大量位错与旋错滑出体外所产生的塑性变形可以是很大的，它们在物体表面产生滑移台阶，但并不造成物体内部的变形非协调. 造成物体内部变形非协调的根源在于留存在物体内部的位错与旋错，而这些留存在体内的位错与旋错所产生的弹性应变乃是非协调的.

这样在初始构形物体点 $P\ (X^i)$ 与中间构形物体点 $P_0\ (y^i)$ 之间存在着一一对应关系，

$$y^i = X^i + u^i, \qquad i = 1,2,3 \tag{11.195}$$

塑性应变张量 ε_{ij}^p 可表示为

$$\varepsilon_{ij}^p = \frac{1}{2}\left[\frac{\partial u^i}{\partial X^j} + \frac{\partial u^j}{\partial X^i} + \sum_{m=1}^{3}\frac{\partial u^m}{\partial X^i}\cdot\frac{\partial u^m}{\partial X^j}\right] \tag{11.196}$$

当 ε_{ij}^p 已知时，(11.196) 提供了求解位移场 u^i 的非线性方程组. 该方程组有解的充要条件是塑性应变 ε_{ij}^p 满足协调方程.[1)]

现在来考察由中间构形向现时构形的过渡. 此时变形是非协调的. 我们以中间构形作为基础状态，以 y^i 作为基本自变量来分析问题.

现时构形物体是非黎曼物质流形 M_3，建立表象空间 $\mathscr{L}_3\ (y^i, \boldsymbol{g}_i \Gamma_{ij}^k)$. 在非黎曼物质流形 M_3 的点 $p\ (y^i)$ 附近引进局部切空间. 考察 M_3 切空间上的 $\overrightarrow{pq}$ 向量，它与中间构形的物体线元素 $\overrightarrow{p_0q_0}$ 相对应. 我们有

$$\overrightarrow{p_0q_0} = dy^i \boldsymbol{I}_i \tag{11.197}$$

$$\overrightarrow{pq} = dx^\alpha \boldsymbol{e}_\alpha \tag{11.198}$$

$\{\boldsymbol{e}_\alpha\}$ 是切空间的欧氏标架，x^α 是非完整系.

$$dx^\alpha = A_i^\alpha dy^i \tag{11.199}$$

向量 $\overrightarrow{pq}$ 又可表示为

---

1) 求解位移场 u^m 时，还需配之以适当的边界条件.

$$\overrightarrow{pq} = g_i dy^i \tag{11.200}$$

式中基向量 g_i 为

$$g_i = A_i^\alpha e_\alpha \tag{11.201}$$

我们有

$$\partial_j g_i = \Gamma_{ij}^k g_k \tag{11.202}$$

并且我们有

$$S_{ij}{}^k = \Gamma_{[ij]}^k = -\frac{1}{2} e_{ijl} \alpha^{lk} \tag{11.203}$$

$$\Gamma_{ijk} = \frac{1}{2} g_{\{ij,k\}} + S_{\{ijk\}} \tag{11.204}$$

$$\varepsilon_{ij} = \frac{1}{2}(g_{ij} - \delta_{ij}) \tag{11.205}$$

$$\partial_{[i}\varepsilon_{j]k} = \frac{1}{2} e_{ijm} g_{kl} \alpha^{ml} - \chi_{[ij]k} \tag{11.206}$$

上式中 ε_{ij} 是中间构形到现时构形所产生的弹性应变.

众所周知，物体可以经受很大的塑性变形，但弹性变形一般说来总是微小的. 因此，我们有如下的平衡方程、弹性本构关系及边界条件：

平衡方程

$$\sigma_{ij,j} = 0 \qquad \text{在 } V \text{ 内} \tag{11.207}$$

虎克定律

$$\sigma_{ij} = \mathscr{L}_{ijkl} \varepsilon_{kl} \tag{11.208}$$

边界条件

$$\sigma_{ij} n_j = \bar{p}_i \qquad \text{在 } \partial V \text{ 上} \tag{11.209}$$

这里 V 是中间构形占有的体积.

方程组（11.206）—（11.209）构成了一个自洽的边值问题. 从这组方程即可求得弹性应变场 ε_{ij} 及应力场 σ_{ij}，再由公式（11.203）—（11.205）求得度量张量 g_{ij}，仿射联络 Γ_{ijk} 及挠率张量 $S_{ij}{}^k$，进一步从公式（11.111）求得曲率张量. 由此，物质流形 M_3 的内禀结构完全确定了.

以上分析中，我们假定了塑性应变 ε_{ij}^{p} 及位错密度张量 α_{ij}，而弯扭张量 χ_{ijk} 是已知的，至于这些张量如何得知，未作任何交代. 这是理论上的先天不足，有待进一步的研究.

§ 11.5 晶体塑性位错理论

第九章第 7 节已经在微小变形的范围内讨论了这个问题. 现在讨论有限变形的情况.

我们有

$$\boldsymbol{F} = \boldsymbol{F}^{e}\boldsymbol{F}^{p} \tag{11.210}$$

$$\boldsymbol{F}^{p} = \boldsymbol{A}, \quad (F^{p})^{i}_{j} = A^{i}_{j} \tag{11.211}$$

$$\boldsymbol{\varepsilon}^{e} = \frac{1}{2}[(\boldsymbol{F}^{e})^{T}\boldsymbol{F}^{e} - \boldsymbol{I}] \tag{11.212}$$

$$\Gamma^{k}_{ij} = B^{k}_{l}\partial_{j}A^{l}_{i}$$

$$S_{ij}{}^{k} = \Gamma^{k}_{[ij]} = B^{k}_{l}\partial_{[j}A^{l}_{i]} = -\frac{1}{2}e_{ijl}\alpha^{lk} \tag{11.213}$$

含有位错的中间构形的物质流形 M_3 是一个具有绝对平行性的平坦空间.

塑性变形梯度张量 $\boldsymbol{F}^{p}$ 满足下列方程:

$$\dot{\boldsymbol{F}}^{p} = \sum_{\alpha=1}^{n}(\boldsymbol{m}^{(\alpha)} \otimes \boldsymbol{n}^{(\alpha)})\dot{\gamma}^{(\alpha)}\boldsymbol{F}^{p} \tag{11.214}$$

第四章的晶体塑性理论是一套完整的力学理论. 用增量法求解有关的边值问题可以精确地求得塑性变形梯度张量 $\boldsymbol{F}^{p}$，进而求得位错密度张量 $\boldsymbol{\alpha}$，非完整变换 $\boldsymbol{A}$，联络 Γ^{k}_{ij}.

在微小变形范围内，(11.215) 式变为

$$\dot{\boldsymbol{F}}^{p} = \sum_{\alpha=1}^{n}\boldsymbol{m}^{(\alpha)} \otimes \boldsymbol{n}^{(\alpha)}\dot{\gamma}^{(\alpha)} \tag{11.215}$$

由此得到

$$\boldsymbol{\beta}^{p} = (\boldsymbol{F}^{p})^{T} = \sum_{\alpha=1}^{N}\boldsymbol{n}^{(\alpha)} \otimes \boldsymbol{m}^{(\alpha)}\gamma^{(\alpha)} \tag{11.216}$$

相应地由式 (9.113) 确定位错密度.

参 考 文 献

[1] Kondo, K.. Memoirs of the Unifying Study of the Basic Problems in Engineering Sciences by Means of Geometry, RAAG **1**－**4**, Gakujutsu Benken Fukyu-Kai, Tokyo (1955, 1958, 1962, 1968).

[2] Bilby, B.. Bullough, A. and Smith, E., Continuous distributions of dislocations, A new application of the methods of non-Riemannian geometry, Proc. Roy. Soc. Lond.. A231 (1955). 253.

[3] de Wit. R., *Int. J. Engng. Sci.*, **17** (1979), 441.

[4] Kröner, E., Continuum theory of defects, Les Houches, Serrion XXXV, 1980, Physics of Defects, Eds. R. Balian, et al., North-Holland Publ., 1981, 219－315.

[5] Mura, T., The continuum theory of dislocations, in Advances in Materials Research, **3**, Ed., H. Hermann, Interscience, 1968.

[6] Kröner, E., *Z. Phys.*, 141 (1955). 386.

[7] Amari, S., *Int. J. Engng. Sciences.* **17** (1979), 1581.

[8] 郭仲衡、梁浩云，变形体非协调理论，重庆出版社，1989.

[9] Mura, T., Micromechanics of Defects in Solids, Martinus Nijhoff Publishers, Second revised edition, 1987.

[10] Kröner, E., *Int. J. Engng. Sciences*, **17** (1979), 1507.

[11] Amari, S., RAAG Memoirs, 3, D-IX, **99** (1962).

[12] Anthony, K. H., *Arch. Rat. Mech. Anal.*, **39** (1970)., 43.

[13] Anthony, K. H., *Arch. Rat. Mech. Anal.*, **40** (1971), 50.

[14] Nye, J. F., *Acta Met.*, **1** (1953), 155.

[15] Kröner, E., Mechanics of Generalized Media, Springer, 1968.

第十二章　缺陷的规范场理论

§12.1　引言——理论概述

1. 如何建立缺陷场的动力学方程

本文第十一章基于三构形方法对缺陷连续统的运动学和变形几何学作了详细描述，这时，独立场量有 27 个：宏观运动 y^i，半度规 A_i^a (Φ_i^a) 和非黎曼联络 Γ_{ij}^k，且非黎曼联络的下标是非对称的．当无旋错且 Q 张量为零时，半度规 A 可以完全决定联络，独立场量减为 6 个（比经典塑性理论多 3 个）．这样，构造这些场量的动力学方程便成为缺陷场论的一个中心课题．

在不计热耗散效应时，场的动力学方程可从构造相应 Lagrange 函数，并利用最小作用量原理求得，然后运用 Noether 定理建立缺陷场的各种守恒量及相应的守恒定律．近 10 年来，用规范场的理论和方法来构造相应的 Lagrange 函数获得了成功，并且可用以研究缺陷场和其他场，如电磁场等的相互作用．这样，缺陷的规范场理论成为建立缺陷场动力学方程的一种最自然、最严谨的方法，也成为缺陷连续统理论发展中继非线性几何理论后的又一重要进展．这也是近代物理、数学、力学和材料科学紧密结合推动科学发展的范例．

2. 对称性破缺及规范场的引入

规范场作为解释自然界基本相互作用的基本理论早就为物理学家所熟悉[2-5]．但用规范场方法建立缺陷的连续统理论并寻求解决现代塑性本构关系及有关力学问题是近 10 年来的事．通过 Golebiewska-Lasota[6]，Edelen[7,8]，Kadic 和 Edelen[9]等人的工作，规范场得到了力学家的关注．最近，Edelen 和 Lagoudas[10]对缺陷的规范场理论作了较系统的论述，尤其讨论了缺陷场和电磁场的相互作用.

一般讲，规范场的对象是具有某种对称性（在时空或场量变换下保持作用量不变的性质）的 Lagrange 系统. 该系统的运动由拉氏量 L 描述. 只要 L 具有这种连续的对称性，则从规范场方法可引导出比该系统原有场量更基本的且支配系统内部相互作用的新的场——规范场. 这种由对称性产生相互作用的深刻思想已在自然界的四种基本相互作用力的探索中起了主导作用. 事实上，强、弱、电磁和引力这四种基本作用不仅都有各自的规范场理论模型，而且可能在更一般的对称性考虑下，用规范场理论将其统一起来，这就是所谓的大统一理论. 如该理论获得成功，规范场理论便成为解释自然的最基本理论了.

就塑性本构理论研究而言，目前绝大多数工程理论是半经验的，缺乏统一可靠的理论基础. 随着科学的发展，人们正从细观和微观层次揭示塑性的本质，这需要了解材料内部缺陷的分布和运动规律. 直观上，无缺陷的理想连续统具有某种整体的空间对称性，而缺陷的出现使整体对称性产生了破缺. 位错和旋错分别使整体的空间平移对称性和转动对称性发生了变化. 这与考虑系统对称性及其破缺为主要特征的规范场理论不谋而合. 如果我们以无缺陷的理想连续统——弹性场作为系统的基态，则缺陷就是基态场的整体对称性发生变化所产生的规范场. 它代表了弹性场和缺陷场的相互作用. 经典弹性力学仅研究弹性基态场的运动，缺陷连续统是对它的一个发展. 缺陷是弹性场的内部“物质”，如同基本粒子之间的介子或胶子一样，同属于产生相互作用的规范场.

近代规范场的发展要追溯到挪威数学家 E. Noether 的工作[11]，她首先认识到对称性局部化这样一般的概念. Weyl 在 1920 年的工作[12]从企图解释电磁相互作用出发而奠定了这一理论的基本形式. Yang 和 Mills[13]在 1954 年的工作是里程碑性的. 他们将规范场用于解释具有同位旋对称性的基本粒子的相互作用，成功地得到了非 Abel 群下规范场的一般形式. Utiyama[14]和 Kibble[15]等将规范场用于解释引力作用，从另一角度得到并发展了爱因斯坦的广义相对论. 60 年代后，规范场理论用来作为建立强、弱和电磁相互作用理论的主要工具，许多重要的理论结果被实验所证实，而且，一个包括引力场在内的自然界的四种基本相互作用的“大统一”理论也正在逐渐形成[16-18]. 人们对规范场理论的热情至今方兴未艾，缺陷规范场理论就是在这种背景下产生、发展起来的.

3. 缺陷规范场理论研究概况

缺陷规范场理论发展仅仅是近 10 年内的事情. 1979 年波兰女学者 Golebiewska-Lasota 发表了一篇经典性的工作[6]，她把线性位错场与电磁场相比较并讨论了它们的 Abel 规范变换. 这一工作直接引起了缺陷规范场理论的迅速发展. 首先是 Lasota 和 Edelen[7]将上述思想推广到一般线性位错和旋错缺陷连续统的情形. Edelen[8]用外微分将线性缺陷场方程组表示为 4 维时空框架中用微分形式表示的方程组，清楚地表明它具有 45 重 Abel 规范群，并对其加以适当规范条件的限制可使问题大为简化. 虽然这些 Abel 规范群并不能象前面所说的那样从对称性导出缺陷规范场，但把缺陷场和电磁场作比较并提出缺陷场也具有规范不变性的观点是有创造性的，意义深远的，它启发并促进了缺陷规范场理论的发展. 如 Kadic 和 Edelen[9]以转动群 SO (3) 和平移群T (3)的半直积 SO (3) $\triangleright T$ (3) 作为对称群建立了以线弹性场作为基态的缺陷规范场理论，用 Yang-Mills 最小替换和最小耦合原理导出缺陷场的拉氏量，考虑了弹性场和缺陷场的相互作用，建立了完备的缺陷连续统的动力学方程组.

但是正如 Edelen 和 Lagoudas 最近著作指出的[10]，许多不同的作者，从不同的出发点并采用不同的基本假定建立了各种关于缺陷场的规范理论. 这取决于作者们是如何运用 Yang-Mills 的基本结构的. 其中包括段一士和段祝平[19]，Gairola[20]，Gunther[21]，Kleinert[22,23]，Kroner[24]，Kunin I. A 和 Kunin B. I. [25]，Turski[26]

等人的工作. 另外，也有不少作者[27-29]从缺陷的拓扑结构和性质去讨论缺陷场的理论.

规范场的吸引力不仅来自它的物理和哲学上的质朴性，而且来自其数学上的成熟和优美结构. 现代微分几何的纤维丛理论可以用来成功地完满解释规范场的方法[3]. 对缺陷规范场，它正好对应于自然态上的活动标架所构成的主切丛上的联络和半度规，这与非线性缺陷连续统的三构形几何理论完全一致. 这样，把缺陷场的运动学和动力学统一在一个大的几何理论框架内的努力是有希望成功的.

4. 本章讨论的内容

本章第 2 节讨论一般场的 Lagrange 理论和给出一般形式的 Noether 定理，看一看规范场方法和 Noether 定理及其反定理是如何联系起来的. 第 3 节介绍线性缺陷场的 Abel 规范变换，看一看人们如何从线性位错场基本方程和电磁场基本方程的比较而引出缺陷的规范变换思想. 第 4 节进一步说明以各向同性线弹性为基态场而发展起来的缺陷规范场理论，这里考虑了非 Abel 变换，给出了 Yang-Mills 规范场的一般表达，并用 Yang-Mills 最小耦合和最小置换原理构造了相应的拉氏量. 不但获得了缺陷连续统的连续性方程，而且建立了完整的动力学方程组，包括了缺陷场和弹性场的相互作用. 第 5 节讨论关于非线性弹性场的规范场的一些结果，这是利用 Kibble 理论得到的. 并简要指出缺陷规范场理论进一步发展所需解决的问题.

§12.2 Lagrange 场论和 Noether 定理

1. Lagrange 场和最小作用原理

在 4 维时空 E_4 (z^a, $a=1, 2, 3, 4$) 中具有一定分布特征的一组物理量 $\psi^A=\psi^A(z^a)$ 称为场量，空间的度量张量取为 η^{ab}，且 $\eta^{11}=\eta^{22}=\eta^{33}=-1, \eta^{44}=+1$，其余为零. 这里场量指标 $A=A_1, A_2,$

…可以是任意阶张量场. 设由场量ψ^A描述的力学系统对应于一个作用量泛函

$$I(\psi^A)=\int_{\Omega}L(z^a,\psi^A,\psi_a{}^A,\psi_{ab}{}^A)d^4z-\int_{\partial\Omega}[P_A\psi^A+P_A^a\psi_a{}^A]d^3s \quad (12.1)$$

其中，L 是该系统的拉氏量（体积密度），d^4z 是 4 维体积元，d^3s 是 3 维面积元. Ω 是对应的体积，而 $\partial\Omega$ 是 Ω 的边界，而 P_A和 P_A^a 是广义边界力. 定义符号

$$\psi_a^A\equiv\partial\psi^A/\partial z^a;\quad \psi_{ab}^A\equiv\partial^2\psi^A/\partial z^a\partial z^b \qquad (12.2)$$

例如，对于无限非线性弹性体，若无穷远处应力为零，则相应地有

$$I(y^a)=\int L_0(x^\mu,y^a,y_\mu^a)d^4x(a=1,2,3;\ \mu=1,2,3,4) \qquad (12.3)$$

其中 $y^a=y^a$（x^μ）表示运动，x^μ（$\mu=1$，2，3，4）是 4 维参考构形的坐标，$L_0=T-U-W$ 是拉氏量，而 T，U 和 W 分别是动能，应变能和外力场势能的体积密度. 下面讨论时，一般取 Ω 为 E_4，而在 $\partial\Omega$ 上，边界条件均为零.

一般讲，当场量和时空结构发生变化时，总存在某些量对场量和时空的变换具有某种不变的性质，称这些量为守恒量，对应的物理定律为守恒定律. 对由场量 ψ^A（$A=A_1$，A_2，…）确定的保守系统，从 Hamilton 最小作用量原理可知，存在形如（12.1）的作用量泛函使其对真实的运动有

$$\delta I=0 \qquad (12.4)$$

其中 δI 是场量改变时，$\psi^A\to\psi^A+\delta\psi^A$作用量 I 的变分. 可以证明与变分方程（12.4）对应的 Euler-Lagrange 方程及相应的初、边界条件是

$$\begin{cases}\delta L/\delta\psi^A\overset{def}{=}\partial L/\partial\psi^A-S_{A\cdot a}^a+S_{A\cdot ab}^{ab}=0\\(S_A^a-S_{A,b}^{ab})n_a=P_A,S_A^{ab}n_a=P_b^A\end{cases} \qquad (12.5)$$

$$(A=A_1,\ A_2,\cdots)$$

这里，为方便起见引进了记号

$$S_A^a\equiv\partial L/\partial\psi_a^A,\quad S_A^{ab}\equiv\partial L/\partial\psi_{ab}^A \qquad (12.6)$$

而称 $\delta L/\delta\psi^A$ 为拉氏量 L 相对于场量 ψ^A 的 Lagrange 导数.

2. 时空变换群和规范变换群

现在提出这样一个问题，即在引进时空和场量的无穷小变换

$$\begin{aligned}\tilde{z}^a &= z^a + \triangle z^a(z^a, \in^1, \cdots, \in^r),\\ \tilde{\psi}^A &= \psi^A + \triangle\psi^A(z^a, \psi^A, \cdots, \in^1, \cdots \in^r)\end{aligned} \tag{12.7}$$

后，在什么样的条件下可使作用量泛函（12.1）保持不变，即有

$$\delta I = \tilde{I}(\tilde{\psi}^A) - I(\psi^A) = 0 \tag{12.8}$$

这里，$\triangle z^a$ 和 $\triangle\psi^A$ 是时空和场量的变分依赖于 r 个无穷小独立参数 $\in^k$，当它们不明显依赖于时空时称为整体变换，否则称为局部变换或定域变换. 显然，所有变换的集合组成一个群，分别称为时空变换群和场量变换群，而反映内部对称性的场量变换又称为规范变换.

由群的表示定理[30,31]可知，时空和场量的无穷小变换可以写成

$$\triangle z^a = \eta^a(z) + \in^k \boldsymbol{X}_k z^a, \quad \triangle\psi^A = \lambda^A(z, \psi^A) + \in^k \boldsymbol{I}_k \psi^A \tag{12.9}$$

其中 η^a 表示时空的局部平移群，有 $\eta^a(z) = \triangle z^a|_{\in^k=0}$，而 λ^A 是规范平移群，有 $\lambda^A = \triangle\psi^A|_{\in^k=0}$. $\boldsymbol{X}_k$ 和 $\boldsymbol{I}_k$，它们分别表示时空群和规范群的生成元，由两种等价形式表示：微分形式和矩阵形式，如

$$X_k = \frac{\partial \triangle z^a}{\partial \in^k}\Big|_{\in=0} \frac{\partial}{\partial z^a} \sim \boldsymbol{X}_k = (\boldsymbol{X}^a_{kb}) \tag{12.10}$$

一般讲，当时空和场量发生变换时，场量变换由两部分组成：

$$\triangle\psi^A = \triangle\psi^A + \triangle_* \psi^A = \psi^A_a \triangle z^a + \triangle_* \psi^A \tag{12.11}$$

其中 $\triangle\psi^A = \psi^A_a \triangle z^a$ 是由时空变换引起的，而 $\triangle_*\psi^A$ 为纯粹由场量函数结构改变引起的 ψ^A 的变化. 由（12.9）—（12.11）可得

$$\begin{aligned}\triangle\psi^A &= \eta^a\psi^A_a + \in^k \boldsymbol{X}_k \psi^A,\\ \triangle_*\psi^A &= \lambda^A - \eta^a\psi^A_a + \in^k \boldsymbol{I}^*_k \psi^A\end{aligned} \tag{12.12}$$

其中 $\boldsymbol{I}^*_k = \boldsymbol{I}_k - \boldsymbol{X}_k$ 表示 $\triangle_*\psi^A$ 的生成元. 在 $\eta^a = \lambda^A = 0$ 条件下，无穷小变换群（12.7）称为无穷小有限群，用 G_r 表示：

$$\widetilde{z}^a = z^a + \in^k X_k z^a, \quad \widetilde{\psi}^A = \psi^A + \in^h I_k \psi^A \qquad (12.13)$$

$$\triangle_* \psi^A = \in^k [I_k \psi^A - \psi^A_a X_k z^a] \qquad (12.14)$$

它们只依赖于无穷小参数 $\in^k (k = 1, 2, \cdots, r)$. 由群的表示式可知，即使参数 $\in^k$ 是时空依赖的函数，上述有限群 G_r 的表示 (12.13) 仍然成立. 在这种情形下，还存在一种无穷小无限群 $G_{r\infty}$

$$\widetilde{z}^a = z^a + \in^k X_k z^a, \quad \widetilde{\psi}^A = \psi^A + H^A_k \in^k + B^{Aa}_k \partial \in^k / \partial z^a \qquad (12.15)$$

它在理论物理中有广泛的应用. 在 $G_{r\infty}$ 中时空变换和 G_r 相同，但规范变换是 $\in^k$ 和 $\partial \in^k / \partial z^a$ 的线性组合.

3. 一般 Noether 定理和场的守恒性质

如果由 (12.7) 表示的无穷小变换群是关于场量 $\psi^A (A = A_1, A_2, \cdots)$ 的一个对称群，则该变换群、场量 ψ^A 和拉氏量之间需满足什么关系，这就是著名的 Noether 定理要解决的问题（详见[2]）.

Noether 定理 在无穷小变换群 (12.7) 下，作用量泛函 (12.1) 保持不变的充要条件是下列基本方程成立：

$$\frac{\delta L}{\delta \psi^A} \delta_* \psi^A + J^a_{,a} = 0 \qquad (12.16)$$

这里，$\delta L / \delta \psi^A$ 表示拉氏量对场量的 Lagrange 导数，由 $(12.5)_1$ 定义，而 $J^a (a = 1, 2, 3, 4)$ 是 4 维“流”密度，一般有两种形式：

$$J^a = L \delta z^a + [S^a_A - S^{ab}_{A,b}] \delta_* \psi^A + S^{ab}_A (\delta_* \psi^A)_{,b} \qquad (12.17)$$

或

$$J^a = B^a_b \delta z^b + (S^a_A - S^{ab}_{A,b}) \delta \psi^A + S^{ab}_A \delta \psi^A_b - S^{ab}_A \psi^A_c (\delta z^c)_{,b} \qquad (12.18)$$

而 B^a_b 为 4 维能量动量张量：

$$B^a_b = L \delta^a_b - S^a_A \psi^A_b + S^{ac}_{A,c} \psi^A_b - S^{ac}_A \psi^A_{cb} \qquad (12.19)$$

在拉氏量只依赖于场量的一阶导数时，$S^{ab}_b = 0$，(12.17) — (12.19) 简化很多：

$$J^a = L \delta z^a + S^a_A \delta_* \psi^A = B^a_b \delta z^b + S^a_A \delta \psi^A \qquad (12.20)$$

而能量动量张量为

$$B_b^a = L\delta_b^a - S_A^a \psi_b^A \tag{12.21}$$

关于上述定理的详细证明可参阅[2，32，33]. 这里，我们给一简单说明：在略去高阶小量后，通过运算可得

$$\begin{aligned} \tilde{I}(\tilde{\psi}^A) &= \int_{\Omega} L(\tilde{z}^a, \tilde{\psi}^A, \tilde{\psi}_a^A, \tilde{\psi}_{ab}^A) d^4\tilde{z} \\ &= I(\psi^A) + \int_{\Omega}\left[\frac{\delta L}{\delta \psi^A}\delta_* \psi^A + J^a_{,a}\right] d^4 z + O(\delta z^2) \end{aligned} \tag{12.22}$$

这样定理的充要条件便一目了然了.

这里给出的是最一般形式的 Noether 定理，首先，对场量 ψ^A 及指标 A 没有任何限制；其次，拉氏量可以依赖于时空也可以依赖于场量以及它们的一阶导数和二阶导数；最后，对变换群(12.7)也未加任何限制. 因此，从这最一般形式的定理可以推出下列结果：

推论 1 当场量 ψ^A 为泛函(12.1)的极值点时，变换群(12.7)为对称群的充要条件是 4 维"流"密度 J 具有守恒性质，

$$J^a_{,a} = 0 \tag{12.23}$$

推论 2 在场量 ψ^A 为泛函(12.1)的极值点同时只存在时空变换群而无规范变换群时，该时空变换群成为对称群的充要条件是

$$[B_b^a \delta \tilde{z}^b - S_A^{ab} \psi_c^A (\delta z^c)_{,b}]_{,a} = 0 \tag{12.24}$$

这就是由时空变换群所支持的各种守恒律的统一形式，在非线性弹性静、动力学中有相当广泛的应用[34，35]. 这里包括时间平移群支持的能量守恒律，空间平移群和转动群支持的动量和角动量守恒律，物质坐标平移群和转动群支持的物质动量和角动量守恒律，由此得到能量动量张量的守恒性质及对称性质.

推论 3 在无穷小有限群 G_r 作用下，当 $\in^k$ 参量为常数时作用量泛函(12.1)保持不变的充要条件是

$$(I_k \psi^A - \xi_k^a \psi_a^A)\, \delta L / \delta \psi^A = J^a_{k,a} \tag{12.25}$$

其中

$$\xi_\kappa^a = \partial \triangle z^a / \partial \in^\kappa |_{\in=0}$$

且

$$J_k^a = -L\xi_k^a + (S_{A,b}^{ab} - S_A^a)(I_k\psi^A - \xi_k^a\psi_a^A) - S_A^a(I_k\psi_b^A - \xi_k^c\psi_{cb}^A) \tag{12.26}$$

这个推理又称第一 Noether 定理. 当 L 中不出现场量的二阶导数时, (12.26) 可以简化. 再当场量 ψ^A 是极值点时, 方程 (12.19) 化为

$$J_{k,a}^a = 0 \qquad (k = 1, 2, \cdots, r) \tag{12.27}$$

这就是熟知的 4 维形式的能动张量守恒定律. Konopleva 和 Popov 指出[2], 可将这一方程推广到更一般的形式.

这样, 根据不同的时空变换群和规范群, 只要它们是对称群, 就可以得到不同形式的守恒律. 例如, 当无穷小无限群 $G_{r\infty}$ 成为对称群时, 也可以得到相应的守恒律. 守恒律的具体形式和变换群的性质分不开, 这正是 Lagrange 场论和粒子物理的一个基本出发点.

4. 关于 Noether 反定理和 Lagrange 函数构造的一点说明

在用上述 Noether 定理研究 Lagrange 场 ψ^A 的守恒律时, 一般必须给出 Lagrange 密度函数的形式和相应的变换关系, 这样才能去判别这样给出的变换群是否为对称群. 但有两个关键问题没有回答: 第一, 在场量 ψ^A 的拉氏量给定后, 如何去寻找相应的无穷小对称群? 第二, 能否在给出一定形式的无穷小时空变换群和规范变换群的条件下构造一个 Lagrange 函数使它们变成对称群? 换言之, Lagrange 函数能否由场量 ψ^A 及其对称群完全决定? 这就是 Noether 反定理要研究的问题. 该问题是缺陷规范场理论的核心. 在下面几节, 我们将分别加以讨论.

§ 12.3 线性缺陷场的 Abel 规范变换

1. 缺陷规范场理论的产生

欧发[1]及 Lasota[6]等人首先将线性位错场和电磁场相比较,

并从电磁场存在Abel规范变换引出位错场也存在Abel规范变换的结论. 这些经典工作促进了缺陷规范场理论的迅速发展. 事实上，经典电磁场的Maxwell方程可以写成

$$\begin{cases}\nabla\times\boldsymbol{E}+\dfrac{1}{c}\dfrac{\partial\boldsymbol{H}}{\partial t}=0, & \nabla\cdot\boldsymbol{H}=0\\[2mm] \nabla\times\boldsymbol{H}-\dfrac{1}{c}\dfrac{\partial\boldsymbol{E}}{\partial t}=\dfrac{4\pi}{c}\boldsymbol{j}, & \nabla\cdot\boldsymbol{E}=4\pi\rho_e\end{cases}\tag{12.28}$$

其中$\boldsymbol{E}$和$\boldsymbol{H}$分别表示电场和磁场，ρ_e和$\boldsymbol{j}$表示电荷密度和电流密度，c是真空光速. 另一方面在线性位错连续统（无旋错）时，场的基本方程是

$$\begin{aligned}&\dot{\boldsymbol{\alpha}}+\nabla\times\boldsymbol{J}=0, \quad \nabla\cdot\boldsymbol{\alpha}=0\\ &\boldsymbol{J}=\dot{\boldsymbol{\beta}}-\nabla\odot v \qquad \alpha=-\nabla\times\beta\end{aligned}\tag{12.29}$$

$\boldsymbol{\alpha}$和$\boldsymbol{J}$是位错密度和位错流密度；$\boldsymbol{\beta}$是畸变张量；v是不协调宏观“速度”场，满足平衡方程

$$\rho\dot{v}\quad \nabla\cdot(\boldsymbol{C}:\boldsymbol{\beta})=0\tag{12.30}$$

这里ρ是质量密度，而$\boldsymbol{C}$是4阶弹性常数.

比较（12.28）和（12.29）可看出，电磁场中的物理量$\boldsymbol{H}$和$\boldsymbol{E}$相当于位错密度张量$\boldsymbol{\alpha}$和位错流张量$\boldsymbol{J}$，α和$\boldsymbol{J}$可以看成是使β和v变成不协调的源. 另一方面，我们知道，$\boldsymbol{E}$和$\boldsymbol{H}$可以用一标量势$\boldsymbol{\Phi}$和一个矢量势$\boldsymbol{A}$来表示：

$$\boldsymbol{E}=-\nabla\boldsymbol{\Phi}-(1/c)\dot{\boldsymbol{A}}, \qquad \boldsymbol{H}=\nabla\times\boldsymbol{A}\tag{12.31}$$

如果将$\boldsymbol{\Phi}$和$\boldsymbol{A}$变换到$\tilde{\boldsymbol{\Phi}}$和$\tilde{\boldsymbol{A}}$，但使其对应的$\boldsymbol{E}$和$\boldsymbol{H}$不变，则Maxwell方程（12.28）仍然不变. 具体地有如下的Abel规范变换：

$$\tilde{\boldsymbol{\Phi}}=\boldsymbol{\Phi}-\frac{1}{c}\frac{\partial f}{\partial t}, \quad \tilde{\boldsymbol{A}}=\boldsymbol{A}+\nabla f\tag{12.32}$$

其中f是一任意标量函数. 将（12.32）代入（12.31）就可以看出电磁场$\boldsymbol{E}$和$\boldsymbol{H}$是保持不变的. 我们用下列Lorentz规范条件来选择电磁势$\boldsymbol{\Phi}$和$\boldsymbol{A}$：

$$\frac{1}{c}\frac{\partial\boldsymbol{\Phi}}{\partial t}+\nabla\cdot\boldsymbol{A}=0\tag{12.33}$$

将（12.32）代入（12.33）有

$$\Box f = \left(\triangle - \frac{1}{c^2} \frac{\partial^2}{\partial t^2} \right) f = 0 \qquad (12.34)$$

则电磁势方程简化为

$$\Box \boldsymbol{A} = -(4\pi/c)\boldsymbol{J}, \qquad \Box \Phi = -4\pi\rho \qquad (12.35)$$

其中$\Box$表示 4 维 Laplace 算子.

相应地，我们研究（12.28）$_3$－（12.28）$_4$，将畸变张量β和速度v作如下 Abel 规范变换：

$$\tilde{v} = v + \dot{\boldsymbol{f}}, \quad \tilde{\boldsymbol{\beta}} = \boldsymbol{\beta} + \nabla \otimes \boldsymbol{f} \qquad (12.36)$$

可使位错密度α和位错流密度$\boldsymbol{J}$保持不变. 其中$\boldsymbol{f}$是任意矢量函数.

在 Abel 规范变换（12.36）下，平衡方程（12.30）成为对$\boldsymbol{\beta}$和v的 Lorentz 规范条件，与（12.34）相对应，$\boldsymbol{f}$必须满足下列条件：

$$\rho \ddot{\boldsymbol{f}} - \nabla \cdot (\boldsymbol{C} : \otimes \boldsymbol{f}) = 0 \qquad (12.37)$$

或简记为

$$\hat{\Box} \boldsymbol{f} = 0 \qquad (12.38)$$

其中$\hat{\Box} = \rho(\partial^2/\partial t^2) - \nabla \cdot (C : \nabla \otimes)$为一 4 维线性算子. 这样，对应于方程（12.29）$_{1,2}$，有

$$\hat{\Box} v = -\tilde{\boldsymbol{b}}, \qquad \hat{\Box} \boldsymbol{\beta} = -\boldsymbol{J}^* \qquad (12.39)$$

其中$\tilde{\boldsymbol{b}}$和$\boldsymbol{J}^*$由α和$\boldsymbol{J}$决定：

$$\tilde{\boldsymbol{b}} = -\boldsymbol{C} : \nabla \otimes \boldsymbol{J}, \quad \boldsymbol{J}^* = \nabla \times (\boldsymbol{C} : \boldsymbol{\alpha}) - \rho \dot{\boldsymbol{J}} \qquad (12.40)$$

它们与电磁场中的电流和电荷密度相当.

从以上推导和比较看出，位错场与电磁场的相似性十分明显，尤其是它们的规范性质. 由此可得到结论：电磁理论可由规范场来解释，那么位错场或缺陷场当然也有其规范理论. 顺便提一句：电磁场方程和广义相对论有密切关系，因此缺陷规范场及其几何理论和广义相对论方法必然存在自然的联系[36, 37].

2. 一般线性缺陷场的 45 重 Abel 规范群

基于 Losata 的上述思想，Edelen[8]作了更一般的推广，证明了在计及旋错条件下，存在 45 重 Abel 规范变换群，其中考虑了使得缺陷场方程保持不变的对所有场量（包括缺陷源）的所谓第二类 Abel 规范变换. 通过施加规范条件使得缺陷场的可测量 Burgers 矢量和 Frank 矢量保持不变. 现简述如下. 在线性条件下缺陷场的基本方程（见该文（4.11），（4.12）和（4.15）），用外微分形式可以写成

$$\begin{cases} \partial_4 \alpha^a + \bar{d} J^a = - S^a, \bar{d}\alpha^a = Q^a \\ \partial_4 Q^a + \bar{d} S^a = 0, \bar{d} Q^a = 0 \end{cases} \tag{12.41}$$

其中 $\bar{d}$ 是 3 维外微分算子，对参考构形坐标 $\{x^\mu, \mu = 1, 2, 3\}$ 而言，(12.41) 中的符号分别表示

$$\alpha^a = \alpha^{\mu a}\omega_\mu = \text{位错密度 2 形}, J^a = J^a_\mu dx^\mu = \text{旋错流 1 形}$$

$$S^a = S^{\mu a}\omega_\mu = \text{旋错流 2 形}, Q^a = q^a \omega = \text{位错密度 3 形}$$

通过对外微分的运算，可以引进下列非源场量

$$\beta^a = \beta^a_\mu dx^\mu = \text{畸变 1 形}, \nu^a = \text{畸变速度 0 形}$$

$$\kappa^a = \kappa^{\mu a}\omega_\mu = \text{弯扭 2 形}, \omega^a = \omega^a_\mu dx^\mu = \text{旋转 1 形}$$

使得下列势方程成立：

$$\begin{cases} \bar{d}\beta^a + \kappa^a = a^a, \quad \partial_4 \beta^a - \bar{d}\nu^a + \omega^a = - J^a \\ \bar{d}\kappa^a = Q^a, \quad \partial_4 \kappa^a - \bar{d}\omega^a = - S^a \end{cases} \tag{12.42}$$

这可以看成是 (12.41) 的首次积分. 此次，我们还有宏观动量守恒方程

$$\partial_4 p_a = \bar{d}\sigma_a \tag{12.43}$$

其中

$$\sigma_a = \sigma^\mu_a \omega_\mu = p\text{-}K \text{ 应力 2 形}，p_a = P_a \omega = \text{动量 3 形}$$

如果引进 4 维场量

$$D^a = \alpha^a + J^a \wedge dt = \text{位错 2 形},$$

$$\Omega^a = O^a S^a \wedge dt = \text{旋错 3 形}$$

$$B^a = \beta^a + \nu^a \wedge dt = \text{畸变-速度 1 形},$$
$$K^a = \kappa^a - \omega^a \wedge dt = \text{扭-旋 2 形}$$

则（12.41），（12.42）可以更简洁地写成

$$\begin{cases} dD^a = \Omega^a, & d\Omega^a = 0 \\ dB^a + K^a = D^a, & dK^a = \Omega^a \end{cases} \tag{12.44}$$

这里的 d 是 4 维外微分运算，$d \equiv dx^\mu \wedge \partial_\mu = dx^\mu \wedge \partial_\mu + dt \wedge \partial_t$.

对微观量 D^a，Ω^a，B^a 和 K^a，存在如下 Abel 规范变换：

$$\begin{cases} \tilde{D}^a = D^a - \varphi^a - dF^a, \ \tilde{\Omega}^a = \Omega^a - d\varphi^a \\ \tilde{B}^a = B^a - dh^a - F^a + G^a, \ \tilde{K}^a = K^a - \varphi^a + dG^a \end{cases} \tag{12.45}$$

使得基本方程（3.17）保持不变．其中

$$2 \text{ 形 } \varphi^a = \varphi^a_\mu dx^\mu \wedge dt + \varphi^{\mu a}\omega_\mu, \ 1 \text{ 形 } F^a = f^a dt + F^a_\mu dx^\mu$$
$$1 \text{ 形 } G^a = g^a dt + G^a_\mu dx^\mu, \qquad 0 \text{ 形 } h^a$$

是任意函数，共有 45 个分量．这就说明在有旋错条件下，共有 45 重 Abel 规范群．在该变换下，4 维位错密度和旋错密度保持不变，从而 Burgers 矢量场和 Frank 矢量场也保持不变．

Edelen[38]通过方程（3.17）与电磁场方程相比较，认为一般线性缺陷连续统理论与具有磁荷和磁流的电磁理论相似，位错场相当于电荷和电流，而旋错场相当于磁荷和磁流．

§ 12.4 线性缺陷规范场理论的进一步发展

1. 规范场方法和缺陷动力学方程组的建立

上面推导的基本方程（12.43）和（12.44），当缺陷源 D^a 和 Ω^a 给定时，在线弹性本构关系假设下可以得到畸变场或应力场．但是，实际上缺陷源的分布和运动不能预先给定，它们和弹性场的运动是相互作用，耦合在一起的．为了求解这一耦合过程，还必须知道缺陷本身服从什么样的运动方程．

为此目的有几种途径可供选择．一是可将缺陷场 D^a 和 Ω^a 看成

内变量，这样利用含内变量的本构理论给出应力-弹性应变的本构关系，尔后用经验的唯象方法构造内变量的演化方程，且满足缺陷场的连续性方程（12.41）．但这样的理论体系并不漂亮．二是将缺陷场 D^a 和 Ω^a 看成和弹性场耦合在一起的 Lagrange 场，并构造该场的作用量，用最小作用量原理获得所必需的缺陷动力学方程，而规范场方法恰恰是构造所需要的 Lagrange 函数的有力武器．这是一个优美的理论结构，能否从它得到令人满意的缺陷运动规律确是很诱人的，从而值得进一步研究．

另一方面，从缺陷连续统的发展来看，早期的理论集中在变形几何学方面，我们已经证明 D^a 和 Ω^a 就是 4 维非欧物质流形上的挠率和曲率．由此看来，规范场也可以从纯几何的角度来研究，它与 4 维时空的流形上的纤维丛结构有密切关系，可以说缺陷场的发展是几何理论的自然延拓．80 年代以来，用几何化的方法来研究规范场及其与基态场的相互作用已有了大量著作，文献［2，3］中作了较详细说明，可参阅．

在用规范场方法构造缺陷动力学方程的研究中，Kadic 和 Edelen 的工作[9]是比较系统的．下面将重点阐述这一理论．为了作准备，对 Yang-Mills 的理论作一概述．

2．规范场理论的一般 Yang-Mills 表达

考虑一个在 4 维时空流形 $E_4\{x^\mu, \mu=1, 2, 3, 4\}$ 中的运动系统，其状态可由 N 个场 $\psi=\{\psi^a, a=1, 2, \cdots, N\}$ 确定．为方便将其表示成矩阵形式

$$\psi=\{\psi^1, \psi^2, \cdots \psi^N\}^T \tag{12.46}$$

T 表示矩阵转置，设该系统的 Lagrange 量及相应的作用量分别为

$$\boldsymbol{L}_0=\boldsymbol{L}_0(x^\mu, \psi, \psi_\mu) \tag{12.47}$$

$$\boldsymbol{I}=\int_{E_4} \boldsymbol{L}_0(x^\mu, \psi, \psi_\mu) d^4 x \tag{12.48}$$

其中 $\psi_\mu \equiv \partial\psi/\partial x^\mu$．再设该系统的对称群 G_0 是具有 r 个参数的李群，生成元为 $\{\boldsymbol{I}_k, k=1, 2, \cdots, r\}$，$\boldsymbol{I}_k$ 一般是 $N \times N$ 矩阵．由李

群理论可知

$$A = \exp(\in^k I_k),\ \forall\ A \in G_0 \tag{12.49}$$

其中 $\in^k$ 是 r 个实参数. 如$\in^k$是无穷小参数，则有

$$A = I_0 + \in^k I_k \tag{12.50}$$

I_0是单位变换. 所有I_k构成一个 r 维李代数，其基本运算是如下对易关系：

$$[I_k,\ I_l] \equiv I_k I_l - I_l I_k \equiv C^m_{kl} I_m = S_{kl} \tag{12.51}$$

C^m_{kl} 是李群 G_0 的结构常数，当其为零时，G_0 是可交换的 Abel 群，反之 G_0 是非 Abel 群. 定义 G_0 的 Carten-Killing 度量是

$$\eta_{ij} = (1/2) C^k_{il} c^l_{jk} \qquad (i,j,k,l = 1,\ 2,\cdots,N) \tag{12.52}$$

它可用来作有关量的群空间指标 i，j，…的升降运算. 在 G_0 作用下场量及其导数变换显然为

$$\widetilde{\psi} = A\psi, \widetilde{\psi}_\mu = A\psi_{\cdot\mu}, \partial_\mu A = 0,\ \forall\ A \in G_0 \tag{12.53}$$

由于 G_0 是系统的对称群，故有

$$L_0(x^\mu, \widetilde{\psi},\ \partial_\mu \widetilde{\psi}) = L_0(x^\mu,\ A\psi, A\psi_\mu) = L_0(x^\mu,\ \psi,\ \psi_\mu) \tag{12.54}$$

这样，由第 2 节讨论的 Noether 定理可推导相应的守恒律.

规范场论的关键思想是考虑系统在与整体对称群 G_0 所对应的局部对称群，以此引进新的场量——规范场来构造相应的拉氏函数. 正如 § 12.1 所说，Yang-Mills 的工作是里程碑性的，他们在研究具有同位旋对称性的基本粒子相互作用时，成功地得到了非 Abel 群下规范场的一般形式. 他们的方法有两个基本要点，一是最小替换，即在拉氏量中用规范协变导数代替普通导数；二是最小耦合，以此构造规范场自身的拉氏函数，并使其耦合到基态场上去.

Yang-Mills 最小替换原理　在局部变换群 G 的作用下，场量及其导数变为

$$\widetilde{\psi} = A(x)\psi,\ \partial_\mu \widetilde{\psi} = A(x)\partial_\mu \psi + (\partial_\mu A)\psi \qquad \forall\ A \in G \tag{12.55}$$

从而，(12.54) 不再满足. 为了保证在上述局部规范群下，拉氏

量保持不变，可以引进一协变导数代替普通偏导数：

$$D_\mu\Psi = \partial_\mu\Psi + \Gamma_\mu\Psi \tag{12.56}$$

其中 Γ_μ 是一个 $N\times N$ 的矩阵，称为规范联络. 它在 G 下具有如下变换形式：

$$\widetilde{\Gamma}_\mu = A\Gamma_\mu A^{-1} - (\partial_\mu A)A^{-1} \qquad \forall\ A \in G \tag{12.57}$$

利用（12.55）－（12.57）很容易证明

$$\widetilde{D}_\mu\widetilde{\Psi} := \partial_\mu\widetilde{\Psi} + \widetilde{\Gamma}_\mu\widetilde{\Psi} = A\, D_\mu\Psi \tag{12.58}$$

这样，如果将拉氏函数中的普通导数改成由（12.56）定义的协变导数，即

$$L_0 = L_0(x^\mu,\ \psi,\ D_\mu\psi) \tag{12.59}$$

则在局部群 G 作用下，根据（12.54），我们有

$$L_0(x^\mu,\ \widetilde{\psi},\ \widetilde{D}_\mu\psi) = L_0(x^\mu, \psi,\ D_\mu\psi) \tag{12.60}$$

这就是 Y-M 最小替换原理，在其中，我们引进了新的场量——规范联络 Γ_μ.

Yang-Mills 最小耦合原理　如将规范联络 Γ_μ 按李代数基 I_k 展开

$$\Gamma_\mu = \Gamma_\mu^x I_k \quad (x = 1,\ 2, \cdots N) \tag{12.61}$$

我们称这里的展开系数 Γ_μ^x 为规范场.

我们自然会问，规范场 Γ_μ^k 有什么物理意义，它和基态场 ψ 的关系如何？规范场自己的运动规律是什么，如何构造关于 Γ_μ^k 的拉氏量？事实上，规范场是表示系统相互作用的更基本的场，对不同的系统有不同的物理含义. 对缺陷连续统而言，基态场是弹性场而规范场表示缺陷场及其与基态场的相互作用. 另外，我们可利用 Y-M 最小耦合法则来构造规范场的拉氏量，根据这一法则，总的拉氏量可写成

$$L = L_0(x^\mu,\ \psi,\ D_\mu\psi) + s_1 L_1(x^\mu,\ \Gamma_\mu^k,\ \partial_\nu\Gamma_\mu^k) \tag{12.62}$$

其中 s_1 是耦合常数，而 L_1 是规范场 Γ_μ^k 自己的拉氏量，它和基态场 ψ 是独立的.

Utiyama[14]等解决了拉氏量 L_1 的构造问题. 由于 L_1 在群 G

下也必须保持不变，故有

$$L_1 = L_1(F^i_{\mu\nu}) \tag{12.63}$$

换言之，L_1 只能依赖于 Y-M 规范势 $F^i_{\mu\nu}$：

$$F^i_{\mu\nu} \equiv \partial_\mu F^i_\nu - \partial_\nu F^i_\mu + C^i_{jk}\Gamma^j_\mu \Gamma^k_\nu \tag{12.64}$$

其中 C^i_{jk} 是李群的结构常数，由（12.51）所定义. 在最为简单的情形下，可设

$$L_1 = (1/2)F^i_{\mu\nu}F^{\mu\nu}_i = (1/2)\eta_{ij}F^i_{\mu\nu}g^{\mu\sigma}g^{\nu\rho}F^i_{\sigma\rho} \tag{12.65}$$

这就是 Y-M 场的最小耦合原理的简洁表示. 这里，η_{ij} 是 $SO(3)$ 群的 Cartan-Killing 度量，$g^{\mu\nu} = \mathrm{diag}\,(-1, -1, -1, g^{44})$，$g^{44}$ 是一调节参数.

3. 线性弹性场的规范场 SO（3）$\triangleright T$（3）

Kadic 和 Edelen[9]将上述 Y-M 规范理论用于构造线性弹性场（作为基态）的规范场获得了成功. 我们简要介绍如下. 设 $\boldsymbol{y} = \{y^a, (a = 1, 2, 3)\}$ 是物质点的瞬时笛卡儿坐标矢，参考坐标是 $\{\chi^\mu\}$，$y^a = y^a(\chi^\mu)$ 表示运动，则对均匀弹性场，其拉氏量为

$$L_0 = L_0(y^a_\mu) = T - U(C_{\mu\nu}) \tag{12.66}$$

不计及外力场. 其中 T 是动能，U 是应变能，而 $C_{\mu\nu}$ 是 Cauchy 应变张量，即

$$T = (\rho/2)\partial_4 y^a \delta_{ab}\partial_4 y^b = (\rho/2)\partial_4 \boldsymbol{y}^T \partial_4 \boldsymbol{y} \tag{12.67}$$

$$C_{\mu\nu} = \delta_{ab}\partial_\mu y^a \partial_\nu y^b = \partial_\mu \boldsymbol{y}^T \partial_\nu \boldsymbol{y} \tag{12.68}$$

设 $\boldsymbol{y} = \{\boldsymbol{y}^1, \boldsymbol{y}^2, \boldsymbol{y}^3\}^{\boldsymbol{T}}$，$\boldsymbol{T}$ 表示转置.

大家知道，在经典弹性力学中，根据客观性原理，在整体规范变换下

$$\tilde{\boldsymbol{y}} = \boldsymbol{A}(t)\boldsymbol{y} + \boldsymbol{b}(t), \quad \boldsymbol{A}(t) \in SO(3)_0,\ \boldsymbol{b} \in T(3)_0 \tag{12.69}$$

拉氏量保持不变. 这里 $\boldsymbol{A}$ 和 $\boldsymbol{b}$ 可以是时间依赖的.

由于存在空间平移群，我们把（12.69）表示的变换群称为 SO（3）$_0$和 T（3）$_0$的半直积 SO（3）$_0\triangleright T$（3）$_0$.

按规范场的程序，下面我们将整体变换（12.69）局部化，即

$$\tilde{\boldsymbol{y}}=\boldsymbol{A}(x^{\mu})\boldsymbol{y}+\boldsymbol{b}(x^{\mu}),\quad \boldsymbol{A}(x)\in SO(3),\boldsymbol{b}(x)\in T(3) \tag{12.70}$$

$\boldsymbol{A}$ 和 $\boldsymbol{b}$ 是时空 $x=\{x^{\mu},\ \mu=1,2,3,4\}$ 的函数. 显然，由（12.70）表示的局部群是 SO（3）$\triangleright T$（3）. 在该群的作用下，拉氏函数（12.66）不再保持不变. 为了使上述 SO（3）$\triangleright T$（3）变成对称群，按 Y-M 最小替换原理，必须将 L_0 中的普通导数变换成某种协变导数. Kadic 和 Edelen 证明规范导数的形式应为

$$D_{\mu}^{*}\boldsymbol{y}=\partial_{\mu}\boldsymbol{y}+\boldsymbol{\Gamma}_{\mu}\boldsymbol{y}+\boldsymbol{\Phi}_{\mu}\equiv D_{\mu}\boldsymbol{y}+\boldsymbol{\Phi}_{\mu} \tag{12.71}$$

其中

$$\boldsymbol{\Gamma}_{\mu}=\Gamma_{\mu}^{k}\boldsymbol{I}_{k},\boldsymbol{\Phi}_{\mu}=\Phi_{\mu}^{a}\boldsymbol{t}_{a}\quad (k,\ a=1,2,3) \tag{12.72}$$

分别是对应于 SO（3）群和 T（3）群的规范联络，具有 24 个分量 Γ_{μ}^{i} 和 Φ_{μ}^{a}. 在（12.72）中，$\boldsymbol{t}_{a}=(\delta_{a1},\ \delta_{a2},\ \delta_{a3})^{T}$ 是 T（3）群的生成元矩阵. 同时，为了保证由（12.71）定义的导数的协变性质，规范联络的变换式必须是

$$\tilde{\boldsymbol{\Gamma}}_{\mu}=\boldsymbol{A}\boldsymbol{\Gamma}_{\mu}\boldsymbol{A}^{-1}-(\partial_{\mu}\boldsymbol{A})\boldsymbol{A}^{-1},\ \tilde{\boldsymbol{\Phi}}_{\mu}=\boldsymbol{A}\boldsymbol{\Phi}_{\mu}-\partial_{\mu}\boldsymbol{b}-\tilde{\boldsymbol{\Gamma}}_{\mu}\boldsymbol{b} \tag{12.73}$$

这样，在此理论框架下，缺陷连续统共有 27 个基本场量 y^{a}，Γ_{μ}^{k}，$\Phi_{\mu}^{k}(a,\ k=1,2,3,\mu=1,2,3,4)$，它们与缺陷密度的关系及用规范场中最小替换和最小耦合原理构造完整的动力学方程组成了缺陷规范场的基本内容. 首先，在把 $\boldsymbol{\Gamma}_{\mu}$ 和 $\boldsymbol{\Phi}_{\mu}$ 作为规范场的基本变量后，Kadic 和 Edelen 利用外微分系统理论和线性同伦算子理论，以及 Y-M 最小替换和耦合原理，求得了（3.17）中定义的缺陷场和规范场的关系，它们是

$$\begin{cases}\boldsymbol{D}=\boldsymbol{\theta}\boldsymbol{y}+d\boldsymbol{\Phi}+\boldsymbol{\Gamma}\wedge\boldsymbol{\Phi},\quad \boldsymbol{\Omega}=d(\boldsymbol{\theta}\boldsymbol{y}+\boldsymbol{\Gamma}\wedge\boldsymbol{\Phi})\\ \boldsymbol{B}=d\boldsymbol{y}+\boldsymbol{\Gamma}\boldsymbol{y}+\boldsymbol{\Phi},\ \boldsymbol{K}=\boldsymbol{\Gamma}\wedge\boldsymbol{B}\end{cases} \tag{12.74}$$

这是弹性缺陷规范场的基本关系之一. 其中 $\boldsymbol{\theta}$ 表示 2 形曲率张量，定义为

$$\boldsymbol{\theta}=d\boldsymbol{\Gamma}+\boldsymbol{\Gamma}\wedge\boldsymbol{\Gamma} \tag{12.75}$$

这里 d 是 4 维外微分算子：$d\equiv dx^{\mu}\wedge\partial_{\mu}$. 由方程组（12.74），我

们不难推导出

$$\begin{cases} d\Gamma = \theta - \Gamma \wedge \Gamma, & d\theta = \theta \wedge \Gamma - \Gamma \wedge \theta \\ d\boldsymbol{B} = \boldsymbol{D} - \Gamma \wedge \boldsymbol{B}, & d\boldsymbol{D} = \theta \wedge \boldsymbol{B} - \Gamma \wedge \boldsymbol{D} \end{cases} \quad (12.76)$$

这就是缺陷场的Cartan 结构方程. 从(12.76)可知，给定规范联络Γ和畸变张量$\boldsymbol{B}$后，可唯一确定缺陷密度$\boldsymbol{D}$和θ. 从物理上可想象，连续统的整体平移群的变化对应于位错，而旋转对称性的变化对应于旋错. 因此，如果不考虑旋转群SO(3)，即令$\Gamma=0$，则从(12.74)可得无旋错时的位错场表达式

$$\boldsymbol{D} = d\boldsymbol{\Phi}, \quad \boldsymbol{B} = d\boldsymbol{y} + \boldsymbol{\Phi}, \boldsymbol{\Omega} = \boldsymbol{K} = 0 \quad (12.77)$$

分量形式是

$$\begin{cases} B^a_\mu = \partial_\mu y^a + \Phi^a_\mu, & \nu^a = \partial_4 y^a + \Phi^a_4 \\ \alpha^{\mu a} = \varepsilon^{\mu\nu\sigma}(\partial_\nu \Phi^a_\sigma - \partial_\sigma \Phi^a_\nu), & J^a_\mu = \partial_\mu \Phi^a_4 - \partial_4 \Phi^i_\mu \end{cases} \quad (12.78)$$

这时的基本场量共15个：y^a和$\Phi^a_\mu(a=1, 2, 3, \mu=1, 2, 3, 4)$，计算起来，比较简洁.

从缺陷场的Cartan 结构方程来看，如果给定规范联络Γ和畸变张量$\boldsymbol{B}$，缺陷密度$\boldsymbol{D}$和θ可唯一被确定. 但反过来，缺陷场$\boldsymbol{D}$和θ给定后，并不能立刻求得Γ和$\boldsymbol{B}$，这需要建立相应的缺陷场的动力学方程. 下面讨论这一问题.

4. **弹性缺陷场的 Lagrange 函数和动力学方程**

把线性各向同性弹性场作为基态场，则其拉氏函数为

$$L_0(y^a_\mu) = T - U = \frac{\rho}{2}\partial_4 y^a \delta_{ab} \partial_4 y^b - \frac{1}{8}\left[\lambda(e_{\mu\nu}\delta^{\mu\nu})^2 + 2\mu e_{\mu\nu} e^{\mu\nu}\right] \quad (12.79)$$

其中

$$e_{\mu\nu} = (1/2)(C_{\mu\nu} - \delta_{\mu\nu}) = (1/2)\left[\partial_\mu y^a \delta_{ab} \partial_\nu y^b - \delta_{\mu\nu}\right]$$

是 Green 应变张量. λ和μ是 Lame 系数. 这样，在规范群SO(3) $\triangleright T$(3)下，由最小替换

$$\partial_\mu y^a \to D^*_\mu y^a \equiv B^a_\mu = \partial_\mu y^a + \Gamma^k_\mu (I_k)^a_b y^b + \Phi^a_\mu \quad (12.80)$$

的具有规范不变性的新的L_0为

$$L_0 = L_0(B_\mu^a) = \frac{\rho}{2} B_4^a B_4^a - \frac{1}{8}\left[\lambda(E_{\mu\nu}\delta^{\mu\nu})^2 + 2\mu E_{\mu\nu}\delta^{\mu\sigma}\delta^{\nu\rho}E_{\sigma\rho}\right] \tag{12.81}$$

其中

$$E_{\mu\nu} = \delta_{ab} B_\mu^a B_\mu^b - \delta_{\mu\nu} \tag{12.82}$$

在（12.81）中，通过畸变 1 形张量 B_μ^a 引进了缺陷场 Φ_μ^a，Γ_μ^k 与宏观弹性场 y_μ^a 的 相互作用.

此外，通过最小耦合原理可构造出规范为 Φ_μ^a 和 Γ_μ^k 的各自独立的拉氏量为

$$L_1 = L_1(\Phi_\mu^a,\ \partial_\mu\Phi_\nu^a),\ L_2 = L_2(\Gamma_\mu^k,\ \partial_\mu\Gamma_\nu^k) \tag{12.83}$$

根据（12.64），（12.65），我们可具体地取

$$L_1 = (1/2)\delta_{ab} D_{\mu\nu}^a K^{\mu\sigma} K^{\nu\rho} D_{\sigma\rho}^b \tag{12.84}$$

$$L_2 = (1/2)\eta_{ij} F_{\mu\nu}^i g^{\mu\rho} g^{\nu\sigma} F_{\sigma\rho}^i \tag{12.85}$$

其中 $D_{\mu\nu}^a$ 是位错密度 $\boldsymbol{D}$ 的分量，而 $F_{\mu\nu}^i$ 是旋错 $\boldsymbol{\theta}$ 的分量. η_{ij} 是 Cartan－Killing度量系数，而

$$\begin{cases} F_{\mu\nu}^i = \partial_\mu\Gamma_\nu^i - \partial_\nu\Gamma_\mu^i + C_{jk}^i\Gamma_\mu^j\Gamma_\nu^k \\ D_{\mu\nu}^a = \partial_\mu\Phi_\nu^a - \partial_\nu\Phi_\mu^a + (I_k)_b^a(\Gamma_\mu^k\Phi_\nu^b + \Gamma_\nu^k\Phi_\mu^b + F_{\mu\nu}^k y^b) \end{cases} \tag{12.86}$$

在（12.84），（12.85）中，我们引进了两个 4 维度量

$$\begin{aligned} \{g^{\mu\sigma}\} &= \mathrm{diag}(-1,\ -1,\ -1,\ g^{44}), \\ K^{\mu\nu} &= \mathrm{diag}(-1,\ -1,\ -1,\ K^{44}) \end{aligned} \tag{12.87}$$

这里有两个待定常数 g^{44} 和 K^{44}，并不象相对论中代表光速，而是称为“传播参数”.

这样，弹性缺陷场的总的拉氏量由（12.81），（12.84）和（12.85）组成：

$$L = L_0 - s_1 L_1 - s_2 L_2 \tag{12.88}$$

这样，全部理论有 4 个可调参数：s_1 和 s_2 是最小耦合系数，而 g^{44} 和 K^{44} 是两个“传播 参数”.

在得到缺陷场的总的拉氏量（12.88）后，由最小作用量原理（12.4）可得到相应的 Euler-Lagrange 方程. 如略去具体推导过程，可写出

对 y^a 的变分得到

$$\partial_4 p_a - \partial_\mu \sigma_a^\mu = (I_k)_a^b (\Gamma_4^k P_b - \Gamma_\mu^k \sigma_b^\mu + F_{\mu\nu}^k R_b^{\mu\nu}) \qquad (12.89)$$

对 Φ_μ^a 的变分得到两组方程

$$\partial_\mu R_a^{\mu\nu} - (I_k)_a^b \Gamma_\mu^k R_b^{\mu\nu} = \frac{1}{2}\sigma_a^\nu, \quad \partial_\mu R_a^{\mu 4} - (I_k)_a^b \Gamma_\mu^k R_b^{\mu 4} = \frac{1}{2} P_a \qquad (12.90)$$

对 Γ_μ^k 的变分得到

$$\partial_\mu G_k^{\mu\nu} - C_{jk}^m \Gamma_\mu^j G_m^{\mu\nu} = (I_k)_b^a R_a^{\mu\nu} B_\mu^b \qquad (12.91)$$

其中，引进了二阶和三阶广义应力场

$$\begin{cases} \sigma_a^\mu \equiv - \partial L/\partial B_\mu^a,\ p_a = - \partial L/\partial B_4^a \\ R_a^{\mu\nu} \equiv \partial L/\partial D_{\mu\nu}^a, G_k^{\mu\nu} = \partial L/\partial F_{\mu\nu}^k \end{cases} \qquad (12.92)$$

实质上，这就是缺陷场的本构方程. 将（12.88）代入（12.92），可得到具体的表达式，详见 Kadic 和 Edelen[9]，Edelen 和 Lagoudas[10]的推导.

值得指出，方程组（12.89）—（12.91）是一组完备的方程组，共 27 个，决定 27 个独立的场量 y^a,Φ_μ^a 和 Γ_μ^k. 同时，根据第 2 节的 Noether 定理，可以对 SO（3）和 T（3）群，分别构造出相应的 4 维流密度 J^a 的守恒律.

在无旋错只有位错的情形下，方程组（12.89）—（12.92）简化成

$$\begin{cases} \partial_4 P_a - \partial_\mu \sigma_a^\mu = 0 \\ s_1 \delta_{ba} \delta^{\nu\rho} [\partial^\mu (\partial_\mu \Phi_\rho^a - \partial_\rho \Phi_\mu^a) - K^{44} \partial_4 (\partial_4 \Phi_\rho^a - \partial_\rho \Phi_4^a)] = (1/2) \sigma_b^\nu \\ s_1 K^{44} \delta_{ab} \partial^\mu (\partial_\mu \Phi_4^a - \partial_4 \Phi_\mu^a) = (1/2) P_b \end{cases} \qquad (12.93)$$

而广义动量和应力可写成

$$\begin{cases} p_a = \rho_0 \delta_{ab} (\partial_4 y^b + \Phi_4^b) \\ \sigma_a^\mu = (\lambda/2) \delta_\nu^\mu \delta_{ab} (\partial_\sigma y^b + \Phi_\sigma^b)(\delta^{\nu\sigma} \delta^{\lambda\rho} E_{\lambda\rho} + (2\mu/\lambda) \delta^{\zeta\nu} \delta^{\pi\sigma} E_{\zeta\pi}) \\ E_{\mu\nu} = (\partial_\mu y^a + \Phi_\mu^a) \delta_{ab} (\partial_\nu y^b + \Phi_\nu^b) - \delta_{\mu\nu} \end{cases} \qquad (12.94)$$

方程组（12.94）有 15 个方程，且有 15 个独立的未知量 y^a 和 Φ_μ^a，而本构关系$(12.94)_{1,2}$是线弹性基态本构关系的直接推广，即将 $\partial_\mu y^a$ 换成 $\partial_\mu y^a + \Phi_\mu^a$ 的最小替换.

5. 场方程线性化近似

用缺陷规范场理论推导的基本方程（12.89）—（12.92）是一组非线性偏微分方程，在某些情形下可以进行线性化近似. 首先，由（12.71）给出的规范导数中，我们对补偿场 Γ_μ 和 Φ_μ 作为 $SO(3)$ 群和 $T(3)$ 群没有加以任何限制. 如假定 Γ_μ 和 Φ_μ 是无穷小变换群的元素，可将变换（12.71）改写成

$$B_\mu^a = D_\mu^* y^a = \partial_\mu y^a + \in \Gamma_\mu^k (I_k)_b^a y^b + \in \Phi_\mu^a \tag{12.95}$$

其中 $\in$ 是确定位错和旋错的小参数. 群的结构常数 C_{mn}^k 和 Cartan-Killing 度量也需作变换

$$C_{mn}^k \to \in C_{mn}^k,\ \eta_{kl} \to \in^2 \eta_{kl},\ \eta^{kl} \to \eta^{kl}/\in^2 \tag{12.96}$$

这样，我们把基本场量 y^a(用 μ^a 代替)，Φ_μ^a 和 Γ_μ^k 作展开：

$$\begin{cases} u^a \equiv y^a - \delta_\mu^a x^\mu = \sum\limits_{n=0}^{\infty} u_{(n)}^a \in^n \\ \Phi_\mu^a = \sum\limits_{n=0}^{\infty} \underset{(n)}{\Phi_\mu^a} \in^n,\ \Gamma_\mu^k = \sum\limits_{n=0}^{\infty} \underset{(n)}{\Gamma_\mu^k} \in^n \end{cases} \tag{12.97}$$

将其代入基本方程（12.89）—（12.92），便可得到关于场量各阶近似的方程. 在初始参考构形不存在缺陷的条件下，可得到

$$\underset{(0)}{u^a} = \underset{(0)}{\Phi_\mu^a} = \underset{(0)}{\Gamma_\mu^k} = \underset{(0)}{\Gamma_\mu^k} = 0$$

故方程（12.95）改写成

$$\begin{aligned} B_\mu^a = {} & \delta_\mu^a + \in \partial_\mu \underset{(1)}{u^a} + \in^2 (\partial_\mu \underset{(2)}{u^a} + \underset{(1)}{\Phi_\mu^a}) \\ & + \in^3 (\partial_\mu \underset{(3)}{u^a} + \underset{(2)}{\Phi_\mu^a} + (I_k)_b^a \underset{(2)}{\Gamma_\mu^k} \delta_\nu^b x^\nu) + \cdots \end{aligned} \tag{12.98}$$

计算表明，一阶近似是弹性基态场的方程；而二阶近似只有平移群 $\underset{(1)}{\Phi_\mu^a}$ 和基态场的耦合而无旋错的影响；在三阶近似下，同时存在位错和旋错的影响，这表明形成旋错的能量要比位错大得多.

值得指出，由上述理论框架已经得出了一些和经典位错理论符合的结果. 主要研究的是无限域的问题. 对有限体的问题，需要得到相应的初、边界条件，这方面的理论并不成熟. 另外，由于利用上述方程组来求解的问题还很少，即使对静态刃型和螺型

位错的结果，近场解和经典结果一致，但远场解却比经典理论衰减得快. 最近，Edelen 和 Logoudas[10, 39, 40]用它研究波的色散关系也得到了一些结果. 今后也许要给出更多的具体应用以便对上述理论框架作出考验. 规范场理论本身还必须完善. 下面我们将介绍当 Lorentz 群和规范群同时存在时缺陷规范场理论的一些结果，看一下规范场理论和 4 维非线性几何理论的一致性.

§ 12.5 非线性弹性规范场的一些结果

1. 基态弹性场的 Poincare 对称群

上面介绍的理论是基于将 SO (3) 和 T (3) 以半直积 SO (3) ▷T (3) 群的形式作用于基态弹性场 y^a 上的，该群不能在某一向量空间上得到真实的矩阵表示，在数学形式上不完满，也不能直接和缺陷连续统的几何理论相比较. 这与一般规范场理论都有着对应的纤维丛几何解释不符. 之所以发生这种情形，主要是 Kadic 和 Edelen 的理论是从基本方程 (12.44) 出发而推导的. 段祝平和黄迎雷的近期工作[41, 42]表明，这组方程 (12.44) 也许是弱缺陷场的近似结果. 缺陷规范场可与几何理论完全对应，而缺陷规范场就是 4 维物质流形 $\overline{M}_4$[1]的切丛的非欧联络和半度规张量.

为了形成这一规范场理论，我们先讨论一下非线性弹性场的整体对称群. 事实上，将非线性弹性场的作用量泛函(12.3)改成

$$I(y^a) = \int_{E_4} L_0(\partial_\mu y^a) d^4 x \tag{12.99}$$

其中假定拉氏量 L_0只依赖于 4 维变形梯度张量，它有形式

$$L_0(\partial_\mu y^a) = (\rho/2)\delta_{ab}\, \dot{y}^a\, \dot{y}^b - U(E_{\mu\nu}) \tag{12.100}$$

其中 $E_{\mu\nu} = (1/2)[\delta_{ab} y^a_\mu y^b_\nu - \delta_{\mu\nu}]$ 是 Green 应变张量.

根据对非线性弹性动力学守恒律的研究[33]，(12.100) 有下列整体物质对称群及规范群：

$$\tilde{x}^\mu = x^\mu + \delta x^\mu = x^\mu + \varepsilon^\mu_\nu x^\nu + \eta^\mu_0 \tag{12.101}$$

$$\tilde{y}^a = y^a + \delta y^a = y^a + \varepsilon^a_b y^b + b^a_0 \qquad (a,\ \mu = 1,\ 2,\ 3)$$

而时间只有平移群

$$\tilde{t} = t + t_0$$

其中 $\{\varepsilon^\mu_\nu\}$ 和 $\{\eta^\mu_0\}$ 分别表示参考坐标的转动群 $SO(3)_0$ 元和平移群 $T(3)_0$ 元，而 $\{\varepsilon^a_b\}$ 和 $\{b^a_0\}$ 表示整体规范群和平移群的元，都是无穷小参数. 显然，有

$$\varepsilon^\mu_\nu = -\varepsilon^\nu_\mu, \quad \varepsilon^a_b = -\varepsilon^b_a \tag{12.102}$$

它们与 Levi-Civita 张量 $\varepsilon^\mu_{\lambda\nu}$ 有关：

$$\varepsilon^\mu_\nu = \varepsilon^\mu_{\lambda\nu} \in^\lambda, \quad \varepsilon^a_b = \varepsilon^a_{cb} \in^c \tag{12.103}$$

其中 ε^λ 和 ε^c 是无穷小参数. 从而（12.101）代表的是 Poincare 群.

为了下面推导方便，我们将 SO（3）$_0$群的生成元改成

$$\boldsymbol{S}_{ij} = [\boldsymbol{I}_i, \boldsymbol{I}_j] = C^k_{ij}\boldsymbol{I}_k \tag{12.104}$$

这里，SO（3）$_0$群的结构常数是 C^k_{ij}，并且和 Levi-Civita 张量等价，其 Cartan-Killing 度量是 $\eta_{ij} = -\delta_{ij}$. 这样，为方便起见，可将 Poincare 对称群的表示（12.101）改写成

$$\begin{aligned} \delta y^a &= \frac{1}{2}\varepsilon^{ij}(S_{ij})^a_b y^b + b^a_0, \\ \delta x^\mu &= \frac{1}{2}\varepsilon^{ij}(S_{ij})^\mu_\nu x^\nu + \eta^\mu_0 \end{aligned} \tag{12.105}$$

这里，我们假定 ε^{ij}，ε^a_b 和 ε^μ_ν 是相同的无穷小参数.

对于如上 Poincare 变换，如不计规范平移群，不难求得 $\partial_\mu y$ 的变换

$$\delta(\partial_\mu \boldsymbol{y}) = (1/2)\boldsymbol{\varepsilon}^{ij}\boldsymbol{S}_{ij}\partial_\mu \boldsymbol{y} - \delta^\mu_\mu \boldsymbol{\varepsilon}^\nu_\mu \partial_\nu \boldsymbol{y} \tag{12.106}$$

且有

$$\partial_\mu \delta x^\mu = 0 \tag{12.107}$$

下面，我们将讨论在把 Poincare 群局部化后，使其仍满足对称性要求的条件.

2. 局部 Poincare 群和最小替换

现在，我们将上述 Poincare 群局部化，这里，ε^{ij} 和 η^μ 都成为

时空的函数，有

$$\begin{aligned}\delta x^{\mu} &= \varepsilon_{\nu}^{\mu}(x)x^{\nu} + \eta^{\mu}(x) \equiv \zeta^{\mu}(x), \\ \delta \boldsymbol{y} &= (1/2)\varepsilon^{ij}(x)\boldsymbol{S}_{ij}\boldsymbol{y}\end{aligned} \tag{12.108}$$

显然在该局部作用下，作用量（12.99）不再具有不变性. 为了找到新的具有不变性的拉氏量，必须用某一规范协变导数来替代偏导数 $\partial_{\mu}\boldsymbol{y}$. 然而，时空如参与变换，则仅作 Y-M 最小替换还不能满足对称性要求，Kibble[15] 曾证明，还必须在拉氏量前面乘上一个反映坐标变换的因子，才能使方程（12.16）得到满足，从而保证在局部 Poincare 群（12.108）下保持不变.（论证较冗长，有兴趣的读者可参看 Kibble 的原文）

这样，在不计局部规范平移群时，最终所需要的规范协变导数是

$$\begin{aligned}D_{k}y^{a} &= \Phi_{k}^{\mu}D_{\mu}y^{a} \\ &= \Phi_{k}^{\mu}\left[\partial_{\mu}y^{a} + \frac{1}{2}\Gamma_{\mu}^{ij}(S_{ij})_{b}^{a}y^{b}\right] \ (k,\ \mu = 1,\ 2,\ 3,\ 4)\end{aligned} \tag{12.109}$$

Γ_{μ}^{ij} 是新引进的 SO（3）群的规范场，对李群的指标 i，j 是反对称的，且具有变换性质

$$\delta\Gamma_{\mu}^{ij} = \varepsilon_{k}^{i}\Gamma_{\mu}^{kj} + \varepsilon_{k}^{j}\Gamma_{\mu}^{ik} - \partial_{\mu}\zeta^{\nu}\Gamma_{\nu}^{ij} - \partial_{\mu}\varepsilon^{ij} \tag{12.110}$$

这里，称 Φ_{k}^{μ} 为半度规(vierbein)，它有逆变换 Φ_{μ}^{k} 使得

$$D_{\mu}y^{a} = \Phi_{\mu}^{k}D_{k}y^{a} \tag{12.111}$$

且服从变换

$$\delta\Phi_{k}^{\mu} = \delta_{\mu}^{\mu}(\partial_{\nu}\xi^{\mu})\Phi_{k}^{\nu} - \delta_{k}^{i}\varepsilon_{j}^{i}\Phi_{i}^{\mu} \tag{12.112}$$

由于采用牛顿⁻伽利略时空而不考虑相对论效应，故要求 Φ_{k}^{μ} 满足非相对论条件

$$\Phi_{k}^{4} = \delta_{k}^{4}, \qquad \Phi_{\mu}^{4} = \delta_{\mu}^{4} \tag{12.113}$$

这样 Φ_{k}^{μ} 只有 12 个独立分量，故最小替换（12.109）总共有 27 个场量：y^{a}，Φ_{k}^{μ} 和 Γ_{μ}^{ij}. 这与上述 Edelen 的规范场理论及 3 构形几何理论是一致的.

如不考虑 SO（3）群，即不计旋错效应，我们有 $\Gamma_{\mu}^{ij} = 0$，从而（12.109）简化为

$$D_{k}y^{a} = \Phi_{k}^{\mu}\partial_{\mu}y^{a} \tag{12.114a}$$

或

$$\partial_\mu y^a = D_k y^a \Phi^k_\mu \tag{12.114b}$$

这相当于不考虑场量变换而只考虑坐标变换的情形，它只产生位错. 值得指出，如果把（12.114b）和弹塑性有限应变中的乘法分解（即 $F=F_eF_p$）比较，可以看出，规范协变导数起着弹性梯度的作用，而最小替换原理相当于基态拉氏量只和弹性应变有关为了满足（12.16），必须将拉氏量作下列变换：

$$L_0(\partial_\mu y^a) \to GL_0(D_k y^a) \tag{12.115}$$

其中 $G = [\det(\Phi^\mu_k)]^{-1}$，且满足

$$\delta G + [\partial_\mu \xi^\mu] G = 0 \tag{12.116}$$

这里，不妨将（12.109）定义的协变导数和 Kadic 和 Edelen 的公式（12.71）作一比较. 在弱缺陷场的情形下，将 Φ^μ_k展开：

$$\Phi^\mu_k = \delta^\mu_k + \hat{\Phi}^\mu_k, \quad \partial_\mu y^a = \delta^a_\mu + \partial_\mu u^a$$

而将 $\partial_\mu u^a$，$\hat{\Phi}^\mu_k$ 和 Γ^{ij}_μ 视为一阶小量，则在忽略二阶小量时，（12.109）简化为

$$D_k y^a = \partial_k y^a + (\Gamma_k)^a_b y^b + \hat{\Phi}^a_k \tag{12.117}$$

其中

$$\partial_k y^a = \delta^\mu_k \partial_\mu y^a, \quad \Gamma_k = (1/2)\delta^\mu_k \Gamma^{ij}_\mu S_{ij}$$

（12.117）和（12.71）具有相同的形式，但指标集不一样，从下面讨论可知，指标集 $\{i, j, \cdots\}$ 是自然构形上的关于局部坐标系的指标. 这就表明，从上面的规范场出发自然地得到了缺陷连续统 3 构形的几何描述，而 § 12.4 讨论的 Kadic 和 Edelen 理论可看作一种弱缺陷场的近似.

3. 几何意义的进一步说明

本章的第一部分用 3 构形和 4 维物质流形 $\overline{M}_4$系统建立了非线性缺陷场的几何理论. 这时，位错和旋错分别对应于 4 维自然态上的挠率和曲率. 该自然态有非欧的切丛联络，而表示主切丛的正交标架场与自然切向量场之间的变换通过半度规来实现. 我

们看一下，这里给出的规范场理论和上述几何理论是如何统一起来的. 为了具体实现这一点，首先通过规范场（12.109）中的半度规 Φ^i_μ 定义 4 维物质流形 $\overline{M}_4$ 的基本 1 形

$$\Phi^i = \Phi^i_\mu dx^\mu \text{ 或 } dx^\mu = \Phi^\mu_i \Phi^i \tag{12.118}$$

不难看出，与这个基本 1 形对偶的切向量基是

$$\boldsymbol{e}_i = \Phi^\mu_i \partial_\mu \text{ 且} < \Phi^i, \boldsymbol{e}_j > = \delta^i_j \tag{12.119}$$

这样 $\overline{M}_4$ 中任一点的切空间 T_p 中的矢量微元可表示成

$$\delta \boldsymbol{R} = dx^\mu \partial_\mu = \Phi^i \boldsymbol{e}_i$$

一般讲 $\{\boldsymbol{e}_i\}$ 是非完整系统的坐标，可以把它看成是 $\overline{M}_4$ 上的一个局部正交标架场. 故 Φ^i_μ 又可看成是从参考态到自然态的非完整变换. 而且由(12.113) 可知，$\Phi^4 = dt$.

这样可设 4 维物质流形 $\overline{M}_4$ 有下列度量结构：

$$\eta_{ij} = \boldsymbol{e}_i \cdot \boldsymbol{e}_j = \mathrm{diag}(-1, -1, -1, 1/\zeta) \tag{12.120}$$

其中 ζ 是一待定参数，故有

$$\partial_\mu \cdot \partial_\nu \equiv g_{\mu\nu} = \Phi^i_\mu \Phi^j_\nu \eta_{ij} \tag{12.121}$$

通过切向量平移法可定义切丛的联络结构

$$D\boldsymbol{e}_i = {}^{(n)}\Gamma^j_i \boldsymbol{e}_j = {}^{(n)}\Gamma^j_{\mu i} \boldsymbol{e}_j dx^\mu \tag{12.122}$$

${}^{(n)}\Gamma^i_{\mu i}$ 是新引进的联络系数. 如对该切丛联系要求有 $\boldsymbol{e}_4$ 在平行平移中保持不变，切矢 $\boldsymbol{e}_i$ ($i=1, 2, 3$) 平移时在 $\boldsymbol{e}_4$ 上不会产生投影，则如此得到的 ${}^{(n)}\Gamma^i_{\mu j}$ 满足非相对论性条件

$${}^{(n)}\Gamma^i_{\mu j} = \delta^i_i \delta^i_j \Gamma^i_{\mu j} \tag{12.123}$$

这样，从（12.113）和（12.120）可证明 ${}^{(n)}\Gamma_{\mu j}$ 具有反对称关系

$${}^{(n)}\Gamma^i_{\mu j} = -{}^{(n)}\Gamma^i_{\mu i} \tag{12.124}$$

由此可知，(12.122) 中的联络系数 ${}^{(n)}\Gamma^{\ j}_{\mu i}$ 和（12.109）中引进 SO(3) 群的规范场具有完全相同的性质，这样可将两者等同起来.

根据上述的对应关系，可以证明规范势和 $\overline{M}_4$ 流形的挠率和曲率有完全相同的结构. 但我们知道，流形 $\overline{M}_4$ 的挠率和曲率确定了缺陷的密度和流密度，因此规范势也就自然而然地表示缺陷的密度和流密度了. 这个结论在用规范场理论构造弹性缺陷场的拉氏

量时有重要的意义. 为了将这一观点具体化，先求出二阶规范导数

$$[D_k, D_l]y \equiv (D_kD_l - D_lD_k)y = (1/2)R^{ij}_{kl}S_{ij}y - T^i_{kl}D_iy \quad (12.125$$

其中

$$\begin{cases} R^{ij}_{kl} = \Phi^{\mu}_k\Phi^{\nu}_l R^{ij}_{\mu\nu}, \ R^{ij}_{\mu\nu} = 2(\partial_{[\mu}\Gamma^{ij}_{\nu]} - \Gamma^{i}_{[\mu|m|}\Gamma^{jm}_{\nu]}) \\ T^i_{kl} = 2\Phi^{\mu}_k\Phi^{\nu}_l D_{[\mu}\Phi^i_{\nu]}, \ D_{\mu}\Phi^i_{\nu} = \partial_{\mu}\Phi^i_{\nu} + \Gamma^i_{\mu j}\Phi^j_{\nu} \end{cases} \quad (12.126)$$

若用 $SO(3)$ 群的 Cartan-Killing 度量 η_{ij} 定义指标 i, j, …的升降，我们有

$$\Gamma^i_{\mu j} = \Gamma^{il}_{\mu}\eta_{lj}, \ R^i_{\mu\nu j} = R^{il}_{\mu\nu}\eta_{lj}$$

从而有

$$R^i_{\mu\nu j} = 2(\partial_{[\mu}\Gamma^i_{\nu l]} + \Gamma^i_{[\mu|l|}\Gamma^l_{j]},) \quad (12.127)$$

我们称 $R^{ij}_{\mu\nu}$ 和 T^i_{kl} 为规范势.

另一方面，若将由（12.122）确定的联络系数定义 $\overline{M}_4$ 上的挠率和曲率：

$$D_{e_i}e_j - D_{e_j}e_i - [e_i, e_j] \equiv T^k_{ij}e_k \quad (12.128)$$

$$[D_{e_i}, D_{e_j}]e_k - D_{[e_i, e_j]}e_k \equiv R^l_{ijk}e_l$$

通过运算，可发现这里定义的挠率 T^k_{ij} 和曲率 R^l_{ijk} 跟(12.126) 具有完全相同的表示.

此外，我们还可证明联络系数 Γ 和半度规 Φ 的变换关系和规范场理论中的表示（12.110）和（12.112）完全一致. 这样，也就说明了本节给出的 Peincare 群的规范场和 4 维物质流形 $\overline{M}_4$ 上切丛的联络和非完整变换的一致性，规范变换表示的是切丛标架场 $\{e_i\}$ 局部转动变换，它相应地把切丛的一个截面变换到另一个截面，而截面上的联络和半度规也随之变换. 我们可以看到，原先抽象的规范变换在纤维丛几何的解释下具体化了，缺陷规范场的优点不但在于它和 $\overline{M}_4$ 上几何理论的一致性，而且规范场理论通过最小替换和最小耦合原理构造出缺陷规范场的拉氏函数，从而求得缺陷场的完备的动力学方程.

4. 非线性弹性缺陷场 Lagrange 函数的构造

为了在本节理论框架内求得完备的动力学方程，需讨论有关

拉氏量（即拉氏函数）的构造．按规范场理论，系统的总的拉氏函数由三部分组成：弹性基态场的贡献（12.115）；规范场 Φ^i_μ 对拉氏函数的贡献 L_1；规范联络 $\Gamma^i_{\mu j}$ 对拉氏函数的贡献 L_2．由最小耦合原理（12.63）—（12.65）可知

$$L = GL_0(D_k y^a) + s_1 L_1 + s_2 L_2 \tag{12.129}$$

其中仿照（4.20）可得

$$L_1 = (1/4)GT^i_{\mu\nu}T^{\mu\nu}_i, \quad L_2 = (1/4)GR^{ij}_{\mu\nu}R^{\mu\nu}_{ij} \tag{12.130}$$

其中 $T^i_{\mu\nu}$, $T^{\mu\nu}_i$, $R^{\mu\nu}_{ij}$ 分别由(12.126)定义的规范势通过 Cartan-Killing 度量 η_{ij} 或 $g_{\mu\nu}$ 进行指标的升降得到：

$$\begin{cases} T^i_{\mu\nu} = T^i_{jk}\Phi^j_\mu\Phi^k_\nu = 2D_{[\mu}\Phi^i_{\nu]} \\ T^{\mu\nu}_i = \eta_{ij}T^j_{\lambda\sigma}g^{\mu\lambda}g^{\nu\sigma},\ R^{\mu\nu}_{ij} = \eta_{ik}\eta_{jl}R^{kl}_{\lambda\sigma}g^{\mu\lambda}g^{\nu\sigma} \end{cases} \tag{12.131}$$

进一步，类似于广义相对论的方法，从曲率张量 $R^{ij}_{\mu\nu}$ 可以构造一个更简洁的不变量，称为标量曲率

$$R = \Phi^\lambda_i\Phi^\sigma_j R^{ij}_{\lambda\sigma} \tag{12.132}$$

这是一个规范不变量，由于不包含有第 4 个分量的贡献，实质上它是一个“静态场”，相应的拉氏量可写成

$$L_{12} = (1/4)GR \tag{12.133}$$

这样，联立（12.129）—（12.132）可以求得非线性弹性缺陷场的总的拉氏函数为

$$L = G\left[L_0(D_k y^a) + \frac{s_1}{4}T^i_{\mu\nu}T^{\mu\nu}_i + \frac{s_2}{4}R^{ij}_{\mu\nu}R^{\mu\nu}_{ij} + \frac{s_{12}}{4}\Phi^\lambda_i\Phi^\sigma_j R^{ij}_{\lambda\sigma}\right] \tag{12.134}$$

其中包含有三个最小耦合常数 s_1，s_2 和 s_{12}.

值得指出，由规范场理论构造的拉氏函数（12.134）在形式上和直接通过弹性应变、位错密度和旋错密度张量的不变量构造的拉氏量完全相当，后者在准静态条件下由段一士和段祝平详细讨论过[19]．事实上，（12.134）中的第一项表示弹性应变场贡献；第二项表示位错的贡献，它是位错密度张量的第二不变量；而第三项表示旋错的贡献，它是旋错密度的第二不变量；而第四项反映了规范场之间的交互作用，由曲率张量的第一不变量表示．从这里可知，缺陷的规范场理论和缺陷连续统的 Lagrange 函数理论

又等价起来了，这种优美的理论结构和体系在近代固体力学中是不多见的. 在以后的文章中对拉氏函数构造还要详细讨论.

参 考 文 献

[1] 欧发，关于宏观位错动力学的基本问题，哈尔滨工业大学学报，**3**，**4** (1978)，196.

[2] Kanopleva，N P. and Popov，N. V.，Gauge Field，Harwood Academic Publishers. Chur，1981.

[3] Drechsler，W. and Mayer，M. E.，Fiber bundle techniques in Gauge theories. Lecture Notes in Physics，**67** (1977).

[4] Kunin，I. A. and Kunin，B I.，Gauge theories in mechanics，In Proc. 6th Symp. on Trends in Application of Pure Mathematics to Mechanics，Lecture Notes in Physcis，**249** (1986).

[5] Rund，H.，*Aeq Math.*，**24** (1982)，121.

[6] Golebiewska-Lasota A. A.，*Int. J. Engng. Sic.*，**17** (1979)，329.

[7] Golebiewska-Lasota A. A. and Edelen D. G. B.，*Int. J. Engng. Sci.*，**17** (1979)，335.

[8] Edelen，D. G. B.，*Int. J. Engng. Sci.*，**17** (1979)：441.

[9] Kadic，A. and Edelen，D. G. B.，A Gauge theory of Disocations，and Disclinations. Lecture Notes in Physics，1983.

[10] Edelen，D. G. B. and Lagoudas，D. C.，Gauge Theory and Defects in Solids，North Holland，1988.

[11] Noether，E.，Nachr. Ges. Wiss，Geottingon，*Math. -Phys. KL.*，**2** (1918)，235.

[12] Weyl. H.，Gravitation und Elektrizitat. Sitz.，Preuss. Akad. Wiss.，Berlin，1918；*Z. Phys.*，**56** (1929)，56.

[13] Yang，C. N.，Mills，R. L.，Phys. Rev.，**96** (1954)，191.

[14] Utiyama R.，Phys. Rev.，101 (1956)，1597.

[15] Kibble，T. W.，B.，*J. Math. Phys.*，**2** (1961)，212.

[16] Yang，C N.，*Phys. Rev. Lett.*，**33** (1974)，445.

[17] Weinberg，S.，*Phys. Rev. Lett.*，**19** (1967)：1264；A. Salam. in Proc. of the 8th Nobel symp.，Stockholm，367，(1968).

[18] Weinberg，S.，*Rev. Mod. Phys.*，**46** (1974)，255.

[19] 段一士、段祝平，*Int. J. Engng. Sci.*，**24** (1986)，67.

[20] Gairola，B. K. D.，Gauge invariant formulation of continuum theory of defects，in Continuum Models of Discrete Systems 4，Eds. Burlin，O. and Hsich，R. K.

T., North Holland 55, (1981).

[21] Gunther, H., *Ann. Physik*, **40** (1983), 291.

[22] Kleinert, H., *Lett. Nuovo Cimento*, **34** (1982), 103.

[23] Kleinert, H., *Phys. Lett.*, *A* 97, 51. (1983)

[24] Kroner, E., On gauge theory in defect mechanics, in Proc. 6th Symp. on Trends in Application of Pure Mathematics to Mechanics, Lecture Notes in Physics, **249** (1986).

[25] Kunin, I. A. and Kunin, B. I., Gauge theories in mechanics, ibid.

[26] Turski, L., *Bulletin Polish Acad. Sci.*, **14** (1966), 289.

[27] Dzyaloshinskii, I., Gauge theories and densities of topological singularities, in Physics of Defects, Les. Houshes Session 35, North Holland, 1981.

[28] Julia, B. and Toulouse, G. J., *Physique Lett.*, **40** (1979), L: 395.

[29] Mineev, V. P., *Soviet Sci. Rev.*, A **2** (1980), 173.

[30] Barut, A. R., Theory of Group Representations and Applications, Polish Scientific Publishers, Warsaw, 1980.

[31] DeWitt, B., Dynamical Theories of Groups and Fields, Gordon and Breach, New York, 1965.

[32] Duan, Z. P. (段祝平), *Int. J. solids Sturctures*, **21** (1985), 683.

[33] Duan, Z. P. (段祝平), *Int. J. Eng. Sci.*, **25** (1986), 963—985.

[34] Knowles, J. K. and Sterberg, E., *Arch. Rat. Mech. Anal.*, **44** (1972), 187.

[35] Fletcher, D. C., *Arch. Rat. Mech. Anal.*, **60** (1976), 329.

[36] Einstein, A., The Meaning of Relativity, Princeton University Press, 1950.

[37] Weber, J., General Relativity and Gravitational Waves, Interscience., New York, 1961.

[38] Edelen, D. G. B., *Ann. Phys.*, **133** (1981), 286.

[39] Lagoudas, D. C., Plane harmonic waves in the linearized gauge theory of dislocations, *Int. J. Engng. Sci. (to paper).*

[40] Edelen, D. G. B. and Lagoudas, D. C., Disperision relations for the linearized field equations of dislocation dynamics, *Int. J. Engng. Sic.* (to appear).

[41] Duan, Z. P. (段祝平) and Huang, Y. L. (黄迎雷), A four dimensional nonlinear geometric theoy of defect continuum (1988) (Submitted to Int. J. Engng. Sci. for Publication).

[42] 段祝平、黄迎雷、王文标，力学进展，**18** (1988), 433.

附录　张量表示方法

本书原则上采用直角坐标系．在直角坐标系中，张量可用三种方法表示．

粗体字 $\boldsymbol{a}$，$\boldsymbol{T}$ 分别是矢量与二阶张量的抽象表示．它们在直角坐标系中的分量是 a_k（k=1，2，3）及 T_{ij}（i=1，2，3，j=1，2，3）．

$\underset{\sim}{a}$ 表示矢量 a 的分量 a_k 所组成的列阵：

$$\underset{\sim}{a}=\{a_1,a_2,a_3\}^T \tag{1}$$

$\underset{\sim}{T}$ 表示二阶张量 $\boldsymbol{T}$ 的分量 T_{ij} 所组成的矩阵：

$$\underset{\sim}{T}=\begin{bmatrix} T_{11} & T_{12} & T_{13} \\ T_{21} & T_{22} & T_{23} \\ T_{31} & T_{32} & T_{33} \end{bmatrix} \tag{2}$$

矢量与张量的分量表示和矩阵表示，具有简单直观的优点，但是它们明显地依赖于直角坐标系的选择．而矢量与张量的抽象表示则不依赖于直角坐标系的选择．

矢量 a 及张量 $\boldsymbol{T}$ 又可以展开成下述式子：

$$\boldsymbol{a}=a_k\boldsymbol{i}_k \tag{3}$$

$$\boldsymbol{T}=T_{kl}\boldsymbol{i}_k\otimes\boldsymbol{i}_l \tag{4}$$

式中 $\boldsymbol{i}_k$ 是直角坐标系的基矢量．

公式（3），（4）给出了矢量和张量的抽象表示与它们的分量之间的关系，式中重要指标表示求和．